高等院校工科类、经济管理类数学系列辅导丛书

微积分同步练习与模拟试题

刘　强　孙激流◎编　著

清华大学出版社
北　京

内 容 简 介

本书是高等院校经济管理类本科生学习微积分的辅导用书.全书分为两大部分,第一部分为"同步练习",该部分主要包括四个模块,即内容提要,典型例题分析,习题精选和习题详解,旨在帮助读者尽快地掌握微积分课程中的基本内容、基本方法和解题技巧,提高学习效率.第二部分为"模拟试题及详解",该部分给出了20套模拟试题,其中上、下学期各10套,并给出了详细解答过程,旨在检验读者的学习效果,快速提升读者的综合能力.

本书可以作为高等院校经济管理类本科生学习微积分的辅导用书,对于准备报考硕士研究生的本科生而言,也是一本不错的基础复习阶段的数学参考用书.

图书在版编目(CIP)数据

微积分同步练习与模拟试题/刘强,孙激流编著.--北京:清华大学出版社,2015(2024.9重印)
(高等院校工科类、经济管理类数学系列辅导丛书)
ISBN 978-7-302-40944-1

Ⅰ.①微… Ⅱ.①刘… ②孙… Ⅲ.①微积分—高等学校—习题集 Ⅳ.①O172-44

中国版本图书馆CIP数据核字(2015)第166236号

责任编辑:彭 欣
封面设计:王新征
责任校对:王荣静
责任印制:沈 露

出版发行:清华大学出版社
网 址:https://www.tup.com.cn,https://www.wqxuetang.com
地 址:北京清华大学学研大厦A座 **邮 编**:100084
社 总 机:010-83470000 **邮 购**:010-62786544
投稿与读者服务:010-62776969,c-service@tup.tsinghua.edu.cn
质量反馈:010-62772015,zhiliang@tup.tsinghua.edu.cn
印 装 者:三河市天利华印刷装订有限公司
经 销:全国新华书店
开 本:185mm×260mm **印 张**:20.5 **字 数**:472千字
版 次:2015年9月第1版 **印 次**:2024年9月第16次印刷
印 数:27701~29700
定 价:49.00元

产品编号:064156-02

FOREWORD

前言

随着经济的发展、科技的进步，数学在经济、管理、金融、生物、信息、医药等众多领域发挥着越来越重要的作用，数学思想和方法的学习与灵活运用已经成为当今高等院校人才培养的基本要求.

然而，很多学生在学习过程中，对于一些重要的数学思想、方法难以把握，对一些常见题型存在困惑、常常感觉无从下手，对数学的理解往往只注重某些具体的知识点而体会不出蕴含在其中的思想和方法.

为了让学生更好、更快地掌握所学知识，同时结合部分学生考研的需要，我们编写了高等院校工科类、经济管理类数学系列丛书，该丛书包括《微积分》、《高等数学》、《线性代数》和《概率论与数理统计》四门数学课程的辅导用书，由首都经济贸易大学的刘强教授担任丛书的主编.

本书为《微积分》部分，编写的主要目的有两个：一是帮助学生更好地学习"微积分"课程，熟练掌握教材中的一些基本概念、基本理论和基本方法，提高学生分析问题、解决问题的能力，以达到经济类、管理类专业对学生数学能力培养的基本要求；二是为了满足学生报考研究生的需要，结合编者多年来的教学经验，精选了部分经典考题，使学生对考研试题的难度和深度有一个总体的认识.

本书主要分为两大部分，第一部分是同步练习部分，该部分主要包括四个模块，即内容提要、典型例题分析、习题精选及习题详解；第二部分为两个模块，分别为模拟试题与试题详解. 具体模块内容如下：

1. 内容提要：对基本概念、基本理论、基本公式等内容进行系统梳理、归纳总结，详细解答了学习过程中可能遇到的各种疑难问题.

2. 典型例题分析：这一部分是作者在多年来教学经验的基础上，创新性地构思了大量有代表性的例题，并选编了部分国内外优秀教材、辅导资料的经典习题，按照知识结构、解题思路、解题方法对典型例题进行了系统归类，通过专题讲解，详细阐述了相关问题的解题方法与技巧.

3. 习题精选：精心选编了部分具有代表性的习题，帮助读者巩固、强化所学知识，提升学习效果.

4. 习题详解：本部分对精选习题给出了详细解答，部分习题还给出了多种解法，开拓读者的解题思路，培养读者的分析能力和发散思维.

5. 模拟试题与详解：本部分共给出了 20 套模拟试题，其中上、下学期各 10 套，并给出了详细解答过程，主要目的是检验读者的学习效果，提高读者的综合能力.

为了便于读者阅读本书，书中的选学内容将用“*”标出，有一定难度的内容、例题和综合练习题等将用“**”标出，初学者可以略过.

本书的前身是一本辅导讲义，在首都经济贸易大学已经使用过多年，期间多次修订，本次应清华大学出版社邀请，我们将该讲义进行了整理出版，几经易稿，终成本书.

全书共分九章，其中第1、2、3、6章由刘强编写，第4、5、7、8、9章由孙激流编写，最后由刘强负责统一定稿.

本书可以作为普通高等院校经济管理类本科生学习《微积分》的辅导资料；对于准备报考硕士研究生的本科生而言，也是一本不错的基础复习阶段的数学参考用书.

本系列丛书在编写过程中，得到了北京工业大学程维虎教授，西安交通大学吴可法教授，首都经济贸易大学纪宏教授、张宝学教授、马立平教授、吴启富教授，北京化工大学李志强副教授及同事们的大力支持，清华大学出版社的编辑也为丛书的出版付出了很多努力，在此表示诚挚的感谢.

由于作者水平有限，书中可能存在不妥甚至错误之处，恳请读者和同行们不吝指正.邮箱地址为：cuebliuqiang@163.com.

作 者

CONTENTS

目录

第一部分　同步练习

第二部分 模拟试题及详解

第一部分

同步练习

第1章

函　数

1.1 内容提要

1.1.1 函数的定义

设 D 为一个非空实数集，如果存在一个对应法则 f，使得对于每一个 $x \in D$，都能由 f 唯一确定一个实数 y 与之对应，则称对应法则 f 为定义在实数集 D 上的一个函数，记作 $y=f(x)$，其中，x 称为**自变量**，y 称为**因变量**，实数集 D 称为函数的**定义域**，也可记为 $D(f)$ 或者 D_f. 集合 $\{y \mid y=f(x), x \in D_f\}$ 称为函数的**值域**，一般记为 $Z(f)$ 或者 Z_f.

定义域和对应法则是函数的两要素，值域由定义域和对应法则确定. 两个函数相同的充要条件是定义域与对应法则分别相同，因此判断两个函数是否相同，只需验证函数的定义域与对应法则是否分别相同，而与自变量、因变量的符号没有关系.

如果函数没有明确给出定义域，则其定义域一般默认为使得分析表达式有意义的自变量的取值范围.

函数的表示方法主要有公式法、图示法以及表格法等，其中公式法是函数关系表示的一种主要形式.

1.1.2 分段函数

根据函数的定义，在表示函数时，并不要求在整个定义域上都用一个数学表达式来表示. 事实上，在很多问题中，常常遇到一些在定义域的不同子集上具有不同表达式的情况，习惯上把这类函数叫做**分段函数**.

例如**符号函数**

$$y=\operatorname{sgn} x=\begin{cases}1, & x>0 \\ 0, & x=0 \\ -1, & x<0\end{cases}$$

是一个分段函数.

注 分段函数在其整个定义域上是一个函数,而不是几个函数.

1.1.3 函数的基本特性

函数的基本特性主要有四种,即奇偶性、单调性、周期性和有界性.

1. 奇偶性

设函数 $f(x)$ 的定义域 D 关于原点对称,如果对于 $\forall x\in D$,恒有 $f(-x)=f(x)$,则称 $f(x)$ 为**偶函数**;如果对于 $\forall x\in D$,恒有 $f(-x)=-f(x)$,则称 $f(x)$ 为**奇函数**.

奇函数的图像关于坐标原点对称,偶函数的图像关于 y 轴对称.需要注意的是:函数的奇偶性是相对于对称区间而言的,因此如果函数的定义域关于原点不对称,则该函数不具有奇偶性.

奇、偶函数的一些常用结论:

(1) 常函数为偶函数;

(2) 有限个奇函数的代数和为奇函数,有限个偶函数的代数和为偶函数;

(3) 奇函数与偶函数的乘积为奇函数;

(4) 奇数个奇函数的乘积为奇函数,偶数个奇函数的乘积为偶函数.

2. 单调性

设函数 $f(x)$ 在某个区间 D 上有定义,对于 $\forall x_1,x_2\in D$,且 $x_1<x_2$,有:

(1) 若 $f(x_1)<f(x_2)$,则称函数 $f(x)$ 在区间 D 单调增加(单调递增);

(2) 若 $f(x_1)>f(x_2)$,则称函数 $f(x)$ 在区间 D 单调减少(单调递减).

3. 周期性

设函数 $f(x)$ 的定义域为 D,如果存在一个正数 T,使得对任意一个 $x\in D$,有 $(x\pm T)\in D$ 且

$$f(x+T)=f(x)$$

恒成立,则称该函数为**周期函数**. T 称为函数 $f(x)$ 的**周期**,满足上式的最小的正数 T_0 称为函数的**最小正周期**,通常我们所说的函数的周期指的是函数的最小正周期.

周期函数的一些常用结论:

(1) 若 $f(x)$ 的周期为 T,则 $f(ax+b)$ 的周期为 $\frac{T}{|a|}$,$a\neq0$;

(2) 若 $f(x)$ 和 $g(x)$ 的周期均为 T,则 $f(x)\pm g(x)$ 也是周期为 T 的周期函数.

4. 有界性

设函数 $f(x)$ 在集合 D 上有定义,若存在正数 M,使得对于 $\forall x\in D$,恒有 $|f(x)|\leqslant M$,则称函数 $f(x)$ 在 D 上**有界**,否则称 $f(x)$ 在 D 上**无界**.

函数的有界性还可以通过另外一种形式来定义.

若存在实数 a 和 b,使得对 $\forall x\in D$,恒有 $a\leqslant f(x)\leqslant b$,则称函数 $f(x)$ 在 D 上有界,否则称 $f(x)$ 在 D 上无界,其中 a 称为函数的**下界**,b 称为函数的**上界**.

1.1.4 反函数

设函数 $y=f(x)$ 的定义域为 D_f,值域为 Z_f. 如果对于 Z_f 中的每一个 y 值,都存在唯一的满足 $y=f(x)$ 的 $x\in D_f$ 与之对应,这样确定的以 y 为自变量、以 x 为因变量的函数,称为函数 $y=f(x)$ 的**反函数**,并记为 $x=f^{-1}(y)$. 习惯上,一般将 $y=f(x)$ 的反函数记为 $y=f^{-1}(x)$.

显然,反函数 $x=f^{-1}(y)$ 的定义域为 Z_f,值域为 D_f,且对任意的 $y\in Z_f$,有

$$f[f^{-1}(y)]=y,$$

对任意的 $x\in D_f$,有

$$f^{-1}[f(x)]=x.$$

单调函数一定存在反函数,且函数与反函数具有相同的单调性.

在同一坐标系下,函数 $y=f(x)$ 与其反函数 $x=f^{-1}(y)$ 的图像是重合的,$y=f(x)$ 与其反函数 $y=f^{-1}(x)$ 的图像关于直线 $y=x$ 对称.

1.1.5 复合函数

已知两个函数

$$y=f(u),u\in D_f,y\in Z_f,$$

$$u=\varphi(x),x\in D_\varphi,u\in Z_\varphi,$$

若 $D_f\cap Z_\varphi\neq\varnothing$,则可通过中间变量 u 将 $u=\varphi(x)$ 代入 $y=f(u)$ 构成一个以 x 为自变量、以 y 为因变量的函数 $y=f[\varphi(x)]$,称 $y=f[\varphi(x)]$ 为 $y=f(u)$ 与 $u=\varphi(x)$ 的**复合函数**.

1.1.6 基本初等函数

常函数、幂函数、指数函数、对数函数、三角函数及反三角函数这 6 大类函数统称为**基本初等函数**.

1.1.7 初等函数

由基本初等函数经有限次四则运算和(或)复合运算而得到的函数称为**初等函数**.

1.1.8 一些常用的三角公式

**1. 两角和、两角差公式

$\sin(\alpha+\beta)=\sin\alpha\cos\beta+\cos\alpha\sin\beta$;

$\sin(\alpha-\beta)=\sin\alpha\cos\beta-\cos\alpha\sin\beta$;

$\cos(\alpha+\beta)=\cos\alpha\cos\beta-\sin\alpha\sin\beta$;

$\cos(\alpha-\beta)=\cos\alpha\cos\beta+\sin\alpha\sin\beta$.

**2. 和差化积公式

$\sin\alpha+\sin\beta=2\sin\frac{\alpha+\beta}{2}\cos\frac{\alpha-\beta}{2}$;

$\sin\alpha-\sin\beta=2\cos\frac{\alpha+\beta}{2}\sin\frac{\alpha-\beta}{2}$;

$\cos\alpha+\cos\beta=2\cos\frac{\alpha+\beta}{2}\cos\frac{\alpha-\beta}{2}$;

$\cos\alpha-\cos\beta=-2\sin\frac{\alpha+\beta}{2}\sin\frac{\alpha-\beta}{2}$.

**3. 积化和差公式

$\sin\alpha\sin\beta=-\frac{1}{2}[\cos(\alpha+\beta)-\cos(\alpha-\beta)]$;

$\cos\alpha\cos\beta=\frac{1}{2}[\cos(\alpha+\beta)+\cos(\alpha-\beta)]$;

$\sin\alpha\cos\beta=\frac{1}{2}[\sin(\alpha+\beta)+\sin(\alpha-\beta)]$.

4. 倍角公式

$\sin(2\alpha)=2\sin\alpha\cos\alpha=\frac{2\tan\alpha}{1+\tan^2\alpha}$;

$\cos(2\alpha)=\cos^2\alpha-\sin^2\alpha=1-2\sin^2\alpha=\frac{1-\tan^2\alpha}{1+\tan^2\alpha}$;

$\tan(2\alpha)=\frac{2\tan\alpha}{1-\tan^2\alpha}$.

5. 半角公式

$\sin^2\frac{\alpha}{2}=\frac{1-\cos\alpha}{2}$; $\cos^2\frac{\alpha}{2}=\frac{1+\cos\alpha}{2}$.

1.1.9 一些常用的代数公式

1. 某些数列的 n 项和

$1+2+\cdots+n=\frac{1}{2}n(n+1)$;

$1^2+2^2+\cdots+n^2=\frac{1}{6}n(n+1)(2n+1)$;

$1^3+2^3+\cdots+n^3=\frac{1}{4}n^2(n+1)^2$.

2. 乘法与因式分解公式

$(a+b)^3=a^3+3a^2b+3ab^2+b^3$;
$(a-b)^3=a^3-3a^2b+3ab^2-b^3$;
$a^3-b^3=(a-b)(a^2+ab+b^2)$;
$a^3+b^3=(a+b)(a^2-ab+b^2)$;
$a^n-b^n=(a-b)(a^{n-1}+a^{n-2}b+\cdots+ab^{n-2}+b^{n-1})$,其中 n 为正整数;

$$(a+b)^n=\sum_{k=0}^{n}\mathrm{C}_n^k a^{n-k}b^k=a^n+\mathrm{C}_n^1a^{n-1}b+\mathrm{C}_n^2a^{n-2}b^2+\cdots+\mathrm{C}_n^{n-1}ab^{n-1}+b^n,$$

其中

$$\mathrm{C}_n^0=1,\mathrm{C}_n^k=\frac{\mathrm{A}_n^k}{\mathrm{P}_k}=\frac{n(n-1)\cdots(n-k+1)}{k!}=\frac{n!}{k!\,(n-k)!}.$$

3. 对数公式

$\log_a(xy)=\log_a x+\log_a y$; $\log_a\dfrac{x}{y}=\log_a x-\log_a y$;

$\log_a x^b=b\log_a x$; $\log_a x=\dfrac{\log_c x}{\log_c a}$;

$a^{\log_a x}=x$,其中 $a>0,a\neq1,c>0,c\neq1,x>0,y>0$.

1.2 典型例题分析

1.2.1 题型一 函数定义域的求解

例 1.1 求函数 $y=\dfrac{1}{x}-\sqrt{x^2-4}$ 的定义域.

解 由题意,$x\neq0$,且 $x^2-4\geqslant0$,解不等式得 $|x|\geqslant2$. 所以函数的定义域为

$$D_f=(-\infty,-2]\cup[2,+\infty).$$

例 1.2 设函数 $y=f(x)$ 的定义域为[0,6],求 $f(x+2)+f(x-2)$ 的定义域.

解 由于 $f(x)$ 的定义域为[0,6],因此 $f(x+2)$ 的定义域为 $0\leqslant x+2\leqslant6$,即 $x\in[-2,4]$;$f(x-2)$ 的定义域为 $0\leqslant x-2\leqslant6$,即 $x\in[2,8]$;所以 $f(x+2)+f(x-2)$ 的定义域为[2,4].

1.2.2 题型二 函数表达式的求解

例 1.3 设 $f(x)+2f\left(\dfrac{1}{x}\right)=1-x$,且 $x\neq0$,求 $f(x)$.

解 利用函数表示法的无关特性,令 $\dfrac{1}{x}=t$,则有 $f\left(\dfrac{1}{t}\right)+2f(t)=1-\dfrac{1}{t}$,联立方程组

$$\begin{cases}f(x)+2f\left(\dfrac{1}{x}\right)=1-x\\ f\left(\dfrac{1}{x}\right)+2f(x)=1-\dfrac{1}{x}\end{cases},$$

从而有

$$f(x)=\frac{1}{3}-\frac{2}{3x}+\frac{x}{3}.$$

例 1.4 已知 $f\left(\frac{1}{x}-x\right)=x^2+\frac{1}{x^2}+2, x\neq 0$,试求 $f(x)$.

解 由于

$$f\left(\frac{1}{x}-x\right)=x^2+\frac{1}{x^2}+2=\left(\frac{1}{x}-x\right)^2+4,$$

令 $t=\frac{1}{x}-x$,则 $f(t)=t^2+4$,从而 $f(x)=x^2+4$.

1.2.3 题型三 反函数的求解

例 1.5 求 $y=\frac{e^x-e^{-x}}{2}$的反函数.

解 令 $e^x=t$,则 $x=\ln t, t>0$,则有 $y=\frac{t-t^{-1}}{2}$,从而

$$t^2-2yt-1=0,$$

求解一元二次方程可得 $t=y\pm\sqrt{y^2+1}$,舍去负根,有 $t=y+\sqrt{y^2+1}$,即有 $e^x=y+\sqrt{y^2+1}$,因此 $y=\frac{e^x-e^{-x}}{2}$的反函数为 $y=\ln(x+\sqrt{x^2+1})$.

例 1.6 求函数 $y=\begin{cases}2x-4, & x\leqslant 0\\ \ln(x+1), & x>0\end{cases}$的反函数.

解 当 $x\leqslant 0$ 时,$y=2x-4$,从而 $x=\frac{1}{2}y+2, y\leqslant -4$; 当 $x>0$ 时,$y=\ln(x+1)$,$x=e^y-1, y>0$.因此反函数为

$$y=\begin{cases}\frac{1}{2}x+2, & x\leqslant -4\\ e^x-1, & x>0\end{cases}.$$

1.2.4 题型四 复合函数的求解

例 1.7 已知 $y=f(x)=\begin{cases}1, & |x|\leqslant 1\\ 0, & x>1\end{cases}$,求 $f\{f[f(x)]\}$.

解 由于 $f[f(x)]=\begin{cases}1, & |f(x)|\leqslant 1\\ 0, & |f(x)|>1\end{cases}=1$,所以 $f\{f[f(x)]\}=1$.

****例 1.8** $f(x)=\begin{cases}e^x, & x<1\\ x, & x\geqslant 1\end{cases}$,$g(x)=\begin{cases}x+3, & x<0\\ x-2, & x\geqslant 0\end{cases}$,求 $f[g(x)]$.

解 由题意,$f[g(x)]=\begin{cases}e^{g(x)}, & g(x)<1\\ g(x), & g(x)\geqslant 1\end{cases}$,下面进行分类讨论.

(1) 当 $g(x)<1$ 时,则

$$\begin{cases} g(x)=x+3<1 \\ x<0 \end{cases} \quad 或 \quad \begin{cases} g(x)=x-2<1 \\ x\geqslant 0 \end{cases},$$

从而有 $x<-2$ 或 $0\leqslant x<3$.

(2) 当 $g(x)\geqslant 1$ 时,则

$$\begin{cases} g(x)=x+3\geqslant 1 \\ x<0 \end{cases} \quad 或 \quad \begin{cases} g(x)=x-2\geqslant 1 \\ x\geqslant 0 \end{cases},$$

从而有 $-2\leqslant x<0$ 或 $x\geqslant 3$.

综上所述,有

$$f[g(x)]=\begin{cases} e^{x+3}, & x<-2 \\ x+3, & -2\leqslant x<0 \\ e^{x-2}, & 0\leqslant x<3 \\ x-2, & x\geqslant 3 \end{cases}.$$

1.2.5　题型五　函数的四种基本特性

****例 1.9**　设对于任意的 $x\in\mathbf{R}$ 有 $f\left(\frac{1}{2}+x\right)=\frac{1}{2}+\sqrt{f(x)-f^2(x)}$,试求 $f(x)$ 的周期.

解　由题意可知,对于任意的 $x\in\mathbf{R}$ 有 $f\left(\frac{1}{2}+x\right)\geqslant\frac{1}{2}$,从而对于任意的 $x\in\mathbf{R}$ 有 $f(x)\geqslant\frac{1}{2}$,又因为

$$f\left[\frac{1}{2}+\left(\frac{1}{2}+x\right)\right]=\frac{1}{2}+\sqrt{f\left(\frac{1}{2}+x\right)-f^2\left(\frac{1}{2}+x\right)}=\frac{1}{2}+\sqrt{\frac{1}{4}-f(x)+f^2(x)},$$

因此有

$$f(x+1)=\frac{1}{2}+\left[f(x)-\frac{1}{2}\right]=f(x),$$

故 $f(x)$ 的周期为 1.

例 1.10　对于任意的 $x,y\in\mathbf{R}$,函数 $f(x)$ 满足 $f(x+y)=f(x)+f(y)$,试讨论 $f(x)$ 的奇偶性.

解　取 $y=0$,则有 $f(x+0)=f(x)+f(0)$,因此有 $f(0)=0$;取 $y=-x$,则有

$$f(x-x)=f(x)+f(-x),$$

可得 $f(-x)=-f(x)$,因此 $f(x)$ 为奇函数.

例 1.11　设 $f(x)=\begin{cases} x+5, & x<1 \\ 2-3x, & x>1 \end{cases}$,试讨论函数 $g(x)=\frac{1}{2}[f(x)-f(-x)]$ 的奇偶性.

解　由题意,函数 $g(x)$ 的定义域为 $\{x\mid x\in\mathbf{R},x\neq 1,x\neq -1\}$,定义域关于 $x=0$ 对称,又因为

$$g(-x)=\frac{1}{2}[f(-x)-f(x)]=-g(x),$$

因此函数 $g(x)$ 为奇函数.

注 采用类似方法可以证明函数 $\frac{1}{2}[f(x)+f(-x)]$ 为偶函数,且奇偶性与函数 $f(x)$ 的具体表达式没有关系.

例 1.12 设 $f(x)$ 在 $[a,b]$ 和 $[b,c]$ 上单调递增,证明 $f(x)$ 在 $[a,c]$ 上单调递增.

证 设 $x_1<x_2$ 为 $[a,c]$ 上的任意两点,

(1) 若 $x_1,x_2\in[a,b]$,结论成立;

(2) 若 $x_1,x_2\in[b,c]$,结论成立;

(3) 若 $x_1\in[a,b]$,$x_2\in[b,c]$,则 x_1,x_2 不能同时等于 b,从而 $f(x_1)\leqslant f(b)\leqslant f(x_2)$,且等号不能同时成立,因此有 $f(x_1)<f(x_2)$,结论成立.

例 1.13 证明函数 $y=\frac{x}{1+x^2}$ 在 $(-\infty,+\infty)$ 内有界.

解 对 $\forall x\in(-\infty,+\infty)$,都有 $|x|\leqslant\frac{1}{2}(1+x^2)$,因此

$$\left|\frac{x}{1+x^2}\right|\leqslant\frac{1}{2},$$

故函数 $y=\frac{x}{1+x^2}$ 在 $(-\infty,+\infty)$ 内有界.

例 1.14 证明函数 $y=x\sin x$ 在 $(0,+\infty)$ 上无界.

证 利用反证法.

假设 $y=x\sin x$ 在 $(0,+\infty)$ 上有界,则存在 $M>0$,使得对 $\forall x\in(0,+\infty)$,有

$$|x\sin x|<M,$$

取 $x=2n\pi+\frac{\pi}{2}$,从而有

$$|x\sin x|=2n\pi+\frac{\pi}{2}<M,$$

显然当 n 足够大时,上式不成立,因此假设不成立,故函数 $y=x\sin x$ 在 $(0,+\infty)$ 上无界.

1.3 习题精选

1. 填空题

(1) $y=\frac{1}{\ln(2x-3)}+\arcsin(x-1)$ 的定义域为________.

(2) 设 $f(x)=\ln 2$,则 $f(x+2)-f(x)=$________.

(3) 设 $f(x)$ 的定义域为 $(0,1]$,则函数 $f(\sin x)$ 的定义域为________.

(4) 若函数 $f(x)$ 的定义域为 $[0,1]$,则 $f(x^2)$ 的定义域为________.

(5) 设 $f(x)=\arcsin x$,$g(x)=\ln x$,则 $f(g(x))$ 的定义域为________.

(6) 已知函数 $f(x)=\sqrt{x}$,则函数 $f\left(\dfrac{1}{x}\right)$的定义域是________.

(7) 设 $f(x)=8x^3$,$f[g(x)]=1-e^x$,则 $g(x)=$________.

(8) 已知函数 $f(x)=1-x^2$,则 $f[f(x)]=$________.

(9) 已知 $f(x)=3x+1$,则 $f^{-1}\left(\dfrac{1}{x}\right)=$________.

(10) 已知 $f\left(\dfrac{1}{x}-1\right)=\dfrac{3x+1}{2x-1}$,则 $f(x)=$________.

(11) 已知 $f(x)=\begin{cases}(x-1)^2, & 1\leqslant x\leqslant 2\\ x-6, & 2<x\leqslant 3\end{cases}$,则 $f(x+1)=$________.

(12) 函数 $f(x)=|\cos x|$的周期为________.

2. 单项选择题

(1) 函数 $y=\dfrac{\ln(x+1)}{\sqrt{x-1}}$的定义域为(　　).

(A) $x>-1$;　(B) $x>1$;　(C) $x\geqslant -1$;　(D) $x\geqslant 1$.

(2) 下列函数相同的是(　　).

(A) $f(x)=x+2$,$g(x)=\dfrac{x^2-x-6}{x-3}$;

(B) $f(x)=\sin x$,$g(x)=\sqrt{\dfrac{1-\cos(2x)}{2}}$;

(C) $f(x)=2x+1$, $g(t)=2t+1$;

(D) $f(x)=e^{\frac{1}{2}\ln x}$,$g(x)=\dfrac{1}{\sqrt{x}}$.

(3) 下列函数在$(0,+\infty)$内无界的是(　　).

(A) $y=e^{-x}$;　(B) $y=\dfrac{x^2}{1+x^2}$;　(C) $y=\sin\dfrac{1}{x}$;　(D) $y=x\sin x$.

(4) 函数 $f(x)=\ln\dfrac{1+x}{1-x}$是(　　).

(A) 奇函数;　(B) 偶函数;　(C) 非奇非偶函数;(D) 有界函数.

(5) 已知 $f(x)=\begin{cases}x+1, & x<1\\ \sin x, & x>1\end{cases}$,则 $f(x)-f(-x)$为(　　).

(A) 奇函数;　(B) 偶函数;　(C) 非奇非偶函数;(D) 无法确定.

(6) 设 $f(x)=\begin{cases}x^2, & 0\leqslant x\leqslant 1\\ 2x, & 1<x\leqslant 2\end{cases}$,则函数 $g(x)=f(x-2)+f(2x)$的定义域为(　　).

(A) 空集;　(B) $[0,2]$;　(C) $[0,4]$;　(D) $[2,4]$.

(7) 下列表达式为基本初等函数的是(　　).

(A) $y=x^2+\cos x$;　(B) $y=\begin{cases}x^2+2x, & x>0\\ e^x-1, & x<0\end{cases}$;

(C) $y=\ln x$; (D) $y=\sin\sqrt{x}$.

(8) 函数 $y=\sin\dfrac{1}{x}$在其定义域内是(　　).

(A) 单调函数; (B) 无界函数; (C) 有界函数; (D) 周期函数.

3. 求下列函数的反函数及反函数的定义域:

(1) $y=2+\arcsin(3+x)$; (2) $y=1-\sqrt{4-x^2}$, $-2\leqslant x\leqslant 0$.

4. 设 $y=f(x)$的定义域为$(0,1]$,求函数 $f[1-(\ln x)^2]$的定义域.

5. 设 $f(x)=\begin{cases}1, & 0\leqslant x\leqslant 2\\ 2, & 2<x\leqslant 6\end{cases}$, $h(x)=f(x+2)-f(x-1)$, 求 $h(x)$的定义域.

6. 设 $f\left(x-\dfrac{1}{x}\right)=x^2+\dfrac{1}{x^2}$,试求 $f(x)$的表达式.

7. 已知 $f(x)$是奇函数,判断 $F(x)=f(x)\left(\dfrac{1}{2^x+1}-\dfrac{1}{2}\right)$的奇偶性.

8. 已知 $f(x)=\begin{cases}x+1, & x<1\\ \sin x, & x>1\end{cases}$,讨论 $f(x)-f(-x)$的奇偶性.

9. 判断下列函数的奇偶性:

(1) $y=\ln(\sqrt{x^2+1}+x)$; (2) $y=x\cdot\dfrac{2^x-1}{2^x+1}$.

10. 下列函数可以由哪些简单函数复合而成?

(1) $y=\ln(1-3x)$;

(2) $y=\arctan(\tan^2 x)$;

(3) $y=\mathrm{e}^{\sin^2 x}$.

11. 设 $f(x)=\begin{cases}x+1, & x\leqslant 1\\ 2, & x>1\end{cases}$,试求 $f[f(x)]$的表达式.

12. 判断下列函数是否为周期函数,若为周期函数,求其周期;若不是周期函数,说明理由.

(1) $f(x)=\cos(3x+1)$; (2) $f(x)=3+\sin(4x+2)$; (3) $f(x)=x\cos x$.

1.4 习题详解

1. 填空题

(1) $\left(\dfrac{3}{2},2\right)$; (2) 0; (3) $\bigcup\limits_{k\in\mathbf{Z}}(2k\pi,(2k+1)\pi)$; (4) $[-1,1]$;

(5) $[\mathrm{e}^{-1},\mathrm{e}]$; (6) $(0,+\infty)$; (7) $\dfrac{\sqrt[3]{1-\mathrm{e}^x}}{2}$; (8) $-x^4+2x^2$;

(9) $\dfrac{1-x}{3x}$; (10) $\dfrac{4+x}{1-x}$; (11) $f(x)=\begin{cases}x^2, & 0\leqslant x\leqslant 1\\ x-5, & 1<x\leqslant 2\end{cases}$; (12) π.

2. 单项选择题

(1) B；　(2) C；　(3) D；　(4) A；　(5) A；　(6) A；　(7) C；　(8) C.

3. (1) $y=\sin(x-2)-3$，$\left[2-\frac{\pi}{2},2+\frac{\pi}{2}\right]$；

(2) $y=-\sqrt{4-(x-1)^2}$，$[-1,1]$.

4. (e^{-1},e).

5. $[1,4]$.

6. 因为

$$f\left(x-\frac{1}{x}\right)=x^2+\frac{1}{x^2}=\left(x-\frac{1}{x}\right)^2+2,$$

所以 $f(t)=t^2+2$，从而 $f(x)=x^2+2$.

7. 由题意可知，$F(x)$的定义域关于原点对称，且

$$F(-x)=f(-x)\left(\frac{1}{2^{-x}+1}-\frac{1}{2}\right)=-f(x)\cdot\frac{1-2^{-x}}{2(2^{-x}+1)}=-f(x)\cdot\frac{2^x-1}{2(1+2^x)},$$

而 $F(x)=f(x)\cdot\frac{1-2^x}{2(2^x+1)}$，从而有 $F(-x)=F(x)$，因此 $F(x)$为偶函数.

8. 奇函数.

9. (1) 奇函数；　(2) 偶函数.

10. (1) $y=\ln u, u=1-3x$；

(2) $y=\arctan u, u=v^2, v=\tan x$；

(3) $y=e^u, u=v^2, v=\sin x$.

11. $f[f(x)]=\begin{cases}x+2, & x\leqslant 0\\ 2, & x>0\end{cases}$.

12. (1) 周期函数，$T=\frac{2}{3}\pi$.

(2) 周期函数，$T=\frac{1}{2}\pi$.

(3) 非周期函数. 理由如下：

利用反证法. 假设 $y=x\cos x$ 是周期函数，则存在 $T>0$，使得对 $\forall x\in\mathbf{R}$，有

$$f(x+T)=f(x).$$

即

$$(x+T)\cos(x+T)=x\cos x.$$

取 $x=0$，则有 $T\cos T=0$，从而 $\cos T=0$，所以有

$$T=k\pi+\frac{\pi}{2}, k=0,1,2,\cdots.$$

取 $x=T$，则有 $2T\cos(2T)=T\cos T=0$，从而

$$\cos(2T)=0.$$

而 $\cos(2T)=\cos(2k\pi+\pi)=-1$，矛盾. 因此假设不成立，故 $y=x\cos x$ 不是周期函数.

第2章

极限与连续

2.1 内容提要

2.1.1 数列的极限

$\lim\limits_{n\to\infty}u_n=A\Leftrightarrow\forall\varepsilon>0$，存在正整数 N，当 $n>N$ 时，恒有 $|u_n-A|<\varepsilon$ 成立.

注 在数列极限的定义中，一方面，$\varepsilon>0$ 要多小就可以多小，或者说可以任意的小；另一方面，ε 一旦给定，若存在一个正整数 N_0，使得当 $n>N_0$ 时，恒有 $|u_n-A|<\varepsilon$ 成立，则对任意一个大于 N_0 的正整数，都可以作为定义中的 N，即 N 与 ε 有关，但不唯一.

2.1.2 函数的极限

(1) $\lim\limits_{x\to+\infty}f(x)=A\Leftrightarrow\forall\varepsilon>0,\exists X>0$，当 $x>X$ 时，恒有 $|f(x)-A|<\varepsilon$ 成立.

(2) $\lim\limits_{x\to-\infty}f(x)=A\Leftrightarrow\forall\varepsilon>0,\exists X>0$，当 $x<-X$ 时，恒有 $|f(x)-A|<\varepsilon$ 成立.

(3) $\lim\limits_{x\to\infty}f(x)=A\Leftrightarrow\forall\varepsilon>0,\exists X>0$，当 $|x|>X$ 时，恒有 $|f(x)-A|<\varepsilon$ 成立.

(4) $\lim\limits_{x\to x_0^+}f(x)=A\Leftrightarrow\forall\varepsilon>0,\exists\delta>0$，当 $0<x-x_0<\delta$ 时，恒有 $|f(x)-A|<\varepsilon$ 成立.

(5) $\lim\limits_{x\to x_0^-}f(x)=A\Leftrightarrow\forall\varepsilon>0,\exists\delta>0$，当 $0<x_0-x<\delta$ 时，恒有 $|f(x)-A|<\varepsilon$ 成立.

(6) $\lim\limits_{x\to x_0}f(x)=A\Leftrightarrow\forall\varepsilon>0,\exists\delta>0$，当 $0<|x-x_0|<\delta$ 时，恒有 $|f(x)-A|<\varepsilon$ 成立.

注 上述函数极限的定义中的 X、δ 与 ε 有关系，但不唯一.

2.1.3 无穷小量

以 0 为极限的变量称为**无穷小量**. 需要注意的是，0 是一种特殊的无穷小量. 无穷小量的概念在整个微积分中有着重要的作用，需要读者引起重视.

2.1.4　无穷小量的阶

设 α,β 是同一变化过程中的两个无穷小量，且 $\lim\frac{\alpha}{\beta}=A$（$A$ 为某一常数），

(1) 若 $A=0$，则称 α 是比 β 高阶的无穷小量（或 β 是比 α 低阶的无穷小量），记作 $\alpha=o(\beta)$.

(2) 若 $A\neq0$，则称 α 是与 β 同阶的无穷小量，记作 $\alpha=O(\beta)$. 特殊地，当 $A=1$ 时，称 α 与 β 是等价的无穷小量，记作 $\alpha\sim\beta$.

下面列出一些常见的等价无穷小量，需要大家熟练记忆.

当 $x\to0$ 时：

(1) $\sin x\sim x$；

(2) $\arcsin x\sim x$；

(3) $\tan x\sim x$；

(4) $\arctan x\sim x$；

(5) $1-\cos x\sim\frac{1}{2}x^2$；

(6) $\tan x-\sin x\sim\frac{1}{2}x^3$；

(7) $\log_a(1+x)\sim\frac{x}{\ln a},a>0,a\neq1$；

(8) $\ln(1+x)\sim x$（为式(7)的特殊情况）；

(9) $a^x-1\sim x\ln a,a>0,a\neq1$；

(10) $e^x-1\sim x$（为式(9)的特殊情况）；

(11) $(1+x)^\alpha-1\sim\alpha x$；

(12) $\sqrt[n]{1+x}-1\sim\frac{x}{n}$（为式(11)的特殊情况）；

(13) $\sqrt{1+x}-1\sim\frac{x}{2}$（为式(11)的特殊情况）.

2.1.5　无穷大量

如果在某个变化过程中，对于 $\forall M>0$，存在某个时刻，使得在那个时刻以后恒有 $|Y|>M$ 成立，则称变量 Y 为无穷大量. 记作 $\lim Y=\infty$ 或 $Y\to\infty$. 具体地，有：

(1) $\lim\limits_{n\to\infty}u_n=\infty\Leftrightarrow\forall M>0$，$\exists$ 正整数 N，当 $n>N$ 时，恒有 $|u_n|>M$ 成立；

(2) $\lim\limits_{x\to\infty}f(x)=\infty\Leftrightarrow\forall M>0$，$\exists X_0>0$，当 $|x|>X_0$ 时，恒有 $|f(x)|>M$ 成立；

(3) $\lim\limits_{x\to x_0}f(x)=\infty\Leftrightarrow\forall M>0$，$\exists\delta>0$，当 $0<|x-x_0|<\delta$ 时，恒有 $|f(x)|>M$ 成立.

注　从本质上来讲，在相应的变化趋势下，无穷大量的极限是不存在的，常用的极限运算法则不适用，因此无穷大量的问题往往转化为无穷小量来讨论，见定理 2.4.

2.1.6　函数的连续性

函数 $y=f(x)$ 在点 x_0 处连续的三个等价定义为：

(1) $\lim\limits_{x\to x_0}f(x)=f(x_0)$；

(2) $\lim\limits_{\Delta x\to0}\Delta y=0$，其中 $\Delta y=f(x_0+\Delta x)-f(x_0)$；

(3) $\forall\varepsilon>0$，$\exists\delta>0$，当 $|x-x_0|<\delta$ 时，恒有 $|f(x)-f(x_0)|<\varepsilon$ 成立.

$y=f(x)$ 在某个区间内连续的定义：

如果函数 $y=f(x)$ 在区间 (a,b) 内每一点处都连续，则称 $y=f(x)$ 在 (a,b) 内连续；

如果 $y=f(x)$在(a,b)内连续且在 a 处右连续，则称 $y=f(x)$在$[a,b)$上连续. 类似地可以定义 $y=f(x)$在区间$(a,b]$和$[a,b]$上的连续性.

2.1.7 函数的间断点

若 $y=f(x)$在点 x_0 处出现如下三种情况之一，则称 x_0 为 $y=f(x)$的**间断点**：

(1) $y=f(x)$在点 x_0 处无定义；

(2) $y=f(x)$在点 x_0 处有定义，但$\lim\limits_{x\to x_0}f(x)$不存在；

(3) $y=f(x)$在点 x_0 处有定义，$\lim\limits_{x\to x_0}f(x)$存在，但$\lim\limits_{x\to x_0}f(x)\neq f(x_0)$.

2.1.8 间断点的类型

第一类间断点：设 x_0 是 $f(x)$的间断点，且 $\lim\limits_{x\to x_0^-}f(x)$和 $\lim\limits_{x\to x_0^+}f(x)$都存在，则称 x_0 为 $f(x)$的第一类间断点. 其中：

(1) 可去间断点：$\lim\limits_{x\to x_0^-}f(x)=\lim\limits_{x\to x_0^+}f(x)$；

(2) 跳跃间断点：$\lim\limits_{x\to x_0^-}f(x)\neq\lim\limits_{x\to x_0^+}f(x)$.

第二类间断点：设 x_0 是 $f(x)$的间断点，且 $\lim\limits_{x\to x_0^-}f(x)$和 $\lim\limits_{x\to x_0^+}f(x)$中至少有一个不存在，则称 x_0 为 $f(x)$的第二类间断点.

特殊地，若 $\lim\limits_{x\to x_0^-}f(x)$和 $\lim\limits_{x\to x_0^+}f(x)$中至少有一个为$\infty$，则称 x_0 为**无穷间断点**. 例如 $x=0$ 是 $f(x)=e^{\frac{1}{x}}$的第二类间断点中的无穷间断点.

2.1.9 子数列

从数列$\{u_n\}$中抽取无穷多项，在不改变原有次序的情况下构成的新数列称为原数列$\{u_n\}$的**子数列**，简称**子列**. 记作$\{u_{n_k}\}$：$u_{n_1},u_{n_2},\cdots,u_{n_k},\cdots$. 其中 n_k 表示 u_{n_k} 在原数列$\{u_n\}$中的位置，k 表示 u_{n_k} 在子列中的位置.

2.1.10 重要的法则、定理

定理 2.1 $\lim\limits_{x\to\infty}f(x)=A\Leftrightarrow\lim\limits_{x\to+\infty}f(x)=\lim\limits_{x\to-\infty}f(x)=A$.

定理 2.2 $\lim\limits_{x\to x_0}f(x)=A\Leftrightarrow\lim\limits_{x\to x_0^-}f(x)=\lim\limits_{x\to x_0^+}f(x)=A$.

定理 2.3 $\lim Y=A\Leftrightarrow Y=A+\alpha$，其中 α 是无穷小量(与 Y 在同一个变化过程中).

定理 2.4 在同一个变化趋势下，无穷小量与无穷大量有如下关系：

(1) 若变量 Y 为无穷大量，则$\dfrac{1}{Y}$为无穷小量；

(2) 若变量 Y 为无穷小量$(Y\neq0)$，则$\dfrac{1}{Y}$为无穷大量.

定理 2.5 极限的性质

(1)(唯一性)　若极限 $\lim Y$ 存在，则极限值唯一.

(2)(有界性)　如果 $\lim Y$ 存在，则 Y 是局部有界的. 特别地，若数列极限 $\lim\limits_{n\to\infty}u_n$ 存在，则 $\{u_n\}$ 不仅是局部有界的，而且是全局有界的.

(3)(保号性)　若极限 $\lim\limits_{x\to x_0}f(x)=A$，且 $A>0$(或 $A<0$)，则 $f(x)$ 在 x_0 的某个空心邻域内恒有 $f(x)>0$(或 $f(x)<0$).

(4) 若极限 $\lim\limits_{x\to x_0}f(x)=A$，且在 x_0 的某个空心邻域内恒有 $f(x)\geqslant 0$(或 $f(x)\leqslant 0$)，则有 $A\geqslant 0$(或 $A\leqslant 0$).

(5) 若 $\lim\limits_{x\to x_0}f(x)=A$，$\lim\limits_{x\to x_0}g(x)=B$，且在 x_0 的某个空心邻域内恒有 $f(x)\geqslant g(x)$(或 $f(x)\leqslant g(x)$)，则有 $A\geqslant B$(或 $A\leqslant B$).

定理 2.6　极限的运算法则

设极限 $\lim X$，$\lim Y$ 均存在，则

(1) $\lim(X\pm Y)$ 存在，且 $\lim(X\pm Y)=\lim X\pm\lim Y$；

(2) $\lim(X\cdot Y)$ 存在，且 $\lim(X\cdot Y)=\lim X\cdot\lim Y$；

(3) 若 $\lim Y\neq 0$，则 $\lim\dfrac{X}{Y}$ 存在，且有 $\lim\dfrac{X}{Y}=\dfrac{\lim X}{\lim Y}$.

推论 2.1　若 $\lim X$ 存在，C 为一常数，则 $\lim(CX)$ 存在，且 $\lim(C\cdot X)=C\cdot\lim X$.

推论 2.2　若 $\lim X$ 存在，k 为一正整数，则 $\lim X^k$ 存在，且 $\lim(X^k)=(\lim X)^k$.

定理 2.7(夹逼定理)　如果变量 X,Y,Z 满足 $X\leqslant Y\leqslant Z$，且 $\lim X=\lim Z=A$(A 为某常数)，那么 $\lim Y$ 也存在且 $\lim Y=A$.

定理 2.8　单调有界数列必有极限.

定理 2.9　设 α,β,γ 是同一变化过程中的无穷小量，有

(1) 若 $\alpha\sim\beta$，则 $\beta\sim\alpha$；

(2) 若 $\alpha\sim\beta$，$\beta\sim\gamma$，则 $\alpha\sim\gamma$.

定理 2.10　设 $\alpha,\beta,\bar{\alpha}$ 和 $\bar{\beta}$ 是同一变化过程中的无穷小量，且 $\alpha\sim\bar{\alpha}$，$\beta\sim\bar{\beta}$，$\lim\dfrac{\alpha}{\beta}$ 存在，则

$$\lim\frac{\alpha}{\beta}=\lim\frac{\bar{\alpha}}{\beta}=\lim\frac{\alpha}{\bar{\beta}}=\lim\frac{\bar{\alpha}}{\bar{\beta}}.$$

定理 2.11　数列 $\{u_n\}$ 与子数列 $\{u_{n_k}\}$ 之间的关系：

(1) $\lim\limits_{n\to\infty}u_n=A\Leftrightarrow$ 对 $\{u_n\}$ 的任何子数列 $\{u_{n_k}\}$ 有 $\lim\limits_{k\to\infty}u_{n_k}=A$.

(2) $\lim\limits_{n\to\infty}u_n=A\Leftrightarrow$ 偶数子列 $\{u_{2k}\}$ 和奇数子列 $\{u_{2k+1}\}$ 满足 $\lim\limits_{k\to\infty}u_{2k}=\lim\limits_{k\to\infty}u_{2k+1}=A$.

(3) 当 $\{u_n\}$ 是单调数列时，$\lim\limits_{n\to\infty}u_n=A\Leftrightarrow$ 存在某个子数列 $\{u_{n_k}\}$ 满足 $\lim\limits_{k\to\infty}u_{n_k}=A$.

定理 2.12　(海涅(Heine)定理)　$\lim\limits_{x\to x_0}f(x)=A\Leftrightarrow$ 对任何数列 $\{x_n\}$，$x_n\to x_0(n\to\infty)$，有 $\lim\limits_{n\to\infty}f(x_n)=A$.

注　海涅定理给出了数列极限与函数极限之间的关系.

2.1.11　连续函数的性质

(1)(连续函数的四则运算)若函数 $f(x)$，$g(x)$ 都在点 x_0 处连续，则 $f(x)\pm g(x)$，

$f(x)g(x)$，$\dfrac{f(x)}{g(x)}(g(x_0)\neq 0)$在点 x_0 处也连续.

(2)(复合函数的连续性)若 $y=f(u)$在点 u_0 处连续，$u=g(x)$在点 x_0 处连续且 $u_0=g(x_0)$，则 $y=f[g(x)]$在点 x_0 处连续.

(3)(反函数的连续性) 若 $y=f(x)$在区间$[a,b]$上单调、连续，则其反函数在相应的定义区间上单调、连续.

(4) 初等函数在其定义区间内都是连续的.

2.1.12 闭区间上的连续函数的性质

(1)(**有界性定理**) 如果函数 $f(x)$在闭区间$[a,b]$上连续，则 $f(x)$一定在$[a,b]$上有界，即$\exists M>0$，对于$\forall x\in[a,b]$，都有$|f(x)|\leqslant M$.

(2)(**最值定理**) 如果函数 $f(x)$在$[a,b]$上连续，则 $f(x)$在$[a,b]$上一定存在最大值和最小值.

(3)(**介值定理**) 如果函数 $f(x)$在$[a,b]$上连续，m 和 M 分别为 $f(x)$在$[a,b]$上的最小值和最大值，且 $M>m$，则对介于 m 与 M 之间的任一数 C，即 $m<C<M$，至少存在一点 $\xi\in(a,b)$使得 $f(\xi)=C$.

注 如果定理中的条件改为 $m\leqslant C\leqslant M$，则至少存在一点 $\xi\in[a,b]$，使得 $f(\xi)=C$.

(4)(**零点存在定理**) 如果 $f(x)$在$[a,b]$上连续，且 $f(a)f(b)<0$，则至少存在一点 $\xi\in(a,b)$，使得 $f(\xi)=0$.

2.1.13 两个重要的结论

(1) $\lim\limits_{n\to\infty}a^n=\begin{cases}0, & |a|<1\\ 1, & a=1\\ \text{不存在}, & \text{其他}\end{cases}$.

(2) $\lim\limits_{x\to\infty}\dfrac{a_nx^n+a_{n-1}x^{n-1}+\cdots+a_1x+a_0}{b_mx^m+b_{m-1}x^{m-1}+\cdots+b_1x+b_0}=\begin{cases}0, & n<m\\ \dfrac{a_n}{b_m}, & n=m\\ \infty, & n>m\end{cases}$，其中 $a_n\neq 0,b_m\neq 0$.

2.1.14 两个重要公式

(1) $\lim\limits_{x\to 0}\dfrac{\sin x}{x}=1$.

该极限属于$\dfrac{0}{0}$类型的未定式. 它可以推广到$\lim\limits_{\alpha\to 0}\dfrac{\sin\alpha}{\alpha}=1$.

(2) $\lim\limits_{x\to\infty}\left(1+\dfrac{1}{x}\right)^x=\mathrm{e}$ 或者$\lim\limits_{x\to 0}(1+x)^{\frac{1}{x}}=\mathrm{e}$.

该极限属于 1^∞ 类型的未定式. 它可以推广到$\lim\limits_{\alpha\to 0}(1+\alpha)^{\frac{1}{\alpha}}=\mathrm{e}$.

2.2 典型例题分析

2.2.1 题型一 利用分析定义证明极限存在

例 2.1 利用分析定义证明$\lim\limits_{n\to\infty}\frac{2n+(-1)^n}{n}=2$成立.

证 对于$\forall\varepsilon>0$,要使得

$$\left|\frac{2n+(-1)^n}{n}-2\right|=\frac{1}{n}<\varepsilon$$

成立,只需$n>\frac{1}{\varepsilon}$成立,取$N=\left[\frac{1}{\varepsilon}\right]$,则当$n>N$时,恒有

$$\left|\frac{2n+(-1)^n}{n}-2\right|<\varepsilon$$

成立,根据数列极限的定义有$\lim\limits_{n\to\infty}\frac{2n+(-1)^n}{n}=2$.

****例 2.2** 用分析定义证明$\lim\limits_{x\to1}\frac{x-2}{x^2+3}=-\frac{1}{4}$.

证 对于$\forall\varepsilon>0$,考察$\left|\frac{x-2}{x^2+3}-\left(-\frac{1}{4}\right)\right|=\frac{|(x-1)(x+5)|}{4(x^2+3)}$,由于$x\to1$,因此不妨设$|x-1|<1$,即$0<x<2$,所以有

$$\left|\frac{x-2}{x^2+3}-\left(-\frac{1}{4}\right)\right|<\frac{7}{12}|x-1|<|x-1|.$$

因此使得$\left|\frac{x-2}{x^2+3}-\left(-\frac{1}{4}\right)\right|<\varepsilon$,只需使得$|x-1|<\varepsilon$即可,取$\delta=\min\{1,\varepsilon\}$,则当$0<|x-1|<\delta$时,有

$$\left|\frac{x-2}{x^2+3}-\left(-\frac{1}{4}\right)\right|<\varepsilon$$

成立,故

$$\lim_{x\to1}\frac{x-2}{x^2+3}=-\frac{1}{4}.$$

2.2.2 题型二 利用极限的四则运算法则求极限

例 2.3 求下列函数的极限:

(1) $\lim\limits_{n\to\infty}\frac{3n^3+2n+1}{2n^3+(-1)^n}$; (2) $\lim\limits_{x\to\infty}\frac{(4x+5)^{10}(3x-1)^5}{(2x+3)^{15}}$;

(3) $\lim\limits_{x\to+\infty}\frac{2x-\arctan x}{3x+\arctan x}$; (4) $\lim\limits_{n\to\infty}\frac{2^n+3^n}{2^{n+1}+3^{n+1}}$.

解 (1) 原式$=\lim\limits_{n\to\infty}\frac{3+\frac{2}{n^2}+\frac{1}{n^3}}{2+\frac{1}{n^3}(-1)^n}=\frac{3}{2}$;

(2) 原式$=\lim\limits_{x\to\infty}\dfrac{\dfrac{(4x+5)^{10}}{x^{10}}\cdot\dfrac{(3x-1)^5}{x^5}}{\dfrac{(2x+3)^{15}}{x^{15}}}=\dfrac{\left(4+\dfrac{5}{x}\right)^{10}\left(3-\dfrac{1}{x}\right)^5}{\left(2+\dfrac{3}{x}\right)^{15}}=\dfrac{4^{10}\cdot 3^5}{2^{15}}=6^5$；

(3) 原式$=\lim\limits_{x\to+\infty}\dfrac{2-\dfrac{1}{x}\arctan x}{3+\dfrac{1}{x}\arctan x}=\dfrac{2}{3}$；

(4) 原式$=\lim\limits_{n\to\infty}\dfrac{\left(\dfrac{2}{3}\right)^n+1}{2\cdot\left(\dfrac{2}{3}\right)^n+3}=\dfrac{1}{3}$.

例 2.4 求下列函数的极限

(1) $\lim\limits_{x\to 1}\left(\dfrac{1}{x-1}+\dfrac{x-4}{x^3-1}\right)$；　　(2) $\lim\limits_{x\to 2}\dfrac{\sqrt{2+x}-\sqrt{6-x}}{x^2-3x+2}$.

解 (1) 原式$=\lim\limits_{x\to 1}\dfrac{(x^2+x+1)+(x-4)}{(x-1)(x^2+x+1)}=\lim\limits_{x\to 1}\dfrac{x^2+2x-3}{(x-1)(x^2+x+1)}$

$=\lim\limits_{x\to 1}\dfrac{(x-1)(x+3)}{(x-1)(x^2+x+1)}=\lim\limits_{x\to 1}\dfrac{x+3}{x^2+x+1}=\dfrac{4}{3}$；

(2) 原式$=\lim\limits_{x\to 2}\dfrac{\sqrt{2+x}-\sqrt{6-x}}{(x-1)(x-2)}=\lim\limits_{x\to 2}\dfrac{2(x-2)}{(\sqrt{2+x}+\sqrt{6-x})(x-1)(x-2)}$

$=\lim\limits_{x\to 2}\dfrac{2}{(\sqrt{2+x}+\sqrt{6-x})(x-1)}=\dfrac{1}{2}$.

2.2.3 题型三 利用单侧极限的性质求极限

例 2.5 求极限$\lim\limits_{x\to 0}\dfrac{x}{1+e^{\frac{1}{x}}}$.

解 因为

$$\lim_{x\to 0^+}e^{\frac{1}{x}}=+\infty,\ \lim_{x\to 0^-}e^{\frac{1}{x}}=0,$$

因此

$$\lim_{x\to 0^+}\frac{x}{1+e^{\frac{1}{x}}}=\lim_{x\to 0^+}x\lim_{x\to 0^+}\frac{1}{1+e^{\frac{1}{x}}}=0,\quad \lim_{x\to 0^-}\frac{x}{1+e^{\frac{1}{x}}}=\frac{0}{1+0}=0,$$

所以

$$\lim_{x\to 0}\frac{x}{1+e^{\frac{1}{x}}}=0.$$

2.2.4 题型四 利用两个重要极限求极限

例 2.6 求极限$\lim\limits_{x\to 0}\dfrac{x+\sin x}{2x+\sin(2x)}$.

解 原式$=\lim\limits_{x\to 0}\dfrac{1+\dfrac{\sin x}{x}}{2+2\cdot\dfrac{\sin(2x)}{2x}}=\dfrac{1+1}{2+2}=\dfrac{1}{2}$.

例 2.7 求极限$\lim\limits_{x\to0}\dfrac{\cos(2nx)-\cos(nx)}{x^2}$,其中 n 为正整数.

解 原式$=\lim\limits_{x\to0}\dfrac{[1-\cos(nx)]-[1-\cos(2nx)]}{x^2}=\lim\limits_{x\to0}\dfrac{1-\cos(nx)}{x^2}-\lim\limits_{x\to0}\dfrac{1-\cos(2nx)}{x^2}$

$$=\lim_{x\to0}\frac{2\sin^2\dfrac{nx}{2}}{x^2}-\lim_{x\to0}\frac{2\sin^2(nx)}{x^2}=\lim_{x\to0}\frac{2\sin^2\dfrac{nx}{2}}{\dfrac{4}{n^2}\cdot\left(\dfrac{nx}{2}\right)^2}-\lim_{x\to0}\frac{2n^2\sin^2(nx)}{(nx)^2}$$

$$=\frac{n^2}{2}-2n^2=-\frac{3}{2}n^2.$$

例 2.8 (2003 年考研题)求极限 $\lim\limits_{x\to0}[1+\ln(1+x)]^{\frac{2}{x}}$.

解 $\lim\limits_{x\to0}[1+\ln(1+x)]^{\frac{2}{x}}=\lim\limits_{x\to0}[1+\ln(1+x)]^{\frac{1}{\ln(1+x)}\cdot\frac{2\ln(1+x)}{x}}=e^2.$

2.2.5 题型五 利用等价无穷小量替换求极限

例 2.9 求极限$\lim\limits_{x\to0}\dfrac{\sin(x^n)}{\sin^m x}$,其中 m,n 为自然数.

解 $\lim\limits_{x\to0}\dfrac{\sin(x^n)}{\sin^m x}=\lim\limits_{x\to0}\dfrac{x^n}{x^m}=\begin{cases}\infty, & n<m\\ 1, & n=m.\\ 0, & n>m\end{cases}$

例 2.10 求极限$\lim\limits_{x\to0}\dfrac{\sqrt{1+\tan x}-\sqrt{1-\tan x}}{\tan(2x)}$.

解 原式$=\lim\limits_{x\to0}\dfrac{2\tan x}{\tan(2x)(\sqrt{1+\tan x}+\sqrt{1-\tan x})}$

$$=\lim_{x\to0}\frac{2x}{2x(\sqrt{1+\tan x}+\sqrt{1-\tan x})}=\frac{1}{2}.$$

2.2.6 题型六 证明极限不存在

例 2.11 求极限$\lim\limits_{x\to\infty}\dfrac{2^x-2^{-x}}{2^x+2^{-x}}$.

解

由于

$$\lim_{x\to+\infty}\frac{2^x-2^{-x}}{2^x+2^{-x}}=\lim_{x\to+\infty}\frac{1-2^{-2x}}{1+2^{-2x}}=1,\ \lim_{x\to-\infty}\frac{2^x-2^{-x}}{2^x+2^{-x}}=\lim_{x\to-\infty}\frac{2^{2x}-1}{2^{2x}+1}=-1,$$

左右极限存在,但不相等,因此极限$\lim\limits_{x\to\infty}\dfrac{2^x-2^{-x}}{2^x+2^{-x}}$不存在.

****例 2.12** 证明$\lim\limits_{x\to0}\sin\dfrac{1}{x}$不存在.

证 取两个子数列

$$\{x_n^{(1)}\}=\left\{\frac{1}{2n\pi+\dfrac{\pi}{2}}\right\}\text{和}\{x_n^{(2)}\}=\left\{\frac{1}{n\pi}\right\},$$

显然满足

$$x_n^{(1)} \neq 0, \lim_{n\to\infty} x_n^{(1)} = 0;\ x_n^{(2)} \neq 0, \lim_{n\to\infty} x_n^{(2)} = 0.$$

但是

$$\sin\frac{1}{x_n^{(1)}} = \sin\left(2n\pi + \frac{\pi}{2}\right) = 1, \quad \lim_{n\to\infty}\sin\frac{1}{x_n^{(1)}} = 1,$$

$$\sin\frac{1}{x_n^{(2)}} = \sin(n\pi) = 0, \quad \lim_{n\to\infty}\sin\frac{1}{x_n^{(2)}} = 0,$$

由海涅定理可知，极限$\lim\limits_{x\to 0}\sin\dfrac{1}{x}$不存在.

2.2.7 题型七 利用极限的存在准则求极限

例 2.13 设 $x_1=10, x_{n+1}=\sqrt{6+x_n}, n=1,2,\cdots$，问数列$\{x_n\}$的极限是否存在？若存在，求其值.

解 由 $x_1=10$ 及 $x_2=\sqrt{6+x_1}=4$，知 $x_1>x_2$. 假设对正整数 k，有 $x_k>x_{k+1}$，则有

$$x_{k+1} = \sqrt{6+x_k} > \sqrt{6+x_{k+1}} = x_{k+2},$$

由数学归纳法知对一切正整数 n 都有 $x_n>x_{n+1}$，即$\{x_n\}$为单调递减数列，又因为 $x_n>0$，即$\{x_n\}$有下界，因此$\lim\limits_{n\to\infty}x_n$ 存在.

不妨设 $\lim\limits_{n\to\infty}x_n=A$，则有$\lim\limits_{n\to\infty}x_{n+1}=\sqrt{6+\lim\limits_{n\to\infty}x_n}$，从而

$$A = \sqrt{6+A}, A > 0,$$

所以 $A=3$.

例 2.14 求极限$\lim\limits_{n\to\infty}\left(\dfrac{1}{n+1}+\dfrac{1}{(n^2+1)^{\frac{1}{2}}}+\cdots+\dfrac{1}{(n^n+1)^{\frac{1}{n}}}\right)$.

解 由于

$$\frac{1}{n+1}\cdot n \leqslant \left[\frac{1}{n+1}+\frac{1}{(n^2+1)^{\frac{1}{2}}}+\cdots+\frac{1}{(n^n+1)^{\frac{1}{n}}}\right] < \frac{1}{n}\cdot n = 1,$$

且$\lim\limits_{n\to\infty}\dfrac{n}{n+1}=1$，由夹逼定理可知，原极限$=1$.

例 2.15 求极限$\lim\limits_{n\to\infty}(1+2^n+3^n+4^n)^{\frac{1}{n}}$.

解 由于

$$4 = (4^n)^{\frac{1}{n}} \leqslant (1+2^n+3^n+4^n)^{\frac{1}{n}} \leqslant 4^{\frac{1}{n}}\cdot 4,$$

且$\lim\limits_{n\to\infty}4\cdot 4^{\frac{1}{n}}=4$，由夹逼定理可得

$$\lim_{n\to\infty}(1+2^n+3^n+4^n)^{\frac{1}{n}} = 4.$$

注 本例题的结论可以推广到一般情况，例如求极限

$$\lim_{n\to\infty}(a_1^n+a_2^n+\cdots+a_K^n)^{\frac{1}{n}},$$

其中 K 为某个正整数，$a_i>0, i=1,2,\cdots,K$. 则

$$\lim_{n\to\infty}(a_1^n+a_2^n+\cdots+a_K^n)^{\frac{1}{n}} = \max\{a_1,a_2,\cdots,a_K\}.$$

例 2.16 求极限$\lim\limits_{n\to\infty}(1+x^n)^{\frac{1}{n}}$，其中 $x>0$.

解　利用例 2.15 的结论. 当 $0<x<1$ 时,原极限$=1$；当 $x=1$ 时,原极限$=1$；当 $x>1$ 时,原极限$=x$. 因此

$$\lim_{n\to\infty}(1+x^n)^{\frac{1}{n}}=\begin{cases}1, & 0<x\leqslant 1\\ x, & x>1\end{cases}.$$

2.2.8　题型八　利用极限的性质求参数值或函数的表达式

例 2.17　已知 $\lim\limits_{x\to\infty}\left(\frac{x^2+1}{x+1}-ax-b\right)=0$,求 a 和 b 的值.

解　由于

$$\lim_{x\to\infty}\left(\frac{x^2+1}{x+1}-ax-b\right)=\lim_{x\to\infty}\frac{(1-a)x^2-(a+b)x+1-b}{x+1}=0,$$

所以 $\begin{cases}1-a=0\\ a+b=0\end{cases}$,因此 $a=1$，　$b=-1$.

例 2.18　已知 $\lim\limits_{x\to 2}\frac{x^2+ax+b}{x^2-3x+2}=6$,求实数 a 和 b 的值.

解　因为 $\lim\limits_{x\to 2}(x^2-3x+2)=0$,所以 $\lim\limits_{x\to 2}(x^2+ax+b)=0$,令

$$x^2+ax+b=(x-2)(x+k),$$

则

$$\lim_{x\to 2}\frac{x^2+ax+b}{x^2-3x+2}=\lim_{x\to 2}\frac{(x-2)(x+k)}{(x-2)(x-1)}=2+k=6,$$

所以 $k=4$,从而 $a=2,b=-8$.

例 2.19　已知 $f(x)=x^3+\frac{\sin x}{x}+2\tan\left(x-\frac{\pi}{4}\right)\lim\limits_{x\to 0}f(x)$,求 $f(x)$ 的表达式.

解　令 $\lim\limits_{x\to 0}f(x)=A$,则 $f(x)=x^3+\frac{\sin x}{x}+2A\tan\left(x-\frac{\pi}{4}\right)$,从而

$$\lim_{x\to 0}f(x)=\lim_{x\to 0}x^3+\lim_{x\to 0}\frac{\sin x}{x}+\lim_{x\to 0}2A\tan\left(x-\frac{\pi}{4}\right),$$

即有 $A=1+2A\cdot(-1)$,解得 $A=\frac{1}{3}$,因此有

$$f(x)=x^3+\frac{\sin x}{x}+\frac{2}{3}\tan\left(x-\frac{\pi}{4}\right).$$

2.2.9　题型九　函数的连续性问题

例 2.20　讨论函数 $f(x)=\lim\limits_{n\to\infty}\frac{1+x}{1+x^{2n}}$ 的连续性.

解　当 $|x|<1$ 时,$f(x)=1+x$；当 $|x|=1$ 时,$f(x)=\frac{1+x}{2}$；当 $|x|>1$ 时,$f(x)=0$.

从而

$$f(x)=\begin{cases}0, & x\leqslant -1\\ 1+x, & -1<x<1\\ 1, & x=1\\ 0, & x>1\end{cases}.$$

如图 2.1 所示. 因为 $\lim\limits_{x\to -1^+}f(x)=\lim\limits_{x\to -1^-}f(x)=f(-1)=0$,所以 $x=-1$ 为函数 $f(x)$的连续点. 又因为 $\lim\limits_{x\to 1^+}f(x)=0,f(1)=1$,所以 $x=1$ 为函数 $f(x)$的间断点,综上可知函数 $f(x)$在$(-\infty,1)\cup(1,+\infty)$内连续.

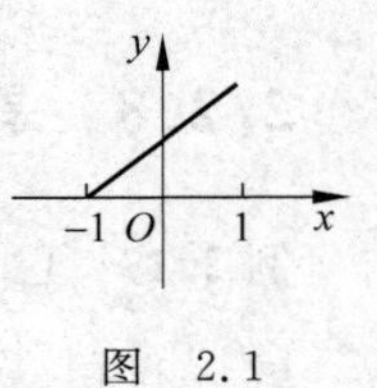

图 2.1

例 2.21 讨论下列函数的间断点及其类型:

(1) $f(x)=\dfrac{\tan x}{x}$;

(2) $f(x)=\begin{cases}\dfrac{\ln(1-x^2)}{x\sin x}, & x\neq 0\\ 0, & x=0\end{cases}$.

解 (1) 当 $x=0,x=k\pi+\dfrac{\pi}{2}(k=0,\pm1,\cdots)$时,$f(x)$没有定义,所以

$$x=k\pi+\frac{\pi}{2}(k=0,\pm1,\cdots),x=0$$

都是 $f(x)$的间断点; 因为$\lim\limits_{x\to 0}f(x)=\lim\limits_{x\to 0}\dfrac{\tan x}{x}=1$,所以 $x=0$ 为 $f(x)$的第一类间断点中的可去间断点. 因为

$$\lim_{x\to\left(k\pi+\frac{\pi}{2}\right)^-}f(x)=\lim_{x\to\left(k\pi+\frac{\pi}{2}\right)^-}\frac{\tan x}{x}=\infty,$$

所以 $x=k\pi+\dfrac{\pi}{2}(k=0,\pm1,\cdots)$为 $f(x)$的第二类间断点中的无穷间断点.

(2) 因为

$$\lim_{x\to 0}f(x)=\lim_{x\to 0}\frac{\ln(1-x^2)}{x\sin x}=\lim_{x\to 0}\frac{-x^2}{x^2}=-1,f(0)=0,$$

所以 $x=0$ 为 $f(x)$的第一类间断点中的可去间断点.

例 2.22 求 $f(x)=\lim\limits_{n\to\infty}\dfrac{x^{n+2}}{\sqrt{2^{2n}+x^{2n}}}(x\geqslant 0)$的间断点并判断其类型.

解 当 $0\leqslant x<2$ 时,$f(x)=\lim\limits_{n\to\infty}\dfrac{\left(\dfrac{x}{2}\right)^n\cdot x^2}{\sqrt{1+\left(\dfrac{x}{2}\right)^{2n}}}=0$;

当 $x=2$ 时,$f(x)=\lim\limits_{n\to\infty}\dfrac{2^{n+2}}{\sqrt{2^{2n}+2^{2n}}}=2\sqrt{2}$;

当 $x>2$ 时,$f(x)=\lim\limits_{n\to\infty}\dfrac{x^2}{\sqrt{1+\left(\dfrac{2}{x}\right)^{2n}}}=x^2$.

所以

$$f(x)=\begin{cases}0, & 0\leqslant x<2\\ 2\sqrt{2}, & x=2\\ x^2, & x>2\end{cases}.$$

因为$\lim\limits_{x\to 2^-}f(x)=0$，$\lim\limits_{x\to 2^+}f(x)=4$，$f(2)=2\sqrt{2}$，所以$x=2$为$f(x)$的第一类间断点中的跳跃间断点.

例 2.23　(2002年考研题) 设$f(x)=\begin{cases}\dfrac{1-e^{\tan x}}{\arcsin\dfrac{x}{2}}, & x>0\\ ae^{2x}, & x\leqslant 0\end{cases}$在$x=0$处连续，求$a$的值.

解　$\lim\limits_{x\to 0^+}f(x)=\lim\limits_{x\to 0^+}\dfrac{1-e^{\tan x}}{\arcsin\dfrac{x}{2}}=\lim\limits_{x\to 0^+}\dfrac{-\tan x}{\dfrac{x}{2}}=-2$，$f(0)=ae^0=a$，所以$a=-2$.

2.2.10　题型十　连续函数的等式证明问题

例 2.24　设$f(x)$在$[a,b]$上连续，且$f(a)=f(b)$，证明至少存在一点$\xi\in(a,b)$，使得$f(\xi)=f\left(\xi+\dfrac{b-a}{2}\right)$成立.

证　构造辅助函数$F(x)=f(x)-f\left(x+\dfrac{b-a}{2}\right)$，则有

$$F(a)=f(a)-f\left(a+\frac{b-a}{2}\right)=f(a)-f\left(\frac{a+b}{2}\right),$$

$$F\left(\frac{a+b}{2}\right)=f\left(\frac{a+b}{2}\right)-f\left(\frac{a+b}{2}+\frac{b-a}{2}\right)=f\left(\frac{a+b}{2}\right)-f(b),$$

若$F\left(\dfrac{a+b}{2}\right)=F(a)=0$，只需取$\xi=\dfrac{a+b}{2}$；若$F\left(\dfrac{a+b}{2}\right)$和$F(a)$都不等于零，则两者一定异号，由零点定理可得在$(a,b)$内至少存在一点$\xi$，使得$F(\xi)=0$，从而$f(\xi)=f\left(\xi+\dfrac{b-a}{2}\right)$成立.

例 2.25　设$f(x)$，$g(x)$在$[a,b]$上连续，$a>0$，且$f(a)<g(a)+\dfrac{1}{a}$，$f(b)>g(b)+\dfrac{1}{b}$，证明在(a,b)内至少存在一点ξ，使得$f(\xi)=g(\xi)+\dfrac{1}{\xi}$成立.

证　构造辅助函数

$$F(x)=f(x)-g(x)-\frac{1}{x},$$

则$F(a)<0$，$F(b)>0$，且$F(x)$在$[a,b]$上连续，利用零点定理可知在(a,b)内至少存在一点ξ，使得$F(\xi)=0$，即$f(\xi)=g(\xi)+\dfrac{1}{\xi}$成立.

2.2.11　题型十一　综合问题

****例 2.26**　设$\lim\limits_{x\to 0}\left[1+2x+\dfrac{f(x)}{x}\right]^{\frac{1}{x}}=e^3$，求$\lim\limits_{x\to 0}\left[1+\dfrac{f(x)}{x}\right]^{\frac{1}{x}}$.

解 因为

$$\lim_{x\to 0}\left[1+2x+\frac{f(x)}{x}\right]^{\frac{1}{x}}=\exp\left\{\lim_{x\to 0}\frac{\ln\left[1+2x+\frac{f(x)}{x}\right]}{x}\right\}=\mathrm{e}^3,$$

所以

$$\lim_{x\to 0}\frac{\ln\left[1+2x+\frac{f(x)}{x}\right]}{x}=3,\quad 且\lim_{x\to 0}\frac{f(x)}{x}=0,$$

从而利用等价无穷小量代换得

$$\lim_{x\to 0}\frac{\ln\left[1+2x+\frac{f(x)}{x}\right]}{x}=\lim_{x\to 0}\frac{2x+\frac{f(x)}{x}}{x}=2+\lim_{x\to 0}\frac{f(x)}{x^2}=3,$$

所以

$$\lim_{x\to 0}\frac{f(x)}{x^2}=1,$$

故

$$\lim_{x\to 0}\left[1+\frac{f(x)}{x}\right]^{\frac{1}{x}}=\lim_{x\to 0}\left[1+\frac{f(x)}{x}\right]^{\frac{x}{f(x)}\cdot\frac{f(x)}{x^2}}=\mathrm{e}.$$

例 2.27 求极限$\lim\limits_{x\to 0}\left(\frac{a^x+b^x+c^x}{3}\right)^{\frac{1}{x}}$,其中 a,b,c 均为正数.

解 $\lim\limits_{x\to 0}\left(\frac{a^x+b^x+c^x}{3}\right)^{\frac{1}{x}}=\lim\limits_{x\to 0}\exp\left\{\frac{\ln\left(\frac{a^x+b^x+c^x}{3}\right)}{x}\right\}$,

又因为

$$\begin{aligned}\lim_{x\to 0}\frac{\ln\left(\frac{a^x+b^x+c^x}{3}\right)}{x}&=\lim_{x\to 0}\frac{\ln\left(1+\frac{a^x+b^x+c^x-3}{3}\right)}{x}=\lim_{x\to 0}\frac{a^x+b^x+c^x-3}{3x}\\&=\frac{1}{3}\left(\lim_{x\to 0}\frac{a^x-1}{x}+\lim_{x\to 0}\frac{b^x-1}{x}+\lim_{x\to 0}\frac{c^x-1}{x}\right)\\&=\frac{1}{3}\left(\lim_{x\to 0}\frac{x\ln a}{x}+\lim_{x\to 0}\frac{x\ln b}{x}+\lim_{x\to 0}\frac{x\ln c}{x}\right)\\&=\frac{1}{3}(\ln a+\ln b+\ln c)=\frac{1}{3}\ln(abc),\end{aligned}$$

所以

$$\lim_{x\to 0}\left(\frac{a^x+b^x+c^x}{3}\right)^{\frac{1}{x}}=\mathrm{e}^{\frac{1}{3}\ln(abc)}=\sqrt[3]{abc}.$$

注 本例的另一种解法见第 4 章例 4.13.

****例 2.28** 已知 $\lim\limits_{x\to 0}\frac{\ln(1+2x^2)+xf(x)}{\sin^3 x}=0$,求极限$\lim\limits_{x\to 0}\frac{f(x)}{x}$.

解法 1 当 $x\to 0$ 时,$\ln(1+2x^2)+xf(x)=o(x^3)$,从而有

$$f(x)=\frac{-\ln(1+2x^2)+o(x^3)}{x},$$

因此

$$\lim_{x\to 0}\frac{f(x)}{x}=\lim_{x\to 0}\frac{-\ln(1+2x^2)+o(x^3)}{x^2}=\lim_{x\to 0}\frac{-\ln(1+2x^2)}{x^2}+\lim_{x\to 0}\frac{o(x^3)}{x^2}=-2.$$

解法 2　由题意

$$\lim_{x\to 0}\frac{\ln(1+2x^2)+xf(x)}{x^3}=0,$$

从而有

$$\lim_{x\to 0}\frac{\dfrac{\ln(1+2x^2)}{x^2}+\dfrac{f(x)}{x}}{x}=0,$$

故

$$\lim_{x\to 0}\left[\frac{\ln(1+2x^2)}{x^2}+\frac{f(x)}{x}\right]=0.$$

因此

$$\lim_{x\to 0}\frac{f(x)}{x}=-\lim_{x\to 0}\frac{\ln(1+2x^2)}{x^2}=-\lim_{x\to 0}\frac{2x^2}{x^2}=-2.$$

2.3　习题精选

1. 填空题

(1) 对于 $\forall\varepsilon>0,\exists\delta>0$，当 $|x-0|<\delta$ 时，有 $\left|\dfrac{f(x)}{x}-1\right|<\varepsilon$，则 $\lim\limits_{x\to 0}f(x)=$________.

(2) $\lim\limits_{x\to 0^-}\mathrm{e}^{\frac{1}{x}}=$________，$\lim\limits_{x\to 0^+}\mathrm{e}^{\frac{1}{x}}=$________，$\lim\limits_{x\to 0}\mathrm{e}^{\frac{1}{x}}=$________.

(3) 设 $\lim\limits_{x\to\infty}f(x)=2,\lim\limits_{x\to\infty}\dfrac{f(x)}{g(x)}=5$，则 $\lim\limits_{x\to\infty}g(x)=$________.

(4) $\lim\limits_{x\to\infty}\dfrac{(5x+1)^{40}(3x+2)^{20}}{(5x-1)^{60}}=$________.

(5) 设 $u_n=\dfrac{n}{\sqrt{n^3+n}}\sin(\sqrt{n})$，则 $\lim\limits_{n\to\infty}u_n=$________.

(6) $\lim\limits_{n\to\infty}\dfrac{nx^2}{2}\tan\dfrac{2\pi}{n}=$________.

(7) 若 $\lim\limits_{x\to 0}\dfrac{\tan(ax)}{\sin(3x)}=-2$，则 $a=$________.

(8) 当 $x\to 0$ 时，若 $(\mathrm{e}^{x^2}-1)\arctan^3 x\sim x^\alpha$，则 $\alpha=$________.

(9) $\lim\limits_{x\to\infty}\dfrac{x+4}{x^2+2x}(2+\cos x)=$________.

(10) $\lim\limits_{n\to\infty}\dfrac{3^n+5^{n+1}}{2^n+5^{n+2}}=$________.

(11) $\lim\limits_{n\to\infty}\sqrt[n]{2^n+3^n+4^n}=$________.

(12) 设 $\lim\limits_{x\to-1}\dfrac{x^3+ax^2+x+2}{x+1}=b$($b$ 为有限数),则 $a+b=$________.

(13) $\lim\limits_{x\to\infty}\left(x\sin\dfrac{1}{x}+\dfrac{1}{x}\sin x\right)=$________.

(14) $\lim\limits_{x\to 0}\left(x\sin\dfrac{1}{x}+\dfrac{1}{x}\sin x\right)=$________.

(15) 设 $\lim\limits_{x\to\infty}\left(\dfrac{x+2a}{x-1}\right)^x=e^3$,则 $a=$________.

(16) $\lim\limits_{x\to 0}\sqrt[x]{1-2x}=$________.

(17) 已知 $f(x)=2x+4\sin x\lim\limits_{x\to\frac{\pi}{2}}f(x)$,则 $f(x)=$________.

(18) 已知 $f(x)=\begin{cases}3e^x, & x<0\\ 2x+a, & x\geqslant 0\end{cases}$,在 $x=0$ 处连续,则 $a=$________.

(19) 若函数 $f(x)=\begin{cases}2e^x+x\sin\dfrac{1}{x}, & x<0\\ b, & x=0\\ a+\cos x, & x>0\end{cases}$ 在 $x=0$ 处连续,则 $a=$________,$b=$________.

(20) 为使 $f(x)=\dfrac{\sin(2x)\ln(1+x^2)}{x^2\arctan(3x)}$ 在 $x=0$ 处连续,须补充定义 $f(0)=$________.

(21) 设函数 $f(x)=\begin{cases}(\cos x)^{\frac{1}{x}}, & x\neq 0\\ e, & x=0\end{cases}$,则间断点 $x=0$ 的类型为________.

(22) $f(x)=\lim\limits_{n\to\infty}\dfrac{3nx}{1-nx}$ 的连续区间为________.

2. 单项选择题

(1) 当 $x\to 0$ 时,$\tan(3x)\ln(1+2x)$ 与 $\sin x^2$ 比较是(　　)无穷小量.

(A) 同阶但不等价;　　(B) 较高阶;

(C) 较低阶;　　(D) 等价.

(2) 当 $x\to 0$ 时,(　　)与 x 是等价无穷小量.

(A) $\sin 2x$;　　(B) $\sqrt{1+x}-1$;

(C) $x-\sin x$;　　(D) $\sqrt{1+x}-\sqrt{1-x}$.

(3) 对任意的 x,总有 $\varphi(x)\leqslant f(x)\leqslant g(x)$ 且 $\lim\limits_{x\to\infty}[g(x)-\varphi(x)]=0$,则 $\lim\limits_{x\to\infty}f(x)$(　　).

(A) 存在且一定不等于零;　　(B) 存在但不一定为零;

(C) 一定不存在;　　(D) 不一定存在.

(4) 若 $\lim\limits_{x\to 0}\dfrac{f(3x)}{x}=\dfrac{1}{2}$,则 $\lim\limits_{x\to 0}\dfrac{f(5x)}{x}=$(　　).

(A) $\dfrac{5}{6}$;　　(B) $\dfrac{1}{30}$;　　(C) $\dfrac{15}{2}$;　　(D) $\dfrac{3}{10}$.

(5) 设$\lim\limits_{n\to\infty}a_n$存在,则数列$\{b_n\}$满足条件(　　)时,$\lim\limits_{n\to\infty}a_nb_n$存在.

(A) $\{b_n\}$有界;　　(B) $\{b_n\}$单调;

(C) $\{b_n\}$单调有界;　　(D) 不能确定.

(6) 当$n\to\infty$时,$a_n=\begin{cases}\dfrac{n^2+2\sqrt{n}}{n}, & n=2k+1\\ \dfrac{1}{n}, & n=2k\end{cases}$(其中$k$为正整数)为(　　).

(A) 无穷大量;　　(B) 无穷小量;　　(C) 有界变量;　　(D) 无界变量.

(7) 当$x\to a$时,$f(x)$为(　　)时,则必有$\lim\limits_{x\to a}(x-a)f(x)=0$.

(A) 有界函数;　　(B) 任意函数;　　(C) 无穷大量;　　(D) 不能确定.

(8) 设$f(x)$和$g(x)$分别是同一个变化过程中的无穷大量和无穷小量,则$f(x)+g(x)$为(　　).

(A) 无穷小量;　　(B) 有界变量;　　(C) 无穷大量;　　(D) 不能确定.

(9) 若函数$f(x)=\begin{cases}\dfrac{1}{x}\sin x, & x<0\\ a, & x=0\\ x\sin\dfrac{1}{x}-b, & x>0\end{cases}$在$x=0$处连续,则$a,b$的值为(　　).

(A) $a=1,b=0$;　　(B) $a=1,b=-1$;

(C) $a=0,b=0$;　　(D) $a=0,b=1$.

** (10) 设$f(x),\varphi(x)$在$(-\infty,+\infty)$上有定义,$f(x)$为连续函数,且$f(x)\neq0$,$\varphi(x)$有间断点,则下列结论正确的是(　　).

(A) $\varphi[f(x)]$必有间断点;　　(B) $\varphi[f^2(x)]$必有间断点;

(C) $f[\varphi(x)]$必有间断点;　　(D) $\dfrac{\varphi(x)}{f(x)}$必有间断点.

(11) 下列说法正确的是(　　).

(A) 若$f(x)$在$(a-\delta,a+\delta)$内有界,则$f(x)$在$x=a$处连续;

(B) 若$f(x)$在$x=a$处连续,则必存在$\delta>0$,使得$f(x)$在$(a-\delta,a+\delta)$内有界;

(C) 若$f(x)$在$(a-\delta,a+\delta)$内有界且可导,则$f'(x)$在$(a-\delta,a+\delta)$内有界;

(D) 若$f(x)$在$(a-\delta,a+\delta)$内有界,且有$\lim\limits_{x\to a}f(x)g(x)=0$,则有$\lim\limits_{x\to a}g(x)=0$.

3. 求下列极限:

(1) $\lim\limits_{n\to\infty}\dfrac{\sqrt[3]{8n^3+1}+n}{\sqrt{n^2+1}+2n}$;　　(2) $\lim\limits_{n\to\infty}\dfrac{n\arctan\sqrt{n}}{\sqrt{4n^2+1}}$;

(3) $\lim\limits_{x\to\infty}\dfrac{x-\sin x}{2x+\sin(2x)}$;　　(4) $\lim\limits_{x\to+\infty}\left(\sqrt{x+\sqrt{x}}-\sqrt{x}\right)$;

(5) $\lim\limits_{x\to0}\left(\dfrac{1}{x}\sin x+2x\sin\dfrac{1}{x}\right)$;　　(6) $\lim\limits_{x\to\infty}\left(\dfrac{x}{1+x}\right)^{-2x+1}$;

(7) $\lim\limits_{x\to0}(1+xe^x)^{\frac{1}{x}}$;　　(8) $\lim\limits_{n\to\infty}n\cdot\left(\sqrt{\dfrac{n-1}{n+2}}-1\right)$;

(9) $\lim\limits_{x\to1}\dfrac{\sqrt{3-x}-\sqrt{1+x}}{\sin(x^2-1)}$；　　(10) $\lim\limits_{x\to\frac{\pi}{4}}\tan(2x)\tan\left(\dfrac{\pi}{4}-x\right)$；

(11) $\lim\limits_{x\to-\infty}\dfrac{x^2\sin\dfrac{1}{x}}{\sqrt{2x^2-1}}$；　　(12) $\lim\limits_{x\to1}x^{\frac{1}{1-x}}$；

(13) $\lim\limits_{x\to0}\dfrac{e^{\tan x}-e^{\sin x}}{\sin^3 x}$；　　(14) $\lim\limits_{n\to\infty}\dfrac{(n+1)^n}{n^{n-1}}\tan\dfrac{1}{n}$.

4. 若$\lim\limits_{x\to1}\dfrac{x^2+ax+b}{\tan(x^2-1)}=3$，试求常数 a 和 b 的值.

5. 若$\lim\limits_{x\to\infty}\left(\dfrac{2x^2+1}{x-1}+ax+b\right)=0$，试求常数 a 和 b 的值.

6. 已知极限$\lim\limits_{x\to\infty}\left(\dfrac{x+a}{x-2a}\right)^x=8$，试求常数 a 的值.

7. 已知 $f(x)$在$(-\infty,+\infty)$内是奇函数，且$\lim\limits_{x\to0^+}f(x)=A$，试求$\lim\limits_{x\to0^-}f(x)$和$\lim\limits_{x\to0}f(x)$.

8. 设 $f(x)=\lim\limits_{t\to+\infty}\dfrac{\ln(2^t+x^t)}{t}$，其中 $x>0$，求 $f(x)$的表达式.

9. 设 $x_{n+1}=\dfrac{1}{3}\left(2x_n+\dfrac{8}{x_n^2}\right)$，$n=0,1,2,\cdots$，其中 $x_0>0$，证明数列$\{x_n\}$收敛，并求$\lim\limits_{n\to\infty}x_n$.

10. 已知 $f(x)=\dfrac{x^2-x}{|x|(x^2-1)}$，讨论 $f(x)$的间断点及其类型.

11. 讨论函数 $f(x)=\lim\limits_{n\to\infty}\dfrac{1-2^{nx}}{1+2^{nx}}$的连续性.

12. 讨论函数 $f(x)=\begin{cases}\dfrac{\cos x}{x+4}, & x\geqslant0\\ \dfrac{2-\sqrt{4-x}}{x}, & x<0\end{cases}$ 在定义域内的连续性.

13. 讨论函数 $f(x)=\begin{cases}\dfrac{e^{\frac{1}{x}}-1}{e^{\frac{1}{x}}+1}, & x\neq0\\ 1, & x=0\end{cases}$ 在 $x=0$ 处的连续性.

14. 设 $f(x)$在$[0,1]$上连续，且满足 $f(0)>0$，$f(1)<1$，试证至少存在一点 $\xi\in(0,1)$，使得 $f(\xi)=\xi$.

15. 证明方程 $x2^x=1$ 至少有一个小于 1 的根.

2.4 习题详解

1. 填空题

(1) 0.　(2) 0，$+\infty$，不存在.　(3) $\dfrac{2}{5}$.　(4) $\left(\dfrac{3}{5}\right)^{20}$.　(5) 0.

(6) πx^2.　(7) -6.　(8) 5.　(9) 0.　(10) $\dfrac{1}{5}$.　(11) 4.

(12) 4.　(13) 1.　(14) 1.　(15) 1.　(16) e^{-2}.

(17) $f(x)=2x-\dfrac{4\pi}{3}\sin x$.

提示　因为极限值等于某个常数，因此不妨设 $\lim\limits_{x\to\frac{\pi}{2}}f(x)=A$，等式两边同时求极限，得

$$\lim_{x\to\frac{\pi}{2}}f(x)=\lim_{x\to\frac{\pi}{2}}2x+\lim_{x\to\frac{\pi}{2}}4A\sin x,$$

即有 $A=\pi+4A$，所以 $A=-\dfrac{\pi}{3}$，从而 $f(x)=2x-\dfrac{4\pi}{3}\sin x$.

(18) 3.　(19) $a=1,b=2$.　(20) $\dfrac{2}{3}$.　(21) 第一类间断点中的可去间断点.

(22) $(-\infty,0)\cup(0,+\infty)$.

2. 单项选择题

(1) A;　(2) D;　(3) D;　(4) A;　(5) C;　(6) D;

(7) A;　(8) C;　(9) B;　(10) D;　(11) B.

3.

(1) 1;　(2) $\dfrac{\pi}{4}$;　(3) $\dfrac{1}{2}$;

(4) 原式$=\lim\limits_{x\to+\infty}\dfrac{\sqrt{x+\sqrt{x}}-\sqrt{x}}{1}=\lim\limits_{x\to+\infty}\dfrac{x+\sqrt{x}-x}{\sqrt{x+\sqrt{x}}+\sqrt{x}}=\lim\limits_{x\to+\infty}\dfrac{\sqrt{x}}{\sqrt{x+\sqrt{x}}+\sqrt{x}}=\dfrac{1}{2}$;

(5) 1;

(6) 原式$=\lim\limits_{x\to\infty}\left(1+\dfrac{-1}{1+x}\right)^{\frac{1+x}{-1}\cdot\frac{2x-1}{1+x}}=e^2$;

(7) e;

(8) 原式$=\lim\limits_{n\to\infty}n\left(\sqrt{1-\dfrac{3}{n+2}}-1\right)=\lim\limits_{n\to\infty}n\cdot\dfrac{1}{2}\cdot\left(-\dfrac{3}{n+2}\right)=-\dfrac{3}{2}$;

(9) 原式$=\lim\limits_{x\to1}\dfrac{\sqrt{3-x}-\sqrt{1+x}}{x^2-1}=\lim\limits_{x\to1}\dfrac{(\sqrt{3-x}-\sqrt{1+x})(\sqrt{3-x}+\sqrt{1+x})}{(x^2-1)(\sqrt{3-x}+\sqrt{1+x})}$

$$=\lim_{x\to1}\frac{2(1-x)}{(x-1)(x+1)(\sqrt{3-x}+\sqrt{1+x})}$$

$$=\lim_{x\to1}\frac{-2}{(x+1)(\sqrt{3-x}+\sqrt{1+x})}=-\frac{\sqrt{2}}{4};$$

(10) 令 $t=\dfrac{\pi}{4}-x$，则 $x=\dfrac{\pi}{4}-t$，则

原式$=\lim\limits_{t\to0}\tan\left(\dfrac{\pi}{2}-2t\right)\tan t=\lim\limits_{t\to0}\cot(2t)\tan t=\lim\limits_{t\to0}\dfrac{\tan t}{\tan(2t)}=\lim\limits_{t\to0}\dfrac{t}{2t}=\dfrac{1}{2}$;

(11) 原式$=\lim\limits_{x\to-\infty}\dfrac{x^2\cdot\dfrac{1}{x}}{\sqrt{2x^2-1}}=\lim\limits_{x\to-\infty}\dfrac{x}{\sqrt{2x^2-1}}=\lim\limits_{t\to+\infty}\dfrac{-t}{\sqrt{2t^2-1}}=-\dfrac{1}{\sqrt{2}}$;

(12) 原式$=\lim\limits_{x\to1}(1+x-1)^{\frac{1}{1-x}}=\lim\limits_{x\to1}(1+x-1)^{\frac{1}{x-1}\cdot(-1)}=\mathrm{e}^{-1}$;

(13) 原式$=\lim\limits_{x\to0}\dfrac{\mathrm{e}^{\tan x-\sin x}-1}{\sin^3x}\mathrm{e}^{\sin x}=\lim\limits_{x\to0}\dfrac{\tan x-\sin x}{\sin^3x}\mathrm{e}^{\sin x}=\lim\limits_{x\to0}\dfrac{\dfrac{1}{2}x^3}{x^3}\mathrm{e}^{\sin x}=\dfrac{1}{2}$;

(14) $\lim\limits_{n\to\infty}\dfrac{(n+1)^n}{n^{n-1}}\tan\dfrac{1}{n}=\lim\limits_{n\to\infty}\dfrac{(n+1)^n}{n^{n-1}}\dfrac{1}{n}=\lim\limits_{n\to\infty}\left(1+\dfrac{1}{n}\right)^n=\mathrm{e}$.

4. 由于

$$\lim_{x\to1}\frac{x^2+ax+b}{\tan(x^2-1)}=\lim_{x\to1}\frac{x^2+ax+b}{x^2-1}=3,$$

因此有 $\lim\limits_{x\to1}(x^2+ax+b)=0$,即 $x=1$ 为方程 $x^2+ax+b=0$ 的一个根,故设

$$x^2+ax+b=(x-1)(x-k).$$

而

$$\lim_{x\to1}\frac{x^2+ax+b}{x^2-1}=\lim_{x\to1}\frac{(x-1)(x-k)}{(x-1)(x+1)}=\lim_{x\to1}\frac{x-k}{x+1}=\frac{1-k}{2}=3,$$

解得 $k=-5$,故有 $a=4,b=-5$.

5. 原式$=\lim\limits_{x\to\infty}\dfrac{(2+a)x^2+(b-a)x+1-b}{x-1}=0$,因此 $a+2=0,b-a=0$,解得 $a=-2$,$b=-2$.

6. 由题意,显然 $a\neq0$,又因为

$$\lim_{x\to\infty}\left(\frac{x+a}{x-2a}\right)^x=\lim_{x\to\infty}\left(1+\frac{3a}{x-2a}\right)^{\frac{x-2a}{3a}\cdot\frac{3ax}{x-2a}}=\mathrm{e}^{3a}=8,$$

所以 $a=\ln2$.

7. 由于

$$\lim_{x\to0^-}f(x)=\lim_{t\to0^+}f(-t)=-\lim_{t\to0^+}f(t)=-A,$$

因此当 $A=0$ 时,$\lim\limits_{x\to0}f(x)=0$,当 $A\neq0$ 时,$\lim\limits_{x\to0}f(x)$不存在.

8. 当 $0<x<2$ 时,$f(x)=\lim\limits_{t\to+\infty}\dfrac{t\ln2+\ln\left[1+\left(\dfrac{x}{2}\right)^t\right]}{t}=\ln2$;

当 $x=2$ 时,$f(x)=\lim\limits_{t\to+\infty}\dfrac{\ln(2^t+2^t)}{t}=\lim\limits_{t\to+\infty}\dfrac{(t+1)\ln2}{t}=\ln2$;

当 $x>2$ 时,$f(x)=\lim\limits_{t\to+\infty}\dfrac{t\ln x+\ln\left[1+\left(\dfrac{2}{x}\right)^t\right]}{t}=\ln x$.

综上可得

$$f(x)=\begin{cases}\ln2, & 0<x\leqslant2\\ \ln x, & x>2\end{cases}.$$

9. 由于

$$x_{n+1}=\frac{1}{3}\left(x_n+x_n+\frac{8}{x_n^2}\right)\geqslant\sqrt[3]{x_n\cdot x_n\cdot\frac{8}{x_n^2}}=2,$$

$$x_{n+1}-x_n=\frac{1}{3}\left(2x_n+\frac{8}{x_n^2}\right)-x_n=\frac{1}{3x_n^2}(8-x_n^3)\leqslant 0,$$

因此 $x_{n+1}\leqslant x_n$. 又因为数列 $\{x_n\}$ 单调递减有下界,所以数列 $\{x_n\}$ 收敛.

不妨设 $\lim\limits_{n\to\infty}x_n=A$,由题意可得 $A=\frac{1}{3}\left(2A+\frac{8}{A^2}\right)$,所以 $A=2$.

10. $x=0$ 是第一类间断点中的跳跃间断点,$x=1$ 是第一类间断点中的可去间断点,$x=-1$ 是第二类间断点中的无穷间断点.

11. 当 $x<0$ 时,$\lim\limits_{n\to\infty}2^{nx}=0$;当 $x>0$ 时,$\lim\limits_{n\to\infty}2^{nx}=+\infty$;当 $x=0$ 时,$\lim\limits_{n\to\infty}2^{nx}=1$. 因此有

$$f(x)=\begin{cases}1, & x<0\\ 0, & x=0,\\ -1, & x>0\end{cases}$$

显然 $x=0$ 为 $f(x)$ 的间断点,因此函数 $f(x)$ 在 $(-\infty,0)\cup(0,+\infty)$ 内连续.

12. 因为 $f(x)$ 在 $(-\infty,0)$ 和 $(0,+\infty)$ 内为初等函数,所以 $f(x)$ 在 $(-\infty,0)\cup(0,+\infty)$ 内连续. 在 $x=0$ 处,

$$\lim_{x\to0^-}f(x)=\lim_{x\to0^-}\frac{2-\sqrt{4-x}}{x}=\frac{1}{4},\lim_{x\to0^+}f(x)=\lim_{x\to0^+}\frac{\cos x}{x+4}=\frac{1}{4},f(0)=\frac{1}{4},$$

所以有

$$\lim_{x\to0^-}f(x)=\lim_{x\to0^+}f(x)=f(0),$$

从而 $f(x)$ 在 $x=0$ 处连续,故函数 $f(x)$ 在 $(-\infty,+\infty)$ 内连续.

13. 由于

$$\lim_{x\to0^-}f(x)=\lim_{x\to0^-}\frac{e^{\frac{1}{x}}-1}{e^{\frac{1}{x}}+1}=\frac{0-1}{0+1}=-1,$$

$$\lim_{x\to0^+}f(x)=\lim_{x\to0^+}\frac{e^{\frac{1}{x}}-1}{e^{\frac{1}{x}}+1}=\lim_{x\to0^+}\frac{1-e^{-\frac{1}{x}}}{1+e^{-\frac{1}{x}}}=\frac{1-0}{1+0}=1,$$

$\lim\limits_{x\to0^-}f(x)\neq\lim\limits_{x\to0^+}f(x)$,所以函数 $f(x)$ 在 $x=0$ 处不连续.

14. **提示** 构造辅助函数 $F(x)=f(x)-x$,利用零点定理容易证明.

15. **提示** 构造辅助函数 $F(x)=x2^x-1$,在 $[0,1]$ 上利用零点定理容易证明.

第3章

导数与微分

3.1 内容提要

3.1.1 导数的概念

设函数 $y=f(x)$ 在点 x_0 的某个邻域内有定义，自变量 x 在 x_0 处取得**增量**（也称为**改变量**）$\Delta x(\Delta x\neq 0)$，函数 y 相应地取得增量（改变量）$\Delta y=f(x_0+\Delta x)-f(x_0)$，若极限

$$\lim_{\Delta x\to 0}\frac{\Delta y}{\Delta x}=\lim_{\Delta x\to 0}\frac{f(x_0+\Delta x)-f(x_0)}{\Delta x}$$

存在，则称函数 $y=f(x)$ 在点 x_0 处**可导**，上述极限值称为函数 $f(x)$ 在点 x_0 处的**导数**，记作

$$f'(x_0),\quad y'\big|_{x=x_0},\quad \left.\frac{\mathrm{d}y}{\mathrm{d}x}\right|_{x=x_0},\quad \left.\frac{\mathrm{d}f(x)}{\mathrm{d}x}\right|_{x=x_0},\quad \left.\frac{\mathrm{d}}{\mathrm{d}x}f(x)\right|_{x=x_0}.$$

即

$$f'(x_0)=\lim_{\Delta x\to 0}\frac{\Delta y}{\Delta x}=\lim_{\Delta x\to 0}\frac{f(x_0+\Delta x)-f(x_0)}{\Delta x}.$$

若记 $\Delta x=x-x_0$，则 $x=x_0+\Delta x$，当 $\Delta x\to 0$ 时，$x\to x_0$，则导数的定义还有另外一种形式：

$$f'(x_0)=\lim_{x\to x_0}\frac{f(x)-f(x_0)}{x-x_0}.$$

由于导数本身就是一种特殊的极限，因此可以相应地给出左导数、右导数的定义：

$$f'_-(x_0)=\lim_{\Delta x\to 0^-}\frac{\Delta y}{\Delta x}=\lim_{\Delta x\to 0^-}\frac{f(x_0+\Delta x)-f(x_0)}{\Delta x}=\lim_{x\to x_0^-}\frac{f(x)-f(x_0)}{x-x_0};$$

$$f'_+(x_0)=\lim_{\Delta x\to 0^+}\frac{\Delta y}{\Delta x}=\lim_{\Delta x\to 0^+}\frac{f(x_0+\Delta x)-f(x_0)}{\Delta x}=\lim_{x\to x_0^+}\frac{f(x)-f(x_0)}{x-x_0}.$$

显然，$f(x)$ 在点 x_0 处可导的充要条件是 $f(x)$ 在点 x_0 处的左、右导数都存在并且相等.

在讨论初等函数在区间端点的可导性或分段函数在分段点处的可导性时，往往利用左右导数进行讨论.

若函数 $f(x)$ 在开区间 (a,b) 内任意一点 x 处都可导，则称函数 $f(x)$ 在开区间 (a,b) 内可导. 对于 $\forall x\in(a,b)$，都有唯一的一个导数值 $f'(x)$ 与之对应，这样就定义了一个新的函数，我们将其称为 $f(x)$ 在 (a,b) 内的**导函数**，简称为导数，记作

$$f'(x), y', \frac{\mathrm{d}y}{\mathrm{d}x}, \frac{\mathrm{d}f(x)}{\mathrm{d}x}, \frac{\mathrm{d}}{\mathrm{d}x}f(x).$$

即对于 $\forall x\in(a,b)$，有

$$f'(x)=\lim_{\Delta x\to 0}\frac{f(x+\Delta x)-f(x)}{\Delta x}=\lim_{t\to x}\frac{f(t)-f(x)}{t-x}.$$

若 $f(x)$ 在 (a,b) 内可导，并且 $f'_+(a)$ 与 $f'_-(b)$ 都存在，则称 $f(x)$ 在区间 $[a,b]$ 上可导. 类似地可以给出函数 $f(x)$ 在区间 $[a,b)$ 或 $(a,b]$ 上可导的定义.

显然，若 $f'(x)$ 在点 x_0 处有定义，则有

$$f'(x_0)=f'(x)\big|_{x=x_0}.$$

3.1.2　导数的几何意义

若函数 $y=f(x)$ 在点 x_0 处可导，则 $f'(x_0)$ 就是曲线 $y=f(x)$ 在点 $(x_0,f(x_0))$ 处切线的斜率，从而曲线 $y=f(x)$ 在 $x=x_0$ 处的切线方程为

$$y-f(x_0)=f'(x_0)(x-x_0).$$

曲线 $y=f(x)$ 在 $x=x_0$ 处的法线方程为

$$y-f(x_0)=-\frac{1}{f'(x_0)}(x-x_0),$$

其中 $f'(x_0)\neq 0$. 若 $f'(x_0)=0$，则法线方程为 $x=x_0$.

3.1.3　可导与连续的关系

若函数 $f(x)$ 在点 x_0 处可导，则 $f(x)$ 在点 x_0 处连续，反之则不然.

3.1.4　基本初等函数的导数公式

(1) $c'=0$；

(2) $(x^\alpha)'=\alpha x^{\alpha-1}$，$\alpha$ 为任意实数；

(3) $(a^x)'=a^x\ln a, a>0, a\neq 1$；

(4) $(\mathrm{e}^x)'=\mathrm{e}^x$；

(5) $(\log_a x)'=\dfrac{1}{x\ln a}, a>0, a\neq 1$；

(6) $(\ln x)'=\dfrac{1}{x}$；

(7) $(\sin x)'=\cos x$；

(8) $(\cos x)'=-\sin x$；

(9) $(\tan x)'=\dfrac{1}{\cos^2 x}=\sec^2 x$；

(10) $(\cot x)'=-\dfrac{1}{\sin^2 x}=-\csc^2 x$；

(11) $(\sec x)'=\sec x\tan x$；

(12) $(\csc x)'=-\csc x\cot x$；

(13) $(\arcsin x)'=\dfrac{1}{\sqrt{1-x^2}}$；

(14) $(\arccos x)'=-\dfrac{1}{\sqrt{1-x^2}}$；

(15) $(\arctan x)'=\dfrac{1}{1+x^2}$；

(16) $(\mathrm{arccot}\, x)'=-\dfrac{1}{1+x^2}$.

3.1.5 导数的四则运算法则

如果函数 $u=u(x)$，$v=v(x)$ 均可导，那么它们的和、差、积、商(分母为零的点除外)都可导，并且

(1) $[u(x)\pm v(x)]'=u'(x)\pm v'(x)$；

(2) $[u(x)v(x)]'=u'(x)v(x)+v'(x)u(x)$；

(3) $\left[\dfrac{u(x)}{v(x)}\right]'=\dfrac{u'(x)v(x)-u(x)v'(x)}{v^2(x)}$，其中 $v(x)\neq 0$.

一些推论：

若 $u_1,u_2,\cdots,u_k$ 均为 x 的函数且可导，k 为某个正整数，c 为某个常数，则

(1) $(u_1+u_2+\cdots+u_k)'=u_1'+u_2'+\cdots+u_k'$；

(2) $(cu)'=cu'$；

(3) $(u_1u_2\cdots u_k)'=u_1'u_2\cdots u_k+u_1u_2'\cdots u_k+\cdots+u_1u_2\cdots u_k'$；

(4) $\left(\dfrac{1}{v}\right)'=-\dfrac{v'}{v^2}$，其中 $v\neq 0$.

3.1.6 复合函数的求导法则

若函数 $u=\varphi(x)$ 在点 x 处有导数 $\varphi'(x)$，函数 $y=f(u)$ 在对应点 $u=\varphi(x)$ 处有导数 $f'(u)$，则复合函数 $y=f[\varphi(x)]$ 在点 x 处可导，且有

$$\{f[\varphi(x)]\}'=f'(u)\varphi'(x),\quad \text{或}\quad \frac{\mathrm{d}y}{\mathrm{d}x}=\frac{\mathrm{d}y}{\mathrm{d}u}\cdot\frac{\mathrm{d}u}{\mathrm{d}x}.$$

3.1.7 反函数的求导法则

设单调连续函数 $x=\varphi(y)$ 在点 y 处可导，且 $\varphi'(y)\neq 0$，则其反函数 $y=f(x)$ 在对应点 x 处可导，且

$$f'(x)=\frac{1}{\varphi'(y)},\quad \text{或}\quad \frac{\mathrm{d}y}{\mathrm{d}x}=\frac{1}{\dfrac{\mathrm{d}x}{\mathrm{d}y}}.$$

3.1.8 隐函数的求导法则

设 $y=f(x)$ 是由方程 $F(x,y)=0$ 所确定的隐函数，将方程中的 y 看成 x 的函数，方程两边同时对 x 求导(注意 y 为 x 的函数，对 y 的函数求导时，需要用复合函数求导法则)，解出 y' 即可.

3.1.9 对数求导法则

先对等式两边取对数，将其变成隐函数，然后利用隐函数求导法则即可. 当 $f(x)$ 为多个函数的乘积或商的形式，或者为幂指函数形式时，可考虑使用对数求导法则进行求解.

3.1.10 高阶导数

函数 $y=f(x)$ 导数的导数称为 $f(x)$ 的**二阶导数**，记为

$$f''(x),y'',\quad \frac{\mathrm{d}^2 y}{\mathrm{d}x^2},\quad \frac{\mathrm{d}^2 f(x)}{\mathrm{d}x^2}.$$

即有

$$f''(x)=\lim_{\Delta x\to 0}\frac{f'(x+\Delta x)-f'(x)}{\Delta x},\quad \text{或}\quad f''(x)=\lim_{t\to x}\frac{f'(t)-f'(x)}{t-x}.$$

若 $y=f(x)$ 在 x 处的二阶导数存在,也称函数 $f(x)$ 在点 x 处二阶可导.一般地,$y=f(x)$ 的 $n-1$ 阶导数的导数称为 $f(x)$ 的 n **阶导数**,记为

$$f^{(n)}(x),y^{(n)},\quad \frac{\mathrm{d}^n y}{\mathrm{d}x^n},\quad \frac{\mathrm{d}^n f(x)}{\mathrm{d}x^n}.$$

即有

$$f^{(n)}(x)=[f^{(n-1)}(x)]',\quad \text{或}\quad \frac{\mathrm{d}^n y}{\mathrm{d}x^n}=\frac{\mathrm{d}}{\mathrm{d}x}\left(\frac{\mathrm{d}^{n-1} y}{\mathrm{d}x^{n-1}}\right).$$

同理,若 $y=f(x)$ 在 x 处的 n 阶导数存在,也称函数 $f(x)$ 在点 x 处 n 阶可导.

注　(1) 根据二阶导数的定义,若 $y=f(x)$ 在点 x_0 处二阶可导,即 $f''(x_0)$ 存在,则 $f'(x)$ 在点 x_0 的某个邻域内一定有定义;

(2) 二阶以及二阶以上的导数统称为**高阶导数**.

莱布尼茨公式:

设函数 $u=u(x),v=v(x)$ 均 n 阶可导,则

$$(uv)^{(n)}=\sum_{k=0}^{n}\mathrm{C}_n^k u^{(n-k)}v^{(k)},$$

其中 $u^{(0)}=u,\quad v^{(0)}=v$.

3.1.11　几个常用的高阶导数公式

(1) $(\sin x)^{(n)}=\sin\left(x+\frac{n}{2}\pi\right)$;

(2) $(\cos x)^{(n)}=\cos\left(x+\frac{n}{2}\pi\right)$;

(3) $(a^x)^{(n)}=a^x\ln^n a,a>0$.

3.1.12　微分的概念

设函数 $y=f(x)$ 在点 x 的某个邻域内有定义,当自变量在点 x 处取得增量 Δx 时(点 $x+\Delta x$ 仍在该邻域内),函数 y 相应地取得改变量 $\Delta y=f(x+\Delta x)-f(x)$,若 Δy 可以表示为

$$\Delta y=A\Delta x+o(\Delta x),\quad \Delta x\to 0,$$

其中 A 可以与 x 有关,但与 Δx 无关,则称 $y=f(x)$ 在点 x 处**可微**,并称 $A\Delta x$ 为 $y=f(x)$ 在点 x 处的**微分**,记作 $\mathrm{d}y$ 或 $\mathrm{d}f(x)$,即有

$$\mathrm{d}y=\mathrm{d}f(x)=A\Delta x.$$

由定义,微分 $\mathrm{d}y$ 是 Δx 的线性函数,当 $A\neq 0$ 时,也称微分 $\mathrm{d}y$ 是增量 Δy 的线性主部函数,微分 $\mathrm{d}y$ 与增量 Δy 仅相差一个关于 Δx 的高阶无穷小,即

$$dy = \Delta y + o(\Delta x), \quad \Delta x \to 0.$$

3.1.13 导数与微分的相关结论

函数 $y=f(x)$在点 x 处可微的充要条件是 $y=f(x)$在点 x 处可导，并且

$$dy = f'(x)\Delta x.$$

根据微分的定义，$dx=(x)'\Delta x=\Delta x$，因此函数 $y=f(x)$在点 x 处的微分最终可以表示为

$$dy = f'(x)dx.$$

从导数与微分的关系可以看到，一元函数 $y=f(x)$在点 x 处可导与可微是等价的，且有

$$f'(x) = \frac{dy}{dx},$$

即导数可视为函数的微分 dy 与自变量微分 dx 的商，因此，导数也被称为“**微商**”.

极限、连续、导数及微分之间的关系：

设函数 $y=f(x)$在点 x 的某个邻域内有定义，则函数的极限、连续、导数及微分之间有如下关系，如图 3.1 所示。

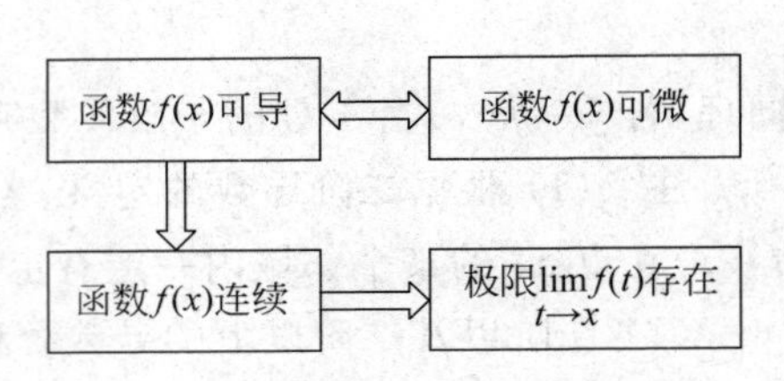

图 3.1 函数的极限、连续、导数及微分之间的关系

3.1.14 微分的四则运算法则

设函数 $u(x)$和 $v(x)$在点 x 处均可微，则有

(1) $d(u\pm v)=du\pm dv$；

(2) $d(uv)=vdu+udv$；

(3) $d\left(\frac{u}{v}\right)=\frac{vdu-udv}{v^2}$，其中 $v\neq 0$.

3.1.15 复合函数的微分法则

设函数 $u=\varphi(x)$在点 x 处可微，$y=f(u)$在对应点 $u=\varphi(x)$处可微，则复合函数 $y=f[\varphi(x)]$在点 x 处可微，且

$$dy = y'_x dx = f'(u)\varphi'(x)dx.$$

由于 $du=\varphi'(x)dx$，所以 $y=f[\varphi(x)]$的微分也可以表示为

$$dy = f'(u)du.$$

这说明对于函数 $y=f(u)$，不论 u 是自变量还是中间变量，其微分都可以表示为如下形式

$$dy = f'(u)du,$$

这一性质称为**一阶微分形式不变性**.

3.1.16 微分在近似计算中的应用

设函数 $y=f(x)$在点 x_0 处可微，根据微分的定义，当$|\Delta x|$很小时，有

$$\Delta y = f(x_0+\Delta x) - f(x_0) \approx f'(x_0)dx = f'(x_0)\Delta x,$$

从而

$$f(x_0+\Delta x)\approx f(x_0)+f'(x_0)\Delta x,$$

若取 $x=x_0+\Delta x$，则当 $|x-x_0|$ 很小时，有

$$f(x)\approx f(x_0)+f'(x_0)(x-x_0).$$

一些常见的近似公式

当 $|x|$ 很小时，有

(1) $\sin x\approx x$；　(2) $\tan x\approx x$；　(3) $\arcsin x\approx x$；

(4) $e^x\approx 1+x$；　(5) $\ln(1+x)\approx x$；　(6) $\sqrt[n]{1+x}\approx 1+\frac{x}{n}$.

3.1.17　导数在经济学中的应用

1. 边际与边际分析

在经济学中，函数的变化率也称为**边际函数**. 若函数 $y=f(x)$ 可导，则称 $f'(x)$ 为 $f(x)$ 的边际函数.

例如成本函数 $C=C(x)$，其中 x 为产量，则 $C'(x)$ 称为边际成本，由于

$$\Delta C=C(x+1)-C(x)\approx C'(x),$$

因此边际成本 $C'(x)$ 的经济意义为：$C'(x)$ 近似地等于当产量为 x 时，再多生产一个单位产品所增加的成本.

收入函数 $R=R(x)$，其中 x 表示销售量，$R'(x)$ 称为边际收入. 类似地，边际收入 $R'(x)$ 的经济意义为：$R'(x)$ 近似地等于当销售量为 x 时，再多销售一个单位产品所增加的收入.

类似可以给出边际利润的概念.

2. 弹性与弹性分析

在经济学中，函数的相对变化率称为**弹性函数**，该函数刻画了一个经济变量对另一个经济变量变化的反应程度.

如果函数 $y=f(x)$ 在点 $x_0(x_0\neq 0)$ 处可导，则 $f(x)$ 在 x_0 的弹性 $\left.\frac{Ey}{Ex}\right|_{x=x_0}$ 定义为

$$\left.\frac{Ey}{Ex}\right|_{x=x_0}=\lim_{\Delta x\to 0}\frac{\Delta y/f(x_0)}{\Delta x/x_0}=f'(x_0)\cdot\frac{x_0}{f(x_0)}.$$

类似地，若 $y=f(x)$ 在点 $x(x\neq 0)$ 处可导，则 $f(x)$ 的弹性函数 $\frac{Ey}{Ex}$ 定义为

$$\frac{Ey}{Ex}=\lim_{\Delta x\to 0}\frac{\Delta y}{\Delta x}\cdot\frac{x}{f(x)}=f'(x)\frac{x}{f(x)}.$$

西方经济学中关于市场的价格理论有两个非常重要的函数，一个是需求函数，另外一个是供给函数. 这里我们探讨需求函数的弹性.

设某种商品的价格为 p，需求量为 Q，需求函数 $Q=f(p)$ 可导，则称

$$\frac{EQ}{Ep}=f'(p)\cdot\frac{p}{f(p)}$$

为该商品的**需求价格弹性**，简称为**需求弹性**，常记作 ε_p. 因为在一般情况下，$Q(p)$单调递减，从而 $Q'(p)\leqslant 0$，因此 $\varepsilon_p\leqslant 0$.

需求价格弹性的经济意义是：在商品价格为 p 时，当商品价格上涨(或下跌)1%时，需求量将大约减少(或增加)$|\varepsilon_p|$%.

3.2 典型例题分析

3.2.1 题型一 导数的定义问题

例 3.1 已知函数 $f(x)$满足 $f(1)=0, f'(1)=2$，求极限$\lim\limits_{x\to 1}\dfrac{f(x)}{x-1}$.

解 根据导数的定义，有

$$\lim_{x\to 1}\frac{f(x)}{x-1}=\lim_{x\to 1}\frac{f(x)-f(1)}{x-1}=f'(1)=2.$$

例 3.2 已知$\lim\limits_{x\to 1}\dfrac{f(x)-f(1)}{(x-1)^2}=5$，求 $f'(1)$.

解 利用导数的定义，有

$$f'(1)=\lim_{x\to 1}\frac{f(x)-f(1)}{x-1}=\lim_{x\to 1}\frac{f(x)-f(1)}{(x-1)^2}\cdot(x-1)=5\times 0=0.$$

例 3.3 设 $f(x)=x(x-1)(x-2)\cdots(x-1000)$，试求 $f'(0)$.

解法 1 (利用导数的定义)

$$\begin{aligned}f'(0)&=\lim_{x\to 0}\frac{f(x)-f(0)}{x-0}=\lim_{x\to 0}\frac{x(x-1)(x-2)\cdots(x-1000)}{x}\\&=\lim_{x\to 0}(x-1)(x-2)\cdots(x-1000)\\&=(-1)^{1000}1000!=1000!.\end{aligned}$$

解法 2 (利用求导公式)因为

$$f'(x)=(x-1)(x-2)\cdots(x-100)+x[(x-1)(x-2)\cdots(x-1000)]',$$

因此 $f'(0)=1000!+0=1000!$.

****例 3.4** 设 $f(0)=0$，则 $f(x)$在 $x=0$ 处可导的一个充要条件是(   ).

(A) $\lim\limits_{h\to+\infty}hf\left(\dfrac{1}{h}\right)$存在； (B) $\lim\limits_{h\to 0}\dfrac{f(2h)-f(h)}{h}$存在；

(C) $\lim\limits_{h\to 0}\dfrac{1}{h}f(e^h-1)$存在； (D) $\lim\limits_{h\to 0}\dfrac{1}{h^2}f(\cos h-1)$存在.

解 答案选 C. 因为，令 $t=e^h-1$，则 $h\to 0\Leftrightarrow t\to 0$，从而

$$\begin{aligned}\lim_{h\to 0}\frac{1}{h}f(e^h-1)&=\lim_{h\to 0}\frac{f(e^h-1)}{e^h-1}\cdot\frac{e^h-1}{h}=\lim_{h\to 0}\frac{f(e^h-1)}{e^h-1}\cdot\lim_{h\to 0}\frac{e^h-1}{h}\\&=\lim_{t\to 0}\frac{f(t)-f(0)}{t-0}=f'(0).\end{aligned}$$

A 选项错误.

因为令 $t=\frac{1}{h}$，则 $h\to+\infty \Leftrightarrow t\to 0^+$，从而

$$\lim_{h\to+\infty} hf\left(\frac{1}{h}\right)=\lim_{t\to 0^+}\frac{f(t)-f(0)}{t-0}=f'_+(0),$$

即选项 A 中的极限存在仅保证了 $f'_+(0)$存在.

B 选项错误.

因为 $f(x)$在 $x=0$ 处可导可以推出极限$\lim\limits_{h\to 0}\frac{f(2h)-f(h)}{h}$存在. 但$\lim\limits_{h\to 0}\frac{f(2h)-f(h)}{h}$存在不一定能推出 $f(x)$在 $x=0$ 处可导，例如若取函数 $f(x)=\begin{cases}0, & x=0\\ 1, & x\neq 0\end{cases}$，则有

$$\lim_{h\to 0}\frac{f(2h)-f(h)}{h}=\lim_{h\to 0}\frac{1-1}{h}=\lim_{h\to 0}0=0,$$

即极限$\lim\limits_{h\to 0}\frac{f(2h)-f(h)}{h}$存在，但函数 $f(x)$在 $x=0$ 处不可导.

D 选项错误.

因为令 $t=\cos(h)-1$，则 $h\to 0\Leftrightarrow t\to 0^-$，从而

$$\lim_{h\to 0}\frac{1}{h^2}f(\cosh-1)=\lim_{h\to 0}\frac{f(\cosh-1)}{\cosh-1}\cdot\frac{\cosh-1}{h^2}=\lim_{h\to 0}\frac{f(\cosh-1)}{\cosh-1}\cdot\lim_{h\to 0}\frac{\cosh-1}{h^2}$$
$$=-\frac{1}{2}\lim_{t\to 0^-}\frac{f(t)-f(0)}{t}=-\frac{1}{2}f'_-(0),$$

即选项 D 中极限存在仅保证了 $f'_-(0)$存在.

3.2.2 题型二　利用导数的定义求极限

例 3.5　已知函数 $f(x)$在 x_0 处可导，试求下列极限：

(1) $\lim\limits_{h\to 0}\frac{f(x_0)-f(x_0-h)}{h}$；

(2) $\lim\limits_{h\to 0}\frac{f(x_0+2h)-f(x_0-h)}{h}$；

(3) $\lim\limits_{n\to\infty} n\left[f\left(x_0+\frac{1}{n}\right)-f(x_0)\right]$.

解　(1) 原式$=\lim\limits_{h\to 0}\frac{f(x_0-h)-f(x_0)}{-h}=\lim\limits_{t\to 0}\frac{f(x_0+t)-f(x_0)}{t}=f'(x_0)$；

(2) 原式$=\lim\limits_{h\to 0}\frac{[f(x_0+2h)-f(x_0)]-[f(x_0-h)-f(x_0)]}{h}$

$$=2\lim_{h\to 0}\frac{f(x_0+2h)-f(x_0)}{2h}+\lim_{h\to 0}\frac{f(x_0-h)-f(x_0)}{-h}$$
$$=2f'(x_0)+f'(x_0)=3f'(x_0);$$

(3) 原式$=\lim\limits_{n\to\infty}\frac{f\left(x_0+\frac{1}{n}\right)-f(x_0)}{1/n}=f'(x_0)$.

****例 3.6**　已知函数 $f(x)$满足 $f(1)=0$，$f'(1)=2$，求极限$\lim\limits_{n\to\infty}\left[1+f\left(1+\frac{1}{n}\right)\right]^n$.

解 结合第二个重要极限和导数的定义，有

$$\lim_{n\to\infty}\left[1+f\left(1+\frac{1}{n}\right)\right]^{\frac{1}{f\left(1+\frac{1}{n}\right)}\cdot\frac{f\left(1+\frac{1}{n}\right)-f(1)}{1/n}}=\mathrm{e}^{f'(1)}=\mathrm{e}^2.$$

3.2.3 题型三 利用导数的四则运算法则求导数

例 3.7 求解下列函数的导数：

(1) $y=x^2\arccos x-\sqrt{1-x^2}$.

解 $y'=2x\arccos x-x^2\cdot\dfrac{1}{\sqrt{1-x^2}}-\dfrac{-2x}{2\sqrt{1-x^2}}=2x\arccos x+\dfrac{x-x^2}{\sqrt{1-x^2}}$.

(2) $y=\dfrac{x}{2}\sqrt{x^2+1}+\dfrac{1}{2}\ln(x+\sqrt{x^2+1})$.

解

$$\begin{aligned}y'&=\frac{1}{2}\sqrt{x^2+1}+\frac{x}{2}\cdot\frac{2x}{2\sqrt{x^2+1}}+\frac{1}{2}\cdot\frac{1}{x+\sqrt{x^2+1}}(x+\sqrt{x^2+1})'\\&=\frac{1}{2}\sqrt{x^2+1}+\frac{x^2}{2\sqrt{x^2+1}}+\frac{1}{2}\cdot\frac{1+\frac{2x}{2\sqrt{x^2+1}}}{x+\sqrt{x^2+1}}\\&=\frac{1}{2}\sqrt{x^2+1}+\frac{x^2}{2\sqrt{x^2+1}}+\frac{1}{2\sqrt{x^2+1}}\\&=\sqrt{x^2+1}.\end{aligned}$$

(3) $y=\ln\dfrac{1-x}{1+x}$.

解 函数的定义域为$(-1,1)$，因此 $y=\ln(1-x)-\ln(1+x)$，所以

$$y'=\frac{1}{1-x}\times(-1)-\frac{1}{1+x}=\frac{2}{x^2-1}.$$

(4) $y=x^x+x^{\sin x}$.

解

$$\begin{aligned}y'&=\mathrm{e}^{x\ln x}(x\ln x)'+\mathrm{e}^{\sin x\ln x}(\sin x\ln x)'\\&=x^x(\ln x+1)+x^{\sin x}\left(\cos x\cdot\ln x+\frac{\sin x}{x}\right).\end{aligned}$$

(5) $y=\sqrt{x+\sqrt{x+\sqrt{x}}}$.

解

$$\begin{aligned}y'&=\frac{1}{2\sqrt{x+\sqrt{x+\sqrt{x}}}}(x+\sqrt{x+\sqrt{x}})'\\&=\frac{1}{2\sqrt{x+\sqrt{x+\sqrt{x}}}}\cdot\left[1+\frac{1}{2\sqrt{x+\sqrt{x}}}\cdot(x+\sqrt{x})'\right]\\&=\frac{1}{2\sqrt{x+\sqrt{x+\sqrt{x}}}}\cdot\left[1+\frac{1}{2\sqrt{x+\sqrt{x}}}\cdot\left(1+\frac{1}{2\sqrt{x}}\right)\right].\end{aligned}$$

3.2.4　题型四　利用函数的可导性与连续性求参数值

例 3.8　若函数 $f(x)=\begin{cases}\sqrt{x}\sin x+a, & x<0\\ b\sin(2x)+2, & x\geqslant 0\end{cases}$ 在点 $x=0$ 处可导，求常数 a 和 b 的值.

解　因为 $f(x)$ 在点 $x=0$ 处可导，所以 $f(x)$ 在点 $x=0$ 处连续，即有

$$\lim_{x\to 0^-}f(x)=\lim_{x\to 0^+}f(x)=f(0).$$

由于 $\lim\limits_{x\to 0^-}f(x)=a,\lim\limits_{x\to 0^+}f(x)=2,f(0)=2$，得 $a=2$. 又因为 $f(x)$ 在点 $x=0$ 处可导，所以 $f'_-(0)=f'_+(0)$. 而

$$f'_-(0)=\lim_{x\to 0^-}\frac{f(x)-f(0)}{x}=\lim_{x\to 0^-}\frac{\sqrt{x}\sin x+a-2}{x}=\lim_{x\to 0^-}\frac{\sqrt{x}\sin x}{x}=0,$$

$$f'_+(0)=\lim_{x\to 0^+}\frac{f(x)-f(0)}{x}=\lim_{x\to 0^+}\frac{b\sin(2x)+2-2}{x}=b\lim_{x\to 0^+}\frac{\sin(2x)}{x}=2b,$$

解得 $b=0$ 因此 $a=2,b=0$.

例 3.9　设 $F(x)=\begin{cases}\dfrac{f(x)+a\sin x}{\arctan x}, & x\neq 0\\ A, & x=0\end{cases}$ 在 $x=0$ 处连续，其中函数 $f(x)$ 具有连续的导数，且 $f(0)=0,f'(0)=b$，试求常数 A 的值.

解　因为 $F(x)$ 在 $x=0$ 处连续，则有 $\lim\limits_{x\to 0}F(x)=F(0)$，即有

$$A=\lim_{x\to 0}\frac{f(x)+a\sin x}{\arctan x}.$$

又因为

$$\lim_{x\to 0}\frac{f(x)+a\sin x}{\arctan x}=\lim_{x\to 0}\frac{f(x)+a\sin x}{x}=\lim_{x\to 0}\left(\frac{f(x)}{x}+a\,\frac{\sin x}{x}\right)$$

$$=\lim_{x\to 0}\left(\frac{f(x)-f(0)}{x}+a\,\frac{\sin x}{x}\right)=f'(0)+a=a+b,$$

所以 $A=a+b$.

3.2.5　题型五　反函数、复合函数的求导问题

例 3.10　已知函数 $x=y-\frac{1}{2}\sin y$ 一定存在反函数 $y=f(x)$，求 $f'(x)$.

解　由于

$$x'_y=1-\frac{1}{2}\cos y>0,$$

因此

$$f'(x)=\frac{1}{x'_y}=\frac{1}{1-\frac{1}{2}\cos y}=\frac{2}{2-\cos y}.$$

例 3.11　已知 $\frac{\mathrm{d}}{\mathrm{d}x}[f(x^3)]=\frac{1}{x}$，求 $f'(x)$.

解 令 $u=x^3$,则

$$\frac{\mathrm{d}}{\mathrm{d}x}[f(x^3)]=f'(u)\cdot(x^3)'=3x^2f'(u),$$

所以 $f'(u)=\frac{1}{3x^3}=\frac{1}{3u}$,从而 $f'(x)=\frac{1}{3x}$.

例 3.12 已知函数 $f(x)=\sin x, g(x)=\mathrm{e}^{2x}$,试求 $f'[g(x)]$和$\{f[g(x)]\}'$.

解 由题意

$$f'(x)=\cos x,\quad g'(x)=2\mathrm{e}^{2x},$$

所以

$$f'[g(x)]=\cos(\mathrm{e}^{2x}),$$
$$\{f[g(x)]\}'=f'[g(x)]\cdot g'(x)=\cos(\mathrm{e}^{2x})\cdot 2\mathrm{e}^{2x}=2\mathrm{e}^{2x}\cos(\mathrm{e}^{2x}).$$

注 $f'[g(x)]$表示先求导数,再进行复合运算,$\{f[g(x)]\}'$表示先进行复合运算,再求导数.

3.2.6 题型六 分段函数的导数问题

例 3.13 已知函数 $f(x)=\begin{cases}\sqrt{x}\sin x, & x>0\\ 0, & x=0\\ \arctan(x^2), & x<0\end{cases}$,求 $f'(x)$.

解 当 $x<0$ 时,$f'(x)=[\arctan(x^2)]'=\frac{2x}{1+x^4}$;

当 $x>0$ 时,$f'(x)=\frac{\sin x}{2\sqrt{x}}+\sqrt{x}\cos x$;

当 $x=0$ 时,$f'_+(0)=\lim\limits_{x\to 0^+}\frac{f(x)-f(0)}{x}=\lim\limits_{x\to 0^+}\frac{\sqrt{x}\sin x}{x}=0$,

$$f'_-(0)=\lim_{x\to 0^-}\frac{f(x)-f(0)}{x}=\lim_{x\to 0^-}\frac{\arctan(x^2)}{x}=\lim_{x\to 0^-}\frac{x^2}{x}=0,$$

所以 $f'(0)=0$. 综上可得

$$f'(x)=\begin{cases}\frac{\sin x}{2\sqrt{x}}+\sqrt{x}\cos x, & x>0\\ \frac{2x}{1+x^4}, & x\leqslant 0\end{cases}.$$

3.2.7 题型七 导数的几何意义

例 3.14 求曲线 $y=f(x)=\ln(\mathrm{e}^x+\sqrt{1+\mathrm{e}^{2x}})$在 $x=0$ 处的切线方程和法线方程.

解 当 $x=0$ 时,且 $y=\ln(1+\sqrt{2})$,

$$y'=\frac{1}{\mathrm{e}^x+\sqrt{1+\mathrm{e}^{2x}}}\cdot(\mathrm{e}^x+\sqrt{1+\mathrm{e}^{2x}})'=\frac{1}{\mathrm{e}^x+\sqrt{1+\mathrm{e}^{2x}}}\cdot\left(\mathrm{e}^x+\frac{2\mathrm{e}^{2x}}{2\sqrt{1+\mathrm{e}^{2x}}}\right)$$

$$=\frac{\mathrm{e}^x}{\sqrt{1+\mathrm{e}^{2x}}}.$$

因此 $f'(0)=\frac{1}{\sqrt{2}}=\frac{\sqrt{2}}{2}$，所以曲线 $y=f(x)$ 在 $x=0$ 处的切线方程为

$$y-\ln(1+\sqrt{2})=\frac{\sqrt{2}}{2}(x-0),\quad 即\ y=\frac{\sqrt{2}}{2}x+\ln(1+\sqrt{2}).$$

曲线 $y=f(x)$ 在 $x=0$ 处的法线方程为

$$y-\ln(1+\sqrt{2})=-\sqrt{2}(x-0),\quad 即\ y=-\sqrt{2}x+\ln(1+\sqrt{2}).$$

3.2.8 题型八 导函数的几何特性问题

例 3.15 证明下列结论：

(1) 若函数 $f(x)$ 可导且为奇函数，则 $f'(x)$ 为偶函数；

(2) 若函数 $f(x)$ 可导且为偶函数，则 $f'(x)$ 为奇函数；

(3) 若函数 $f(x)$ 可导且为周期函数，则 $f'(x)$ 为周期函数，且周期相同.

证 这里只证明结论(1)，结论(2)和(3)类似可证.

设 $f(x)$ 可导，且为奇函数，则对于任意的 $x\in D(f)$，有

$$f(-x)=-f(x).$$

等式两边对同时对 x 求导数，得

$$f'(-x)\cdot(-1)=-f'(x),$$

即 $f'(-x)=f'(x)$，所以 $f'(x)$ 为偶函数.

例 3.16 证明下列结论：

(1) 若 $f(x)$ 为奇函数，且 $f'(x_0)=A$，则 $f'(-x_0)=A$；

(2) 若 $f(x)$ 为偶函数，$f'(x_0)=A$，则 $f'(-x_0)=-A$；

(3) 若 $f(x)$ 为周期为 T 的函数，$f'(x_0)=A$，则 $f'(x_0+T)=A$.

证 这里只证明结论(1)，结论(2)和(3)类似可证.

根据导数的定义，得

$$\begin{aligned}f'(-x_0)&=\lim_{\Delta x\to 0}\frac{f(-x_0+\Delta x)-f(-x_0)}{\Delta x}=\lim_{\Delta x\to 0}\frac{-f(x_0-\Delta x)+f(x_0)}{\Delta x}\\&=\lim_{\Delta x\to 0}\frac{f(x_0-\Delta x)-f(x_0)}{-\Delta x}=f'(x_0).\end{aligned}$$

注 这里条件仅仅说明函数 $f(x)$ 在 $x=x_0$ 处可导，没有给出导函数 $f'(x)$ 存在，因此不能使用例 3.15 的方法，只能根据导数的定义求解.

3.2.9 题型九 高阶导数问题

例 3.17 设 $y=f(\mathrm{e}^x)$，其中 f 二阶可导，试求 $\frac{\mathrm{d}y}{\mathrm{d}x}$ 和 $\frac{\mathrm{d}^2y}{\mathrm{d}x^2}$.

解 根据复合函数运算法则，有

$$\begin{aligned}y'&=f'(\mathrm{e}^x)\cdot\mathrm{e}^x,\\y''&=[f'(\mathrm{e}^x)\cdot\mathrm{e}^x]'=f''(\mathrm{e}^x)\cdot\mathrm{e}^x\cdot\mathrm{e}^x+f'(\mathrm{e}^x)\cdot\mathrm{e}^x\\&=\mathrm{e}^{2x}f''(\mathrm{e}^x)+\mathrm{e}^xf'(\mathrm{e}^x).\end{aligned}$$

例 3.18 已知 $g'(x)$连续,$f(x)=(x-a)^2g(x)$,试求 $f'(a)$和 $f''(a)$.

解 由于

$$f'(x)=2(x-a)g(x)+(x-a)^2g'(x),$$

因此 $f'(a)=0$. 根据二阶导数的定义,有

$$f''(a)=\lim_{x\to a}\frac{f'(x)-f'(a)}{x-a}=\lim_{x\to a}\frac{f'(x)}{x-a}=\lim_{x\to a}[2g(x)+(x-a)g'(x)]=2g(a).$$

注 这里不能先求 $f''(x)$,再求 $f''(a)$,原因在于函数 $g(x)$不一定二阶可导.

****例 3.19** 已知函数 $y=f(x)=e^{-\frac{1}{x}}$,求极限$\lim\limits_{t\to 0}\dfrac{f'(2-t)-f'(2)}{t}$.

解 由于

$$\lim_{t\to 0}\frac{f'(2-t)-f'(2)}{t}=-\lim_{t\to 0}\frac{f'(2-t)-f'(2)}{-t}=-f''(2),$$

又因为

$$f'(x)=e^{-\frac{1}{x}}\cdot\left(-\frac{1}{x}\right)'=e^{-\frac{1}{x}}\cdot\frac{1}{x^2},$$

$$f''(x)=e^{-\frac{1}{x}}\cdot\frac{1}{x^2}\cdot\frac{1}{x^2}+e^{-\frac{1}{x}}\times\left(-2\times\frac{1}{x^3}\right),$$

所以

$$f''(2)=e^{-\frac{1}{2}}\times\frac{1}{16}+e^{-\frac{1}{2}}\times\left(-\frac{1}{4}\right)=-\frac{3}{16}e^{-\frac{1}{2}}.$$

****例 3.20** 已知函数 $f(x)=\begin{cases}x^4\sin\dfrac{1}{x}, & x\neq 0\\ 0, & x=0\end{cases}$,试求$\left.\dfrac{d^2y}{dx^2}\right|_{x=0}$.

解 当 $x\neq 0$ 时,

$$f'(x)=4x^3\sin\frac{1}{x}+x^4\cos\frac{1}{x}\left(-\frac{1}{x^2}\right),$$

即

$$f'(x)=4x^3\sin\frac{1}{x}-x^2\cos\frac{1}{x}.$$

当 $x=0$ 时,

$$f'(0)=\lim_{x\to 0}\frac{f(x)-f(0)}{x-0}=\lim_{x\to 0}\frac{x^4\sin\frac{1}{x}-0}{x-0}=\lim_{x\to 0}x^3\sin\frac{1}{x}=0,$$

根据二阶导数的定义,有

$$f''(0)=\lim_{x\to 0}\frac{f'(x)-f'(0)}{x-0}=\lim_{x\to 0}\left(4x^2\sin\frac{1}{x}-x\cos\frac{1}{x}\right)=0.$$

例 3.21 已知 $f(x)$具有任意阶导数,且 $f'(x)=[f(x)]^2$,试求 $f^{(n)}(x)$,其中整数 $n>2$.

解 由于

$$f''(x)=2f(x)f'(x)=2[f(x)]^3,$$

$$f'''(x)=2\times 3[f(x)]^2f'(x)=3![f(x)]^4,$$

$$f^{(4)}(x)=4![f(x)]^3f'(x)=4![f(x)]^5,$$

依次类推可得 $f^{(n)}(x)=n!\,[f(x)]^{n+1}$.

3.2.10　题型十　隐函数的求导问题

例 3.22　已知函数 $y=f(x)$ 由方程 $e^y+6xy+x^2=e^2$ 确定，求 y' 和 $y'|_{x=0}$.

解　将 $x=0$ 代入原方程，解得 $y=2$. 方程两边关于 x 求导，得

$$e^y\cdot y'+6y+6xy'+2x=0,$$

整理得

$$y'(e^y+6x)=-2x-6y,$$

因此有

$$y'=-\frac{2x+6y}{e^y+6x},\quad y'|_{x=0}=-12e^{-2}.$$

例 3.23　设方程 $e^x=y^y$ 确定 y 为 x 的函数，试求 y 的微分 dy.

解　方程两边分别取对数，得

$$x=y\ln y,$$

方程两边关于 x 求导，并将 y 视为 x 的函数，得

$$1=y'\ln y+y\cdot\frac{1}{y}\cdot y',$$

即 $y'=\dfrac{1}{(1+\ln y)}$，所以 $dy=y'dx=\dfrac{1}{1+\ln y}dx$.

例 3.24　已知 $y=\dfrac{(x+1)\sqrt{x-1}}{(x+4)^2e^{2x}}$，求 y'.

解　等式两边同时取对数，有

$$\ln|y|=\ln|x+1|+\frac{1}{2}\ln|x-1|-2\ln|x+4|-2x,$$

上式两边同时对 x 求导数，并将 y 视为 x 的函数，得

$$\frac{1}{y}y'=\frac{1}{x+1}+\frac{1}{2(x-1)}-\frac{2}{x+4}-2,$$

所以

$$\begin{aligned}y'&=y\left[\frac{1}{x+1}+\frac{1}{2(x-1)}-\frac{2}{x+4}-2\right]\\&=\frac{(x+1)\sqrt{x-1}}{(x+4)^2e^{2x}}\left[\frac{1}{x+1}+\frac{1}{2(x-1)}-\frac{2}{x+4}-2\right].\end{aligned}$$

例 3.25　设由方程 $x^2+y^2=a^2$ 确定函数 $y=f(x)$，求 $\dfrac{d^2y}{dx^2}$.

解　方程两边关于 x 求导，并将 y 视为 x 的函数，得 $2x+2y\cdot y'=0$，即有

$$x+y\cdot y'=0,$$

上式两边关于 x 再求导数，得

$$1+y'\cdot y'+y\cdot y''=0,$$

所以

$$y' = -\frac{x}{y},$$

$$y'' = -\frac{1+(y')^2}{y} = -\frac{1+\frac{x^2}{y^2}}{y} = -\frac{y^2+x^2}{y^3} = -\frac{a^2}{y^3}.$$

3.2.11 题型十一 导函数的连续性问题

** **例 3.26** 设 $f(x)=\begin{cases} x^3\sin\frac{1}{x}, & x\neq 0 \\ 0, & x=0 \end{cases}$，试求 $f'(x)$ 的表达式，并讨论 $f'(x)$ 的连续性.

解 当 $x\neq 0$ 时，

$$f'(x) = \left(x^3\sin\frac{1}{x}\right)' = 3x^2\sin\frac{1}{x} + x^3\cos\frac{1}{x}\cdot\left(\frac{1}{x}\right)' = 3x^2\sin\frac{1}{x} - x\cos\frac{1}{x}.$$

当 $x=0$ 时，由于

$$\lim_{x\to 0}\frac{f(x)-f(0)}{x-0} = \lim_{x\to 0}\frac{x^3\sin\frac{1}{x}-0}{x} = \lim_{x\to 0}x^2\sin\frac{1}{x} = 0,$$

即 $f'(0)=0$，因此

$$f'(x) = \begin{cases} 3x^2\sin\frac{1}{x} - x\cos\frac{1}{x}, & x\neq 0 \\ 0, & x=0 \end{cases}.$$

由于

$$\lim_{x\to 0}f'(x) = \lim_{x\to 0}\left(3x^2\sin\frac{1}{x} - x\cos\frac{1}{x}\right) = 0 = f'(0),$$

因此 $f'(x)$ 在 $x=0$ 处连续，从而 $f'(x)$ 在 $(-\infty,+\infty)$ 内连续.

3.2.12 题型十二 导数的经济学应用

例 3.27 设函数 $y_1=f(x)$ 和 $y_2=g(x)$ 的弹性分别为 a 和 b，试求 $y=\frac{f(x)}{g(x)}(g(x)\neq 0)$ 的弹性.

解 根据弹性的定义，有

$$\frac{Ey}{Ex} = x\cdot\frac{\left(\frac{y_1}{y_2}\right)'}{\frac{y_1}{y_2}} = x\cdot\frac{y_2}{y_1}\cdot\frac{y_1'\cdot y_2 - y_1\cdot y_2'}{y_2^2} = x\cdot\frac{y_1'\cdot y_2 - y_1\cdot y_2'}{y_2 y_1}$$

$$= x\cdot\frac{y_1'}{y_1} - x\cdot\frac{y_2'}{y_2} = a-b.$$

注 从本题可以看出，函数 $\frac{f(x)}{g(x)}$ 的弹性等于 $f(x)$ 的弹性与 $g(x)$ 弹性的差.

例 3.28 设某件商品的需求量 Q（单位：吨）与价格 p（单位：万元/吨）的关系为 $Q=30-2p$，试求 $p=3$ 时的需求价格弹性，并说明该弹性的经济意义.

解 因为 $Q'=-2$，根据需求价格弹性的定义，有

$$\varepsilon_p = Q'\frac{p}{Q} = \frac{-2p}{30-2p},$$

从而当 $p=3$ 时，$\varepsilon_p\big|_{p=3}=-0.25$. 其经济学意义为：当价格 $p=3$ 时，如果价格上涨(或下跌)1%，则需求量将大约减少(或增加)0.25%.

3.3 习题精选

1. 填空题

(1) 设 $f(x)=\ln\sqrt{1+x^2}$，则 $f'(0)=$________.

(2) 已知 $f(x)=\dfrac{1}{1+x}$满足 $f(x_0)=2$，则 $f'(x_0)=$________.

(3) 设 $y=x^x$，$(x>0)$，则 $y'=$________.

(4) 设 $y=x^2 2^x+e^{\sqrt{2}}$，则 $y'=$________.

(5) 设 $y=x^n+e$，则 $y^{(n)}=$________.

**(6) 设函数 $f(x)$满足 $f(0)=1$，$f'(0)=-1$，则$\lim\limits_{x\to1}\dfrac{f(\ln x)-1}{x-1}=$________.

(7) 曲线 $y=3e^{2x}$在点 $x=1$ 处的切线方程为________.

(8) 由隐函数 $2y+e^{xy}=2$ 所确定的曲线在 $x=0$ 处的切线方程为________.

(9) 设曲线 $y=3x^2+2x+1$ 在点 M 处的切线的斜率为 8，则点 M 的坐标为________.

(10) 曲线 $y=x^2$ 上与直线 $y=4x$ 平行的切线方程是________.

(11) 已知 $f(x)=\dfrac{1}{1+x}$满足 $f(x_0)=2$，则 $f[f'(x_0)]=$________.

(12) 已知 $y^{(n-2)}=f(\ln x)$，其中 f 任意阶可导，则 $y^{(n)}=$________.

(13)已知函数 $y=\ln(1+2x)$，则 $y'''(0)=$________.

(14) 已知 $f(x)=\begin{cases}e^{2x}, & x\leqslant 0\\ a+b\ln(1+2x), & x>0\end{cases}$在 $x=0$ 处可导，则 $a=$________；$b=$________.

(15) 当 $x=1$，$\Delta x=0.01$ 时，$d(x^3)=$________.

(16) $d(e^{3x})=$________ $d(3x)=$________ dx.

(17) 已知函数 $f(x)$满足 $d\sqrt{1-4x^2}=f(x)d[\arcsin(2x)]$，则 $f(x)=$________.

(18) 某商品的需求函数为 $Q=100e^{-0.5p}$，则 $p=2$ 时的边际需求为________，需求对价格的弹性为________.

2. 单项选择题

(1) 若 $f(x)$在 $x=a$ 处可导，则下列选项不一定正确的是(　　).

(A) $\lim\limits_{x\to a}f(x)=f(a)$；　　(B) $\lim\limits_{x\to a}f'(x)=f'(a)$；

(C) $\lim\limits_{h\to 0}\dfrac{f(a-h)-f(a+h)}{h}$存在；　　(D) $\lim\limits_{x\to a}\dfrac{f(a)-f(x)}{x-a}$存在.

(2) 设 $f(x)$在点 x_0 处可导，且$\lim\limits_{x\to0}\dfrac{x}{f(x_0-2x)-f(x_0)}=\dfrac{1}{4}$，则 $f'(x_0)$等于（　　）.

(A) 4；　(B) -4；　(C) 2；　(D) -2.

(3) 设函数 $f(x)$满足 $f(0)=0$，且$\lim\limits_{x\to0}\dfrac{f(2x)}{x}$存在，则$\lim\limits_{x\to0}\dfrac{f(2x)}{x}=$（　　）.

(A) $f'(x)$；　(B) $f'(0)$；　(C) $2f'(0)$；　(D) $\dfrac{1}{2}f'(0)$.

(4) 设 $f(x)=\begin{cases}\ln x, & x\geqslant1\\ x-1, & x<1\end{cases}$，则在 $x=1$ 处（　　）.

(A) $f(x)$不连续；　(B) $f(x)$连续但不可导；

(C) $f'(1)=-1$；　(D) $f'(1)=1$.

(5) 已知函数 $y=\ln(x^2)$，则 $\mathrm{d}y=$（　　）.

(A) $\dfrac{2}{x}\mathrm{d}x$；　(B) $\dfrac{2}{x}$；　(C) $\dfrac{1}{x^2}\mathrm{d}x$；　(D) $\dfrac{1}{x^2}$.

(6) 设 $f(x)=\begin{cases}\dfrac{|x^2-1|}{x-1}, & x\neq1\\ 2, & x=1\end{cases}$，则 $f(x)$在 $x=1$ 处（　　）.

(A) 不连续；　(B) 连续但不可导；

(C) 可导；　(D) 不确定.

(7) 设 $f(x)=\arctan\dfrac{1}{x}$，则$\lim\limits_{\Delta x\to0}\dfrac{f(a)-f(a-2\Delta x)}{\Delta x}=$（　　）.

(A) $\dfrac{1}{1+a^2}$；　(B) $-\dfrac{1}{1+a^2}$；　(C) $\dfrac{2}{1+a^2}$；　(D) $-\dfrac{2}{1+a^2}$.

(8) 设 $y=f(x)$在点 x_0 处可微，$\Delta y=f(x_0+\Delta x)-f(x_0)$，则当 $\Delta x\to0$ 时，下列结论正确的是（　　）.

(A) $\mathrm{d}y$ 与 Δx 是等价无穷小量；　(B) $\mathrm{d}y$ 是比 Δx 高阶的无穷小量；

(C) $\Delta y-\mathrm{d}y$ 是比 Δx 高阶的无穷小量；　(D) $\Delta y-\mathrm{d}y$ 与 Δx 是同阶无穷小量.

(9) 函数 $y=x^{\frac{2}{3}}$在 $x=0$ 处（　　）.

(A) 可导；　(B) 不连续；

(C) 不可导但有切线；　(D) 不可导且无切线.

(10) 设 $y=\mathrm{e}^x+\mathrm{e}^{-x}$，则 $y^{(100)}=$（　　）.

(A) $\mathrm{e}^x+\mathrm{e}^{-x}$；　(B) $\mathrm{e}^x-\mathrm{e}^{-x}$；　(C) $-\mathrm{e}^x+\mathrm{e}^{-x}$；　(D) $-\mathrm{e}^x-\mathrm{e}^{-x}$.

(11) 若下列极限都存在，则下列等式成立的是（　　）.

(A) $\lim\limits_{h\to0^-}\dfrac{f(a+h)-f(a)}{h}=f'(a)$；　(B) $\lim\limits_{x\to0}\dfrac{f(x_0)-f(x_0-x)}{x}=f'(x_0)$；

(C) $\lim\limits_{h\to0}\dfrac{f(a+h)-f(a-h)}{2h}=f'(a)$；　(D) $\lim\limits_{h\to0^+}\dfrac{f(a+h)-f(a)}{h}=f'(a)$.

(12) 设函数 $f(x)$对 $\forall x\in\mathbf{R}$ 均满足 $f(-x)=f(x)$，且 $f'(-x_0)=2$，则 $f'(x_0)=$（　　）.

(A) 2；　(B) -2；　(C) $\dfrac{1}{2}$；　(D) $-\dfrac{1}{2}$.

(13) 在价格为100元时，商品的需求价格弹性为-0.5，则商品价格上升到101元时，需求量(　　).

(A) 上涨0.5%；　(B) 下跌0.5%；　(C) 上涨50%；　(D) 下跌50%.

3. 求下列函数的导数：

(1) $y=2^x+x^2+\ln 2$；　(2) $y=\frac{1}{2}(x^2+1)\arctan^2 x+\frac{1}{2}\ln(1+x^2)$；

(3) $y=\sqrt{1-x^2}-\arccos\frac{a}{x}$，其中$a\neq 0$；　(4) $y=(\tan x)^x+x^{2x}$；

(5) $y=\sqrt{e^{\frac{1}{x}}\sqrt{x\sqrt{\sin x}}}$.

4. 求下列函数的微分：

(1) $y=\ln\cos\sqrt{x}+e^2$；　(2) $y=\frac{1}{2}\ln\tan\frac{x}{2}-\frac{\cos x}{2\sin^2 x}$；

(3) $y=x\sqrt{1-x^2}+\arcsin x$；　(4) $y=x^{x^2}+e^{x^2}$；

(5) $y=\ln x+x^{\sin\frac{1}{x}}$.

5. 设$f(x)=\begin{cases}x^2\sin\frac{1}{x}, & x\neq 0\\ 0, & x=0\end{cases}$，试求$f'(x)$的表达式，并判断$f'(x)$在$x=0$点是否连续. 若$x=0$为间断点，试判断间断点的类型.

6. 设$f(x)$为可导的偶函数，且$\lim\limits_{x\to 1}\frac{f(2x-1)-f(1)}{x-1}=\frac{1}{2}$，求$f'(-1)$.

7. 已知函数$f(x)=\begin{cases}x^2, & x\leqslant 1\\ ax+b\sqrt{x}, & x>1\end{cases}$可导，求$a$和$b$的值.

8. 设$f(t)=\lim\limits_{x\to\infty}\left(1+\frac{1}{x}\right)^{2xt}$，试求$f'(x)$.

9. 已知$y=f(x)$是由方程$\sin(xy)+e^y=2x$确定的隐函数，求$y=f(x)$在点$\left(\frac{1}{2},0\right)$处的切线方程和法线方程.

10. 设$y=f(\ln x)+\ln f(x)$，其中$f(x)$二阶可导，求$\frac{d^2y}{dx^2}$.

11. 已知$y=f(x)$由方程$\cos(x^2+y)=x+y$所确定，求$\frac{dy}{dx}$和$\frac{d^2y}{dx^2}$.

12. 若$y=f(x)$是由方程$\ln\sqrt{x^2+y^2}=\arctan\frac{y}{x}$所确定的隐函数，试求$\frac{dy}{dx}$和$\frac{d^2y}{dx^2}$.

13. 若$y=f(x)$是由方程$y=1+xe^y$所确定的隐函数，试求

(1) 曲线$y=f(x)$上对应点$x=0$处的切线方程；　(2) $\frac{d^2y}{dx^2}$.

14. 设$y=f(x)$是由方程$e^x-e^y=xy$确定的隐函数，试求

(1) 曲线$y=f(x)$在$x=0$处的切线和法线方程；(2) $f''(0)$.

**15. 已知$y=x\cdot f\left(\frac{\sin x}{x}\right)$，其中$f$二阶可导，求$\frac{d^2y}{dx^2}$.

16. 计算$\sqrt{1.05}$的近似值.

17. 某商品的需求函数为$Q(p)=75-p^2$,其中p为价格,则:

(1) 求$p=4$时的边际需求;

(2) 求$p=4$时的需求价格弹性,并说明其经济意义.

3.4 习题详解

1. 填空题

(1) 0. (2) -4. (3) $x^x(1+\ln x)$. (4) $x2^x(2+x\ln 2)$. (5) $n!$.

(6) -1.

提示 令$t=\ln x$,原式$=\lim\limits_{t\to 0}\dfrac{f(t)-1}{e^t-1}=\lim\limits_{t\to 0}\dfrac{f(t)-1}{t}=\lim\limits_{t\to 0}\dfrac{f(0+t)-f(0)}{t}=f'(0)$.

(7) $y-3e^2=6e^2(x-1)$. (8) $y=-\dfrac{1}{4}x+\dfrac{1}{2}$. (9) $(1,6)$.

(10) $y=4x-4$. (11) $-\dfrac{1}{3}$. (12) $\dfrac{f''(\ln x)-f'(\ln x)}{x^2}$.

(13) 16. (14) 1, 1. (15) 0.03. (16) e^{3x}, $3e^{3x}$.

(17) $-2x$. (18) $-50e^{-1}$, -1.

2. 单项选择题

(1) B; (2) D; (3) C; (4) D; (5) A; (6) A; (7) D; (8) C;

(9) C; (10) A; (11) B; (12) B; (13) B.

3.

(1) $y'=2^x\ln 2+2x$;

(2) $y'=\arctan x+x\arctan^2 x+\dfrac{x}{1+x^2}$;

(3) $y'=-\dfrac{x}{\sqrt{1-x^2}}-\dfrac{a}{|x|\sqrt{x^2-a^2}}$;

(4) $y'=(\tan x)^x\left[\ln\tan x+\dfrac{2x}{\sin(2x)}\right]+2x^{2x}(1+\ln x)$;

(5) 等式两边同时取对数,得

$$\ln y=\frac{1}{2x}+\frac{1}{4}\ln x+\frac{1}{8}\ln\sin x,$$

等式两边同时对x求导数,得

$$\frac{1}{y}\cdot y'=-\frac{1}{2x^2}+\frac{1}{4x}+\frac{1}{8}\cot x,$$

所以

$$y'=\sqrt{e^{\frac{1}{x}}\sqrt{x\sqrt{\sin x}}}\left(-\frac{1}{2x^2}+\frac{1}{4x}+\frac{1}{8}\cot x\right).$$

4.

(1) $\mathrm{d}y=-\dfrac{\tan\sqrt{x}}{2\sqrt{x}}\mathrm{d}x$；　　(2) $\mathrm{d}y=\csc^3 x\mathrm{d}x$；

(3) $\mathrm{d}y=2\sqrt{1-x^2}\,\mathrm{d}x$；　　(4) $\mathrm{d}y=[x^{x^2+1}(2\ln x+1)+2x\mathrm{e}^{x^2}]\mathrm{d}x$；

(5) $\mathrm{d}y=\left[\dfrac{1}{x}+x^{\sin\frac{1}{x}}\left(\dfrac{1}{x}\sin\dfrac{1}{x}-\dfrac{\ln x}{x^2}\cos\dfrac{1}{x}\right)\right]\mathrm{d}x$.

5. 当 $x\neq 0$ 时,

$$f'(x)=\left(x^2\sin\frac{1}{x}\right)'=2x\sin\frac{1}{x}+x^2\cos\frac{1}{x}\cdot\left(\frac{1}{x}\right)'=2x\sin\frac{1}{x}-\cos\frac{1}{x}.$$

当 $x=0$ 时,由于

$$\lim_{x\to 0}\frac{f(x)-f(0)}{x-0}=\lim_{x\to 0}\frac{x^2\sin\frac{1}{x}-0}{x}=\lim_{x\to 0}x\sin\frac{1}{x}=0,$$

即 $f'(0)=0$. 因此

$$f'(x)=\begin{cases}2x\sin\dfrac{1}{x}-\cos\dfrac{1}{x}, & x\neq 0\\ 0, & x=0\end{cases}.$$

由 $\lim\limits_{x\to 0}2x\sin\dfrac{1}{x}=0$, $\lim\limits_{x\to 0}\cos\dfrac{1}{x}$ 不存在,可知 $\lim\limits_{x\to 0}f'(x)$ 不存在,从而 $f'(x)$ 在 $x=0$ 点不连续,且 $x=0$ 是 $f'(x)$ 的第二类间断点.

6. 令 $t=x-1$,则

$$\lim_{x\to 1}\frac{f(2x-1)-f(1)}{x-1}=\lim_{t\to 0}\frac{f(2t+1)-f(1)}{t}=2\lim_{t\to 0}\frac{f(2t+1)-f(1)}{2t}=2f'(1).$$

所以 $f'(1)=\dfrac{1}{4}$, $f'(-1)=-\dfrac{1}{4}$.

注　这里利用了例 3.15 的结论:可导的偶函数,其导函数为奇函数.

7. 因为 $f(x)$ 在点 $x=1$ 处可导,所以 $f(x)$ 在点 $x=1$ 处连续,即

$$\lim_{x\to 1^-}f(x)=\lim_{x\to 1^+}f(x)=f(1).$$

由 $\lim\limits_{x\to 1^-}f(x)=\lim\limits_{x\to 1^-}x^2=1$, $\lim\limits_{x\to 1^+}f(x)=\lim\limits_{x\to 1^+}(ax+b\sqrt{x})=a+b$, $f(1)=1$ 得 $a+b=1$.

又因为 $f(x)$ 在点 $x=1$ 处可导,所以 $f'_-(1)=f'_+(1)$. 而

$$f'_-(1)=\lim_{x\to 1^-}\frac{f(x)-f(1)}{x-1}=\lim_{x\to 1^-}\frac{x^2-1}{x-1}=\lim_{x\to 1^-}(x+1)=2,$$

$$f'_+(1)=\lim_{x\to 1^+}\frac{f(x)-f(1)}{x-1}=\lim_{x\to 1^+}\frac{ax+b\sqrt{x}-1}{x-1}=\lim_{x\to 1^+}\frac{ax+b\sqrt{x}-(a+b)}{x-1}$$

$$=\lim_{x\to 1^+}\left(a+\frac{b}{\sqrt{x}+1}\right)=a+\frac{b}{2},$$

从而 $a+\dfrac{b}{2}=2$. 解得 $a=3$, $b=-2$.

8. 利用第二个重要极限，有

$$f(t)=\lim_{x\to\infty}\left(1+\frac{1}{x}\right)^{2xt}=\lim_{x\to\infty}\left(1+\frac{1}{x}\right)^{x\cdot(2t)}=e^{2t},$$

所以 $f'(t)=2e^{2t}$，从而 $f'(x)=2e^{2x}$.

9. 等式两边同时对 x 求导数，得

$$\cos(xy)(xy'+y)+y'\cdot e^{y}=2,$$

因此

$$y'=\frac{2-y\cos(xy)}{e^{y}+x\cos(xy)},\quad y'\big|_{\left(\frac{1}{2},0\right)}=\frac{4}{3},$$

所以 $y=f(x)$ 在点 $\left(\frac{1}{2},0\right)$ 处的切线方程为

$$y-0=\frac{4}{3}\left(x-\frac{1}{2}\right),\quad 即\ y=\frac{4}{3}x-\frac{2}{3}.$$

$y=f(x)$ 在点 $\left(\frac{1}{2},0\right)$ 处的法线方程为

$$y-0=-\frac{3}{4}\left(x-\frac{1}{2}\right),\quad 即\ y=-\frac{3}{4}x+\frac{3}{8}.$$

10. $y'=\dfrac{1}{x}f'(\ln x)+\dfrac{f'(x)}{f(x)}$,

$$y''=-\frac{1}{x^2}f'(\ln x)+\frac{1}{x^2}f''(\ln x)+\frac{f''(x)f(x)-[f'(x)]^2}{f^2(x)}.$$

11. 等式两边同时对 x 求导数，得

$$-[\sin(x^2+y)](2x+y')=1+y',$$

上式两边再对 x 求导数，得

$$-[\cos(x^2+y)](2x+y')^2-[\sin(x^2+y)](2+y'')=y'',$$

整理可得

$$y'=-\frac{1+2x\sin(x^2+y)}{1+\sin(x^2+y)},$$

$$y''=-\frac{2[1+\sin(x^2+y)]^2\sin(x^2+y)+(2x-1)^2\cos(x^2+y)}{[1+\sin(x^2+y)]^3}.$$

12. 方程化为

$$\frac{1}{2}\ln(x^2+y^2)=\arctan\frac{y}{x},$$

等式两边同时对 x 求导数，得

$$\frac{1}{2}\cdot\frac{2x+2yy'}{x^2+y^2}=\frac{1}{1+\frac{y^2}{x^2}}\cdot\frac{y'x-y}{x^2},$$

整理得 $x+yy'=y'x-y$，上式两边同时再对 x 求导数，得

$$1+(y')^2+yy''=y''x+y'-y',$$

整理得

$$y'=\frac{x+y}{x-y},\quad y''=\frac{2(x^2+y^2)}{(x-y)^3}.$$

13. (1) 当 $x=0$ 时，$y=1$. 等式两边同时对 x 求导数，得

$$y' = e^y + xe^y y',$$

所以 $f'(0)=e$，所求切线方程为 $y-1=e(x-0)$，即 $y=ex+1$.

(2) 等式 $y'=e^y+xe^y y'$ 两边同时对 x 求导数，得

$$y'' = e^y y' + e^y y' + xe^y (y')^2 + xe^y y'',$$

解得

$$y'' = \frac{e^y y'(2+xy')}{1-xe^y} = \frac{e^{2y}(2-xe^y)}{(1-xe^y)^3}.$$

14. (1) 当 $x=0$ 时，$y=0$. 等式两边同时对 x 求导数，得

$$e^x - e^y y' = y + xy',$$

所以 $y'|_{x=0}=1$，因此切线方程为 $y=x$，法线方程为 $y=-x$.

(2) 方程两边 $e^x-e^y y'=y+xy'$ 同时对 x 求导数，得

$$e^x - e^y (y')^2 - e^y y'' = 2y' + xy'',$$

把 $x=0, y=0, y'|_{x=0}=1$ 代入上式得 $f''(0)=-2$.

15. $y'=f\left(\frac{\sin x}{x}\right)+x\cdot f'\left(\frac{\sin x}{x}\right)\cdot\frac{x\cos x-\sin x}{x^2}$,

$$\frac{d^2y}{dx^2} = y'' = f''\left(\frac{\sin x}{x}\right)\cdot\frac{(x\cos x-\sin x)^2}{x^3} - f'\left(\frac{\sin x}{x}\right)\cdot\sin x.$$

16. 已知 $\sqrt[n]{1+x}\approx1+\frac{1}{n}x$，故 $\sqrt{1.05}=\sqrt{1+0.05}\approx1+\frac{1}{2}\times0.05=1.025$.

17. (1) $Q'(p)=-2p, Q'(4)=-8$.

(2) 根据弹性的定义，有

$$\frac{EQ}{Ep} = Q'\frac{p}{Q} = (-2p)\frac{p}{(75-p^2)} = \frac{-2p^2}{(75-p^2)},$$

则

$$\left.\frac{EQ}{Ep}\right|_{p=4} = -\frac{32}{59} \approx -0.54.$$

经济意义为：当价格上涨(或下跌)1%时，需求量将大约减少(或增加)0.54%.

第4章

中值定理与导数的应用

4.1 内容提要

4.1.1 中值定理

1. 罗尔中值定理

若 $f(x)$在$[a,b]$上连续,在(a,b)内可导,且 $f(a)=f(b)$,则至少存在一点 $\xi\in(a,b)$,使得 $f'(\xi)=0$.

2. 拉格朗日中值定理

若 $f(x)$在$[a,b]$上连续,在(a,b)内可导,则至少存在一点 $\xi\in(a,b)$,使得 $f'(\xi)=\frac{f(b)-f(a)}{b-a}$,或 $f(b)-f(a)=f'(\xi)(b-a)$.

3. 柯西中值定理

若 $f(x)$,$g(x)$在$[a,b]$上连续,在(a,b)内可导,且 $g'(x)\neq 0$,则至少存在一点 $\xi\in(a,b)$,使得$\frac{f'(\xi)}{g'(\xi)}=\frac{f(b)-f(a)}{g(b)-g(a)}$.

4. 泰勒定理

若 $f(x)$在含有 x_0 的一个开区间(a,b)内具有 $n+1$ 阶导数,则对于任意 $x\in(a,b)$,有

$$f(x)=f(x_0)+f'(x_0)(x-x_0)+\frac{f''(x_0)}{2!}(x-x_0)^2+\cdots+\frac{f^{(n)}(x_0)}{n!}(x-x_0)^n+R_n(x),$$

其中 $R_n(x)$为余项.

当 $x_0=0$ 时的泰勒公式也称为**麦克劳林公式**,即

$$f(x)=f(0)+f'(0)x+\frac{f''(0)}{2!}x^2+\cdots+\frac{f^{(n)}(0)}{n!}x^n+R_n(x).$$

拉格朗日余项：$R_n(x)=\frac{f^{(n+1)}(\xi)}{(n+1)!}(x-x_0)^{(n+1)}$，其中 ξ 是介于 x_0 与 x 之间的某个数.

皮亚诺余项：$R_n(x)=o[(x-x_0)^n]$，$(x\to x_0)$.

4.1.2 洛必达法则

1. $\frac{0}{0}$型不定式

设

(1) 当 $x\to x_0$ 时，$f(x)\to 0$，$g(x)\to 0$；

(2) 在 x_0 的某个空心邻域内，$f'(x)$和 $g'(x)$都存在且 $g'(x)\neq 0$；

(3) $\lim\limits_{x\to x_0}\frac{f'(x)}{g'(x)}$存在或为无穷大，则

$$\lim_{x\to x_0}\frac{f(x)}{g(x)}=\lim_{x\to x_0}\frac{f'(x)}{g'(x)}.$$

2. $\frac{\infty}{\infty}$型不定式

设

(1) 当 $x\to\infty$时，$f(x)\to\infty$，$g(x)\to\infty$；

(2) 当$|x|$充分大时，$f'(x)$和 $g'(x)$都存在且 $g'(x)\neq 0$；

(3) $\lim\limits_{x\to\infty}\frac{f'(x)}{g'(x)}$存在或为无穷大，则

$$\lim_{x\to\infty}\frac{f(x)}{g(x)}=\lim_{x\to\infty}\frac{f'(x)}{g'(x)}.$$

3. 其他类型不定式

其他类型的不定式，如 $0\cdot\infty$，$\infty-\infty$，0^0，∞^0，1^∞ 等可以转化成$\frac{0}{0}$类型或者$\frac{\infty}{\infty}$类型的不定式，再使用洛必达法则进行计算.

4.1.3 函数的单调区间

设函数 $y=f(x)$在$[a,b]$上连续，在(a,b)内可导，

(1) 若对 $\forall x\in(a,b)$有 $f'(x)\geqslant 0$，但等号仅在有限个点处成立，则 $y=f(x)$在$[a,b]$上单调增加；

(2) 若对 $\forall x\in(a,b)$有 $f'(x)\leqslant 0$，但等号仅在有限个点处成立，则 $y=f(x)$在$[a,b]$上单调减少.

4.1.4 函数的极值

1. 必要条件

若 $f(x)$在 x_0 处可导,且在 x_0 处取得极值,则 $f'(x_0)=0$.

2. 第一充分条件

设函数 $f(x)$在 x_0 的某个邻域内连续,

(1) 若在点 x_0 的左邻域内 $f'(x)>0$,在点 x_0 的右邻域内 $f'(x)<0$,则 $f(x)$在 x_0 处取得极大值 $f(x_0)$;

(2) 若在点 x_0 的左邻域内 $f'(x)<0$,在点 x_0 的右邻域内 $f'(x)>0$,则 $f(x)$在 x_0 处取得极小值 $f(x_0)$;

(3) 若在点 x_0 的某个去心邻域内,$f'(x)$不变号,则 $f(x)$在 x_0 处没有极值.

3. 第二充分条件

设函数 $f(x)$在 x_0 处具有二阶导数,且 $f'(x_0)=0$,$f''(x_0)\neq 0$,若 $f''(x_0)<0$,则$f(x)$在 x_0 处取得极大值 $f(x_0)$;若 $f''(x_0)>0$,则 $f(x)$在 x_0 处取得极小值 $f(x_0)$.

4.1.5 函数的凹凸区间与拐点

设函数 $y=f(x)$在$[a,b]$上连续,在(a,b)内具有二阶导数,

(1) 若对于 $\forall x\in(a,b)$有 $f''(x)>0$,则 $y=f(x)$在$[a,b]$上的图形是凹(下凸)的;

(2) 若对于 $\forall x\in(a,b)$有 $f''(x)<0$,则 $y=f(x)$在$[a,b]$上的图形是凸(上凸)的;

(3) 若 $f''(x_0)=0$ 或 $f''(x_0)$不存在,但 $f''(x)$在 x_0 点的两侧变号,则$(x_0,f(x_0))$为图形的拐点.

4.1.6 曲线的渐近线

1. 水平渐近线

若 $\lim\limits_{x\to-\infty}f(x)=a$ 或 $\lim\limits_{x\to+\infty}f(x)=a$,则直线 $y=a$ 为函数 $y=f(x)$图形的水平渐近线.

2. 铅垂渐近线

若 $\lim\limits_{x\to x_0^+}f(x)=\infty$或 $\lim\limits_{x\to x_0^-}f(x)=\infty$,则直线 $x=x_0$ 为函数 $y=f(x)$图形的铅垂渐近线(垂直渐近线).

3. 斜渐近线

若 $\lim\limits_{x\to-\infty}[f(x)-(ax+b)]=0$ 或者 $\lim\limits_{x\to+\infty}[f(x)-(ax+b)]=0$,其中 $a\neq 0$,则直线 $y=ax+b$ 为函数 $y=f(x)$图形的斜渐近线,其中 $a=\lim\limits_{x\to-\infty}\dfrac{f(x)}{x}$,$b=\lim\limits_{x\to-\infty}[f(x)-ax]$,或者

$a=\lim\limits_{x\to+\infty}\frac{f(x)}{x}, b=\lim\limits_{x\to+\infty}[f(x)-ax]$.

4.1.7　函数作图

函数作图的步骤：

(1) 确定函数 $f(x)$的定义域，研究函数的几何特性（如奇偶性、周期性、有界性等），并确定函数的间断点；

(2) 求出 $f(x)$的一阶导数 $f'(x)$、二阶导数 $f''(x)$，及它们在定义域内的全部零点和无意义点；

(3) 由 $f(x)$的间断点、驻点、一阶导数不存在的点、二阶导数为零的点及二阶导数不存在的点等将定义域分成若干个区间，在这些区间上分别讨论 $f'(x)$，$f''(x)$的符号，确定 $f(x)$的增减性与图形的凹凸性，从而确定极值与拐点；

(4) 求出 $f(x)$的各种渐近线及确定其变化趋势；

(5) 补充一些特殊点的函数值，如与坐标轴的交点等；

(6) 最后勾画出一张较为精确的函数图形.

4.2　典型例题分析

4.2.1　题型一　中值定理的应用

例 4.1　若 $f(x)$在$[0,1]$上连续，在$(0,1)$内可导，且 $f(1)=0$，求证至少存在一点 $\xi\in(0,1)$，使得 $f'(\xi)=-\frac{f(\xi)}{\xi}$.

分析　要想证明 $f'(\xi)=-\frac{f(\xi)}{\xi}$，只需证明 $f(\xi)+\xi f'(\xi)=0$ 即可，而 $f(x)+xf'(x)$恰是 $xf(x)$的导数，故构造辅助函数 $g(x)=xf(x)$.

证　构造辅助函数 $g(x)=xf(x)$，由于 $g(x)$在$[0,1]$上连续，在$(0,1)$内可导，$g(1)=f(1)=0$，$g(0)=0$，且 $g'(x)=f(x)+xf'(x)$，根据罗尔中值定理，至少存在一点 $\xi\in(0,1)$，使 $g'(\xi)=0$，即 $g'(\xi)=f(\xi)+\xi f'(\xi)=0$，因此 $f'(\xi)=-\frac{f(\xi)}{\xi}$.

例 4.2　证明：当 $x>0$ 时，$\frac{x}{1+x}<\ln(1+x)<x$.

证　设 $f(t)=\ln(1+t)$，显然 $f(t)$在$[0,x]$上满足拉格朗日中值定理的条件，因此有

$$f(x)-f(0)=f'(\xi)(x-0),\quad 0<\xi<x.$$

因为 $f(0)=0$，$f'(t)=\frac{1}{1+t}$，所以

$$\ln(1+x)=\frac{x}{1+\xi},$$

其中 $0<\xi<x$. 从而

$$\frac{x}{1+x}<\frac{x}{1+\xi}<x\text{，即}\frac{x}{1+x}<\ln(1+x)<x.$$

****例 4.3** 若 $f(x)$ 在 $[a,b]$ 上连续，在 (a,b) 内有二阶导数，$f(a)=f(b)=0$，且存在一点 $c\in(a,b)$，使得 $f(c)>0$，求证至少存在一点 $\xi\in(a,b)$，使得 $f''(\xi)<0$.

证 由于 $f(x)$ 在 $[a,c]$ 上符合拉格朗日中值定理的条件，则至少存在一点 $\xi_1\in(a,c)$，使

$$f'(\xi_1)=\frac{f(c)-f(a)}{c-a}=\frac{f(c)}{c-a}>0.$$

又由于 $f(x)$ 在 $[c,b]$ 上满足拉格朗日中值定理的条件，则至少存在一点 $\xi_2\in(c,b)$，使得

$$f'(\xi_2)=\frac{f(b)-f(c)}{b-c}=\frac{-f(c)}{b-c}<0.$$

函数 $f'(x)$ 在 $[\xi_1,\xi_2]$ 上再利用拉格朗日中值定理，则至少存在一点 $\xi\in(\xi_1,\xi_2)\subset(a,b)$，使得

$$f''(\xi)=\frac{f'(\xi_2)-f'(\xi_1)}{\xi_2-\xi_1}<0.$$

例 4.4 设 $f(x)$ 在 $[a,b]$ 上连续，在 (a,b) 内可导，且 $ab>0$，证明在 (a,b) 内至少存在两点 ξ,η，使得 $f'(\xi)=\frac{a+b}{2\eta}f'(\eta)$.

证 由于 $f(x)$ 在 $[a,b]$ 上符合拉格朗日中值定理的条件，则至少存在一点 $\xi\in(a,b)$ 使

$$f'(\xi)=\frac{f(b)-f(a)}{b-a}.$$

另一方面，$f(x)$ 与 $g(x)=x^2$ 在 $[a,b]$ 上符合柯西中值定理条件，则至少存在一点 $\eta\in(a,b)$，使得

$$\frac{f'(\eta)}{2\eta}=\frac{f(b)-f(a)}{b^2-a^2}.$$

所以有

$$\frac{(a+b)f'(\eta)}{2\eta}=\frac{f(b)-f(a)}{b-a},$$

从而

$$f'(\xi)=\frac{a+b}{2\eta}f'(\eta).$$

4.2.2 题型二 利用洛必达法则求解标准类型不定式 $\left[\frac{0}{0}\text{与}\frac{\infty}{\infty}\right]$ 问题

例 4.5 求极限 $\lim\limits_{x\to0}\frac{e^x+\ln(1-x)-1}{x-\arctan x}$.

解 由于

$$\lim_{x\to0}\frac{e^x+\ln(1-x)-1}{x-\arctan x}=\lim_{x\to0}\frac{e^x-\frac{1}{1-x}}{1-\frac{1}{1+x^2}}=\lim_{x\to0}\frac{\frac{e^x-xe^x-1}{1-x}}{\frac{x^2}{1+x^2}}$$

$$=\lim_{x\to0}\left(\frac{1+x^2}{1-x}\cdot\frac{e^x-xe^x-1}{x^2}\right).$$

而极限

$$\lim_{x\to 0}\frac{e^x-xe^x-1}{x^2}=\lim_{x\to 0}\frac{e^x-e^x-xe^x}{2x}=\lim_{x\to 0}\frac{-e^x}{2}=-\frac{1}{2},$$

所以

$$\lim_{x\to 0}\frac{e^x+\ln(1-x)-1}{x-\arctan x}=-\frac{1}{2}.$$

例 4.6 求极限 $\lim\limits_{x\to 0^+}\dfrac{\ln\tan 7x}{\ln\tan 2x}$.

解 $$\lim_{x\to 0^+}\frac{\ln\tan 7x}{\ln\tan 2x}=\lim_{x\to 0^+}\frac{\dfrac{1}{\tan 7x}(\sec^2 7x)\cdot 7}{\dfrac{1}{\tan 2x}(\sec^2 2x)\cdot 2}=\lim_{x\to 0^+}\left(\frac{7}{2}\cdot\frac{\cos^2 2x}{\cos^2 7x}\cdot\frac{\tan 2x}{\tan 7x}\right)=1.$$

例 4.7 求极限 $\lim\limits_{x\to+\infty}\dfrac{e^{2x}}{x^n}$.

解 $$\lim_{x\to+\infty}\frac{e^{2x}}{x^n}=\lim_{x\to+\infty}\frac{2e^{2x}}{nx^{n-1}}=\lim_{x\to+\infty}\frac{2^2e^{2x}}{n(n-1)x^{n-2}}=\lim_{x\to+\infty}\frac{2^3e^{2x}}{n(n-1)(n-2)x^{n-3}}$$

$$=\cdots=\lim_{x\to+\infty}\frac{2^ne^{2x}}{n!}=+\infty.$$

4.2.3 题型三　利用洛必达法则求解 $0\cdot\infty$ 与 $\infty-\infty$ 类型不定式问题

例 4.8 求极限 $\lim\limits_{x\to\infty}x(e^{\frac{1}{x}}-1)$.

解 $$\lim_{x\to\infty}x(e^{\frac{1}{x}}-1)=\lim_{x\to\infty}\frac{e^{\frac{1}{x}}-1}{\dfrac{1}{x}}=\lim_{x\to\infty}\frac{e^{\frac{1}{x}}\left(-\dfrac{1}{x^2}\right)}{-\dfrac{1}{x^2}}=1.$$

例 4.9 求极限 $\lim\limits_{x\to 1}\left(\dfrac{x}{x-1}-\dfrac{1}{\ln x}\right)$.

解 $$\lim_{x\to 1}\left(\frac{x}{x-1}-\frac{1}{\ln x}\right)=\lim_{x\to 1}\frac{x\ln x-x+1}{(x-1)\ln x}=\lim_{x\to 1}\frac{\ln x}{\ln x+\dfrac{x-1}{x}}=\lim_{x\to 1}\frac{x\ln x}{x\ln x+x-1}$$

$$=\lim_{x\to 1}\frac{\ln x+1}{\ln x+2}=\frac{1}{2}.$$

4.2.4 题型四　利用洛必达法则求解幂指函数类型 $0^0,\infty^0$ 及 1^∞ 不定式问题

例 4.10 求极限 $\lim\limits_{x\to 0^+}x^{\sin x}$.

解 由于 $\lim\limits_{x\to 0^+}x^{\sin x}=\lim\limits_{x\to 0^+}e^{\sin x\ln x}$，而

$$\lim_{x\to 0^+}\sin x\ln x=\lim_{x\to 0^+}\frac{\ln x}{\dfrac{1}{\sin x}}=\lim_{x\to 0^+}\frac{\dfrac{1}{x}}{-\dfrac{\cos x}{\sin^2 x}}=\lim_{x\to 0^+}\left(-\frac{\sin x}{x}\cdot\frac{1}{\cos x}\cdot\sin x\right)=0,$$

因此

$$\lim_{x\to 0^+} x^{\sin x}=\lim_{x\to 0^+} e^{\sin x\ln x}=e^0=1.$$

例 4.11 求极限 $\lim\limits_{x\to 0^+}\left(\frac{1}{x}\right)^{\tan x}$.

解 由于 $\lim\limits_{x\to 0^+}\left(\frac{1}{x}\right)^{\tan x}=\lim\limits_{x\to 0^+} e^{\tan x\ln\left(\frac{1}{x}\right)}$，而

$$\lim_{x\to 0^+}\tan x\ln\left(\frac{1}{x}\right)=\lim_{x\to 0^+}\frac{-\ln x}{\cot x}=\lim_{x\to 0^+}\frac{-\frac{1}{x}}{-\frac{1}{\sin^2 x}}=\lim_{x\to 0^+}\frac{\sin^2 x}{x}=0,$$

因此

$$\lim_{x\to 0^+}\left(\frac{1}{x}\right)^{\tan x}=\lim_{x\to 0^+} e^{\tan x\ln\left(\frac{1}{x}\right)}=e^0=1.$$

例 4.12 求极限 $\lim\limits_{x\to 0}\left(\frac{\sin x}{x}\right)^{\frac{1}{x^2}}$.

解 由于 $\lim\limits_{x\to 0}\left(\frac{\sin x}{x}\right)^{\frac{1}{x^2}}=\lim\limits_{x\to 0} e^{\frac{\ln\frac{\sin x}{x}}{x^2}}$，而

$$\lim_{x\to 0}\frac{\ln\sin x-\ln x}{x^2}=\lim_{x\to 0}\frac{\frac{\cos x}{\sin x}-\frac{1}{x}}{2x}=\lim_{x\to 0}\frac{x\cos x-\sin x}{2x^2\sin x}=\lim_{x\to 0}\frac{x\cos x-\sin x}{2x^3}$$

$$=\lim_{x\to 0}\frac{-x\sin x}{6x^2}=\lim_{x\to 0}\frac{-x^2}{6x^2}=-\frac{1}{6},$$

因此

$$\lim_{x\to 0}\left(\frac{\sin x}{x}\right)^{\frac{1}{x^2}}=e^{-\frac{1}{6}}.$$

例 4.13 求极限 $\lim\limits_{x\to 0}\left(\frac{a^x+b^x+c^x}{3}\right)^{\frac{1}{x}}$，其中 a,b,c 均为正数.

解 由于

$$\lim_{x\to 0}\left(\frac{a^x+b^x+c^x}{3}\right)^{\frac{1}{x}}=\lim_{x\to 0} e^{\frac{\ln\left(\frac{a^x+b^x+c^x}{3}\right)}{x}},$$

而

$$\lim_{x\to 0}\frac{\ln\left(\frac{a^x+b^x+c^x}{3}\right)}{x}=\lim_{x\to 0}\frac{\ln(a^x+b^x+c^x)-\ln 3}{x}=\lim_{x\to 0}\frac{a^x\ln a+b^x\ln b+c^x\ln c}{a^x+b^x+c^x}$$

$$=\frac{1}{3}(\ln a+\ln b+\ln c)=\frac{1}{3}\ln(abc).$$

所以

$$\lim_{x\to 0}\left(\frac{a^x+b^x+c^x}{3}\right)^{\frac{1}{x}}=e^{\frac{1}{3}\ln(abc)}=\sqrt[3]{abc}.$$

注 本例的另一种解法见第 2 章例 2.27.

4.2.5　题型五　洛必达法则的其他应用

例 4.14　讨论函数 $f(x)=\begin{cases}\left[\dfrac{(1+x)^{\frac{1}{x}}}{\mathrm{e}}\right]^{\frac{1}{x}}, & x>0\\ \mathrm{e}^{-\frac{1}{2}}, & x\leqslant 0\end{cases}$ 在 $x=0$ 点的连续性.

解　当 $x=0$ 时，$f(0)=\mathrm{e}^{-\frac{1}{2}}$；当 $x<0$ 时，$\lim\limits_{x\to 0^-}f(x)=\mathrm{e}^{-\frac{1}{2}}$；当 $x>0$ 时，

$$\lim_{x\to 0^+}f(x)=\lim_{x\to 0^+}\left[\frac{(1+x)^{\frac{1}{x}}}{\mathrm{e}}\right]^{\frac{1}{x}}=\lim_{x\to 0^+}\mathrm{e}^{\frac{1}{x}\left[\frac{1}{x}\ln(1+x)-1\right]}.$$

只需计算

$$\lim_{x\to 0^+}\frac{1}{x}\left[\frac{1}{x}\ln(1+x)-1\right]=\lim_{x\to 0^+}\left[\frac{\ln(1+x)-x}{x^2}\right]=\lim_{x\to 0^+}\left(\frac{\dfrac{1}{1+x}-1}{2x}\right)$$

$$=\lim_{x\to 0^+}\frac{-x}{2x(1+x)}=-\frac{1}{2},$$

所以 $\lim\limits_{x\to 0^+}f(x)=\mathrm{e}^{-\frac{1}{2}}$，由于 $\lim\limits_{x\to 0^-}f(x)=\lim\limits_{x\to 0^+}f(x)=f(0)$，因此 $f(x)$ 在 $x=0$ 处连续.

****例 4.15**　设 $f(x)$ 在 $x=0$ 的某个领域内有连续的二阶导数，且

$$\lim_{x\to 0}\left[1+x+\frac{f(x)}{x}\right]^{\frac{1}{x}}=\mathrm{e}^3,$$

求 $f(0)$，$f'(0)$ 及 $f''(0)$.

解　因为

$$\lim_{x\to 0}\left[1+x+\frac{f(x)}{x}\right]^{\frac{1}{x}}=\mathrm{e}^{\lim\limits_{x\to 0}\frac{\ln\left[1+x+\frac{f(x)}{x}\right]}{x}}=\mathrm{e}^3,$$

结合等价无穷小替换得

$$\lim_{x\to 0}\frac{\ln\left[1+x+\dfrac{f(x)}{x}\right]}{x}=\lim_{x\to 0}\frac{x+\dfrac{f(x)}{x}}{x}=3,$$

从而

$$\lim_{x\to 0}\frac{x^2+f(x)}{x^2}=3.$$

从而有 $\lim\limits_{x\to 0}\dfrac{f(x)}{x^2}=2$. 由 $f(x)$ 的连续性可知 $f(0)=\lim\limits_{x\to 0}f(x)=0$. 由洛必达法则可知. $\lim\limits_{x\to 0}\dfrac{f'(x)}{2x}=2$，即 $\lim\limits_{x\to 0}\dfrac{f'(x)}{x}=4$. 由 $f'(x)$ 的连续性可知. $f'(0)=\lim\limits_{x\to 0}f'(x)=\lim\limits_{x\to 0}\dfrac{f'(x)}{x}\cdot x=0$. 由洛必达法和连续性可知 $\lim\limits_{x\to 0}\dfrac{f''(x)}{1}=\dfrac{f''(0)}{1}=4$ 所以 $f''(0)=4$.

4.2.6　题型六　不适合使用洛必达法则的极限问题

例 4.16　求极限 $\lim\limits_{x\to +\infty}\dfrac{x}{\sqrt{1+x^2}}$.

解 若使用洛必达法则有

$$\lim_{x\to+\infty}\frac{x}{\sqrt{1+x^2}}=\lim_{x\to+\infty}\frac{1}{\frac{2x}{2\sqrt{1+x^2}}}=\lim_{x\to+\infty}\frac{\sqrt{1+x^2}}{x},$$

其分子分母互换位置，再使用一次洛必达法则，就回到了初始状态，洛必达法则失效. 正确解法是

$$\lim_{x\to+\infty}\frac{x}{\sqrt{1+x^2}}=\lim_{x\to+\infty}\frac{1}{\sqrt{\frac{1}{x^2}+1}}=1.$$

例 4.17 求极限$\lim\limits_{x\to\infty}\frac{3x-2\sin x}{4x+\sin x}$.

解 若使用洛必达法则，有

$$\lim_{x\to\infty}\frac{3x-2\sin x}{4x+\sin x}=\lim_{x\to\infty}\frac{3-2\cos x}{4+\cos x}=\lim_{x\to\infty}\frac{-2\sin x}{\sin x}=-2,$$

由于第二步极限不存在，故洛必达法则失效. 正确解法是

$$\lim_{x\to\infty}\frac{3x-2\sin x}{4x+\sin x}=\lim_{x\to\infty}\frac{3-\frac{2}{x}\sin x}{4+\frac{1}{x}\sin x}=\frac{3}{4}.$$

例 4.18 求极限$\lim\limits_{x\to0}\frac{\sqrt{1+x\sin x}-\cos x}{\sin^2\frac{x}{2}}$.

解 本题若直接使用洛必达法则，后面的式子会很复杂，而利用等价无穷小替换可以更简单.

$$\begin{aligned}\lim_{x\to0}\frac{\sqrt{1+x\sin x}-\cos x}{\sin^2\frac{x}{2}}&=\lim_{x\to0}\frac{(1+x\sin x)-\cos^2 x}{\sin^2\frac{x}{2}}\cdot\frac{1}{\sqrt{1+x\sin x}+\cos x}\\&=\lim_{x\to0}\frac{\sin^2 x+x\sin x}{\sin^2\frac{x}{2}}\cdot\frac{1}{\sqrt{1+x\sin x}+\cos x},\end{aligned}$$

这里

$$\lim_{x\to0}\frac{1}{\sqrt{1+x\sin x}+\cos x}=\frac{1}{2},$$

而极限

$$\lim_{x\to0}\frac{\sin^2 x+x\sin x}{\sin^2\frac{x}{2}}=\lim_{x\to0}\frac{\sin x(\sin x+x)}{\sin^2\frac{x}{2}}=\lim_{x\to0}\frac{x(\sin x+x)}{\frac{x^2}{4}}=\lim_{x\to0}4\left(\frac{\sin x}{x}+1\right)=8,$$

所以

$$\lim_{x\to0}\frac{\sqrt{1+x\sin x}-\cos x}{\sin^2\frac{x}{2}}=4.$$

4.2.7　题型七　函数的单调性与极值问题

例 4.19　求函数 $f(x)=(2x-5)\sqrt[3]{x^2}$ 的单调区间与极值.

解　函数的定义域为$(-\infty,+\infty)$,所以 $f(x)$在$(-\infty,+\infty)$内连续、可导,且

$$f(x)=2x^{\frac{5}{3}}-5x^{\frac{2}{3}},\quad f'(x)=\frac{10}{3}x^{\frac{2}{3}}-\frac{10}{3}x^{-\frac{1}{3}}=\frac{10}{3}\cdot\frac{x-1}{\sqrt[3]{x}},$$

令 $f'(x)=0$,解得驻点为 $x_1=1$.一阶导数不存在的点为 $x_2=0$,列表讨论函数的性态,见表 4.1。

表　4.1

x	$(-\infty,0)$	0	$(0,1)$	1	$(1,+\infty)$
$f'(x)$	+	不存在	−	0	+
$f(x)$	↗	极大值 0	↘	极小值−3	↗

由表 4.1 可知,$f(x)$的单调递增区间为$(-\infty,0]$和$[1,+\infty)$,单调递减区间为$[0,1]$;极大值为 $f(0)=0$,极小值为 $f(1)=-3$.

4.2.8　题型八　利用单调性证明不等式问题

例 4.20　设 $x>0,n>1$,试证明$(1+x)^n>1+nx$.

证　设

$$f(x)=(1+x)^n-1-nx,$$

显然 $f(x)$在$[0,+\infty)$上连续,在$(0,+\infty)$内可导,且

$$f'(x)=n(1+x)^{n-1}-n=n[(1+x)^{n-1}-1]>0.$$

所以 $f(x)$在$[0,+\infty)$上单调增加,由此可知,当 $x>0$ 时有

$$f(x)>f(0)=0.$$

即

$$f(x)=(1+x)^n-1-nx>0,$$

从而有

$$(1+x)^n>1+nx.$$

****例 4.21**　证明:当 $0<x<\frac{\pi}{2}$时,$\tan x>x+\frac{1}{3}x^3$.

证　设 $f(x)=\tan x-x-\frac{1}{3}x^3$,显然 $f(x)$在$\left[0,\frac{\pi}{2}\right)$上连续的,且在$\left(0,\frac{\pi}{2}\right)$内可导,

$$f(0)=0,f'(x)=\sec^2x-1-x^2=\tan^2x-x^2=(\tan x-x)(\tan x+x),$$

要想证明 $f'(x)>0$,只需证明在$\left[0,\frac{\pi}{2}\right)$上,$g(x)=\tan x-x>0$ 即可.由于 $g(x)=\tan x-x$ 在$\left[0,\frac{\pi}{2}\right)$上连续,$g(0)=0$,而在$\left[0,\frac{\pi}{2}\right)$内可导,且

$$g'(x)=\sec^2x-1=\tan^2x>0,$$

所以 $g(x)$ 在 $\left(0,\frac{\pi}{2}\right)$ 内是单调增加的. 因此 $g(x)>g(0)=0$，所以 $f'(x)>0$，故 $f(x)$ 在 $\left(0,\frac{\pi}{2}\right)$ 内是单调增加的，有 $f(x)>f(0)=0$，即

$$\tan x-x-\frac{1}{3}x^3>0.$$

所以在 $\left(0,\frac{\pi}{2}\right)$ 内，有 $\tan x>x+\frac{1}{3}x^3$.

例 4.22 证明不等式 $e^\pi>\pi^e$.

分析 $e^\pi>\pi^e\Leftrightarrow\frac{e^\pi}{\pi^e}>1$ 或 $e^\pi>\pi^e\Leftrightarrow\pi>e\ln\pi\Leftrightarrow\pi-e\ln\pi>0$.

证法 1 构造辅助函数 $f(x)=\frac{e^x}{x^e}$，有

$$f(e)=\frac{e^e}{e^e}=1,f'(x)=\frac{x^e e^x-ex^{e-1}e^x}{x^{2e}}=\frac{x^{e-1}e^x(x-e)}{x^{2e}},$$

当 $x>e$ 时，$f'(x)>0$，所以 $f(x)$ 在 $[e,+\infty)$ 内连续且单调增加，$f(e)$ 为最小值.

因此 $f(\pi)>f(e)$，即 $\frac{e^\pi}{\pi^e}>1$，所以有 $e^\pi>\pi^e$.

证法 2 构造辅助函数 $f(x)=x-e\ln x,x>0$，由于 $f'(x)=1-\frac{e}{x}$，令 $f'(x)=0$，解得驻点 $x=e$，又因为 $f''(x)=\frac{e}{x^2}>0$，故 $f''(e)>0$，因此函数 $f(x)$ 在 $x=e$ 处取得最小值，从而 $f(\pi)>f(e)$，即有 $\pi-e\ln\pi>0$，所以有 $e^\pi>\pi^e$.

4.2.9 题型九　利用函数单调性讨论函数的零点问题

****例 4.23** 讨论函数 $f(x)=\frac{1}{x-1}+\frac{1}{x-2}+\frac{1}{x-3}$ 的零点.

解 当 $x<1$ 时，$f(x)<0$；当 $x>3$ 时，$f(x)>0$，所以 $f(x)$ 在 $(-\infty,1)$ 和 $(3,+\infty)$ 内无零点. 当 $x\in(1,3)$ 时，对函数求导得

$$f'(x)=-\frac{1}{(x-1)^2}-\frac{1}{(x-2)^2}-\frac{1}{(x-3)^2},$$

在 $(1,2)$ 与 $(2,3)$ 内，$f'(x)<0$，所以 $f(x)$ 在 $(1,2)$ 和 $(2,3)$ 内均单调减少. 又因为

$$\lim_{x\to1^+}f(x)=\lim_{x\to1^+}\left(\frac{1}{x-1}+\frac{1}{x-2}+\frac{1}{x-3}\right)=+\infty,$$

$$\lim_{x\to2^-}f(x)=\lim_{x\to2^-}\left(\frac{1}{x-1}+\frac{1}{x-2}+\frac{1}{x-3}\right)=-\infty,$$

所以在 $(1,2)$ 内，函数 $f(x)$ 有一个零点. 同理在 $(2,3)$ 内，函数 $f(x)$ 有一个零点. 因此 $f(x)$ 在 $(-\infty,+\infty)$ 内有两个零点，分别在 $(1,2)$ 与 $(2,3)$ 内.

4.2.10 题型十　利用极值证明不等式问题

例 4.24 证明：当 $x\neq0$ 时，有 $e^x>1+x$.

证　设 $f(x)=\mathrm{e}^x-1-x$，显然 $f(x)$在$(-\infty,+\infty)$内连续、可导，且 $f'(x)=\mathrm{e}^x-1$. 令 $f'(x)=\mathrm{e}^x-1=0$，解得唯一驻点 $x=0$，而 $f''(x)=\mathrm{e}^x$，$f''(0)=\mathrm{e}^0=1>0$. 因此 $x=0$ 为函数 $f(x)$的唯一极小值点，也是最小值点. 当 $x\neq0$ 时，有 $f(x)>f(0)$，即 $\mathrm{e}^x-1-x>0$.

4.2.11　题型十一　函数的凹凸性与拐点问题

例 4.25　求函数 $f(x)=(x-1)\sqrt[3]{x^5}$的凹凸区间与拐点.

解　函数 $f(x)$的定义域为$(-\infty,+\infty)$，所以 $f(x)$在$(-\infty,+\infty)$内连续，

$$f(x)=x^{\frac{8}{3}}-x^{\frac{5}{3}},\quad f'(x)=\frac{8}{3}x^{\frac{5}{3}}-\frac{5}{3}x^{\frac{2}{3}},\quad f''(x)=\frac{40}{9}x^{\frac{2}{3}}-\frac{10}{9}x^{-\frac{1}{3}}=\frac{10}{9}\cdot\frac{4x-1}{\sqrt[3]{x}},$$

解得二阶导数等于零的点和二阶导数不存在的点为 $x_1=0$，$x_2=\dfrac{1}{4}$，列表讨论函数的性态，见表 4.2。

表　4.2

x	$(-\infty,0)$	0	$\left(0,\frac{1}{4}\right)$	$\frac{1}{4}$	$\left(\frac{1}{4},+\infty\right)$
$f''(x)$	$+$	不存在	$-$	0	$+$
$f(x)$	下凸	拐点为$(0,0)$	上凸	拐点为$\left(\frac{1}{4},-\frac{3}{16\sqrt[3]{16}}\right)$	下凸

由表 4.2 可知，函数 $f(x)$的凹区间为$[-\infty,0]$和$\left[\dfrac{1}{4},+\infty\right]$，凸区间为$\left[0,\dfrac{1}{4}\right]$；拐点为$(0,0)$和$\left(\dfrac{1}{4},-\dfrac{3}{16\sqrt[3]{16}}\right)$.

4.2.12　题型十二　利用凹凸性证明不等式的问题

例 4.26　证明对于 $\forall x,y\in\left(-\dfrac{\pi}{2},\dfrac{\pi}{2}\right)$，有 $\cos\dfrac{x+y}{2}>\dfrac{\cos x+\cos y}{2}$.

证　显然函数 $f(t)=\cos t$ 在$(-\infty,+\infty)$内连续、可导，且

$$f'(t)=-\sin t,f''(t)=-\cos t,$$

当 $t\in\left(-\dfrac{\pi}{2},\dfrac{\pi}{2}\right)$时，$f''(t)=-\cos t<0$，因此 $f(t)=\cos t$ 在$\left(-\dfrac{\pi}{2},\dfrac{\pi}{2}\right)$内为凸的，则 $\forall x$，$y\in\left(-\dfrac{\pi}{2},\dfrac{\pi}{2}\right)$，有 $f\left(\dfrac{x+y}{2}\right)>\dfrac{f(x)+f(y)}{2}$，即 $\cos\dfrac{x+y}{2}>\dfrac{\cos x+\cos y}{2}$.

4.2.13　题型十三　函数图形的渐近线问题

****例 4.27**　确定函数 $f(x)=\dfrac{1}{x-1}+\ln(1+\mathrm{e}^{x-1})$的渐近线.

解　由于

$$\lim_{x\to1}f(x)=\lim_{x\to1}\left[\frac{1}{x-1}+\ln(1+\mathrm{e}^{x-1})\right]=\infty,$$

因此 $x=1$ 是函数的一条铅垂渐近线. 又因为

$$\lim_{x\to+\infty} f(x)=\lim_{x\to+\infty}\left[\frac{1}{x-1}+\ln(1+e^{x-1})\right]=+\infty,$$

$$\lim_{x\to-\infty} f(x)=\lim_{x\to-\infty}\left[\frac{1}{x-1}+\ln(1+e^{x-1})\right]=0,$$

因此直线 $y=0$ 是函数的一条水平渐近线. 下面讨论 $f(x)$的斜渐近线：

$$a=\lim_{x\to+\infty}\frac{f(x)}{x}=\lim_{x\to+\infty}\left[\frac{1}{x(x-1)}+\frac{\ln(1+e^{x-1})}{x}\right],$$

显然 $\lim\limits_{x\to+\infty}\dfrac{1}{x(x-1)}=0$,而

$$\lim_{x\to+\infty}\frac{\ln(1+e^{x-1})}{x}=\lim_{x\to+\infty}\frac{e^{x-1}}{1+e^{x-1}}=1,$$

因此 $a=\lim\limits_{x\to+\infty}\dfrac{f(x)}{x}=1$. 而

$$b=\lim_{x\to+\infty}[f(x)-ax]=\lim_{x\to+\infty}[f(x)-x]=\lim_{x\to+\infty}\left[\frac{1}{x-1}+\ln(1+e^{x-1})-x\right],$$

显然 $\lim\limits_{x\to+\infty}\dfrac{1}{x-1}=0$,又因为

$$\lim_{x\to+\infty}[\ln(1+e^{x-1})-x]=\lim_{x\to+\infty}[\ln(1+e^{x-1})-\ln e^{x}]=\lim_{x\to+\infty}\ln\frac{1+e^{x-1}}{e^{x}}$$

$$=\lim_{x\to+\infty}\ln\left(\frac{1}{e^{x}}+\frac{1}{e}\right)=-1,$$

即 $b=\lim\limits_{x\to+\infty}[f(x)-x]=-1$,故 $y=x-1$ 是函数的一条斜渐近线.

注 函数 $y=f(x)$在同一个水平方向上($x\to+\infty$,或 $x\to-\infty$),水平渐近线和斜渐近线不可能同时存在. 由于本题中当 $x\to-\infty$时存在水平渐近线,故函数 $y=f(x)$在 $x\to-\infty$方向上不存在斜渐近线.

4.2.14 题型十四 利用泰勒公式计算极限问题

例 4.28 求极限$\lim\limits_{x\to 0}\dfrac{e^{x^2}+2\cos x-3}{x^4}$.

解 可以使用泰勒公式求极限,因为

$$e^{x^2}=1+x^2+\frac{1}{2!}x^4+o(x^4),$$

而

$$\cos x=1-\frac{1}{2!}x^2+\frac{1}{4!}x^4+o(x^4),$$

所以

$$e^{x^2}+2\cos x-3=\left[1+x^2+\frac{1}{2!}x^4+o(x^4)\right]+2\left[1-\frac{1}{2!}x^2+\frac{1}{4!}x^4+o(x^4)\right]-3$$

$$=\frac{7}{12}x^4+o(x^4),$$

因此

$$\lim_{x\to 0}\frac{e^{x^2}+2\cos x-3}{x^4}=\lim_{x\to 0}\frac{\frac{7}{12}x^4+o(x^4)}{x^4}=\frac{7}{12}.$$

4.2.15　题型十五　综合问题

** **例 4.29**　已知函数 $f(x)$在 $x=0$ 处可导，且$\lim\limits_{x\to 0}\left(\frac{f(x)}{x}+\frac{\sin x}{x^2}\right)=1$，试求 $f'(0)$.

解　由$\lim\limits_{x\to 0}\frac{\frac{\sin x}{x}+f(x)}{x}=1$，可知$\lim\limits_{x\to 0}\left(\frac{\sin x}{x}+f(x)\right)=0$，从而

$$\lim_{x\to 0}f(x)=-\lim_{x\to 0}\frac{\sin x}{x}=-1.$$

又因为 $f(x)$在 $x=0$ 处可导，从而 $f(x)$在 $x=0$ 处连续，因此

$$f(0)=\lim_{x\to 0}f(x)=-1.$$

$$1=\lim_{x\to 0}\left(\frac{f(x)}{x}+\frac{\sin x}{x^2}\right)=\lim_{x\to 0}\left(\frac{f(x)+1}{x}+\frac{\sin x}{x^2}-\frac{1}{x}\right)=\lim_{x\to 0}\left(\frac{f(x)+1}{x}+\frac{\sin x-x}{x^2}\right)$$

$$=f'(0)+\lim_{x\to 0}\frac{\sin x-x}{x^2}=f'(0)+\lim_{x\to 0}\frac{\cos x-1}{2x}=f'(0)+\lim_{x\to 0}\frac{-\sin x}{2}=f'(0),$$

所以 $f'(0)=1$.

4.3　习题精选

1. 填空题

(1) 函数 $f(x)=\sin^2 x$ 在区间$\left[-\frac{\pi}{2},\frac{\pi}{2}\right]$上满足罗尔中值定理，则 $\xi=$________.

(2) 函数 $f(x)=4x^3$ 在区间[0,1]上满足拉格朗日中值定理，则 $\xi=$________.

(3) 函数 $f(x)=\ln(x+\sqrt{1+x^2})$在区间$(-\infty,+\infty)$内单调________.

(4) $\lim\limits_{x\to+\infty}\frac{\ln\left(1+\frac{1}{x}\right)}{\operatorname{arccot}x}=$________.

(5) $\lim\limits_{x\to 0}\frac{1-e^{x^2}}{1-\cos x}=$________.

(6) $\lim\limits_{x\to 0^+}\frac{\ln x+\sin\frac{1}{x}}{\ln x+\cos\frac{1}{x}}=$________.

(7) $\lim\limits_{x\to+\infty}(x+e^x)^{\frac{1}{x}}=$________.

(8) $\lim\limits_{x\to 0}\frac{\tan x-x}{x-\sin x}=$________.

(9) $\lim\limits_{x\to 0}\left(\dfrac{1^x+3^x+9^x}{3}\right)^{\frac{1}{x}}=$________.

(10) 函数 $f(x)=x^{\frac{1}{x}}$ 在 $x=$________处取得极大值.

(11) 曲线 $y=(ax-b)^3$ 在点$(1,(a-b)^3)$处有拐点,则 a,b 应满足关系为________.

(12) 曲线 $y=\dfrac{x+1}{x^2-x-2}$的水平渐近线是________,铅垂渐近线是________.

(13) 函数 $f(x)=2\sqrt{x}+\dfrac{1}{x}-3$ 在区间$[1,4]$上的最大值为________.

(14) 已知函数 $f(x)=e^{-x}\ln(ax)$在 $x=\dfrac{1}{2}$处取得极值,则 $a=$________.

2. 单项选择题

(1) 若$\lim\limits_{x\to 0}(1+3x)^{\frac{1}{x}}=\lim\limits_{x\to 0}\dfrac{\sin(\sin kx)}{x}$,则 $k=$(　　).

(A) $\dfrac{1}{3}$;　(B) 3;　(C) e^3;　(D) 1.

(2) 曲线 $y=\dfrac{3x^3-1}{(x+1)^2}$(　　).

(A) 有水平渐近线;

(B) 仅有一条铅垂渐近线;

(C) 仅有一条斜渐近线;

(D) 有一条斜渐近线和一条铅垂渐近线.

(3)下列曲线中具有两条斜渐近线的是(　　).

(A) $\ln x$;　(B) $\arctan x$;

(C) $\dfrac{(x-2)^2}{x-1}$;　(D) $x+\arctan x$.

(4) 在区间$[-1,1]$上,下列函数中不满足罗尔定理条件的是(　　).

(A) $f(x)=e^{x^2}-1$;　(B) $f(x)=\ln(1+x^2)$;

(C) $f(x)=\sqrt{x}$;　(D) $f(x)=\dfrac{1}{1+x^2}$.

(5) 下列函数在指定区间上满足拉格朗日定理条件的是(　　).

(A) $f(x)=\dfrac{1}{\sqrt[3]{(x-1)^2}},x\in[0,2]$;　(B) $f(x)=1+|x|,x\in[-1,1]$;

(C) $f(x)=\begin{cases}x+1, & x<5\\ 1, & x\geqslant 5\end{cases},x\in[0,5]$;　(D) $f(x)=xe^{-x},x\in[0,1]$.

(6) 下列函数中,能使用洛必达法则求解的是(　　).

(A) $\lim\limits_{x\to\infty}\dfrac{x-\sin x}{x+\sin x}$;　(B) $\lim\limits_{x\to+\infty}\dfrac{\ln(1+e^x)}{\sqrt{1+x^2}}$;

(C) $\lim\limits_{x\to 0}\dfrac{x^2\sin\dfrac{1}{x}}{\sin x}$;　(D) $\lim\limits_{x\to 1}\dfrac{\arctan x}{x^2-2x+1}$.

(7) 在价格为100元时，商品的需求价格弹性为0.5，则商品价格上升到101元时，需求量(　　).

(A) 上升0.5%；　(B) 下降0.5%；　(C) 上升50%；　(D) 下降50%.

(8) 设函数 $f(x)$ 在 $[0,a]$ 上二次可微，且 $xf''(x)-f'(x)>0$，则 $\frac{f'(x)}{x}$ 在 $(0,a)$ 内是(　　).

(A) 单调不增；　(B) 单调不减；　(C) 单调增加；　(D) 单调减少.

(9) 函数 $y=x-\ln(1+x^2)$ 的极值是(　　).

(A) $1-\ln2$；　(B) $-1-\ln2$；　(C) 0；　(D) 无极值.

(10) 曲线 $y=a-\sqrt[5]{(x-b)^2}$ (　　).

(A) 是凹的，没有拐点；　(B) 是凸的，没有拐点；

(C) 有拐点 (b,a)；　(D) 以上都不对.

(11) 函数 $f(x)=x^3+ax^2+bx+c$，其中 a,b,c 为实数，当 $a^2-3b<0$ 时，$f(x)$ 是(　　).

(A) 增函数；　(B) 减函数；

(C) 常数；　(D) 既不是增函数也不是减函数.

(12) 设函数 $f(x)$ 具有连续导数，且 $f(0)=f'(0)=1$，则 $\lim\limits_{x\to0}\frac{f(\sin x)-1}{\ln f(x)}=$(　　).

(A) -1；　(B) 0；　(C) 1；　(D) ∞.

3. 求下列极限：

(1) $\lim\limits_{x\to4}\frac{\sqrt{2x+1}-3}{\sqrt{x-2}-\sqrt{2}}$；　(2) $\lim\limits_{x\to+\infty}\frac{x^n}{e^{3x}}$，$n$ 为正整数；　(3) $\lim\limits_{x\to0}\frac{\sin(4x^2)}{\sqrt{1+x^2}-1}$；

(4) $\lim\limits_{x\to0}(1+\sin x)^{\frac{1}{x}}$；　(5) $\lim\limits_{x\to\infty}\left[x^2\left(1-\cos\frac{1}{x}\right)\right]$；　(6) $\lim\limits_{x\to0^+}(\cot x)^{\frac{1}{\ln x}}$；

(7) $\lim\limits_{x\to1}\frac{\ln\cos(x-1)}{1-\sin\frac{\pi}{2}x}$；　(8) $\lim\limits_{n\to\infty}\left(\sqrt{n+3\sqrt{n}}-\sqrt{n-\sqrt{n}}\right)$；　(9) $\lim\limits_{x\to0}\frac{\ln(1+5x)}{\arctan3x}$；

(10) $\lim\limits_{x\to0}\left(\frac{e^x}{x}-\frac{1}{e^x-1}\right)$.

4. 证明下列不等式：

(1) 当 $x>0$ 时，$1+x\ln(x+\sqrt{1+x^2})>\sqrt{1+x^2}$；

** (2) 当 $0<x<\frac{\pi}{2}$ 时，$\frac{2}{\pi}<\frac{\sin x}{x}<1$；

(3) 当 $0<a<b$ 时，$\frac{b-a}{b}<\ln\frac{b}{a}<\frac{b-a}{a}$.

5. 求函数 $f(x)=\sqrt[3]{(2x-x^2)^2}$ 的单调区间、极值.

6. 求函数 $y=\frac{2x^2}{(1-x)^2}$ 的单调区间、极值、凹凸区间、拐点及渐近线.

7. 某商品的需求函数为 $Q(p)=75-p^2$，其中 p 为价格，

(1) 求 $p=4$ 时的边际需求；

(2) 求 $p=4$ 时的需求价格弹性,并说明经济意义；

(3) 当 p 为多少时,总收益最大,最大值是多少?

8. 将长为 a 的一段铁丝截为两段,用一段围成一个正方形,另一段围成一个圆,为使正方形与圆的总面积最小,问两段铁丝的长度各为多少?

4.4 习题详解

1. 填空题

(1) 0； (2) $\frac{\sqrt{3}}{3}$； (3) 增加； (4) 1； (5) -2； (6) 1； (7) e；

(8) 2； (9) 3； (10) e； (11) $a=b\neq0$； (12) $y=0,x=2$；

(13) $f(4)=\frac{5}{4}$； (14) $2e^2$.

2. 选择题

(1) C； (2) D； (3) D； (4) C； (5) D； (6) B； (7) B； (8) C；

(9) D； (10) A； (11) A； (12) C.

3.

(1) $\lim\limits_{x\to4}\dfrac{\sqrt{2x+1}-3}{\sqrt{x-2}-\sqrt{2}}=\lim\limits_{x\to4}\dfrac{\dfrac{2}{2\sqrt{2x+1}}}{\dfrac{1}{2\sqrt{x-2}}}=\dfrac{2\sqrt{2}}{3}.$

(2) $\lim\limits_{x\to+\infty}\dfrac{x^n}{e^{3x}}=\lim\limits_{x\to+\infty}\dfrac{nx^{n-1}}{3e^{3x}}=\lim\limits_{x\to+\infty}\dfrac{n(n-1)x^{n-2}}{3^2e^{3x}}=\lim\limits_{x\to+\infty}\dfrac{n!}{3^ne^{3x}}=0.$

(3) $\lim\limits_{x\to0}\dfrac{\sin4x^2}{\sqrt{1+x^2}-1}=\lim\limits_{x\to0}\dfrac{8x\cos4x^2}{\dfrac{2x}{2\sqrt{1+x^2}}}=8.$

(4) 由于$\lim\limits_{x\to0}(1+\sin x)^{\frac{1}{x}}=\lim\limits_{x\to0}e^{\frac{\ln(1+\sin x)}{x}}$,而

$$\lim_{x\to0}\frac{\ln(1+\sin x)}{x}=\lim_{x\to0}\frac{\cos x}{1+\sin x}=1,$$

所有$\lim\limits_{x\to0}(1+\sin x)^{\frac{1}{x}}=e.$

(5) 令 $t=\frac{1}{x}$,则$\lim\limits_{x\to\infty}\left[x^2\left(1-\cos\dfrac{1}{x}\right)\right]=\lim\limits_{t\to0}\dfrac{1-\cos t}{t^2}=\lim\limits_{t\to0}\dfrac{\sin t}{2t}=\dfrac{1}{2}.$

(6) 由于 $\lim\limits_{x\to0^+}(\cot x)^{\frac{1}{\ln x}}=\lim\limits_{x\to0^+}e^{\ln(\cot x)^{\frac{1}{\ln x}}}=\lim\limits_{x\to0^+}e^{\frac{\ln(\cot x)}{\ln x}}$,而

$$\lim_{x\to0^+}\frac{\ln\cot x}{\ln x}=\lim_{x\to0^+}\frac{\ln\cos x-\ln\sin x}{\ln x}=\lim_{x\to0^+}\frac{\dfrac{-\sin x}{\cos x}-\dfrac{\cos x}{\sin x}}{\dfrac{1}{x}}=\lim_{x\to0^+}-\frac{x}{\cos x\sin x}=-1,$$

所以 $\lim\limits_{x\to0^+}(\cot x)^{\frac{1}{\ln x}}=e^{-1}.$

（7）由于

$$\lim_{x\to1}\frac{\ln\cos(x-1)}{1-\sin\frac{\pi}{2}x}=\lim_{x\to1}\frac{-\frac{\sin(x-1)}{\cos(x-1)}}{-\frac{\pi}{2}\cos\frac{\pi}{2}x}=\lim_{x\to1}\frac{2}{\pi}\frac{1}{\cos(x-1)}\frac{\sin(x-1)}{\cos\frac{\pi}{2}x},$$

而

$$\lim_{x\to1}\frac{\sin(x-1)}{\cos\frac{\pi}{2}x}=\lim_{x\to1}\frac{\cos(x-1)}{-\frac{\pi}{2}\sin\frac{\pi}{2}x}=-\frac{2}{\pi},$$

所以 $\lim\limits_{x\to1}\dfrac{\ln\cos(x-1)}{1-\sin\frac{\pi}{2}x}=-\dfrac{4}{\pi^2}$.

（8）
$$\begin{aligned}\lim_{n\to\infty}(\sqrt{n+3\sqrt{n}}-\sqrt{n-\sqrt{n}})&=\lim_{n\to\infty}\frac{(n+3\sqrt{n})-(n-\sqrt{n})}{\sqrt{n+3\sqrt{n}}+\sqrt{n-\sqrt{n}}}\\&=\lim_{n\to\infty}\frac{4\sqrt{n}}{\sqrt{n+3\sqrt{n}}+\sqrt{n-\sqrt{n}}}\\&=\lim_{n\to\infty}\frac{4}{\sqrt{1+3\sqrt{\frac{1}{n}}}+\sqrt{1-\sqrt{\frac{1}{n}}}}=2.\end{aligned}$$

（9）$\lim\limits_{x\to0}\dfrac{\ln(1+5x)}{\arctan3x}=\lim\limits_{x\to0}\dfrac{\frac{5}{1+5x}}{\frac{3}{1+9x^2}}=\dfrac{5}{3}$.

（10）$\lim\limits_{x\to0}\left(\dfrac{e^x}{x}-\dfrac{1}{e^x-1}\right)=\lim\limits_{x\to0}\dfrac{e^{2x}-e^x-x}{xe^x-x}=\lim\limits_{x\to0}\dfrac{2e^{2x}-e^x-1}{e^x+xe^x-1}=\lim\limits_{x\to0}\dfrac{4e^{2x}-e^x}{2e^x+xe^x}=\dfrac{3}{2}$.

4.

（1）设 $f(x)=1+x\ln(x+\sqrt{1+x^2})-\sqrt{1+x^2}$，显然 $f(x)$ 在 $[0,+\infty)$ 上连续，在 $(0,+\infty)$ 内可导，$f(0)=0$，且

$$f'(x)=\ln(x+\sqrt{1+x^2})+\frac{x}{\sqrt{1+x^2}}-\frac{x}{\sqrt{1+x^2}}=\ln(x+\sqrt{1+x^2}),$$

当 $x>0$ 时，$f'(x)>\ln1=0$，从而 $f(x)$ 在 $[0,+\infty)$ 上单调增加；当 $x>0$ 时，有 $f(x)>f(0)=0$，即 $1+x\ln(x+\sqrt{1+x^2})-\sqrt{1+x^2}>0$，结论得证.

（2）**证法 1**　构造辅助函数

$$f(x)=\begin{cases}\dfrac{\sin x}{x}, & x\neq0\\ 1, & x=0\end{cases},$$

显然 $f(x)$ 在 $\left[0,\frac{\pi}{2}\right]$ 上连续，在 $\left(0,\frac{\pi}{2}\right)$ 内可导，且 $f'(x)=\dfrac{x\cos x-\sin x}{x^2}$. 又记 $g(x)=x\cos x-\sin x$，则 $g(x)$ 在 $\left[0,\frac{\pi}{2}\right]$ 上连续，在 $\left(0,\frac{\pi}{2}\right)$ 内可导，且当 $x\in\left(0,\frac{\pi}{2}\right)$ 时，

$$g'(x)=-x\sin x<0,$$

所以 $g(x)$ 在 $\left[0,\frac{\pi}{2}\right]$ 上单调减少，因此当 $0<x<\frac{\pi}{2}$ 时，$g(0)>g(x)$，即 $g(x)<0$，从而有 $f'(x)=\frac{x\cos x-\sin x}{x^2}<0$，所以 $f(x)$ 在 $\left[0,\frac{\pi}{2}\right]$ 上单调减少. 即当 $0<x<\frac{\pi}{2}$ 时，$f(0)>f(x)>f\left(\frac{\pi}{2}\right)$，即

$$1>\frac{\sin x}{x}>\frac{\sin\frac{\pi}{2}}{\frac{\pi}{2}},$$

从而 $\frac{2}{\pi}<\frac{\sin x}{x}<1$，结论得证.

证法 2 当 $0<x<\frac{\pi}{2}$ 时，不等式 $\frac{\sin x}{x}<1$ 显然成立，这里只证明不等式 $\frac{2}{\pi}<\frac{\sin x}{x}$. 构造辅助函数

$$f(x)=\sin x-\frac{2}{\pi}x, x\in\left[0,\frac{\pi}{2}\right].$$

当 $0<x<\frac{\pi}{2}$ 时，$f'(x)=\cos x-\frac{2}{\pi}$，令 $f'(x)=0$，解得唯一驻点 $x_0=\arccos\frac{2}{\pi}$，又因为 $f''(x)=-\sin x$，因此 $f''(x_0)<0$，故函数 $f(x)$ 在 $x_0=\arccos\frac{2}{\pi}$ 处取得唯一极大值. 由于 $f(x)$ 在 $\left[0,\frac{\pi}{2}\right]$ 上连续，因此一定存在最大值和最小值，且最小值只能在 $x=0$ 或 $x=\frac{\pi}{2}$ 处取到. 而 $f(0)=f\left(\frac{\pi}{2}\right)=0$，故当 $0<x<\frac{\pi}{2}$ 时，$f(x)>f(0)=0$，即 $\sin x-\frac{2}{\pi}x>0$，从而有 $\frac{2}{\pi}<\frac{\sin x}{x}$ 成立.

(3) 分析 $\frac{b-a}{b}<\ln\frac{b}{a}<\frac{b-a}{a}\Leftrightarrow\frac{1}{b}<\frac{\ln b-\ln a}{b-a}<\frac{1}{a}$.

证 设 $f(x)=\ln x$，显然 $f(x)$ 在区间 $[a,b]$ 上满足拉格朗日中值定理条件，且 $f'(x)=\frac{1}{x}$，因此至少存在一点 $\xi\in(a,b)$，使得

$$f'(\xi)=\frac{f(b)-f(a)}{b-a}, \text{即}\frac{1}{\xi}=\frac{\ln b-\ln a}{b-a}.$$

而 $\frac{1}{b}<\frac{1}{\xi}<\frac{1}{a}$，则有 $\frac{1}{b}<\frac{\ln b-\ln a}{b-a}<\frac{1}{a}$，所以 $\frac{b-a}{b}<\ln\frac{b}{a}<\frac{b-a}{a}$.

5. 函数 $f(x)=\sqrt[3]{(2x-x^2)^2}=(2x-x^2)^{\frac{2}{3}}$ 的定义域为 $(-\infty,+\infty)$，且

$$f'(x)=\frac{4}{3}(2x-x^2)^{-\frac{1}{3}}(1-x)=\frac{4(1-x)}{3\cdot\sqrt[3]{x(2-x)}},$$

$x=1$ 为函数的驻点，$x=0$ 与 $x=2$ 为导数不存在的点，列表讨论函数的性态，见表 4.3。

表　4.3

x	$(-\infty,0)$	0	$(0,1)$	1	$(1,2)$	2	$(2,+\infty)$
$f'(x)$	$-$	不存在	$+$	0	$-$	不存在	$+$
$f(x)$	↘	极小值 0	↗	极大值 1	↘	极小值 0	↗

由表 4.3 可知，$f(x)$的单调递增区间为$[0,1]$和$[2,+\infty)$，单调递减区间为$(-\infty,0]$和$[1,2]$；极大值为 $f(1)=1$，极小值为 $f(0)=0$.

6. 定义域为$(-\infty,1)\cup(1,+\infty)$.

$y'=\dfrac{4x(1-x)^2+4x^2(1-x)}{(1-x)^4}=\dfrac{4x(1-x)+4x^2}{(1-x)^3}=\dfrac{4x}{(1-x)^3}$，$x=0$ 为函数的驻点.

$y''=\dfrac{4(1-x)^3+12x(1-x)^2}{(1-x)^6}=\dfrac{4-4x+12x}{(1-x)^4}=\dfrac{4+8x}{(1-x)^4}$，当 $x=-\dfrac{1}{2}$ 时，二阶导数为零.

列表讨论函数的性态，见表 4.4.

表　4.4

x	$\left(-\infty,-\frac{1}{2}\right)$	$-\frac{1}{2}$	$\left(-\frac{1}{2},0\right)$	0	$(0,1)$	$(1,+\infty)$
$f'(x)$	$-$	$-$	$-$	0	$+$	$-$
$f''(x)$	$-$	0	$+$	$+$	$+$	$+$
$f(x)$	↓	$\frac{2}{9}$	↘	极小值 0	↑	↘

由表 4.4 可知，$f(x)$的单调递增区间为$[0,1)$，单调递减区间为$(-\infty,0]$和$(1,+\infty)$；极小值 $f(0)=0$，$f(x)$的凹区间为$\left[-\dfrac{1}{2},1\right)$和$(1,+\infty)$，$f(x)$的凸区间为$\left(-\infty,-\dfrac{1}{2}\right]$，拐点为$\left(-\dfrac{1}{2},\dfrac{2}{9}\right)$. 又因为$\lim\limits_{x\to\infty}\dfrac{2x^2}{(1-x)^2}=2$，所以 $y=2$ 为水平渐近线；因为$\lim\limits_{x\to1}\dfrac{2x^2}{(1-x)^2}=\infty$，所以直线 $x=1$ 为 $f(x)$的铅垂渐近线.

7. (1) $Q'(p)=-2p$，$Q'(4)=-8$.

(2) $\dfrac{EQ}{Ep}=\left|\dfrac{p}{Q}Q'\right|=\left|\dfrac{p}{(75-p^2)}(-2p)\right|=\left|\dfrac{-2p^2}{(75-p^2)}\right|$，则$\left.\dfrac{EQ}{Ep}\right|_{p=4}=\left|-\dfrac{32}{59}\right|\approx0.54$，即当 $p=4$ 时，价格上涨(或下跌)1%时，需求量会减少(或增加)0.54%.

(3) $S(p)=pQ=p(75-p^2)=75p-p^3$，$S'(p)=75-3p^2$，令 $S'(p)=75-3p^2=0$，得到驻点为 $x_1=5$，$x_3=-5$(舍去)，$S''(p)=-6p$，$S''(5)=-30<0$，因此 $x_1=5$ 为极大值点也是最大值点，最大值为 $S(5)=250$.

8. 设截取长度为 x 的一段铁丝，围成正方形，则正方形的面积为$\left(\dfrac{x}{4}\right)^2$，另一段长度为 $a-x$ 围成一个圆，圆的半径为$\dfrac{a-x}{2\pi}$，则圆的面积为$\dfrac{(a-x)^2}{4\pi}$，所以两个物体的面积之

和为

$$S(x)=\frac{x^2}{16}+\frac{1}{4\pi}(a-x)^2,\quad 0<x<a.$$

令 $S'(x)=\frac{x}{8}-\frac{1}{2\pi}(a-x)=0$,解得唯一驻点 $x=\frac{4a}{4+\pi}$. 因为 $S''(x)=\frac{1}{8}+\frac{1}{2\pi}$,所以

$$S''\left(\frac{4a}{4+\pi}\right)=\frac{1}{8}+\frac{1}{2\pi}>0,$$

从而 $x=\frac{4a}{4+\pi}$为极小值点,也是最小值点,围成正方形铁丝的长度为$\frac{4a}{4+\pi}$,围成圆的铁丝的长度为$\frac{a\pi}{4+\pi}$.

第5章

不定积分

5.1 内容提要

5.1.1 不定积分的概念

设函数 $f(x)$在区间 I 上有定义，若存在函数 $F(x)$，使得在区间 I 上有

$$F'(x)=f(x), \quad 或\ \mathrm{d}F(x)=f(x)\mathrm{d}x,$$

则称 $F(x)$是 $f(x)$在区间 I 上的一个原函数.

设 $F(x)$是 $f(x)$在区间 I 上的一个原函数，称 $f(x)$的所有原函数 $F(x)+C$ 为 $f(x)$ 在区间 I 上的**不定积分**，记作 $\int f(x)\mathrm{d}x$，即

$$\int f(x)\mathrm{d}x = F(x)+C.$$

5.1.2 不定积分的性质

(1) $\frac{\mathrm{d}}{\mathrm{d}x}\int f(x)\mathrm{d}x = f(x)$ 或 $\mathrm{d}\int f(x)\mathrm{d}x = f(x)\mathrm{d}x$；

(2) $\int f'(x)\mathrm{d}x = f(x)+C$ 或 $\int \mathrm{d}f(x) = f(x)+C$；

(3) $\int [af(x)\pm bg(x)]\mathrm{d}x = a\int f(x)\mathrm{d}x \pm b\int g(x)\mathrm{d}x$($a,b$ 不全为 0).

5.1.3 基本积分公式表

(1) $\int k\mathrm{d}x = kx+C$，特别地，$\int 0\mathrm{d}x = C$；

(2) $\int x^{\alpha}\mathrm{d}x = \frac{1}{\alpha+1}x^{\alpha+1}+C, \quad \alpha\neq -1$，

特别地，$\int \frac{1}{x^2}\mathrm{d}x = -\frac{1}{x} + C$，$\int \frac{1}{\sqrt{x}}\mathrm{d}x = 2\sqrt{x} + C$；

(3) $\int \frac{1}{x}\mathrm{d}x = \ln|x| + C$；

(4) $\int a^x \mathrm{d}x = \frac{1}{\ln a}a^x + C$，特别地，$\int \mathrm{e}^x \mathrm{d}x = \mathrm{e}^x + C$；

(5) $\int \cos x \mathrm{d}x = \sin x + C$，$\int \sin x \mathrm{d}x = -\cos x + C$；

(6) $\int \tan x \mathrm{d}x = -\ln|\cos x| + C$，$\int \cot x \mathrm{d}x = \ln|\sin x| + C$；

(7) $\int \sec^2 x \mathrm{d}x = \int \frac{1}{\cos^2 x}\mathrm{d}x = \tan x + C$，$\int \csc^2 x \mathrm{d}x = \int \frac{1}{\sin^2 x}\mathrm{d}x = -\cot x + C$；

(8) $\int \sec x \cdot \tan x \mathrm{d}x = \sec x + C$，$\int \csc x \cdot \cot x \mathrm{d}x = -\csc x + C$；

(9) $\int \sec x \mathrm{d}x = \ln|\sec x + \tan x| + C$，$\int \csc x \mathrm{d}x = \ln|\csc x - \cot x| + C$；

(10) $\int \frac{1}{a^2 + x^2}\mathrm{d}x = \frac{1}{a}\arctan\frac{x}{a} + C$；

(11) $\int \frac{1}{a^2 - x^2}\mathrm{d}x = \frac{1}{2a}\ln\left|\frac{a+x}{a-x}\right| + C$；

(12) $\int \frac{1}{\sqrt{a^2 - x^2}}\mathrm{d}x = \arcsin\frac{x}{a} + C$；

(13) $\int \frac{1}{\sqrt{a^2 + x^2}}\mathrm{d}x = \ln|x + \sqrt{a^2 + x^2}| + C$，

$\int \frac{1}{\sqrt{x^2 - a^2}}\mathrm{d}x = \ln|x + \sqrt{x^2 - a^2}| + C.$

5.1.4 第一类换元积分法(凑微分法)

设 $F(u)$是 $f(u)$的一个原函数，$u=\varphi(x)$可导，则有

$$\int f[\varphi(x)]\varphi'(x)\mathrm{d}x = \int f[\varphi(x)]\mathrm{d}\varphi(x) \xlongequal{u=\varphi(x)} \int f(u)\mathrm{d}u$$
$$= F(u) + C = F[\varphi(x)] + C.$$

常见的凑微分公式(设 $f(x)$可积)：

(1) $\int f(ax+b)\mathrm{d}x = \frac{1}{a}\int f(ax+b)\mathrm{d}(ax+b)$，$a \neq 0$；

(2) $\int \frac{1}{x}f(\ln x)\mathrm{d}x = \int f(\ln x)\mathrm{d}(\ln x)$；

(3) $\int x^{n-1} f(ax^n + b)\mathrm{d}x = \frac{1}{an}\int f(ax^n + b)\mathrm{d}(ax^n + b)$，

特别地，$\int \frac{1}{x^2}f\left(\frac{1}{x}\right)\mathrm{d}x = -\int f\left(\frac{1}{x}\right)\mathrm{d}\left(\frac{1}{x}\right)$，$\int \frac{1}{\sqrt{x}}f(\sqrt{x})\mathrm{d}x = 2\int f(\sqrt{x})\mathrm{d}(\sqrt{x})$，

(4) $\int a^x f(a^x)\mathrm{d}x = \dfrac{1}{\ln a}\int f(a^x)\mathrm{d}a^x$，特别地，$\int \mathrm{e}^x f(\mathrm{e}^x)\mathrm{d}x = \int f(\mathrm{e}^x)\mathrm{d}\mathrm{e}^x$；

(5) $\int \cos x \cdot f(\sin x)\mathrm{d}x = \int f(\sin x)\mathrm{d}\sin x$；

(6) $\int \sin x \cdot f(\cos x)\mathrm{d}x = -\int f(\cos x)\mathrm{d}\cos x$；

(7) $\int \sec^2 x \cdot f(\tan x)\mathrm{d}x = \int f(\tan x)\mathrm{d}\tan x$；

(8) $\int \csc^2 x \cdot f(\cot x)\mathrm{d}x = -\int f(\cot x)\mathrm{d}\cot x$；

(9) $\int \dfrac{1}{1+x^2} f(\arctan x)\mathrm{d}x = \int f(\arctan x)\mathrm{d}\arctan x$；

(10) $\int \dfrac{1}{\sqrt{1-x^2}} f(\arcsin x)\mathrm{d}x = \int f(\arcsin x)\mathrm{d}\arcsin x$；

(11) $\int \sec x\tan x \cdot f(\sec x)\mathrm{d}x = \int f(\sec x)\mathrm{d}\sec x$；

(12) $\int f'(x)f(x)\mathrm{d}x = \dfrac{1}{2}[f(x)]^2 + C$；

(13) $\int \dfrac{f'(x)}{f(x)}\mathrm{d}x = \ln|f(x)| + C$.

5.1.5　第二类换元积分法

设函数 $x=\varphi(t)$ 可导，且 $\varphi'(t)\neq 0$，又设 $f[\varphi(t)]\varphi'(t)$ 具有原函数 $F(t)$，则

$$\int f(x)\mathrm{d}x = \int f[\varphi(t)]\mathrm{d}\varphi(t) = \int f[\varphi(t)]\varphi'(t)\mathrm{d}t = F(t) + C = F[\varphi^{-1}(x)] + C,$$

其中 $t=\varphi^{-1}(x)$ 是 $x=\varphi(t)$ 的反函数.

表 5.1 给出了常用的三角代换公式.

表 5.1　常用的三角代换

$\sqrt{a^2-x^2}$	$\sqrt{a^2+x^2}$	$\sqrt{x^2-a^2}$
$x=a\sin t, t\in\left(-\frac{\pi}{2},\frac{\pi}{2}\right)$	$x=a\tan t, t\in\left(-\frac{\pi}{2},\frac{\pi}{2}\right)$	当 $x>a$ 时，令 $x=a\sec t, t\in\left(0,\frac{\pi}{2}\right)$①
$\mathrm{d}x=a\cos t\mathrm{d}t$	$\mathrm{d}x=a\sec^2 t\mathrm{d}t$	$\mathrm{d}x=a\sec t\tan t\mathrm{d}t$
$\sqrt{a^2-x^2}=a\cos t$	$\sqrt{a^2+x^2}=a\sec t$	$\sqrt{x^2-a^2}=a\tan t$
$t=\arcsin\frac{x}{a}$	$t=\arctan\frac{x}{a}$	$t=\arccos\frac{a}{x}$
a, x, t, $\sqrt{a^2-x^2}$	$\sqrt{a^2+x^2}$, x, t, a	x, $\sqrt{x^2-a^2}$, t, a

① 当 $x<-a$ 时，可令 $u=-x$.

5.1.6 分部积分法

设函数 $u=u(x)$，$v=v(x)$具有连续的导数，则

$$\int uv'\mathrm{d}x=\int u\mathrm{d}v=uv-\int v\mathrm{d}u=uv-\int vu'\mathrm{d}x.$$

分部积分的两个原则：

(1) $v=v(x)$容易得到； (2) $\int vu'\mathrm{d}x$ 的计算比 $\int v'u\mathrm{d}x$ 简单.

5.1.7 有理函数积分法

利用多项式的除法可以将有理函数的积分转化为多项式与真分式的积分，而通过真分式的分解可以将真分式的积分转化为如下四大类简单真分式(部分分式)的积分.

(1) $\int\frac{A}{x-a}\mathrm{d}x$； (2) $\int\frac{A}{(x-a)^n}\mathrm{d}x\ (n>1)$；

(3) $\int\frac{Bx+C}{x^2+px+q}\mathrm{d}x\ (p^2-4q<0)$；(4) $\int\frac{Bx+C}{(x^2+px+q)^n}\mathrm{d}x\ (p^2-4q<0,n>1)$.

将真分式分解为部分分式之和时，若真分式的分母中含有因式$(x-a)^k$，则分解后的式子应该含有如下表达式

$$\frac{A_1}{x-a}+\frac{A_2}{(x-a)^2}+\cdots+\frac{A_k}{(x-a)^k},$$

若真分式的分母中含有因式$(x^2+px+q)^k$ $(p^2-4q<0)$，则分解后的式子应该含有如下表达式

$$\frac{B_1x+C_1}{x^2+px+q}+\frac{B_2x+C_2}{(x^2+px+q)^2}+\cdots+\frac{B_kx+C_k}{(x^2+px+q)^k}.$$

5.2 典型例题分析

5.2.1 题型一 利用积分基本公式计算不定积分

例 5.1 求下列不定积分：

(1) $\int\frac{1}{x^2(1+x^2)}\mathrm{d}x$； (2) $\int\frac{1}{\sin^2x\cos^2x}\mathrm{d}x$.

解 (1) $\int\frac{1}{x^2(1+x^2)}\mathrm{d}x=\int\frac{1+x^2-x^2}{x^2(1+x^2)}\mathrm{d}x=\int\left(\frac{1}{x^2}-\frac{1}{1+x^2}\right)\mathrm{d}x=-\frac{1}{x}-\arctan x+C$；

(2) $\int\frac{1}{\sin^2x\cos^2x}\mathrm{d}x=\int\frac{\sin^2x+\cos^2x}{\sin^2x\cos^2x}\mathrm{d}x=\int\left(\frac{1}{\cos^2x}+\frac{1}{\sin^2x}\right)\mathrm{d}x=\tan x-\cot x+C.$

5.2.2 题型二 利用凑微分法计算不定积分

例 5.2 求下列不定积分：

(1) $\int\frac{1}{3x+5}\mathrm{d}x$； (2) $\int x\sqrt{x^2-4}\,\mathrm{d}x$； (3) $\int\frac{\ln x}{x}\mathrm{d}x$；

(4) $\int \frac{1}{x^2}\sin\frac{1}{x}dx$；　(5) $\int \frac{1}{e^x-1}dx$；　(6) $\int \frac{1}{\sqrt{x(9-x)}}dx$.

解　(1) $\int \frac{1}{3x+5}dx = \frac{1}{3}\int \frac{1}{3x+5}d(3x+5) = \frac{1}{3}\ln|3x+5|+C$；

(2) $\int x\sqrt{x^2-4}\,dx = \frac{1}{2}\int \sqrt{x^2-4}\,d(x^2-4) = \frac{1}{3}(x^2-4)^{\frac{3}{2}}+C$；

(3) $\int \frac{\ln x}{x}dx = \int \ln x\, d\ln x = \frac{1}{2}(\ln x)^2+C$；

(4) $\int \frac{1}{x^2}\sin\frac{1}{x}dx = -\int \sin\frac{1}{x}d\frac{1}{x} = \cos\frac{1}{x}+C$；

(5) $\int \frac{1}{e^x-1}dx = \int \frac{1-e^x+e^x}{e^x-1}dx = \int\left(\frac{e^x}{e^x-1}-1\right)dx = -x+\int \frac{1}{e^x-1}d(e^x-1)$

$=\ln|e^x-1|-x+C$；

(6) $\int \frac{1}{\sqrt{x(9-x)}}dx = 2\int \frac{1}{\sqrt{9-x}}d\sqrt{x} = 2\int \frac{1}{\sqrt{3^2-(\sqrt{x})^2}}d\sqrt{x}$

$=2\arcsin\frac{\sqrt{x}}{3}+C$.

5.2.3　题型三　利用第二类换元积分法计算不定积分

例 5.3　求下列不定积分：

(1) $\int \frac{1}{\sqrt{2x+5}+1}dx$；(2) $\int \frac{1}{\sqrt[3]{x+1}+1}dx$；　(3) $\int \frac{1}{\sqrt{x}+\sqrt[3]{x}}dx$；

(4) $\int \frac{1}{(1-x^2)^{\frac{3}{2}}}dx$；　(5) $\int \frac{1}{(1+x^2)^2}dx$；　(6) $\int \frac{1}{x\sqrt{x^2-1}}dx, x>1$.

解　(1) 令 $t=\sqrt{2x+5}$，则 $x=\frac{1}{2}(t^2-5)$，$dx=tdt$，从而

$$原式=\int \frac{t}{t+1}dt = \int\left(1-\frac{1}{t+1}\right)dt = t-\ln|t+1|+C$$

$$=\sqrt{2x+5}-\ln(\sqrt{2x+5}+1)+C;$$

(2) 令 $t=\sqrt[3]{x+1}$，有 $x=t^3-1$，$dx=3t^2dt$，则

$$原式=\int \frac{3t^2}{t+1}dt = \int\left(\frac{3t^2-3+3}{t+1}\right)dt = \int\left(3t-3+\frac{3}{t+1}\right)dt$$

$$=\frac{3}{2}t^2-3t+3\ln|t+1|+C$$

$$=\frac{3}{2}\sqrt[3]{(x+1)^2}-3\sqrt[3]{x+1}+3\ln|\sqrt[3]{x+1}+1|+C;$$

(3) 令 $t=\sqrt[6]{x}$，有 $x=t^6$，$dx=6t^5dt$，$\sqrt{x}=t^3$，$\sqrt[3]{x}=t^2$，则

$$原式=\int \frac{6t^5}{t^3+t^2}dt = 6\int \frac{t^3}{t+1}dt = 6\int \frac{t^3+1-1}{t+1}dt$$

$$=6\int\left(t^2-t+1-\frac{1}{t+1}\right)dt = 2t^3-3t^2+6t-6\ln|t+1|+C$$

$$=2\sqrt{x}-3\sqrt[3]{x}+6\sqrt[6]{x}-6\ln(\sqrt[6]{x}+1)+C;$$

(4) 令 $x=\sin t, t\in\left(-\frac{\pi}{2},\frac{\pi}{2}\right)$，有 $\mathrm{d}x=\cos t\mathrm{d}t$，$\sqrt{1-x^2}=\cos t$，则

$$原式=\int\frac{\cos t}{\cos^3 t}\mathrm{d}t=\tan t+C=\frac{\sin t}{\cos t}+C=\frac{x}{\sqrt{1-x^2}}+C;$$

(5) 令 $x=\tan t, t\in\left(-\frac{\pi}{2},\frac{\pi}{2}\right)$，有 $\mathrm{d}x=\sec^2 t\mathrm{d}t$，$\sqrt{1+x^2}=\sec t$，则

$$\begin{aligned}原式&=\int\frac{\sec^2 t}{\sec^4 t}\mathrm{d}t=\int\cos^2 t\mathrm{d}t=\int\frac{1+\cos 2t}{2}\mathrm{d}t\\&=\frac{1}{2}t+\frac{1}{4}\sin 2t+C=\frac{1}{2}t+\frac{1}{2}\sin t\cos t+C(见下图回代变量 x)\\&=\frac{1}{2}\arctan x+\frac{1}{2}\frac{x}{\sqrt{1+x^2}}\frac{1}{\sqrt{1+x^2}}+C\\&=\frac{1}{2}\arctan x+\frac{1}{2}\frac{x}{1+x^2}+C;\end{aligned}$$

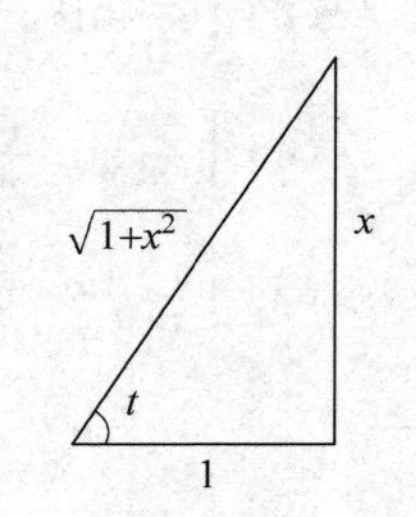

(6) 令 $x=\sec t, t\in\left(0,\frac{\pi}{2}\right)$，有 $\mathrm{d}x=\sec t\tan t\mathrm{d}t$，$\sqrt{x^2-1}=\tan t$，$t=\arccos\frac{1}{x}$，则原式 $=\int 1\mathrm{d}t=t+C=\arccos\frac{1}{x}+C$.

5.2.4 题型四　利用分部积分法计算不定积分

例 5.4　求下列不定积分：

(1) $\int x\mathrm{e}^{3x}\mathrm{d}x$；　(2) $\int x^2\sin x\mathrm{d}x$；　(3) $\int x^4\ln x\mathrm{d}x$；

(4) $\int x^2\arctan x\mathrm{d}x$；　(5) $\int\sec^3 x\mathrm{d}x$；　(6) $\int x^2(\ln x)^2\mathrm{d}x$；

(7) $\int\frac{x\mathrm{e}^x}{(1+\mathrm{e}^x)^2}\mathrm{d}x$.

解　(1) $\int x\mathrm{e}^{3x}\mathrm{d}x=\frac{1}{3}\int x\,\mathrm{d}\mathrm{e}^{3x}=\frac{1}{3}\left(x\mathrm{e}^{3x}-\int\mathrm{e}^{3x}\mathrm{d}x\right)=\frac{1}{3}x\mathrm{e}^{3x}-\frac{1}{9}\mathrm{e}^{3x}+C$；

(2)
$$\begin{aligned}\int x^2\sin x\mathrm{d}x&=-\int x^2\mathrm{d}\cos x=-x^2\cos x+2\int x\cos x\mathrm{d}x\\&=-x^2\cos x+2\int x\mathrm{d}\sin x=-x^2\cos x+2\left(x\sin x-\int\sin x\mathrm{d}x\right)\\&=-x^2\cos x+2x\sin x+2\cos x+C;\end{aligned}$$

(3) $\int x^4\ln x\mathrm{d}x=\frac{1}{5}\int\ln x\mathrm{d}(x^5)=\frac{1}{5}\left(x^5\ln x-\int x^5\cdot\frac{1}{x}\mathrm{d}x\right)=\frac{1}{5}x^5\ln x-\frac{1}{25}x^5+C$；

(4)
$$\begin{aligned}\int x^2\arctan x\mathrm{d}x&=\frac{1}{3}\int\arctan x\mathrm{d}(x^3)=\frac{1}{3}\left(x^3\arctan x-\int\frac{x^3}{1+x^2}\mathrm{d}x\right)\\&=\frac{1}{3}\left(x^3\arctan x-\int\frac{x^3+x-x}{1+x^2}\mathrm{d}x\right)\\&=\frac{1}{3}x^3\arctan x-\frac{1}{3}\int\left(x-\frac{x}{1+x^2}\right)\mathrm{d}x\\&=\frac{1}{3}x^3\arctan x-\frac{1}{6}x^2+\frac{1}{6}\ln(1+x^2)+C;\end{aligned}$$

(5) $\int \sec^3 x\mathrm{d}x = \int \sec x \mathrm{d}\tan x = \sec x\tan x - \int \tan x \mathrm{d}\sec x$

$$= \sec x\tan x - \int \sec x\tan^2 x\mathrm{d}x = \sec x\tan x - \int \sec x(\sec^2 x - 1)\mathrm{d}x$$

$$= \sec x\tan x - \int \sec^3 x\mathrm{d}x + \int \sec x\mathrm{d}x$$

$$= \sec x\tan x - \int \sec^3 x\mathrm{d}x + \ln|\sec x + \tan x|,$$

所以

$$\int \sec^3 x\mathrm{d}x = \frac{1}{2}\sec x\tan x + \frac{1}{2}\ln|\sec x + \tan x| + C;$$

(6) $\int x^2(\ln x)^2\mathrm{d}x = \frac{1}{3}\int(\ln x)^2\mathrm{d}(x^3) = \frac{1}{3}\left[x^3(\ln x)^2 - 2\int x^2\ln x\mathrm{d}x\right]$

$$= \frac{1}{3}x^3(\ln x)^2 - \frac{2}{9}\int \ln x\mathrm{d}(x^3) = \frac{1}{3}x^3(\ln x)^2 - \frac{2}{9}\left(x^3\ln x - \int x^2\mathrm{d}x\right)$$

$$= \frac{1}{3}x^3(\ln x)^2 - \frac{2}{9}x^3\ln x + \frac{2}{27}x^3 + C$$

$$= \frac{1}{3}x^3\left[(\ln x)^2 - \frac{2}{3}\ln x + \frac{2}{9}\right] + C;$$

(7) $\int \frac{x\mathrm{e}^x}{(1+\mathrm{e}^x)^2}\mathrm{d}x = -\int x\mathrm{d}\frac{1}{1+\mathrm{e}^x} = -\frac{x}{1+\mathrm{e}^x} + \int \frac{1}{1+\mathrm{e}^x}\mathrm{d}x$

$$= -\frac{x}{1+\mathrm{e}^x} + \int \frac{1+\mathrm{e}^x - \mathrm{e}^x}{1+\mathrm{e}^x}\mathrm{d}x = -\frac{x}{1+\mathrm{e}^x} + \int\left(1 - \frac{\mathrm{e}^x}{1+\mathrm{e}^x}\right)\mathrm{d}x$$

$$= -\frac{x}{1+\mathrm{e}^x} + x - \ln(1+\mathrm{e}^x) + C.$$

5.2.5　题型五　对有理函数计算不定积分

例 5.5　求下列不定积分：

(1) $\int \frac{1}{4-25x^2}\mathrm{d}x$；　(2) $\int \frac{x+4}{x^2+2x+5}\mathrm{d}x$；　(3) $\int \frac{x+4}{x^2-x-2}\mathrm{d}x$；

(4) $\int \frac{1}{x(x-1)^2}\mathrm{d}x$；　(5) $\int \frac{3x}{1-x^3}\mathrm{d}x$；　(6) $\int \frac{x^4-3}{x^2+2x+1}\mathrm{d}x$；

(7) $\int \frac{x^3+2x^2+x-5}{(x-1)^{2015}}\mathrm{d}x$.

解　(1) $\int \frac{1}{4-25x^2}\mathrm{d}x = \frac{1}{5}\int \frac{1}{2^2-(5x)^2}\mathrm{d}(5x) = \frac{1}{20}\ln\left|\frac{2+5x}{2-5x}\right| + C$；

(2) $\int \frac{x+4}{x^2+2x+5}\mathrm{d}x = \int \frac{x+1+3}{x^2+2x+5}\mathrm{d}x = \int \frac{x+1}{x^2+2x+5}\mathrm{d}x + \int \frac{3}{x^2+2x+5}\mathrm{d}x$

$$= \frac{1}{2}\int \frac{1}{x^2+2x+5}\mathrm{d}(x^2+2x+5) + 3\int \frac{1}{(x+1)^2+2^2}\mathrm{d}(x+1)$$

$$= \frac{1}{2}\ln(x^2+2x+5) + \frac{3}{2}\arctan\frac{x+1}{2} + C;$$

(3) 设

$$\frac{x+4}{x^2-x-2}=\frac{x+4}{(x-2)(x+1)}=\frac{a}{x-2}+\frac{b}{x+1}=\frac{(a+b)x+a-2b}{(x-2)(x+1)},$$

则 $a+b=1, a-2b=4$，解得 $a=2, b=-1$，从而

$$\int\frac{x+4}{x^2-x-2}\mathrm{d}x=2\int\frac{1}{x-2}\mathrm{d}x-\int\frac{1}{x+1}\mathrm{d}x=2\ln|x-2|-\ln|x+1|+C$$

$$=\ln\frac{(x-2)^2}{|x+1|}+C;$$

(4) 设

$$\frac{1}{x(x-1)^2}=\frac{a}{x}+\frac{b}{x-1}+\frac{c}{(x-1)^2}=\frac{(a+b)x^2+(c-2a-b)x+a}{x(x-1)^2},$$

解得 $a=1, b=-1, c=1$，从而

$$\int\frac{1}{x(x-1)^2}\mathrm{d}x=\int\frac{1}{x}\mathrm{d}x-\int\frac{1}{x-1}\mathrm{d}x+\int\frac{1}{(x-1)^2}\mathrm{d}x$$

$$=\ln|x|-\ln|x-1|-\frac{1}{x-1}+C$$

$$=\ln\left|\frac{x}{x-1}\right|-\frac{1}{x-1}+C;$$

(5) 设

$$\frac{3x}{1-x^3}=\frac{3x}{(1-x)(1+x+x^2)}=\frac{a}{1-x}+\frac{bx+c}{1+x+x^2}$$

$$=\frac{(a-b)x^2+(a+b-c)x+a+c}{(1-x)(1+x+x^2)},$$

则 $a-b=0, a+b-c=3, a+c=0$，解得 $a=1, b=1, c=-1$，从而

$$\int\frac{3x}{1-x^3}\mathrm{d}x=\int\frac{1}{1-x}\mathrm{d}x+\int\frac{x-1}{1+x+x^2}\mathrm{d}x=-\ln|1-x|+\int\frac{x+\frac{1}{2}-\frac{3}{2}}{1+x+x^2}\mathrm{d}x$$

$$=-\ln|1-x|+\frac{1}{2}\int\frac{2x+1}{1+x+x^2}\mathrm{d}x-\frac{3}{2}\int\frac{1}{1+x+x^2}\mathrm{d}x$$

$$=-\ln|1-x|+\frac{1}{2}\int\frac{1}{1+x+x^2}\mathrm{d}(x^2+x+1)-\frac{3}{2}\int\frac{1}{\left(x+\frac{1}{2}\right)^2+\frac{3}{4}}\mathrm{d}x$$

$$=-\ln|1-x|+\frac{1}{2}\ln(x^2+x+1)-\frac{3}{2}\times\frac{1}{\frac{\sqrt{3}}{2}}\arctan\frac{x+\frac{1}{2}}{\frac{\sqrt{3}}{2}}+C$$

$$=\ln\frac{\sqrt{x^2+x+1}}{|1-x|}-\sqrt{3}\arctan\frac{2x+1}{\sqrt{3}}+C;$$

(6) 利用多项式的除法，有

$$\frac{x^4-3}{x^2+2x+1}=x^2-2x+3-\frac{4x+6}{x^2+2x+1}=x^2-2x+3-\frac{4x+4+2}{(x+1)^2}$$

$$=x^2-2x+3-\frac{4}{x+1}-\frac{2}{(x+1)^2},$$

因此

$$\int \frac{x^4-3}{x^2+2x+1}\mathrm{d}x=\int\left[x^2-2x+3-\frac{4}{x+1}-\frac{2}{(x+1)^2}\right]\mathrm{d}x$$

$$=\frac{1}{3}x^3-x^2+3x-4\ln|x+1|+\frac{2}{x+1}+C;$$

(7) 令 $t=x-1$，则 $x=t+1$，从而

$$x^3+2x^2+x-5=(t+1)^3+2(t+1)^2+t+1-5=t^3+5t^2+8t-1,$$

则

$$\int \frac{x^3+2x^2+x-5}{(x-1)^{2015}}\mathrm{d}x=\int \frac{t^3+5t^2+8t-1}{t^{2015}}\mathrm{d}t$$

$$=\int \frac{1}{t^{2012}}\mathrm{d}t+5\int \frac{1}{t^{2013}}\mathrm{d}t+8\int \frac{1}{t^{2014}}\mathrm{d}t-\int \frac{1}{t^{2015}}\mathrm{d}t$$

$$=-\frac{1}{2011}\cdot\frac{1}{t^{2011}}-\frac{5}{2012}\cdot\frac{1}{t^{2012}}-\frac{8}{2013}\cdot\frac{1}{t^{2013}}+\frac{1}{2014}\cdot\frac{1}{t^{2014}}+C$$

$$=-\frac{1}{2011}\cdot\frac{1}{(x-1)^{2011}}-\frac{5}{2012}\cdot\frac{1}{(x-1)^{2012}}-\frac{8}{2013}$$

$$\cdot\frac{1}{(x-1)^{2013}}+\frac{1}{2014}\cdot\frac{1}{(x-1)^{2014}}+C.$$

5.2.6　题型六　有关三角函数的不定积分的求解

例 5.6　求下列不定积分.

(1) $\int \cos^3 x\mathrm{d}x$；　(2) $\int \cos^2 x\mathrm{d}x$；　(3) $\int \tan^4 x\mathrm{d}x$；

(4) $\int \cos(5x)\sin(7x)\mathrm{d}x$；　(5) $\int \frac{1}{1+\sin x}\mathrm{d}x$；

**(6) $\int \frac{1}{\cos x\sqrt{\sin x}}\mathrm{d}x$；　**(7) $\int \frac{1}{1+\sin x+\cos x}\mathrm{d}x$.

解　(1) $\int \cos^3 x\cdot\mathrm{d}x=\int(1-\sin^2 x)\mathrm{d}\sin x=\sin x-\frac{1}{3}\sin^3 x+C$；

(2) $\int \cos^2 x\mathrm{d}x=\int \frac{1+\cos 2x}{2}\mathrm{d}x=\int \frac{1}{2}\mathrm{d}x+\frac{1}{2}\int\cos 2x\mathrm{d}x=\frac{1}{2}x+\frac{1}{4}\sin 2x+C$；

(3) $\int \tan^4 x\mathrm{d}x=\int\tan^2 x(\sec^2 x-1)\mathrm{d}x=\int\tan^2 x\sec^2 x\mathrm{d}x-\int\tan^2 x\mathrm{d}x$

$$=\int\tan^2 x\mathrm{d}\tan x-\int(\sec^2 x-1)\mathrm{d}x=\frac{1}{3}\tan^3 x-\tan x+x+C;$$

(4) $\int \cos(5x)\sin(7x)\mathrm{d}x=\frac{1}{2}\int(\sin 2x+\sin 12x)\mathrm{d}x=-\frac{1}{4}\cos 2x-\frac{1}{24}\cos 12x+C$；

(5) $\int \frac{1}{1+\sin x}\mathrm{d}x=\int\frac{1-\sin x}{1-\sin^2 x}\mathrm{d}x=\int\frac{1-\sin x}{\cos^2 x}\mathrm{d}x=\int\frac{1}{\cos^2 x}\mathrm{d}x-\int\frac{\sin x}{\cos^2 x}\mathrm{d}x$

$$=\tan x+\int\frac{1}{\cos^2 x}\mathrm{d}\cos x=\tan x-\frac{1}{\cos x}+C;$$

(6) $\int \frac{1}{\cos x\sqrt{\sin x}}\mathrm{d}x=\int\frac{\cos x}{\cos^2 x\sqrt{\sin x}}\mathrm{d}x=\int\frac{1}{(1-\sin^2 x)\sqrt{\sin x}}\mathrm{d}\sin x$

$$= 2\int \frac{1}{(1-\sin^2 x)}\mathrm{d}\sqrt{\sin x} \underline{\underline{t=\sqrt{\sin x}}} 2\int \frac{1}{(1-t^4)}\mathrm{d}t$$

$$= \int\left(\frac{1}{1+t^2}+\frac{1}{1-t^2}\right)\mathrm{d}t = \arctan t + \frac{1}{2}\ln\left|\frac{1+t}{1-t}\right| + C$$

$$= \arctan\sqrt{\sin x} + \frac{1}{2}\ln\left|\frac{1+\sqrt{\sin x}}{1-\sqrt{\sin x}}\right| + C;$$

(7) 作万能代换，令 $u=\tan\frac{x}{2}$，$\sin x=\frac{2u}{1+u^2}$，$\cos x=\frac{1-u^2}{1+u^2}$，$\mathrm{d}x=\frac{2}{1+u^2}\mathrm{d}u$，从而

$$\int\frac{1}{1+\sin x+\cos x}\mathrm{d}x=\int\frac{1}{1+\frac{2u}{1+u^2}+\frac{1-u^2}{1+u^2}}\cdot\frac{2}{1+u^2}\mathrm{d}u=\int\frac{1}{1+u}\mathrm{d}u$$

$$= \ln|1+u|+C=\ln\left|1+\tan\frac{x}{2}\right|+C.$$

5.2.7 题型七 分段函数的不定积分问题

例 5.7 设函数 $f(x)=\begin{cases}x^2-1, & x>0\\ \mathrm{e}^{3x}-2, & x\leqslant 0\end{cases}$，求 $\int f(x)\mathrm{d}x$.

解 当 $x>0$ 时，$\int f(x)\mathrm{d}x=\int(x^2-1)\mathrm{d}x=\frac{1}{3}x^3-x+C_1$.

当 $x\leqslant 0$ 时，$\int f(x)\mathrm{d}x=\int(\mathrm{e}^{3x}-2)\mathrm{d}x=\frac{1}{3}\mathrm{e}^{3x}-2x+C_2$.

由于 $\int f(x)\mathrm{d}x$ 在 $x=0$ 处连续，因此 $\lim\limits_{x\to 0^+}\left(\frac{1}{3}x^3-x+C_1\right)=\lim\limits_{x\to 0^-}\left(\frac{1}{3}\mathrm{e}^{3x}-2x+C_2\right)$，

从而 $C_1=\frac{1}{3}+C_2$，因此

$$\int f(x)\mathrm{d}x=\begin{cases}\frac{1}{3}x^3-x+C, & x>0\\ \frac{1}{3}\mathrm{e}^{3x}-2x-\frac{1}{3}+C, & x\leqslant 0\end{cases}.$$

例 5.8 求不定积分 $\int\max\{2,|x|\}\mathrm{d}x$.

解 由于

$$\max\{2,|x|\}=\begin{cases}-x, & x<-2\\ 2, & -2\leqslant x<2\\ x, & x\geqslant 2\end{cases}$$

因此

$$\int\max\{2,|x|\}\mathrm{d}x=\begin{cases}\int(-x)\mathrm{d}x, & x<-2\\ \int 2\mathrm{d}x, & -2\leqslant x<2\\ \int x\mathrm{d}x, & x\geqslant 2\end{cases}=\begin{cases}-\frac{1}{2}x^2+C, & x<-2\\ 2x+2+C, & -2\leqslant x<2\\ \frac{1}{2}x^2+4+C, & x\geqslant 2\end{cases}.$$

注　为确保 $\int \max\{2, |x|\}dx$ 在 $x=-2$ 和 $x=2$ 处的连续性，在区间 $[-2,2)$ 和 $[2,+\infty)$ 对应的表达式后面分别加了常数 2 和 4.

5.2.8　题型八　综合问题

例 5.9　求下列不定积分：

(1) $\int \sin\sqrt{x}\,dx$；　(2) $\int \frac{x^2\arctan x}{1+x^2}dx$；　(3) $\int e^x\left(\frac{1}{\sqrt{1-x^2}}+\arcsin x\right)dx$；

(4) $\int \frac{x+1}{x(1+xe^x)}dx$；　**(5) $\int \frac{1}{1+\tan x}dx$；　(6) $\int \frac{\sqrt{x}\ \sqrt{x+1}}{\sqrt{x}+\sqrt{x+1}}dx$.

解　(1) 令 $t=\sqrt{x}, x=t^2, dx=2tdt$，则

$$原式=2\int t\sin t dt=-2\int t d\cos t=-2t\cos t+2\int \cos t dt$$

$$=-2t\cos t+2\sin t+C=-2\sqrt{x}\cos\sqrt{x}+2\sin\sqrt{x}+C;$$

(2) $原式=\int \frac{(x^2+1-1)\arctan x}{1+x^2}dx=\int\left(\arctan x-\frac{\arctan x}{1+x^2}\right)dx$

$$=\int \arctan x dx-\int\frac{\arctan x}{1+x^2}dx=x\arctan x-\int\frac{x}{1+x^2}dx-\int \arctan x d\arctan x$$

$$=x\arctan x-\frac{1}{2}\ln(1+x^2)-\frac{1}{2}(\arctan x)^2+C;$$

(3) $原式=\int e^x\frac{1}{\sqrt{1-x^2}}dx+\int e^x\arcsin x dx=\int e^x d\arcsin x+\int e^x\arcsin x dx$

$$=e^x\arcsin x-\int e^x\arcsin x dx+\int e^x\arcsin x dx$$

$$=e^x\arcsin x+C;$$

(4) $原式=\int\frac{(x+1)e^x}{xe^x(1+xe^x)}dx=\int\frac{(xe^x)'}{xe^x(1+xe^x)}dx=\int\frac{1}{xe^x(1+xe^x)}d(xe^x)$

$$\underline{\underline{t=xe^x}}\int\frac{1}{t(1+t)}dt=\int\left(\frac{1}{t}-\frac{1}{t+1}\right)dt=\ln|t|-\ln|1+t|+C$$

$$=\ln|xe^x|-\ln|1+xe^x|+C=\ln\left|\frac{xe^x}{1+xe^x}\right|+C;$$

(5) $原式=\int\frac{\cos x}{\sin x+\cos x}dx$. 令

$$A=\int\frac{\cos x}{\sin x+\cos x}dx, B=\int\frac{\sin x}{\sin x+\cos x}dx,$$

则

$$A+B=\int 1dx=x+C,$$

$$A-B=\int\frac{\cos x-\sin x}{\sin x+\cos x}dx$$

$$=\int\frac{1}{\sin x+\cos x}d(\sin x+\cos x)=\ln|\sin x+\cos x|+C,$$

因此 $A=\frac{1}{2}x+\frac{1}{2}\ln|\sin x+\cos x|+C$,即

$$\int\frac{1}{1+\tan x}dx=\frac{1}{2}x+\frac{1}{2}\ln|\sin x+\cos x|+C;$$

注 ① 采用类似方法可以得到 $\int\frac{1}{1+\cot x}dx=\frac{1}{2}x-\frac{1}{2}\ln|\sin x+\cos x|+C$; ② 本题也可以利用万能替换方法求解,请读者自行求解.

(6) 原式 $=\int\frac{\sqrt{x}\sqrt{x+1}(\sqrt{x+1}-\sqrt{x})}{(\sqrt{x}+\sqrt{x+1})(\sqrt{x+1}-\sqrt{x})}dx=\int[\sqrt{x}(x+1)-x\sqrt{x+1}]dx$

$$=\int x^{\frac{3}{2}}dx+\int x^{\frac{1}{2}}dx-\int(x+1-1)\sqrt{x+1}dx$$

$$=\int x^{\frac{3}{2}}dx+\int x^{\frac{1}{2}}dx-\int(x+1)^{\frac{3}{2}}dx+\int(x+1)^{\frac{1}{2}}dx$$

$$=\frac{2}{5}x^{\frac{5}{2}}+\frac{2}{3}x^{\frac{3}{2}}-\frac{2}{5}(x+1)^{\frac{5}{2}}+\frac{2}{3}(x+1)^{\frac{3}{2}}+C.$$

例 5.10 设 $I_n=\int\cos^n x\,dx$,证明:$I_n=\frac{1}{n}\sin x\cos^{n-1}x+\frac{n-1}{n}I_{n-2}$.

证 由于

$$I_n=\int\cos^n x\,dx=\int\cos^{n-1}x\,d\sin x=\cos^{n-1}x\sin x-\int\sin x\,d\cos^{n-1}x$$

$$=\cos^{n-1}x\sin x+(n-1)\int\sin^2 x\cos^{n-2}x\,dx$$

$$=\cos^{n-1}x\sin x+(n-1)\int\cos^{n-2}x\,dx-(n-1)\int\cos^n x\,dx,$$

因此

$$I_n=\sin x\cos^{n-1}x+(n-1)I_{n-2}-(n-1)I_n,$$

从而有 $I_n=\frac{1}{n}\sin x\cos^{n-1}x+\frac{n-1}{n}I_{n-2}$,结论得证.

5.3 习题精选

1. 填空题

(1) 若 $\int f(x)dx=2\cos\frac{x}{3}+C$,则 $f(x)=$________.

(2) 若 $f(x)$ 的一个原函数是 e^{-x},则 $\int f(x)dx=$________,$\int f'(x)dx=$________,$\int e^x f'(x)dx=$________.

(3) 设 $f(x)=\sin x+\cos x$,则 $\int f(x)dx=$________,$\int f'(x)dx=$________.

(4) 设 $f(x)=\ln x$,则 $\int e^{2x}f'(e^x)dx=$________.

(5) 若 $f(x)$ 可导,则 $d\int df(x) =$ ________.

(6) 已知 $f(x) = \ln(1+ax^2) - b\int \frac{1}{1+ax^2}dx$，且 $f'(0)=3, f''(0)=4$，则 $a=$________, $b=$________.

(7) 若 $f'(e^x)=1+e^{2x}$ 且 $f(0)=1$,则 $f(x)=$________.

(8) 已知 $\int xf(x)dx = x\sin x - \int \sin x dx$，则 $f(x)=$________.

(9) 设 $f(x)$可导且 $f'(x)\neq 0$,若 $\int \sin f(x)dx = x\sin f(x) - \int \cos f(x)dx$，则 $f(x)=$________.

(10) 设 $f'(\cos x)=\sin^2 x$,则 $f(x)=$________.

(11) $\int f'(ax+b)dx =$ ________.

(12) $\int xf'(ax^2+b)dx =$ ________.

(13) $\int \frac{f'(x)}{\sqrt{1-[f(x)]^2}}dx =$ ________.

(14) $\int e^{f(x)} f'(x)dx =$ ________.

(15) $\int \frac{f'(x)}{\sqrt{f(x)}}dx =$ ________.

(16) $\int \left(1+\frac{1}{\cos^2 x}\right)d\cos x =$ ________.

(17) $\int \frac{\sin x}{25+\cos^2 x}dx =$ ________.

(18) $\int \frac{e^{\sin\sqrt{x}}\cos\sqrt{x}}{\sqrt{x}}dx =$ ________.

(19) 若 $\int f(x)dx = x^3 + C$，则 $\int x^2 f(1+x^3)dx =$ ________.

(20) 若 $\int f(x)dx = F(x) + C$，则 $\int \frac{f(\ln x)}{x}dx =$ ________.

(21) $\int \frac{\cos^3 x}{\sqrt{\sin x}}dx =$ ________.

(22) $\int \frac{x}{x+\sqrt{x^2+1}}dx =$ ________.

(23) $\int \frac{1}{\sqrt{e^x-1}}dx =$ ________.

(24) 设 $f(x)$的一个原函数是$\frac{\sin x}{x}$,则 $\int xf'(x)dx =$ ________.

(25) $\int xf''(x)dx =$ ________.

2. 单项选择题

(1) 设 C 是不为 1 的常数，则下列选项中不是 $f(x)=\frac{1}{x}$ 的原函数的是(　　).

(A) $\ln|x|$；　(B) $\ln|x|+C$；　(C) $\ln|Cx|$；　(D) $C\ln|x|$.

(2) 下列函数中原函数为 $\log_a kx\,(k\neq 0)$ 的是(　　).

(A) $\frac{k}{x}$；　(B) $\frac{k}{ax}$；　(C) $\frac{1}{kx}$；　(D) $\frac{1}{x\ln a}$.

(3) 若 $f(x)$ 的一个原函数是 $\ln x$，则 $f'(x)=$(　　).

(A) $\frac{1}{x}$；　(B) $-\frac{1}{x^2}$；　(C) $x\ln x$；　(D) e^x.

(4) 若 $f(x)$ 的一个导函数是 $a^x\,(a>0,a\neq 1)$，则 $f(x)$ 的全体原函数是(　　).

(A) $\frac{1}{\ln a}a^x+C$；　(B) $\frac{1}{\ln^2 a}a^x+C$；

(C) $\frac{1}{\ln^2 a}a^x+C_1x+C_2$；　(D) $a^x\ln^2 a+C_1x+C_2$.

(5) 若 $\int f(x)\mathrm{d}x = x\ln(1+x)+C$，则 $\lim\limits_{x\to 0}\frac{f(x)}{x}=$(　　).

(A) 2；　(B) -2；　(C) 1；　(D) -1.

(6) 设 $\int f(x)e^{-\frac{1}{x}}\mathrm{d}x = -e^{-\frac{1}{x}}+C$，则 $f(x)=$(　　).

(A) $\frac{1}{x}$；　(B) $\frac{1}{x^2}$；　(C) $-\frac{1}{x}$；　(D) $-\frac{1}{x^2}$.

(7) $\int e^{1-x}\mathrm{d}x=$(　　).

(A) $e^{1-x}+C$；　(B) e^{1-x}；

(C) $xe^{1-x}+C$；　(D) $-e^{1-x}+C$.

(8) 若 $\int f(x)\mathrm{d}x = F(x)+C$，则 $\int e^{-x}f(e^{-x})\mathrm{d}x=$(　　).

(A) $F(e^{-x})+C$；　(B) $F(e^x)+C$；

(C) $-F(e^x)+C$；　(D) $-F(e^{-x})+C$.

(9) 若 $\int f(x)\mathrm{d}x = \sqrt{2x^2+1}+C$，则 $\int xf(2x^2+1)\mathrm{d}x=$(　　).

(A) $x\sqrt{2x^2+1}+C$；　(B) $\frac{1}{2}\sqrt{2x^2+1}+C$；

(C) $\frac{1}{4}\sqrt{2x^2+1}+C$；　(D) $\frac{1}{4}\sqrt{2(2x^2+1)^2+1}+C$.

(10) 若 $f(x)=2^x+x^2$，则 $\int f'(2x)\mathrm{d}x=$(　　).

(A) $\frac{1}{2}(2^x+x^2)+C$；　(B) $2^{2x}+4x^2+C$；

(C) $\frac{1}{2}2^{2x}+2x^2+C$；　(D) $\frac{1}{2}2^{2x}+x^2+C$.

**(11) 已知 $f'(\cos x)=\sin x$，则 $f(\cos x)=$(　　).

(A) $-\cos x+C$；　　(B) $\cos x+C$；

(C) $\frac{1}{2}\sin x\cos x-\frac{1}{2}x+C$；　　(D) $\frac{1}{2}\sin x\cos x+\frac{1}{2}x+C$.

(12) 设 e^{-x} 是 $f(x)$ 的一个原函数，则 $\int xf(x)dx=$(　　).

(A) $e^{-x}(1-x)+C$；　　(B) $e^{-x}(1+x)+C$；

(C) $e^{-x}(x-1)+C$；　　(D) $-e^{-x}(1+x)+C$.

(13) $\int e^{\sin x}\sin x\cos x dx=$(　　).

(A) $e^{\sin x}+C$；　　(B) $e^{\sin x}\sin x+C$；

(C) $e^{\sin x}\cos x+C$；　　(D) $e^{\sin x}(\sin x-1)+C$.

3. 计算下列不定积分：

(1) $\int e^x\sqrt{1+3e^x}dx$；　　(2) $\int x\cot(x^2+1)dx$；

(3) $\int e^{\sqrt{2x-1}}dx$；　　(4) $\int \frac{\ln x-1}{x^2}dx$；

(5) $\int e^{2x}\cos e^x dx$；　　(6) $\int \frac{\sqrt{x^2-1}}{x}dx$；

(7) $\int \frac{1}{(2-x)\sqrt{1-x}}dx$；　　(8) $\int e^{2x}\sin^2 x dx$；

(9) $\int \frac{1}{x\sqrt{a^2-x^2}}dx$；　　(10) $\int \frac{1}{x^2\sqrt{1+x^2}}dx$；

(11) $\int \sqrt{e^x-1}dx$；　　(12) $\int \frac{\arcsin\sqrt{x}}{\sqrt{x}}dx$；

(13) $\int \frac{\arctan\sqrt{x}}{(1+x)\sqrt{x}}dx$；　　(14) $\int \frac{x^3}{1+x^2}dx$；

(15) $\int \frac{1}{\sqrt{e^x+1}}dx$；　　(16) $\int \ln(x+\sqrt{1+x^2})dx$；

(17) $\int e^{2x}(\tan x+1)^2dx$.

4. 若 $f(x)$ 的一个原函数为 $x\ln x$，求 $\int xf(x)dx$.

5. 设某超大型设备制造企业的总收入(单位：千万元)与产量 x(单位：台)的函数关系为 $R(x)=21x-2x^2$，总成本(单位：千万元)与产量 x 的函数关系为 $C(x)=x^2+3x+1$，试求：(1)利润函数；(2)边际收益函数；(3)边际成本函数；(4)产量为多少时，可获得最大利润？最大利润是多少？

5.4　习题详解

1. 填空题

(1) $-\frac{2}{3}\sin\frac{x}{3}$.

(2) $e^{-x}+C,-e^{-x}+C,x+C$.

提示 $(e^{-x})'=-e^{-x}=f(x)$.

(3) $-\cos x+\sin x+C,\sin x+\cos x+C$.

(4) $e^{x}+C$.

提示 $f'(x)=\dfrac{1}{x},f'(e^{x})=\dfrac{1}{e^{x}},e^{2x}f'(e^{x})=e^{x}$.

(5) $f'(x)dx$.

(6) $2,-3$.

提示 $f'(x)=\dfrac{2ax-b}{1+ax^{2}},f''(x)=\dfrac{2a(1+ax^{2})-2ax(2ax-b)}{(1+ax^{2})^{2}}$.

(7) $x+\dfrac{1}{3}x^{3}+1$.

提示 $f'(x)=1+x^{2},f(x)=x+\dfrac{1}{3}x^{3}+C$.

(8) $\cos x$.

提示 求导得 $xf(x)=\sin x+x\cos x-\sin x$.

(9) $\ln x+C$.

提示 求导得 $\sin f(x)=\sin f(x)+x\cos f(x)f'(x)-\cos f(x),f'(x)=\dfrac{1}{x}$.

(10) $x-\dfrac{1}{3}x^{3}+C$.

提示 $f'(x)=1-x^{2}$.

(11) $\dfrac{1}{a}f(ax+b)+C$.

(12) $\dfrac{1}{2a}f(ax^{2}+b)+C$.

(13) $\arcsin f(x)+C$.

(14) $e^{f(x)}+C$.

(15) $2\sqrt{f(x)}+C$.

(16) $\cos x-\dfrac{1}{\cos x}+C$.

(17) $-\dfrac{1}{5}\arctan\dfrac{\cos x}{5}+C$.

(18) $2e^{\sin\sqrt{x}}+C$.

(19) $\dfrac{1}{3}(1+x^{3})^{3}+C$.

(20) $F(\ln x)+C$.

(21) $2\sqrt{\sin x}-\dfrac{2}{5}\sin^{2}x\sqrt{\sin x}+C$.

(22) $\dfrac{1}{3}(x^{2}+1)\sqrt{x^{2}+1}-\dfrac{1}{3}x^{3}+C$.

提示 $\displaystyle\int\frac{x}{x+\sqrt{x^{2}+1}}dx=\int(x\sqrt{x^{2}+1}-x^{2})dx$.

(23) $2\arctan\sqrt{e^{x}-1}+C$.

提示 令 $t=\sqrt{e^{x}-1},x=\ln(t^{2}+1),dx=\dfrac{2t}{t^{2}+1}dt$,则

$$\int\frac{1}{\sqrt{e^{x}-1}}dx=\int\frac{2}{t^{2}+1}dt=2\arctan t+C.$$

(24) $\cos x-2\dfrac{\sin x}{x}+C$.

提示　$\left(\dfrac{\sin x}{x}\right)'=\dfrac{x\cos x-\sin x}{x^2}=f(x)$，另一方面

$$\int xf'(x)\mathrm{d}x=\int x\mathrm{d}f(x)=xf(x)-\int f(x)\mathrm{d}x.$$

(25) $xf'(x)-f(x)+C$.

提示　$\displaystyle\int xf''(x)\mathrm{d}x=\int x\mathrm{d}f'(x)=xf'(x)-\int f'(x)\mathrm{d}x$.

2. 单项选择题

(1) D.　　(2) D.　　(3) B.　　(4) C.

(5) A.

提示　$f(x)=\ln(1+x)+\dfrac{x}{1+x}$.

(6) D.

提示　$f(x)\mathrm{e}^{-\frac{1}{x}}=-\dfrac{1}{x^2}\mathrm{e}^{-\frac{1}{x}}$.

(7) D.　　(8) D.　　(9) D.

(10) C.

提示　$\displaystyle\int f'(2x)\mathrm{d}x=\frac{1}{2}\int f'(2x)\mathrm{d}(2x)=\frac{1}{2}f(2x)+C$.

(11) C.

提示　**解法1**　令 $t=\cos x, x\in(0,\pi)$，则 $f'(t)=\sqrt{1-t^2}$，因此

$$f(x)=\int\sqrt{1-x^2}\mathrm{d}x=x\sqrt{1-x^2}+\int\frac{x^2}{\sqrt{1-x^2}}\mathrm{d}x=x\sqrt{1-x^2}+\int\frac{x^2-1+1}{\sqrt{1-x^2}}\mathrm{d}x$$

$$=x\sqrt{1-x^2}+\int\frac{1}{\sqrt{1-x^2}}\mathrm{d}x-\int\sqrt{1-x^2}\mathrm{d}x,$$

则有

$$f(x)=\frac{1}{2}x\sqrt{1-x^2}+\frac{1}{2}\int\frac{1}{\sqrt{1-x^2}}\mathrm{d}x=\frac{1}{2}x\sqrt{1-x^2}-\frac{1}{2}\arccos x+C,$$

从而

$$f(\cos x)=\frac{1}{2}\sin x\cos x-\frac{1}{2}x+C.$$

解法2　由于

$$[f(\cos x)]'=f'(\cos x)\cdot(-\sin x)=-\sin^2x=-\frac{1-\cos 2x}{2},$$

因此

$$f(\cos x)=-\int\frac{1-\cos 2x}{2}\mathrm{d}x=\frac{1}{2}\int(\cos 2x-1)\mathrm{d}x=\frac{1}{4}\sin(2x)-\frac{1}{2}x+C$$

$$=\frac{1}{2}\sin x\cos x-\frac{1}{2}x+C.$$

(12) B.

提示 $(e^{-x})'=-e^{-x}=f(x)$.

(13) D.

3.

(1) $\int e^{x}\sqrt{1+3e^{x}}\,dx=\frac{1}{3}\int\sqrt{1+3e^{x}}\,d(3e^{x}+1)=\frac{2}{9}(1+3e^{x})^{\frac{3}{2}}+C$;

(2) $\int x\cot(x^{2}+1)\,dx=\frac{1}{2}\int\cot(x^{2}+1)\,d(x^{2}+1)=\frac{1}{2}\ln|\sin(x^{2}+1)|+C$;

(3) 令 $t=\sqrt{2x-1}$, $x=\frac{1}{2}(t^{2}+1)$, $dx=t\,dt$，则

原式 $=\int te^{t}dt=\int t\,de^{t}=te^{t}-\int e^{t}dt=te^{t}-e^{t}+C=(\sqrt{2x-1}-1)e^{\sqrt{2x-1}}+C$;

(4) $\int\frac{\ln x-1}{x^{2}}dx=\int\left(\frac{\ln x}{x^{2}}-\frac{1}{x^{2}}\right)dx=-\int\ln x\,d\frac{1}{x}-\int\frac{1}{x^{2}}dx$

$$=-\left(\frac{\ln x}{x}-\int\frac{1}{x^{2}}dx\right)-\int\frac{1}{x^{2}}dx=-\frac{\ln x}{x}+C;$$

(5) $\int e^{2x}\cos e^{x}\,dx=\int e^{x}\,d\sin e^{x}=e^{x}\sin e^{x}-\int\sin e^{x}\,de^{x}=e^{x}\sin e^{x}+\cos e^{x}+C$;

(6) 令 $x=\sec t$, $dx=\sec t\tan t\,dt$，因此

原式 $=\int\tan^{2}t\,dt=\int(\sec^{2}t-1)\,dt=\tan t-t+C=\sqrt{x^{2}-1}-\arccos\frac{1}{x}+C$;

(7) 令 $t=\sqrt{1-x}$, $x=1-t^{2}$, $dx=-2t\,dt$，则

原式 $=\int\frac{-2t}{(2-1+t^{2})t}dt=-2\int\frac{1}{1+t^{2}}dt=-2\arctan t+C=-2\arctan\sqrt{1-x}+C$;

(8) $\int e^{2x}\sin^{2}x\,dx=\int e^{2x}\frac{1-\cos 2x}{2}dx=\frac{1}{2}\int e^{2x}dx-\frac{1}{2}\int e^{2x}\cos(2x)\,dx$，这里 $\frac{1}{2}\int e^{2x}dx=\frac{1}{4}e^{2x}+C$，而

$$\frac{1}{2}\int e^{2x}\cos(2x)\,dx=\frac{1}{4}\int e^{2x}\cos(2x)\,d(2x)\xlongequal{t=2x}\frac{1}{4}\int e^{t}\cos t\,dt,$$

由于

$$\int e^{t}\cos t\,dt=\int\cos t\,de^{t}=e^{t}\cos t-\int e^{t}d\cos t=e^{t}\cos x+\int e^{t}\sin t\,dt$$

$$=e^{t}\cos x+\int\sin t\,de^{t}=e^{t}\cos x+e^{t}\sin t-\int e^{t}\cos t\,dt,$$

所以 $\int e^{t}\cos t\,dt=\frac{1}{2}e^{t}(\cos t+\sin t)+C$，从而

$$\int e^{2x}\sin^{2}x\,dx=\frac{1}{4}e^{2x}-\frac{1}{8}e^{2x}[\cos(2x)+\sin(2x)]+C;$$

(9) 令 $x=a\sin t$, $t\in\left(-\frac{\pi}{2},\frac{\pi}{2}\right)$, $\sqrt{a^{2}-x^{2}}=a\cos t$, $dx=a\cos t\,dt$，则

原式 $=\int\frac{1}{a\sin t}dt=\frac{1}{a}\ln|\csc t-\cot t|+C=\frac{1}{a}\ln\left|\frac{a-\sqrt{a^{2}-x^{2}}}{x}\right|+C$;

(10) 令 $x=\tan t$，$\mathrm{d}x=\sec^2 t\mathrm{d}t$，则

$$\text{原式}=\int\frac{\sec^2 t}{\tan^2 t\sec t}\mathrm{d}t=\int\frac{\cos t}{\sin^2 t}\mathrm{d}t=\int\frac{1}{\sin^2 t}\mathrm{d}\sin t=-\frac{1}{\sin t}+C=-\frac{\sqrt{1+x^2}}{x}+C;$$

(11) 令 $t=\sqrt{\mathrm{e}^x-1}$，$x=\ln(t^2+1)$，$\mathrm{d}x=\dfrac{2t}{t^2+1}\mathrm{d}t$，则

$$\begin{aligned}\text{原式}&=\int\frac{2t^2}{t^2+1}\mathrm{d}t=\int\frac{2t^2+2-2}{t^2+1}\mathrm{d}t=\int\left(2-\frac{2}{t^2+1}\right)\mathrm{d}t=2t-2\arctan t+C\\&=2\sqrt{\mathrm{e}^x-1}-2\arctan\sqrt{\mathrm{e}^x-1}+C;\end{aligned}$$

(12) $\displaystyle\int\frac{\arcsin\sqrt{x}}{\sqrt{x}}\mathrm{d}x=2\int\arcsin\sqrt{x}\,\mathrm{d}\sqrt{x}$，令 $t=\sqrt{x}$，则

$$\begin{aligned}\int\arcsin\sqrt{x}\,\mathrm{d}\sqrt{x}=\int\arcsin t\mathrm{d}t&=t\arcsin t-\int\frac{t}{\sqrt{1-t^2}}\mathrm{d}t\\&=t\arcsin t+\sqrt{1-t^2}+C,\end{aligned}$$

所以

$$\int\frac{\arctan\sqrt{x}}{\sqrt{x}}\mathrm{d}x=2\sqrt{x}\arcsin\sqrt{x}+2\sqrt{1-x}+C;$$

(13) $$\begin{aligned}\int\frac{\arctan\sqrt{x}}{(1+x)\sqrt{x}}\mathrm{d}x&=2\int\frac{\arctan\sqrt{x}}{(1+x)}\mathrm{d}\sqrt{x}=2\int\arctan\sqrt{x}\,\mathrm{d}(\arctan\sqrt{x})\\&=(\arctan\sqrt{x})^2+C;\end{aligned}$$

(14) $$\int\frac{x^3}{1+x^2}\mathrm{d}x=\frac{1}{2}\int\frac{x^2}{1+x^2}\mathrm{d}x^2=\frac{1}{2}\int\left(1-\frac{1}{1+x^2}\right)\mathrm{d}x^2=\frac{1}{2}x^2-\frac{1}{2}\ln(1+x^2)+C;$$

(15) 令 $t=\sqrt{\mathrm{e}^x+1}$，$x=\ln(t^2-1)$，$\mathrm{d}x=\dfrac{2t}{t^2-1}\mathrm{d}t$，则

$$\begin{aligned}\text{原式}&=2\int\frac{1}{t^2-1}\mathrm{d}x=-2\int\frac{1}{1-t^2}\mathrm{d}x=-\ln\left|\frac{1+t}{1-t}\right|+C\\&=\ln\left|\frac{1-t}{1+t}\right|+C=\ln\left|\frac{1-\sqrt{\mathrm{e}^x+1}}{1+\sqrt{\mathrm{e}^x+1}}\right|+C;\end{aligned}$$

(16) $$\begin{aligned}\int\ln(x+\sqrt{1+x^2})\mathrm{d}x&=x\ln(x+\sqrt{1+x^2})-\int\frac{x}{\sqrt{1+x^2}}\mathrm{d}x\\&=x\ln(x+\sqrt{1+x^2})-\frac{1}{2}\int\frac{1}{\sqrt{1+x^2}}\mathrm{d}(1+x^2)\\&=x\ln(x+\sqrt{1+x^2})-\sqrt{1+x^2}+C;\end{aligned}$$

(17) $$\begin{aligned}\int\mathrm{e}^{2x}(\tan x+1)^2\mathrm{d}x&=\int\mathrm{e}^{2x}(\tan^2x+1+2\tan x)\mathrm{d}x=\int\mathrm{e}^{2x}(\sec^2x+2\tan x)\mathrm{d}x\\&=\int\mathrm{e}^{2x}\sec^2x\mathrm{d}x+2\int\mathrm{e}^{2x}\tan x\mathrm{d}x=\int\mathrm{e}^{2x}\mathrm{d}\tan x+2\int\mathrm{e}^{2x}\tan x\mathrm{d}x\\&=\mathrm{e}^{2x}\tan x-2\int\mathrm{e}^{2x}\tan x\mathrm{d}x+2\int\mathrm{e}^{2x}\tan x\mathrm{d}x=\mathrm{e}^{2x}\tan x+C.\end{aligned}$$

4. 由于$(x\ln x)'=\ln x+1=f(x)$，则

$$\int xf(x)\mathrm{d}x=\int(x\ln x+x)\mathrm{d}x=\frac{1}{2}\int\ln x\mathrm{d}x^2+\frac{1}{2}x^2+C$$

$$=\frac{1}{2}\left(x^2\ln x-\int x\mathrm{d}x\right)+\frac{1}{2}x^2+C=\frac{1}{2}x^2\ln x+\frac{1}{4}x^2+C.$$

5. (1) 利润函数为

$$L(x)=R(x)-C(x)=(21x-2x^2)-(x^2+3x+1)=18x-3x^2-1;$$

(2) 边际收益函数为

$$R'(x)=21-4x;$$

(3) 边际成本函数为

$$C'(x)=2x+3;$$

(4) 由于

$$L'(x)=R'(x)-C'(x)=21-4x-(2x+3)=18-6x,$$

令$L'(x)=0$，解得唯一驻点$x=3$，又因为$L''(x)=-6$，$L''(3)=-6<0$，因此$x=3$为利润函数$L(x)$的最大值点，最大利润为$L(3)=26$，即当产量$x=3$(台)时，利润最大，最大利润为是26(千万元).

第6章

定 积 分

6.1 内容提要

6.1.1 定积分的定义

设函数 $y=f(x)$在$[a,b]$上有定义，在(a,b)内任意插入 $n-1$ 个分点 $x_1,x_2,\cdots,x_{n-1}$，使得

$$a=x_0<x_1<x_2<\cdots<x_{n-1}<x_n=b,$$

在第 i 个小区间$[x_{i-1},x_i]$上任取一点 ξ_i，记 $\Delta x_i=x_i-x_{i-1}(i=1,2,\cdots,n)$，作和式 $\sum\limits_{i=1}^{n}f(\xi_i)\Delta x_i$，令 $\lambda=\max\{\Delta x_1,\Delta x_2,\cdots,\Delta x_n\}$，若不论区间$[a,b]$如何划分，点 ξ_i 如何选取，极限 $\lim\limits_{\lambda\to 0}\sum\limits_{i=1}^{n}f(\xi_i)\Delta x_i$ 存在且为同一个常数 I，则称极限值 I 为 $y=f(x)$在区间$[a,b]$上的**定积分**，记为 $\int_a^b f(x)\mathrm{d}x$，即

$$\int_a^b f(x)\mathrm{d}x=\lim_{\lambda\to 0}\sum_{i=1}^{n}f(\xi_i)\Delta x_i.$$

此时也称函数 $y=f(x)$在$[a,b]$上**可积**，其中 $f(x)$称为被积函数，x 称为**积分变量**，$f(x)\mathrm{d}x$ 称为被**积表达式**，a 称为**积分下限**，b 称为**积分上限**，$[a,b]$称为**积分区间**，$\sum\limits_{i=1}^{n}f(\xi_i)\Delta x_i$ 称为 $y=f(x)$在$[a,b]$上的**积分和**.

关于定积分的几个注解：

(1) 若函数 $f(x)$在$[a,b]$上可积，则积分值 I 仅与被积函数 $f(x)$和区间$[a,b]$有关系，与积分变量的记法无关，例如

$$\int_a^b f(x)\mathrm{d}x=\int_a^b f(u)\mathrm{d}u=\int_a^b f(t)\mathrm{d}t.$$

(2) 当 $f(x)$在区间$[a,b]$上无界时，对于任意大的 $M>0$，总可以选取适当的点

$\xi_i(i=1,2,\cdots,n)$，使得 $\left|\sum_{i=1}^{n}f(\xi_i)\Delta x_i\right|>M$，从而极限 $\lim\limits_{\lambda\to 0}\sum_{i=1}^{n}f(\xi_i)\Delta x_i$ 不存在，故函数 $f(x)$在$[a,b]$上不可积. 因此无界函数一定不可积，或者说函数有界是函数可积的必要条件.

(3) 若 $y=f(x)$在$[a,b]$上连续，或在$[a,b]$上有界且只有有限个间断点，则 $y=f(x)$在$[a,b]$上可积.

(4) 规定 $\int_a^a f(x)\mathrm{d}x=0$，$\int_a^b f(x)\mathrm{d}x=-\int_b^a f(x)\mathrm{d}x$.

6.1.2 定积分的几何意义与物理意义

(1) 若 $f(x)\geqslant 0$，则 $\int_a^b f(x)\mathrm{d}x$ 表示由 $y=f(x)$，$x=a$，$x=b$ 及 x 轴围成的曲边梯形的面积.

(2) 若 $f(x)\leqslant 0$，则 $\int_a^b f(x)\mathrm{d}x$ 表示由 $y=f(x)$，$x=a$，$x=b$ 及 x 轴围成的曲边梯形面积的负值.

(3) 若 $f(x)$在$[a,b]$上有正有负，则 $\int_a^b f(x)\mathrm{d}x$ 表示由 $y=f(x)$，$x=a$，$x=b$ 及 x 轴围成平面图形面积的代数和，即等于 x 轴上方的平面图形面积减去 x 轴下方的平面图形面积，如图 6.1 所示，$\int_a^b f(x)\mathrm{d}x=A_1-A_2+A_3$.

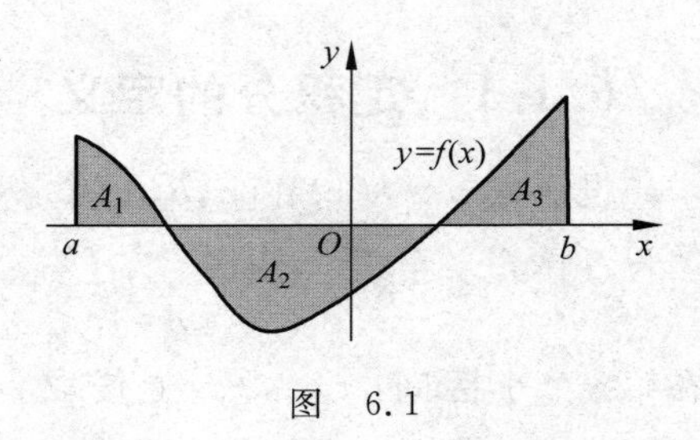

图 6.1

(4) 定积分的物理意义：$\int_a^b v(t)\mathrm{d}t$ 表示作变速直线运动的物体以速度 $v=v(t)$在时间段$[a,b]$内走过的路程.

6.1.3 定积分的性质

假设下面所涉及的定积分都存在，则有：

(1) (线性性质)设 k 和 l 为常数，则 $\int_a^b[kf(x)\pm lg(x)]\mathrm{d}x$ 存在，且有

$$\int_a^b[kf(x)\pm lg(x)]\mathrm{d}x=k\int_a^b f(x)\mathrm{d}x\pm l\int_a^b g(x)\mathrm{d}x.$$

(2) (定积分对积分区间的可加性) 对于任意的实数 a，b 和 c，有

$$\int_a^b f(x)\mathrm{d}x=\int_a^c f(x)\mathrm{d}x+\int_c^b f(x)\mathrm{d}x.$$

(3) (保号性)设 $f(x)$在区间$[a,b]$上满足 $f(x)\geqslant 0$，则 $\int_a^b f(x)\mathrm{d}x\geqslant 0$.

(4) 若对于 $\forall x\in[a,b]$，有 $f(x)\leqslant g(x)$，则 $\int_a^b f(x)\mathrm{d}x\leqslant\int_a^b g(x)\mathrm{d}x$.

(5) (保号性)若 $f(x)$在$[a,b]$上连续，$f(x)\geqslant 0$，且 $f(x)$不恒等于 0，则 $\int_a^b f(x)\mathrm{d}x>0$.

(6) 若 $f(x)$ 和 $g(x)$ 在 $[a,b]$ 上连续，对于 $\forall x\in[a,b]$，有 $f(x)\leqslant g(x)$，且 $f(x)$ 不恒等于 $g(x)$，则 $\int_a^b f(x)\mathrm{d}x < \int_a^b g(x)\mathrm{d}x$.

(7)（估值定理）若对于 $\forall x\in[a,b]$，有 $m\leqslant f(x)\leqslant M$，则

$$m(b-a)\leqslant\int_a^b f(x)\mathrm{d}x\leqslant M(b-a).$$

(8)（积分中值定理）若函数 $f(x)$ 在 $[a,b]$ 上连续，则至少存在一点 $\xi\in[a,b]$，使得

$$\int_a^b f(x)\mathrm{d}x = f(\xi)(b-a).$$

这里 $f(\xi)=\dfrac{1}{b-a}\int_a^b f(x)\mathrm{d}x$ 也称为 $f(x)$ 在 $[a,b]$ 上的**积分均值或平均值**.

注 在积分中值定理中，也可以在开区间 (a,b) 内找到一点 ξ，使得 $\int_a^b f(x)\mathrm{d}x = f(\xi)(b-a)$. 该结论的证明需要用到变上限积分函数，见例 6.22.

6.1.4 变上限积分函数

设 $y=f(x)$ 在 $[a,b]$ 上可积，对于 $\forall x\in[a,b]$，$\Phi(x)=\int_a^x f(x)\mathrm{d}x=\int_a^x f(t)\mathrm{d}t$ 称为 $f(x)$ 的**变上限函数**（也称为**积分上限函数**）. 若 $y=f(x)$ 连续，则变上限积分函数 $\int_a^x f(t)\mathrm{d}t$ 可导，且

$$\frac{\mathrm{d}}{\mathrm{d}x}\Phi(x)=\frac{\mathrm{d}}{\mathrm{d}x}\int_a^x f(t)\mathrm{d}t = f(x).$$

一般地，若 $f(t)$ 连续，函数 $g(x)$ 和 $h(x)$ 可导，则

$$\frac{\mathrm{d}}{\mathrm{d}x}\int_a^{g(x)} f(t)\mathrm{d}t = f[g(x)]\cdot g'(x);$$

$$\frac{\mathrm{d}}{\mathrm{d}x}\int_{g(x)}^{h(x)} f(t)\mathrm{d}t = f[h(x)]h'(x)-f[g(x)]g'(x).$$

6.1.5 牛顿-莱布尼茨公式

若 $y=f(x)$ 连续，$F(x)$ 为 $f(x)$ 的任意一个原函数，则

$$\int_a^b f(x)\mathrm{d}x = F(x)\big|_a^b = F(b)-F(a).$$

6.1.6 定积分的换元法

若函数 $f(x)$ 在 $[a,b]$ 上连续，$x=\varphi(t)$ 在 $[\alpha,\beta]$ 上单调，$\varphi(\alpha)=a$，$\varphi(\beta)=b$，且 $\varphi'(t)$ 连续，则 $\int_a^b f(x)\mathrm{d}x=\int_\alpha^\beta f[\varphi(t)]\varphi'(t)\mathrm{d}t$.

6.1.7 定积分的分部积分法

设 $u=u(x)$，$v=v(x)$ 在 $[a,b]$ 上有连续的导数，则 $\int_a^b u\mathrm{d}v = uv\big|_a^b-\int_a^b v\mathrm{d}u$.

6.1.8 无穷限的广义积分

设函数 $y=f(x)$在$[a,+\infty)$上有定义,若对于任意的实数 $b>a$,函数 $f(x)$在$[a,b]$上可积,且 $\lim\limits_{b\to+\infty}\int_a^b f(x)\mathrm{d}x$ 存在,则称此极限值为函数 $f(x)$在$[a,+\infty)$上的**广义积分**(**或反常积分**),记作$\int_a^{+\infty} f(x)\mathrm{d}x$,即

$$\int_a^{+\infty} f(x)\mathrm{d}x=\lim_{b\to+\infty}\int_a^b f(x)\mathrm{d}x.$$

此时也称广义积分$\int_a^{+\infty} f(x)\mathrm{d}x$ 收敛,若上述极限不存在,也称广义积分$\int_a^{+\infty} f(x)\mathrm{d}x$ 发散.类似地可以定义

$$\int_{-\infty}^a f(x)\mathrm{d}x=\lim_{b\to-\infty}\int_b^a f(x)\mathrm{d}x.$$

若对某个常数 c,广义积分 $\int_{-\infty}^c f(x)\mathrm{d}x$ 和$\int_c^{+\infty} f(x)\mathrm{d}x$ 都收敛,则称广义积分$\int_{-\infty}^{+\infty} f(x)\mathrm{d}x$ 收敛,且

$$\int_{-\infty}^{+\infty} f(x)\mathrm{d}x=\int_{-\infty}^c f(x)\mathrm{d}x+\int_c^{+\infty} f(x)\mathrm{d}x.$$

6.1.9 无界函数的广义积分

若函数 $y=f(x)$在 $x=b$ 的任一个邻域内无界,则称 $x=b$ 为函数 $f(x)$的**瑕点**.若函数在$[a,b)$上有定义,$x=b$ 为 $f(x)$的瑕点,对于任意的 $\varepsilon>0$,$f(x)$在$[a,b-\varepsilon]$上可积,且$\lim\limits_{\varepsilon\to0^+}\int_a^{b-\varepsilon} f(x)\mathrm{d}x$ 存在,则称此极限值为函数 $f(x)$在$[a,b)$上的**广义积分**,也称为**瑕积分**,记为$\int_a^b f(x)\mathrm{d}x$,即

$$\int_a^b f(x)\mathrm{d}x=\lim_{\varepsilon\to0^+}\int_a^{b-\varepsilon} f(x)\mathrm{d}x.$$

此时也称瑕积分$\int_a^b f(x)\mathrm{d}x$ 收敛.若上述极限不存在,也称瑕积分$\int_a^b f(x)\mathrm{d}x$ 发散.若 a 为瑕点,可以类似地定义$\int_a^b f(x)\mathrm{d}x=\lim\limits_{\varepsilon\to0^+}\int_{a+\varepsilon}^b f(x)\mathrm{d}x$.

若对某个 $c\in(a,b)$,且 c 为瑕点,$\int_a^c f(x)\mathrm{d}x$ 和$\int_c^b f(x)\mathrm{d}x$ 都收敛,则称瑕积分$\int_a^b f(x)\mathrm{d}x$ 收敛,且

$$\int_a^b f(x)\mathrm{d}x=\int_a^c f(x)\mathrm{d}x+\int_c^b f(x)\mathrm{d}x=\lim_{\varepsilon_1\to0^+}\int_a^{c-\varepsilon_1} f(x)\mathrm{d}x+\lim_{\varepsilon_2\to0^+}\int_{c+\varepsilon_2}^b f(x)\mathrm{d}x.$$

6.1.10 Γ 函数

对于$\forall t>0$,Γ 函数的定义为:$\Gamma(t)=\int_0^{+\infty} x^{t-1}\mathrm{e}^{-x}\mathrm{d}x$.

Γ 函数的性质主要包括：

$\Gamma(1)=1$；$\Gamma\left(\frac{1}{2}\right)=\sqrt{\pi}$；$\Gamma(t+1)=t\Gamma(t)$；$\Gamma(n+1)=n\Gamma(n)$；$\Gamma(n+1)=n!$.

6.1.11　定积分的几何应用

1. 平面图形的面积

曲边梯形 $f_1(x)\leqslant y\leqslant f_2(x),a\leqslant x\leqslant b$ 的面积为 $A=\int_a^b[f_2(x)-f_1(x)]\mathrm{d}x$.

曲边梯形 $g_1(y)\leqslant x\leqslant g_2(y),c\leqslant y\leqslant d$ 面积为 $A=\int_c^d[g_2(y)-g_1(y)]\mathrm{d}y$.

曲边扇形 $0\leqslant r\leqslant r(\theta),\alpha\leqslant\theta\leqslant\beta$ 的面积为 $A=\frac{1}{2}\int_\alpha^\beta[r(\theta)]^2\mathrm{d}\theta$.

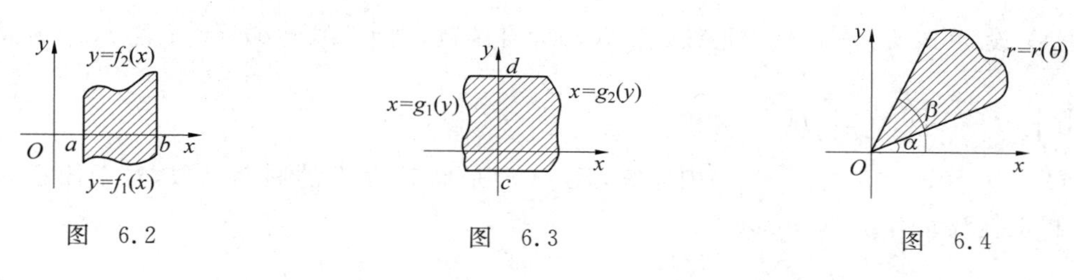

图　6.2　　图　6.3　　图　6.4

2. 平行截面面积已知的立体的体积

设一立体位于过$[a,b]$的端点且垂直于 x 轴的两个平面之间，$A(x)$表示过点 x 且垂直于 x 轴的截面面积，则该立体的体积为

$$V=\int_a^b A(x)\mathrm{d}x.$$

3. 旋转体的体积

由平面图形 $0\leqslant y\leqslant f(x),a\leqslant x\leqslant b$ 绕 x 轴旋转形成的旋转体的体积为

$$V=\pi\int_a^b f^2(x)\mathrm{d}x.$$

由平面图形 $0\leqslant x\leqslant g(y),c\leqslant y\leqslant d$ 绕 y 轴旋转形成的旋转体的体积为

$$V=\pi\int_c^d g^2(y)\mathrm{d}y.$$

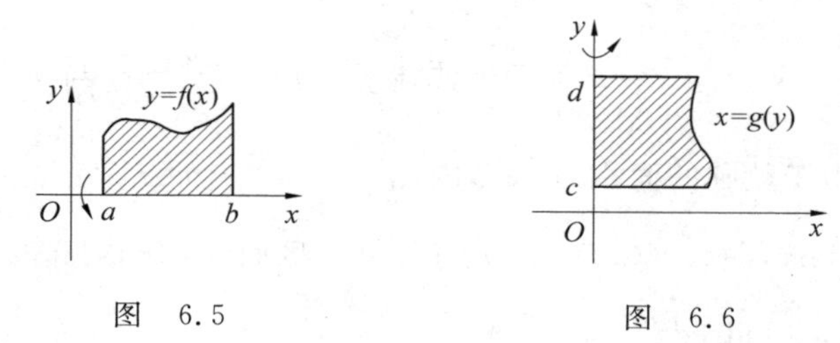

图　6.5　　图　6.6

6.1.12 定积分的经济应用

(1) 设某产品的总产量 Q 是时间 t 的函数，即 $Q=Q(t)$，且总产量的变化率 $Q'(t)$ 连续，则 t 时刻的总产量为

$$Q(t)=Q(t_0)+\int_{t_0}^{t}Q'(x)\mathrm{d}x.$$

(2) 已知边际成本函数 $C'(Q)$ 连续，其中 Q 为产量，则成本函数为

$$C(Q)=C(0)+\int_{0}^{Q}C'(x)\mathrm{d}x.$$

采用类似方法可以利用边际收益函数求总收益，利用边际利润函数求总利润等.

6.1.13 几个重要的结论

(1) 设 $f(x)$ 在 $[-a,a]$ 上连续，若 $f(x)$ 为奇函数，则 $\int_{-a}^{a}f(x)\mathrm{d}x=0$；若 $f(x)$ 为偶函数，则 $\int_{-a}^{a}f(x)\mathrm{d}x=2\int_{0}^{a}f(x)\mathrm{d}x$.

(2) 设 $f(x)$ 在 $(-\infty,+\infty)$ 内连续，且 $f(x)$ 是周期为 T 的周期函数，对于任意的实数 a 和正整数 n 有

$$\int_{a}^{a+T}f(x)\mathrm{d}x=\int_{0}^{T}f(x)\mathrm{d}x,\quad \int_{0}^{nT}f(x)\mathrm{d}x=n\int_{0}^{T}f(x)\mathrm{d}x.$$

(3) 若 $f(x)$ 在 $[0,1]$ 上连续，则有

$$\int_{0}^{\frac{\pi}{2}}f(\sin x)\mathrm{d}x=\int_{0}^{\frac{\pi}{2}}f(\cos x)\mathrm{d}x;$$

$$\int_{0}^{\pi}xf(\sin x)\mathrm{d}x=\frac{\pi}{2}\int_{0}^{\pi}f(\sin x)\mathrm{d}x=\pi\int_{0}^{\frac{\pi}{2}}f(\sin x)\mathrm{d}x.$$

6.2 典型例题分析

6.2.1 题型一 利用几何意义计算定积分

例 6.1 利用定积分的几何意义求解下列积分：

(1) $\int_{-a}^{a}\sqrt{a^2-x^2}\,\mathrm{d}x,a>0$；　　(2) $\int_{0}^{2\pi}\sin x\mathrm{d}x$.

解 (1) 积分 $\int_{-a}^{a}\sqrt{a^2-x^2}\,\mathrm{d}x$ 等于由曲线 $f(x)=\sqrt{a^2-x^2}$ 与 x 轴围成的半圆的面积，如图 6.7 所示，由于整圆的面积为 πa^2，因此 $\int_{-a}^{a}\sqrt{a^2-x^2}\,\mathrm{d}x=\frac{1}{2}\pi a^2$.

(2) 设 $f(x)=\sin x$，曲线 $f(x)=\sin x$ 与 x 轴在区间 $[0,2\pi]$ 围成的平面图形如图 6.8 所示，根据对称性得，$\int_{0}^{2\pi}\sin x\mathrm{d}x=0$.

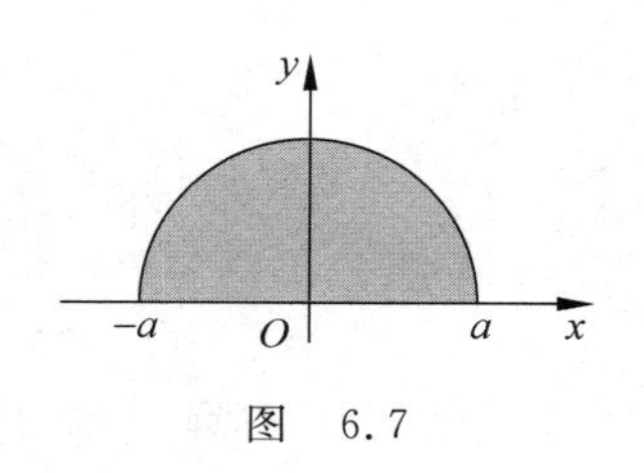

图 6.7

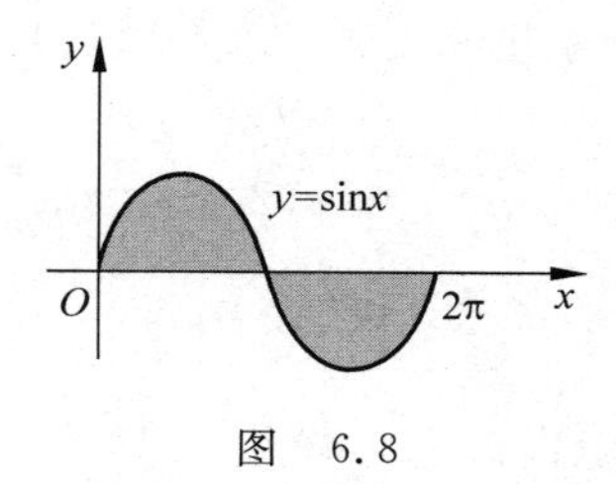

图 6.8

6.2.2 题型二 有关定积分性质的问题

例 6.2 已知连续函数 $f(x)$满足 $f(x)=x-2x^2\int_0^1 f(x)\mathrm{d}x$，求 $f(x)$的表达式.

解 由于定积分是一个常数，因此设 $\int_0^1 f(x)\mathrm{d}x=A$，则有

$$f(x)=x-2Ax^2,$$

等式两边同时取定积分，得

$$\int_0^1 f(x)\mathrm{d}x=\int_0^1 x\mathrm{d}x-2A\int_0^1 x^2\mathrm{d}x,$$

因此有 $A=\frac{1}{2}-\frac{2}{3}A$，解得 $A=\frac{3}{10}$，从而 $f(x)=x-\frac{3}{5}x^2$.

例 6.3 证明不等式 $\frac{1}{2}<\int_0^{1/2}\frac{1}{\sqrt{1-x^n}}\mathrm{d}x<\frac{\pi}{6}$，其中 $n>2$ 为正整数.

证 由于当 $x\in\left[0,\frac{1}{2}\right]$，$n>2$ 时，

$$1\leqslant\frac{1}{\sqrt{1-x^n}}\leqslant\frac{1}{\sqrt{1-x^2}},$$

且等号当且仅当 $x=0$ 时成立，根据定积分的保号性，有

$$\frac{1}{2}=\int_0^{1/2}\mathrm{d}x<\int_0^{1/2}\frac{1}{\sqrt{1-x^n}}\mathrm{d}x<\int_0^{1/2}\frac{1}{\sqrt{1-x^2}}\mathrm{d}x=\frac{\pi}{6},$$

结论得证.

例 6.4 设 $f(x)$可导，且 $\lim\limits_{x\to+\infty}f(x)=\frac{1}{6}$，求极限 $\lim\limits_{x\to+\infty}\int_x^{x+2}tf(t)\arctan\left(\frac{3t}{t^2+2}\right)\mathrm{d}t$.

解 根据积分中值定理，至少存在一点 $\xi\in(x,x+2)$，使得

$$\int_x^{x+2}tf(t)\arctan\left(\frac{3t}{t^2+2}\right)\mathrm{d}t=2\xi f(\xi)\arctan\left(\frac{3\xi}{\xi^2+2}\right),$$

由夹逼定理可知，当 $x\to+\infty$时，$\xi\to+\infty$，且$\frac{3\xi}{\xi^2+2}\to 0^+$，因此

$$\text{原极限}=\lim_{\xi\to+\infty}2\xi f(\xi)\arctan\left(\frac{3\xi}{\xi^2+2}\right)=\lim_{\xi\to+\infty}2f(\xi)\frac{3\xi^2}{\xi^2+2}=6\times\frac{1}{6}=1.$$

6.2.3 题型三 变限积分问题

例 6.5 已知 $\int_0^{2x}f(t)\mathrm{d}t=x^2\cos(4x)$，试求 $f(x)$的表达式.

解 等式两边同时对 x 求导数,得

$$2f(2x)=2x\cos(4x)-4x^2\sin(4x),$$

令 $t=2x$,则有 $2f(t)=t\cos(2t)-t^2\sin(2t)$,故

$$f(x)=\frac{x}{2}[\cos(2x)-x\sin(2x)].$$

例 6.6 求由方程 $\int_0^y te^t\mathrm{d}t+\int_x^{x^2}(\sqrt{1+t}\cos t)\mathrm{d}t=1$ 所确定的隐函数 $y=f(x)$的导数$\frac{\mathrm{d}y}{\mathrm{d}x}$.

解 等式两边同时对 x 求导数,并将 y 视为 x 的函数,得

$$ye^y\cdot y'+2x\sqrt{1+x^2}\cos(x^2)-\sqrt{1+x}\cos x=0,$$

因此

$$y'=\frac{\sqrt{1+x}\cos x-2x\sqrt{1+x^2}\cos(x^2)}{ye^y}.$$

例 6.7 设 $f(x)=\int_0^{2x}(2x-t)\varphi(t)\mathrm{d}t$,其中 $\varphi(t)$为连续函数,试求 $f'(x)$.

解 由题意,有

$$f(x)=2x\int_0^{2x}\varphi(t)\mathrm{d}t-\int_0^{2x}t\varphi(t)\mathrm{d}t,$$

因此

$$f'(x)=2\int_0^{2x}\varphi(t)\mathrm{d}t+4x\varphi(2x)-4x\varphi(2x)=2\int_0^{2x}\varphi(t)\mathrm{d}t.$$

例 6.8 求极限 $\lim\limits_{x\to0}\frac{\int_0^{\sin^2x}\ln(1+t)\mathrm{d}t}{(\sqrt{1+x^2}-1)\cdot\int_0^x\arcsin t\mathrm{d}t}$.

解 由于

$$\lim_{x\to0}\frac{\int_0^x\arcsin t\mathrm{d}t}{x^2}=\lim_{x\to0}\frac{\arcsin x}{2x}=\frac{1}{2},$$

所以当 $x\to0$ 时,$\int_0^x\arcsin t\mathrm{d}t\sim\frac{1}{2}x^2$. 结合等价无穷小量替换法则和洛必达法则,有

$$\text{原极限}=4\lim_{x\to0}\frac{\int_0^{\sin^2x}\ln(1+t)\mathrm{d}t}{x^4}=4\lim_{x\to0}\frac{\ln(1+\sin^2x)\cdot2\sin x\cos x}{4x^3}$$

$$=\lim_{x\to0}\frac{2\sin^3x\cos x}{x^3}=\lim_{x\to0}\frac{2x^3\cos x}{x^3}=2.$$

****例 6.9** 求二阶导数 $\frac{\mathrm{d}^2}{\mathrm{d}x^2}\int_0^{2x}\int_0^{\sin t}\sqrt{1+3u^4}\,\mathrm{d}u\mathrm{d}t$.

解 令 $f(x)=\int_0^{2x}\int_0^{\sin t}\sqrt{1+3u^4}\,\mathrm{d}u\mathrm{d}t$,则

$$f(x)=\int_0^{2x}\left(\int_0^{\sin t}\sqrt{1+3u^4}\,\mathrm{d}u\right)\mathrm{d}t,$$

因此根据复合函数求导法则，有

$$f'(x)=2\int_0^{\sin(2x)}\sqrt{1+3u^4}\,\mathrm{d}u,\ f''(x)=4\cos(2x)\sqrt{1+3(\sin(2x))^4}.$$

****例 6.10**　设函数 $f(x)$ 在实数域 **R** 内连续，且满足 $\int_0^x tf(x-t)\,\mathrm{d}t=\frac{1}{6}x^3$，试求 $f(x)$.

分析　由于被积函数中同时含有变量 x 和积分变量 t，因此需要进行积分变量替换.

解　令 $u=x-t$，则 $t=x-u$，$\mathrm{d}t=-\mathrm{d}u$，当 $t=0$ 时，$u=x$；当 $t=x$ 时，$u=0$. 因此

$$\begin{aligned}\int_0^x tf(x-t)\,\mathrm{d}t&=-\int_x^0(x-u)f(u)\,\mathrm{d}u=\int_0^x(x-u)f(u)\,\mathrm{d}u,\\&=x\int_0^x f(u)\,\mathrm{d}u-\int_0^x uf(u)\,\mathrm{d}u,\end{aligned}$$

即有

$$x\int_0^x f(u)\,\mathrm{d}u-\int_0^x uf(u)\,\mathrm{d}u=\frac{1}{6}x^3.$$

等式两边同时对 x 求导数，得

$$\int_0^x f(u)\,\mathrm{d}u+xf(x)-xf(x)=\frac{1}{2}x^2,$$

从而 $\int_0^x f(u)\,\mathrm{d}u=\frac{1}{2}x^2$，故 $f(x)=x$.

6.2.4　题型四　利用换元法、分部积分法求解定积分

例 6.11　计算下列定积分：

(1) $\int_0^{\frac{\pi}{2}}\frac{\sin^3 x}{3+\sin^2 x}\mathrm{d}x$；　　(2) $\int_0^1\frac{\sqrt{x}}{1+\sqrt{x}}\mathrm{d}x$；

(3) $\int_0^a\frac{1}{x+\sqrt{a^2-x^2}}\mathrm{d}x,a>0$；　　(4) $\int_0^{\frac{\pi}{4}}\frac{x}{1+\cos(2x)}\mathrm{d}x$.

解　(1)

$$\begin{aligned}原式&=-\int_0^{\frac{\pi}{2}}\frac{\sin^2 x}{3+\sin^2 x}\mathrm{d}(\cos x)=-\int_0^{\frac{\pi}{2}}\frac{1-\cos^2 x}{4-\cos^2 x}\mathrm{d}(\cos x)=-\int_1^0\frac{1-t^2}{4-t^2}\mathrm{d}t\\&=\int_0^1\frac{4-t^2-3}{4-t^2}\mathrm{d}t=\int_0^1\left(1-\frac{3}{4-t^2}\right)\mathrm{d}t\\&=\left(t-\frac{3}{4}\ln\left|\frac{2+t}{2-t}\right|\right)\Big|_0^1=1-\frac{3}{4}\ln3.\end{aligned}$$

(2) 令 $t=\sqrt{x}$，则

$$\begin{aligned}原式&=\int_0^1\frac{t}{1+t}\cdot2t\,\mathrm{d}t=2\int_0^1\frac{t^2-1+1}{1+t}\mathrm{d}t=2\int_0^1\left(t-1+\frac{1}{1+t}\right)\mathrm{d}t\\&=\left[t^2-2t+2\ln(1+t)\right]_0^1=2\ln2-1.\end{aligned}$$

(3) 令 $x=a\sin t$，当 $x=0$ 时，$t=0$；当 $x=a$ 时，$x=\frac{\pi}{2}$. 此时 $\sqrt{a^2-x^2}=a\cos t$，$\mathrm{d}x=a\cos t\mathrm{d}t$，因此

$$原式=\int_0^{\frac{\pi}{2}}\frac{a\cos t}{a\sin t+a\cos t}\mathrm{d}t=\int_0^{\frac{\pi}{2}}\frac{\cos t}{\sin t+\cos t}\mathrm{d}t$$

$$=\frac{1}{2}\int_0^{\frac{\pi}{2}}\frac{(\sin t+\cos t)+(\cos t-\sin t)}{\sin t+\cos t}\mathrm{d}t$$

$$=\frac{\pi}{4}+\int_0^{\frac{\pi}{2}}\frac{\cos t-\sin t}{\sin t+\cos t}\mathrm{d}t=\frac{\pi}{4}+\int_0^{\frac{\pi}{2}}\frac{1}{\sin t+\cos t}\mathrm{d}(\sin t+\cos t)$$

$$=\frac{\pi}{4}+\ln(\sin t+\cos t)\Big|_0^{\frac{\pi}{2}}=\frac{\pi}{4}.$$

(4) $原式=\frac{1}{2}\int_0^{\frac{\pi}{4}}\frac{x}{\cos^2 x}\mathrm{d}x=\frac{1}{2}\int_0^{\frac{\pi}{4}}x\mathrm{d}(\tan x)=\frac{1}{2}x\tan x\Big|_0^{\frac{\pi}{4}}-\frac{1}{2}\int_0^{\frac{\pi}{4}}\tan x\mathrm{d}x$

$$=\frac{\pi}{8}-\frac{1}{2}\left(-\ln|\cos x|\right)\Big|_0^{\frac{\pi}{4}}=\frac{\pi}{8}-\frac{\ln 2}{4}.$$

例 6.12 设函数 $f(x)$在$[0,1]$上连续,证明下列结论:

(1) $\int_0^{\frac{\pi}{2}}f(\sin x)\mathrm{d}x=\int_0^{\frac{\pi}{2}}f(\cos x)\mathrm{d}x$;

(2) $\int_0^{\pi}xf(\sin x)\mathrm{d}x=\frac{\pi}{2}\int_0^{\pi}f(\sin x)\mathrm{d}x=\pi\int_0^{\frac{\pi}{2}}f(\sin x)\mathrm{d}x$.

证 (1) $x=\frac{\pi}{2}-t$,当 $x=0$ 时,$t=\frac{\pi}{2}$;当 $x=\frac{\pi}{2}$时,$t=0$. $\mathrm{d}x=-\mathrm{d}t$,因此

$$\int_0^{\frac{\pi}{2}}f(\sin x)\mathrm{d}x=-\int_{\frac{\pi}{2}}^{0}f(\cos t)\mathrm{d}t=\int_0^{\frac{\pi}{2}}f(\cos t)\mathrm{d}t=\int_0^{\frac{\pi}{2}}f(\cos x)\mathrm{d}x.$$

(2) 首先证明 $\int_0^{\pi}xf(\sin x)\mathrm{d}x=\frac{\pi}{2}\int_0^{\pi}f(\sin x)\mathrm{d}x$. 令 $x=\pi-t$,当 $x=0$ 时,$t=\pi$;当 $x=\pi$ 时,$t=0$. $\mathrm{d}x=-\mathrm{d}t$,因此

$$\int_0^{\pi}xf(\sin x)\mathrm{d}x=-\int_{\pi}^{0}(\pi-t)f[\sin(\pi-t)]\mathrm{d}t=\int_0^{\pi}(\pi-t)f(\sin t)\mathrm{d}t$$

$$=\pi\int_0^{\pi}f(\sin t)\mathrm{d}t-\int_0^{\pi}tf(\sin t)\mathrm{d}t,$$

故有

$$\int_0^{\pi}xf(\sin x)\mathrm{d}x=\frac{\pi}{2}\int_0^{\pi}f(\sin x)\mathrm{d}x.$$

下面证明 $\frac{\pi}{2}\int_0^{\pi}f(\sin x)\mathrm{d}x=\pi\int_0^{\frac{\pi}{2}}f(\sin x)\mathrm{d}x$ 成立.

只需证明结论 $\int_0^{\pi}f(\sin x)\mathrm{d}x=2\int_0^{\frac{\pi}{2}}f(\sin x)\mathrm{d}x$ 成立即可. 根据积分对区间的可加性,有

$$\int_0^{\pi}f(\sin x)\mathrm{d}x=\int_0^{\frac{\pi}{2}}f(\sin x)\mathrm{d}x+\int_{\frac{\pi}{2}}^{\pi}f(\sin x)\mathrm{d}x.$$

令 $t=\pi-x$,则

$$\int_{\frac{\pi}{2}}^{\pi}f(\sin x)\mathrm{d}x=-\int_{\frac{\pi}{2}}^{0}f(\sin t)\mathrm{d}t=\int_0^{\frac{\pi}{2}}f(\sin t)\mathrm{d}t=\int_0^{\frac{\pi}{2}}f(\sin x)\mathrm{d}x,$$

从而有

$$\int_0^{\pi} f(\sin x)\mathrm{d}x = 2\int_0^{\frac{\pi}{2}} f(\sin x)\mathrm{d}x,$$

结论得证.

例 6.13　计算定积分 $\int_0^{\pi} \frac{x\sin^n x}{\sin^n x + \cos^n x}\mathrm{d}x$，其中 n 为正整数.

解　记 $I_n = \int_0^{\pi} \frac{x\sin^n x}{\sin^n x + \cos^n x}\mathrm{d}x$，由于 $\cos^n x = (\cos^2 x)^{\frac{n}{2}} = (1-\sin^2 x)^{\frac{n}{2}}$，由例 6.12 的结论(2)可得

$$I_n = \pi\int_0^{\pi/2} \frac{\sin^n x}{\sin^n x + \cos^n x}\mathrm{d}x.$$

又根据例 6.12 的结论(1)可知

$$I_n = \pi\int_0^{\pi/2} \frac{\cos^n x}{\cos^n x + \sin^n x}\mathrm{d}x.$$

于是 $2I_n = \pi\int_0^{\pi/2}\mathrm{d}x = \frac{\pi^2}{2}$，故 $I_n = \frac{\pi^2}{4}$.

6.2.5　题型五　利用奇偶性、周期性计算定积分

例 6.14　求解定积分 $\int_{-1}^{1} \frac{x^2 + \ln(1+x^2)\arctan x}{1+\sqrt{1-x^2}}\mathrm{d}x$.

解　原式 $= \int_{-1}^{1} \frac{x^2}{1+\sqrt{1-x^2}}\mathrm{d}x + \int_{-1}^{1} \frac{\ln(1+x^2)\arctan x}{1+\sqrt{1-x^2}}\mathrm{d}x$

$$= 2\int_0^1 \frac{x^2}{1+\sqrt{1-x^2}}\mathrm{d}x + 0 = 2\int_0^1 \frac{x^2(1-\sqrt{1-x^2})}{x^2}\mathrm{d}x$$

$$= 2\int_0^1 (1-\sqrt{1-x^2})\mathrm{d}x = 2 - 2\int_0^1 \sqrt{1-x^2}\,\mathrm{d}x$$

$$=2-2\cdot\frac{\pi}{4}=2-\frac{\pi}{2}.$$

注　本题也可以利用定积分的几何意义求解. 由积分的几何意义知 $\int_0^1 \sqrt{1-x^2}\,\mathrm{d}x = \frac{\pi}{4}$.

例 6.15　求解定积分 $I = \int_0^{2016\pi} \sqrt{1-\cos(2x)}\,\mathrm{d}x$.

解　由于函数 $\sqrt{1-\cos(2x)}$ 的周期为 π，因此

$$I = 2016\int_0^{\pi} \sqrt{1-\cos(2x)}\,\mathrm{d}x = 2016\int_0^{\pi}\sqrt{2}\sin x\mathrm{d}x = 4032\sqrt{2}.$$

6.2.6　题型六　分段函数积分问题

例 6.16　设 $f(x)=\begin{cases} x^2+1, & -1\leqslant x\leqslant 0 \\ 2-x, & 0<x\leqslant 1 \end{cases}$，求 $\int_{-1}^{1} f(x)\mathrm{d}x$.

解 $\int_{-1}^{1} f(x)\mathrm{d}x = \int_{-1}^{0} f(x)\mathrm{d}x + \int_{0}^{1} f(x)\mathrm{d}x = \int_{-1}^{0}(x^2+1)\mathrm{d}x + \int_{0}^{1}(2-x)\mathrm{d}x$

$$= \frac{4}{3} + \frac{3}{2} = \frac{17}{6}.$$

例 6.17 求解定积分 $\int_{0}^{\pi}\sqrt{1+\cos(2x)}\,\mathrm{d}x$.

解 原式 $= \int_{0}^{\pi}\sqrt{2\cos^2 x}\,\mathrm{d}x = \sqrt{2}\int_{0}^{\pi}|\cos x|\,\mathrm{d}x = \sqrt{2}\int_{0}^{\frac{\pi}{2}}\cos x\mathrm{d}x - \sqrt{2}\int_{\frac{\pi}{2}}^{\pi}\cos x\mathrm{d}x$

$= \sqrt{2} + \sqrt{2} = 2\sqrt{2}$.

例 6.18 求解定积分 $\int_{-1}^{3}\max\{x,x^2\}\mathrm{d}x$.

解 由于

$$\max\{x,x^2\} = \begin{cases} x^2, & -1 \leqslant x \leqslant 0 \\ x, & 0 < x \leqslant 1 \\ x^2, & 1 < x \leqslant 3 \end{cases},$$

因此

$$\int_{-1}^{3}\max\{x,x^2\}\mathrm{d}x = \int_{-1}^{0}x^2\mathrm{d}x + \int_{0}^{1}x\mathrm{d}x + \int_{1}^{3}x^2\mathrm{d}x = \frac{1}{3} + \frac{1}{2} + \frac{26}{3} = \frac{19}{2}.$$

6.2.7 题型七 利用定积分的定义求极限

如果函数 $f(x)$ 在 $[0,1]$ 上可积，根据定积分的定义，有

$$\int_{0}^{1} f(x)\mathrm{d}x = \lim_{\lambda \to 0}\sum_{i=1}^{n} f(\xi_i)\Delta x_i.$$

不论区间 $[0,1]$ 如何划分，点 $\xi_i(i=1,2,\cdots,n)$ 如何选取，极限 $\lim\limits_{\lambda \to 0}\sum\limits_{i=1}^{n} f(\xi_i)\Delta x_i$ 都存在且相等，因此在 $\int_{0}^{1} f(x)\mathrm{d}x$ 存在的前提下，我们可以选取一种简单的区间划分方式和一种简单的 $\xi_i(i=1,2,\cdots,n)$ 的选取方式即可. 特别地，将 $[0,1]$ 进行 n 等分，每个小区间的长度都等于 $\frac{1}{n}$，即 $\Delta x_i = \frac{1}{n}$，选取 ξ_i 为每个小区间的右端点值，即 $\xi_i = \frac{i}{n}$，则

$$\lim_{n\to\infty}\frac{1}{n}\cdot\sum_{i=1}^{n} f\left(\frac{i}{n}\right) = \int_{0}^{1} f(x)\mathrm{d}x.$$

一般地，若函数 $f(x)$ 在 $[a,b]$ 上可积，则有

$$\lim_{n\to\infty}\frac{b-a}{n}\cdot\sum_{i=1}^{n} f\left[a+(b-a)\cdot\frac{i}{n}\right] = \int_{a}^{b} f(x)\mathrm{d}x.$$

例 6.19 求极限 $\lim\limits_{n\to\infty}\left(\frac{1}{n+1}+\frac{1}{n+2}+\cdots+\frac{1}{n+n}\right)$.

分析 记 $x_n = \frac{1}{n+1}+\frac{1}{n+2}+\cdots+\frac{1}{n+n}$，如果采用放缩方法，则有

$$\frac{1}{2} = \frac{n}{n+n} \leqslant x_n \leqslant \frac{n}{n+1},$$

显然$\lim\limits_{n\to\infty}\frac{n}{n+1}=1$，$\lim\limits_{n\to\infty}\frac{1}{2}=\frac{1}{2}$，不等式两边的极限不相等，故夹逼定理方法失效. 本题需要利用定积分的定义来求解.

解　原式$=\lim\limits_{n\to\infty}\left(\frac{1}{1+\frac{1}{n}}+\frac{1}{1+\frac{2}{n}}+\cdots+\frac{1}{1+\frac{n}{n}}\right)\cdot\frac{1}{n}=\lim\limits_{n\to\infty}\frac{1}{n}\cdot\sum\limits_{i=1}^{n}\frac{1}{1+\frac{i}{n}}$

$$=\int_0^1\frac{1}{1+x}\mathrm{d}x=\ln(1+x)\Big|_0^1=\ln 2.$$

例 6.20　求极限$\lim\limits_{n\to\infty}\left(\sqrt{\frac{n+1}{n^3}}+\sqrt{\frac{n+2}{n^3}}+\cdots+\sqrt{\frac{n+n}{n^3}}\right)$.

解　原式$=\lim\limits_{n\to\infty}\left(\sqrt{1+\frac{1}{n}}+\sqrt{1+\frac{2}{n}}+\cdots+\sqrt{1+\frac{n}{n}}\right)\cdot\frac{1}{n}=\lim\limits_{n\to\infty}\frac{1}{n}\cdot\sum\limits_{i=1}^{n}\sqrt{1+\frac{i}{n}}$

$$=\int_0^1\sqrt{1+x}\,\mathrm{d}x=\frac{2}{3}(2\sqrt{2}-1).$$

6.2.8　题型八　积分等式问题

例 6.21　若$f(x)$在$[0,\pi]$上具有二阶连续导数，且$f(0)=a$，$f(\pi)=b$，证明

$$\int_0^{\pi}[f(x)+f''(x)]\sin x\mathrm{d}x=a+b.$$

证　由于

$$\int_0^{\pi}f''(x)\sin x\mathrm{d}x=\int_0^{\pi}\sin x\mathrm{d}f'(x)=f'(x)\sin x\Big|_0^{\pi}-\int_0^{\pi}f'(x)\cos x\mathrm{d}x$$

$$=-\int_0^{\pi}\cos x\mathrm{d}f(x)=-f(x)\cos x\Big|_0^{\pi}-\int_0^{\pi}f(x)\sin x\mathrm{d}x$$

$$=f(\pi)+f(0)-\int_0^{\pi}f(x)\sin x\mathrm{d}x$$

因此

$$\int_0^{\pi}[f(x)+f''(x)]\sin x\mathrm{d}x=a+b.$$

例 6.22　若函数$f(x)$在$[a,b]$上连续，则至少存在一点$\xi\in(a,b)$，使得

$$\int_a^b f(x)\mathrm{d}x=f(\xi)(b-a).$$

证　设$F(x)=\int_a^x f(x)\mathrm{d}x$，由于$f(x)$在$[a,b]$上连续，因此$F(x)$在$[a,b]$上连续、可导，且$F'(x)=f(x)$，由拉格朗日中值定理可知，至少存在一点$\xi\in(a,b)$，使得

$$F(b)-F(a)=F'(\xi)(b-a),$$

即

$$\int_a^b f(x)\mathrm{d}x-\int_a^a f(x)\mathrm{d}x=\int_a^b f(x)\mathrm{d}x=f(\xi)(b-a),$$

结论得证.

**例 6.23 （1996 年考研题）设 $f(x)$在$[0,1]$上可导,且满足 $f(1)=2\int_0^{\frac{1}{2}}xf(x)\mathrm{d}x$. 证明至少存在一点 $\xi\in(0,1)$,使得 $\xi f'(\xi)+f(\xi)=0$.

证 构造辅助函数 $F(x)=xf(x)$,则 $F(x)$在$[0,1]$上连续,在$(0,1)$内可导. 由积分中值定理可知,至少存在一点 $x_0\in\left(0,\frac{1}{2}\right)$,使得

$$f(1)=2\int_0^{\frac{1}{2}}xf(x)\mathrm{d}x=x_0f(x_0),$$

从而有 $F(1)=f(1)=F(x_0)$,故 $F(x)$在$[x_0,1]$上满足罗尔定理的条件,由罗尔定理可知,至少存在一点 $\xi\in(x_0,1)\subset(0,1)$,使得 $F'(\xi)=0$,即有 $\xi f'(\xi)+f(\xi)=0$,结论得证.

6.2.9 题型九 积分不等式问题

例 6.24 若 $f(x)$和 $g(x)$在$[a,b]$上可积,试证明

$$\left[\int_a^b f(x)g(x)\mathrm{d}x\right]^2\leqslant\int_a^b f^2(x)\mathrm{d}x\cdot\int_a^b g^2(x)\mathrm{d}x.$$

证 对于任意的实数 λ,$\int_a^b[f(x)-\lambda g(x)]^2\mathrm{d}x\geqslant 0$,而

$$\int_a^b[f(x)-\lambda g(x)]^2\mathrm{d}x=\lambda^2\int_a^b g^2(x)\mathrm{d}x-2\lambda\int_a^b f(x)g(x)\mathrm{d}x+\int_a^b f^2(x)\mathrm{d}x\geqslant 0,$$

上式是关于 λ 的二次三项式,所以判别式

$$\Delta=4\left[\int_a^b f(x)g(x)\mathrm{d}x\right]^2-4\int_a^b f^2(x)\mathrm{d}x\cdot\int_a^b g^2(x)\mathrm{d}x\leqslant 0,$$

从而

$$\left[\int_a^b f(x)g(x)\mathrm{d}x\right]^2\leqslant\int_a^b f^2(x)\mathrm{d}x\cdot\int_a^b g^2(x)\mathrm{d}x.$$

注 上述不等式也称为柯西-施瓦兹不等式.

**例 6.25 （2014 年考研题）设 $f(x)$和 $g(x)$在$[a,b]$上连续,$f(x)$单调递增,$0\leqslant g(x)\leqslant 1$,证明:

(1) $0\leqslant\int_a^x g(t)\mathrm{d}t\leqslant x-a,x\in[a,b]$;

(2) $\int_a^{a+\int_a^b g(t)\mathrm{d}t}f(x)\mathrm{d}x\leqslant\int_a^b f(x)g(x)\mathrm{d}x$.

证 (1) 当 $x\in[a,b]$时,对函数 $g(x)$在$[a,x]$上使用积分中值定理,则至少存在一点$\xi\in[a,x]$,使得

$$\int_a^x g(t)\mathrm{d}t=g(\xi)(x-a),$$

又因为 $0\leqslant g(x)\leqslant 1$,因此 $0\leqslant g(\xi)(x-a)\leqslant x-a$,结论(1)得证.

(2) 构造辅助函数

$$F(x)=\int_a^x f(t)g(t)\mathrm{d}t-\int_a^{a+\int_a^x g(t)\mathrm{d}t}f(u)\mathrm{d}u,$$

当 $x\in(a,b)$时，

$$F'(x)=f(x)g(x)-f\left(a+\int_a^x g(t)\mathrm{d}t\right)g(x)\geqslant f(x)g(x)-f(a+x-a)g(x)=0,$$

所以 $F(x)$在$[a,b]$上单调递增，因此 $F(b)\geqslant F(a)=0$，结论(2)得证.

6.2.10　题型十　广义积分问题

例 6.26　求解广义积分 $\int_0^1\ln\frac{1}{1-x^2}\mathrm{d}x$.

解　原式 $=-\int_0^1\ln(1-x^2)\mathrm{d}x=-\int_0^1\ln(1-x)(1+x)\mathrm{d}x$

$$=-\int_0^1\ln(1-x)\mathrm{d}x-\int_0^1\ln(1+x)\mathrm{d}x,$$

结合定积分的分部积分法，有

$$\int_0^1\ln(1+x)\mathrm{d}x=x\ln(1+x)\big|_0^1-\int_0^1\frac{x}{1+x}\mathrm{d}x=\ln2-\int_0^1\frac{x+1-1}{1+x}\mathrm{d}x$$

$$=\ln2-(1-\ln2)=2\ln2-1.$$

令 $t=1-x$，则瑕积分

$$\int_0^1\ln(1-x)\mathrm{d}x=-\int_1^0\ln t\mathrm{d}t=\int_0^1\ln t\mathrm{d}t=\lim_{\varepsilon\to0^+}\int_\varepsilon^1\ln t\mathrm{d}t$$

$$=\lim_{\varepsilon\to0^+}\left(t\ln t\Big|_\varepsilon^1-\int_\varepsilon^1\mathrm{d}t\right)=\lim_{\varepsilon\to0^+}[-\varepsilon\ln\varepsilon-(1-\varepsilon)]=-1,$$

所以

$$\int_0^1\ln\frac{1}{1-x^2}\mathrm{d}x=-2\ln2+1+1=2(1-\ln2).$$

例 6.27　(2013 年考研题) $\int_1^{+\infty}\frac{\ln x}{(1+x)^2}\mathrm{d}x=$ ________.

解　原式 $=\int_1^{+\infty}\frac{\ln x}{(1+x)^2}\mathrm{d}x=-\int_1^{+\infty}\ln x\mathrm{d}(1+x)^{-1}=-\frac{\ln x}{1+x}\Big|_1^{+\infty}+\int_1^{+\infty}\frac{1}{1+x}\cdot\frac{1}{x}\mathrm{d}x$

$$=\int_1^{+\infty}\left(\frac{1}{x}-\frac{1}{1+x}\right)\mathrm{d}x=\left[\ln x-\ln(1+x)\right]\Big|_1^{+\infty}=\ln\frac{x}{1+x}\Big|_1^{+\infty}=\ln2.$$

例 6.28　若等式 $\int_{-\infty}^a x\mathrm{e}^{2x}\mathrm{d}x=\lim\limits_{x\to+\infty}\left(\frac{x+a}{x-a}\right)^x$ 成立，求常数 a.

解　当 $a=0$ 时，题设等式不成立，故 $a\neq0$. 由于

$$\int_{-\infty}^a x\mathrm{e}^{2x}\mathrm{d}x=\lim_{b\to-\infty}\int_b^a x\mathrm{e}^{2x}\mathrm{d}x=\lim_{b\to-\infty}\frac{1}{2}\int_b^a x\mathrm{d}\mathrm{e}^{2x}=\frac{1}{2}\lim_{b\to-\infty}\left[(x\mathrm{e}^{2x})_b^a-\int_b^a\mathrm{e}^{2x}\mathrm{d}x\right]$$

$$=\frac{1}{2}\lim_{b\to-\infty}\left[a\mathrm{e}^{2a}-b\mathrm{e}^{2b}-\frac{1}{2}\mathrm{e}^{2a}+\frac{1}{2}\mathrm{e}^{2b}\right]=\frac{1}{2}a\mathrm{e}^{2a}-\frac{1}{4}\mathrm{e}^{2a},$$

而

$$\lim_{x\to+\infty}\left(\frac{x+a}{x-a}\right)^x=\lim_{x\to+\infty}\left(1+\frac{2a}{x-a}\right)^x=\lim_{x\to+\infty}\left(1+\frac{2a}{x-a}\right)^{\frac{x-a}{2a}\cdot\frac{2ax}{x-a}}=\mathrm{e}^{2a},$$

所以$\frac{1}{2}a\mathrm{e}^{2a}-\frac{1}{4}\mathrm{e}^{2a}=\mathrm{e}^{2a}$，解得 $a=\frac{5}{2}$.

例 6.29 讨论广义积分 $\int_2^{+\infty}\frac{\mathrm{d}x}{x(\ln x)^k}$ 的敛散性,其中 k 为整数.

解 当 $k=1$ 时, $\int_2^{+\infty}\frac{\mathrm{d}x}{x\ln x}=\int_2^{+\infty}\frac{1}{\ln x}\mathrm{d}(\ln x)=\lim\limits_{b\to+\infty}[\ln\ln x]_2^b=\infty$.

当 $k\neq1$ 时,原式$=\lim\limits_{b\to+\infty}\int_2^b\frac{1}{(\ln x)^k}\mathrm{d}(\ln x)=\lim\limits_{b\to+\infty}\left[\frac{1}{1-k}(\ln x)^{1-k}\right]_2^b$

$$=\begin{cases}\frac{1}{k-1}(\ln 2)^{1-k}, & k>1\\ \infty, & k<1\end{cases}.$$

综上,当 $k\leqslant1$ 时,广义积分 $\int_2^{+\infty}\frac{\mathrm{d}x}{x(\ln x)^k}$ 发散,当 $k>1$ 时,广义积分收敛.

6.2.11 题型十一 积分的应用问题

例 6.30 求由曲线 $y=x\mathrm{e}^x$ 和曲线 $y=\mathrm{e}^x$ 所围成的向左无限延伸的平面图形的面积 S.

解 根据广义积分的几何意义,有

$$S=\int_{-\infty}^1(\mathrm{e}^x-x\mathrm{e}^x)\mathrm{d}x=\lim_{b\to-\infty}\int_b^1(1-x)\mathrm{e}^x\mathrm{d}x=\lim_{b\to-\infty}\int_b^1(1-x)\mathrm{d}\mathrm{e}^x$$

$$=\lim_{b\to-\infty}\left[(1-x)\mathrm{e}^x\Big|_b^1+\int_b^1\mathrm{e}^x\mathrm{d}x\right]$$

$$=\lim_{b\to-\infty}[-(1-b)\mathrm{e}^b+\mathrm{e}-\mathrm{e}^b]=\mathrm{e}.$$

****例 6.31** (2013 年考研题)设 D 是由 $y=x^{\frac{1}{3}}$, $x=a(a>0)$ 及 x 轴围成的平面图形, V_x 和 V_y 分别是 D 绕 x 轴和 y 轴旋转一周得到的旋转体的体积,若 $V_y=10V_x$,求 a 的值.

解 根据旋转体体积的计算公式,有

$$V_x=\int_0^a\pi\left(x^{\frac{1}{3}}\right)^2\mathrm{d}x=\pi\cdot\frac{3}{5}a^{\frac{5}{3}},$$

$$V_y=\pi\cdot a^2a^{\frac{1}{3}}-\int_0^{a^{\frac{1}{3}}}\pi(y^3)^2\mathrm{d}y,$$

解得 $V_y=\pi\cdot a^2a^{\frac{1}{3}}-\frac{1}{7}\pi\cdot a^{\frac{7}{3}}$,由题设 $V_y=10V_x$,可解得 $a=7\sqrt{7}$.

例 6.32 已知某产品的边际收益为 $R'(Q)=10-2Q$,其中 Q 为产量,试求该产品的总收益和平均收益.

解 总收益函数为

$$R=\int_0^QR'(Q)\mathrm{d}Q=\int_0^Q(10-2Q)\mathrm{d}Q=10Q-Q^2.$$

平均收益为

$$\overline{R}=\frac{R}{Q}=10-Q.$$

6.3　习题精选

1. 填空题

(1) 函数 $f(x)$在$[a,b]$上有界是 $f(x)$在$[a,b]$上可积的________条件，函数$f(x)$在$[a,b]$上连续是 $f(x)$在$[a,b]$上可积的________条件.

(2) 若 $\int_0^x f(t)\mathrm{d}t = x^2\sin x$,则 $f\left(\frac{\pi}{2}\right)=$________.

(3) 若 $\int_0^{x^2} f(t)\mathrm{d}t = x^2(1+x)$,则 $f(0)=$________.

(4) 极限 $\lim\limits_{n\to\infty}\int_0^1 \frac{n}{1+n^2x^2}\mathrm{d}x =$ ________.

(5) 极限 $\lim\limits_{x\to 0}\frac{\int_0^{x^2}\ln(1+t)\mathrm{d}t}{1-\mathrm{e}^{x^3}} =$ ________.

(6) $\frac{\mathrm{d}}{\mathrm{d}x}\int_0^1 \sin x\mathrm{d}x =$ ________.

(7) 已知 n 为正整数，$n\int_0^1 xf''(2x)\mathrm{d}x = \int_0^2 tf''(t)\mathrm{d}t$,则 $n=$________.

(8) (2012 年北京市竞赛题) $\int_{-1}^1[x^7\ln(1+x^2)+\sqrt{1-x^2}]\mathrm{d}x =$ ________.

(9) 已知 $f(0)=a,f(1)=b,f'(1)=c$,则 $\int_0^1 xf''(x)\mathrm{d}x =$ ________.

(10) 设 $f(x)$在$[-2,2]$上有定义,则 $\int_{-2}^2 x[f(x)+f(-x)]\mathrm{d}x =$ ________.

(11) 已知连续函数 $f(x)$满足 $f(x) = \frac{1}{1+x^2}+\int_0^1 xf(t)\mathrm{d}t$,则$\int_0^1 f(x)\mathrm{d}x =$ ________.

(12) $\int_{-\frac{\pi}{2}}^{\frac{\pi}{2}}\sqrt{\cos x-\cos^3 x}\,\mathrm{d}x =$ ________.

(13) $\int_0^4 \mathrm{e}^{\sqrt{2x+1}}\mathrm{d}x =$ ________.

(14) 已知广义积分 $\int_{-\infty}^{+\infty}\mathrm{e}^{k|x|}\mathrm{d}x = 2$,则 $k =$ ________.

(15) (2014 年考研题)设 D 是由 $xy+1=0,y+x=0,y=2$ 围成的有界区域,则 D 的面积=________.

(16) 已知某商品的边际成本为 $C'(Q)=20\mathrm{e}^{0.5Q}-2Q$,固定成本为 100,则总成本函数为________.

2. 单项选择题

(1) 下列积分中,积分值为零的是(　　).

(A) $\int_0^1 \ln x\mathrm{d}x$；　　(B) $\int_{-1}^1 x\sin^2 x\mathrm{d}x$；

(C) $\int_{-1}^1 \frac{1}{x}\mathrm{d}x$；　　(D) $\int_{-1}^1 \mathrm{e}^x\mathrm{d}x$.

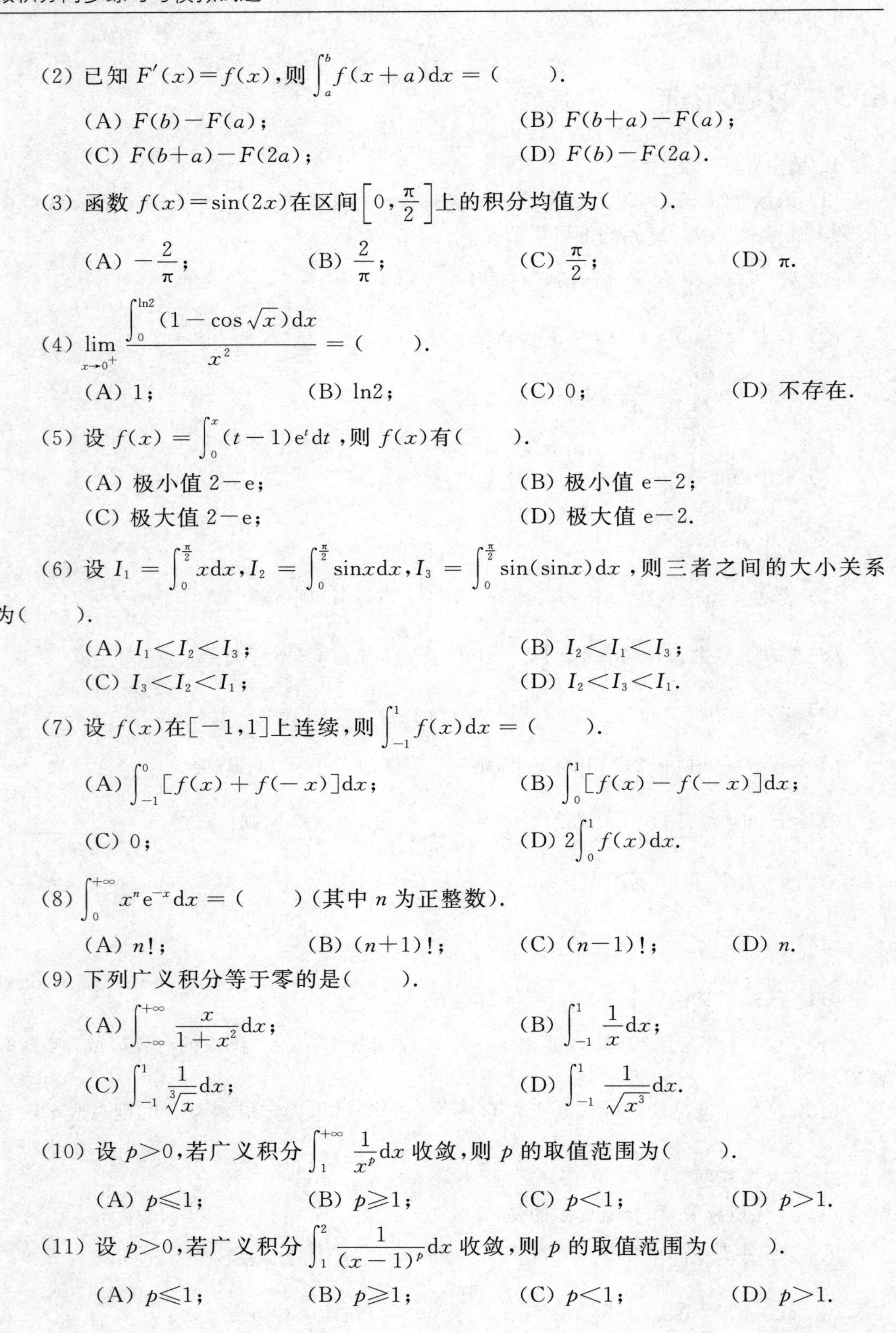

(2) 已知 $F'(x)=f(x)$,则 $\int_a^b f(x+a)\mathrm{d}x=($　　$)$.

(A) $F(b)-F(a)$;　　(B) $F(b+a)-F(a)$;

(C) $F(b+a)-F(2a)$;　　(D) $F(b)-F(2a)$.

(3) 函数 $f(x)=\sin(2x)$ 在区间 $\left[0,\frac{\pi}{2}\right]$ 上的积分均值为(　　).

(A) $-\frac{2}{\pi}$;　　(B) $\frac{2}{\pi}$;　　(C) $\frac{\pi}{2}$;　　(D) π.

(4) $\lim\limits_{x\to 0^+}\dfrac{\int_0^{\ln 2}(1-\cos\sqrt{x})\mathrm{d}x}{x^2}=($　　$)$.

(A) 1;　　(B) ln2;　　(C) 0;　　(D) 不存在.

(5) 设 $f(x)=\int_0^x (t-1)\mathrm{e}^t\mathrm{d}t$,则 $f(x)$ 有(　　).

(A) 极小值 $2-\mathrm{e}$;　　(B) 极小值 $\mathrm{e}-2$;

(C) 极大值 $2-\mathrm{e}$;　　(D) 极大值 $\mathrm{e}-2$.

(6) 设 $I_1=\int_0^{\frac{\pi}{2}} x\mathrm{d}x, I_2=\int_0^{\frac{\pi}{2}}\sin x\mathrm{d}x, I_3=\int_0^{\frac{\pi}{2}}\sin(\sin x)\mathrm{d}x$,则三者之间的大小关系为(　　).

(A) $I_1<I_2<I_3$;　　(B) $I_2<I_1<I_3$;

(C) $I_3<I_2<I_1$;　　(D) $I_2<I_3<I_1$.

(7) 设 $f(x)$ 在 $[-1,1]$ 上连续,则 $\int_{-1}^1 f(x)\mathrm{d}x=($　　$)$.

(A) $\int_{-1}^0 [f(x)+f(-x)]\mathrm{d}x$;　　(B) $\int_0^1 [f(x)-f(-x)]\mathrm{d}x$;

(C) 0;　　(D) $2\int_0^1 f(x)\mathrm{d}x$.

(8) $\int_0^{+\infty} x^n \mathrm{e}^{-x}\mathrm{d}x=($　　$)$(其中 n 为正整数).

(A) $n!$;　　(B) $(n+1)!$;　　(C) $(n-1)!$;　　(D) n.

(9) 下列广义积分等于零的是(　　).

(A) $\int_{-\infty}^{+\infty}\frac{x}{1+x^2}\mathrm{d}x$;　　(B) $\int_{-1}^1 \frac{1}{x}\mathrm{d}x$;

(C) $\int_{-1}^1 \frac{1}{\sqrt[3]{x}}\mathrm{d}x$;　　(D) $\int_{-1}^1 \frac{1}{\sqrt{x^3}}\mathrm{d}x$.

(10) 设 $p>0$,若广义积分 $\int_1^{+\infty}\frac{1}{x^p}\mathrm{d}x$ 收敛,则 p 的取值范围为(　　).

(A) $p\leqslant 1$;　　(B) $p\geqslant 1$;　　(C) $p<1$;　　(D) $p>1$.

(11) 设 $p>0$,若广义积分 $\int_1^2 \frac{1}{(x-1)^p}\mathrm{d}x$ 收敛,则 p 的取值范围为(　　).

(A) $p\leqslant 1$;　　(B) $p\geqslant 1$;　　(C) $p<1$;　　(D) $p>1$.

(12) 下列广义积分发散的是(　　).

(A) $\int_{-\infty}^{+\infty}\frac{1}{1+x^2}\mathrm{d}x$；　　(B) $\int_0^1\frac{1}{\sqrt{1-x^2}}\mathrm{d}x$；

(C) $\int_0^{+\infty}\mathrm{e}^{-x}\mathrm{d}x$；　　(D) $\int_{\mathrm{e}}^{+\infty}\frac{\ln x}{x}\mathrm{d}x$.

3. 比较 $\int_0^{\frac{\pi}{2}}\sin(\sin x)\mathrm{d}x$，$\int_0^{\frac{\pi}{2}}\tan x\mathrm{d}x$ 及 $\int_0^{\frac{\pi}{2}}\tan(\sin x)\mathrm{d}x$ 的大小关系.

4. 求解下列极限：

(1) $\lim\limits_{x\to 0}\frac{\int_0^{x^2}(1-\cos\sqrt{t})\mathrm{d}t}{x^4}$；　　(2) $\lim\limits_{x\to 0}\frac{\int_0^{\sin x}\ln(1+t^2)\mathrm{d}t}{1-\sqrt{1-x^3}}$.

5. 求下列函数的导数(其中 $f(x)$ 为连续函数)：

(1) $y=\int_{\sin x}^{x}t^2f(t)\mathrm{d}t$；　　(2) $y=\int_0^x t^2f(t)\mathrm{d}t$；

(3) $y=\int_0^x x^2f(t)\mathrm{d}t$；　　(4) $y=\int_0^x(x-t)^2f(t)\mathrm{d}t$.

6. 计算下列定积分：

(1) $\int_{-1}^{1}|x^2-2x|\mathrm{d}x$；　　(2) $\int_{-1}^{1}\frac{x^2\arctan x}{\sqrt{1+x^2}}\mathrm{d}x$；

(3) $\int_1^3\frac{1}{(1+x)\sqrt{x}}\mathrm{d}x$；　　(4) $\int_{\ln 2}^{\ln 4}\frac{1}{\sqrt{\mathrm{e}^x-1}}\mathrm{d}x$；

(5) $\int_0^1\frac{1}{1+\mathrm{e}^x}\mathrm{d}x$；　　(6) $\int_0^1\frac{x\mathrm{e}^x}{(1+\mathrm{e}^x)^2}\mathrm{d}x$；

(7) $\int_0^{\pi}x\cos^2\left(\frac{x}{2}\right)\mathrm{d}x$；　　(8) $\int_0^{\pi}\mathrm{e}^{-x}\cos x\mathrm{d}x$.

7. 计算下列广义积分：

(1) $\int_{-\infty}^{+\infty}\frac{1}{x^2+2x+5}\mathrm{d}x$；　　(2) $\int_0^{+\infty}\mathrm{e}^{-\sqrt{x}}\mathrm{d}x$；

(3) $\int_1^{\mathrm{e}}\frac{1}{x\sqrt{1-\ln^2x}}\mathrm{d}x$；　　**(4) $\int_0^1\frac{x}{(2-x^2)\sqrt{1-x^2}}\mathrm{d}x$.

8. 设存在正常数 a 和 b 满足关系式 $\lim\limits_{x\to 0}\frac{1}{ax-\sin x}\int_0^x\frac{t^2}{\sqrt{b+t^2}}\mathrm{d}t=2$，试求 a 和 b 的值.

9. 求极限 $\lim\limits_{n\to\infty}\int_0^1\frac{x^n}{1+x^2}\mathrm{d}x$.

10. 求极限 $\lim\limits_{n\to\infty}\frac{1}{n}\left(\sqrt{1+\cos\frac{\pi}{n}}+\sqrt{1+\cos\frac{2\pi}{n}}+\cdots+\sqrt{1+\cos\frac{n\pi}{n}}\right)$.

11. 设 $y=f(x)$ 是由方程 $\int_1^y\frac{\sin t}{t}\mathrm{d}t+\int_x^{x^2}\ln(1+t)\mathrm{d}t=0$ 所确定的隐函数，求 $\frac{\mathrm{d}y}{\mathrm{d}x}$.

12. 求函数 $f(x)=\int_0^x t\mathrm{e}^{-t}\ln(2+t^2)\mathrm{d}t$ 的极值.

13. 求函数 $f(x)=\int_0^x \frac{t+2}{t^2+2t+2}\mathrm{d}t$ 在区间[0,1]上的最值.

14. 已知 $f(n)=\int_0^{\frac{\pi}{4}}\tan^n x\,\mathrm{d}x$，证明 $f(5)+f(7)=\frac{1}{6}$.

**15. 已知 $f(n)=\int_0^{\frac{\pi}{4}}\tan^n x\,\mathrm{d}x$，其中 n 为正整数，证明当 $n>2$ 时，有

$$\frac{1}{2(n+1)}<f(n)<\frac{1}{2(n-1)}.$$

16. 设 $f(x)$在$(-\infty,+\infty)$内连续，且 $F(x)=\int_0^x f(t)\mathrm{d}t$，试证明若 $f(x)$为奇函数，则 $F(x)$为偶函数；若 $f(x)$为偶函数，则 $F(x)$为奇函数.

17. 设函数 $f(x)$在$(-\infty,+\infty)$内连续，证明函数

$$F(x)=\begin{cases}\frac{1}{x}\int_0^x t^2 f(t)\mathrm{d}t, & x\neq 0\\ 0, & x=0\end{cases}$$

在$(-\infty,+\infty)$内连续.

18. 设函数 $f(x)$在实数域 $\mathbf{R}$ 内连续，且满足 $\int_0^x \mathrm{e}^t f(x-t)\mathrm{d}t=x$，试求 $f(x)$的表达式.

19. 设 $f(x)$在[0,1]上连续、单调减少且取正值，证明对于任意的 $0<a<b<1$，有

$$b\int_0^a f(x)\mathrm{d}x>a\int_a^b f(x)\mathrm{d}x.$$

20. 若 k 为整数，试讨论广义积分 $\int_{\mathrm{e}}^{+\infty}\frac{(\ln x)^k}{x}\mathrm{d}x$ 的敛散性.

21. 证明 $\int_0^1 \frac{1}{\arccos x}\mathrm{d}x=\int_0^{\frac{\pi}{2}}\frac{\sin x}{x}\mathrm{d}x$.

22. 设平面图形由曲线 $y=x^2$ 与直线 $y=x$ 所围成，试求该平面图形的面积 A，以及该平面图形分别绕 x 轴、y 轴旋转形成的旋转体的体积 V_x 和 V_y.

23. 设平面图形由曲线 $y=\frac{3}{x}$ 和直线 $x+y=4$ 所围成，试求该平面图形的面积 A，以及该平面图形分别绕 x 轴、y 轴旋转形成的旋转体的体积 V_x 和 V_y.

24. 设平面图形由曲线 $y=\mathrm{e}^x$，$y=\mathrm{e}^{-x}$ 及直线 $y=\mathrm{e}$ 所围成，试求该平面图形的面积 A，以及该平面图形分别绕 x 轴、y 轴旋转形成的旋转体的体积 V_x 和 V_y.

25. 设某厂商当前$(t=0)$的资本存量为 100(单位：千万元)，如果不考虑替换和资本折旧，若该厂商以 $I(t)=\frac{3}{5}t^2+6t$ 的速度进行新资本投资，试求 5 年末的计划资本存量水平.

6.4 习题详解

1. 填空题

(1) 必要，充分；　(2) π；　(3) 1；　(4) $\frac{\pi}{2}$；

(5) 0；　(6) 0；　(7) 4；　(8) $\frac{\pi}{2}$；

(9) $a-b+c$；　(10) 0；　(11) $\frac{\pi}{2}$；　(12) $\frac{4}{3}$；

(13) $2e^3$；　(14) -1；　(15) $\frac{3}{2}-\ln 2$；　(16) $40e^{0.5Q}-Q^2+60$.

2. 单项选择题

(1) B；　(2) C；　(3) B；　(4) D；　(5) A；　(6) C；　(7) A；

(8) A；　(9) C；　(10) D；　(11) C；　(12) D.

3. 当 $x\in\left(0,\frac{\pi}{2}\right)$时，有 $\sin x<x<\tan x$，因此有

$$\sin(\sin x)<\tan(\sin x)<\tan x,$$

即有

$$\int_0^{\frac{\pi}{2}}\sin(\sin x)\mathrm{d}x<\int_0^{\frac{\pi}{2}}\tan(\sin x)\mathrm{d}x<\int_0^{\frac{\pi}{2}}\tan x\mathrm{d}x.$$

4.

(1) $\frac{1}{4}$；

(2) 原式 $=2\lim\limits_{x\to 0}\frac{\int_0^{\sin x}\ln(1+t^2)\mathrm{d}t}{x^3}=2\lim\limits_{x\to 0}\frac{\ln(1+\sin^2 x)\cdot\cos x}{3x^2}=2\lim\limits_{x\to 0}\frac{\sin^2 x\cdot\cos x}{3x^2}=\frac{2}{3}$.

5.

(1) $y'=x^2f(x)-\cos x\sin^2 xf(\sin x)$.

(2) $y'=x^2f(x)$.

(3) 由于 $y=x^2\cdot\int_0^x f(t)\mathrm{d}t$，因此 $y'=2x\int_0^x f(t)\mathrm{d}t+x^2f(x)$.

(4) 由于

$$y=\int_0^x(x^2-2xt+t^2)f(t)\mathrm{d}t=x^2\int_0^x f(t)\mathrm{d}t-2x\int_0^x tf(t)\mathrm{d}t+\int_0^x t^2f(t)\mathrm{d}t,$$

因此

$$\begin{aligned}y'&=2x\int_0^x f(t)\mathrm{d}t+x^2f(x)-2\int_0^x tf(t)\mathrm{d}t-2x^2f(x)+x^2f(x)\\&=2x\int_0^x f(t)\mathrm{d}t-2\int_0^x tf(t)\mathrm{d}t.\end{aligned}$$

6.

(1) 2；　(2) 0；　(3) $\frac{\pi}{6}$；

(4) 令 $t=\sqrt{e^x-1}$，则 $x=\ln(1+t^2)$，$\mathrm{d}x=\frac{2t}{1+t^2}\mathrm{d}t$，当 $x=\ln 2$ 时，$t=1$，当 $x=\ln 4$ 时，$t=\sqrt{3}$，因此

$$\int_{\ln 2}^{\ln 4}\frac{1}{\sqrt{e^x-1}}\mathrm{d}x=\int_1^{\sqrt{3}}\frac{1}{t}\cdot\frac{2t}{1+t^2}\mathrm{d}t=2\int_1^{\sqrt{3}}\frac{1}{1+t^2}\mathrm{d}t=\frac{\pi}{6};$$

(5) 原式 $=\int_0^1\frac{e^x}{(1+e^x)e^x}\mathrm{d}x=\int_0^1\frac{1}{(1+e^x)e^x}\mathrm{d}(e^x)=\int_0^1\left(\frac{1}{e^x}-\frac{1}{1+e^x}\right)\mathrm{d}(e^x)$

$=[x-\ln(1+e^x)]_0^1=1-\ln(1+e)+\ln 2$；

(6) 原式$=\int_0^1 \frac{x}{(1+e^x)^2}d(1+e^x)=-\int_0^1 x d(1+e^x)^{-1}$

$$=-[x(1+e^x)^{-1}]_0^1+\int_0^1\frac{1}{1+e^x}dx$$

$$=-\frac{1}{1+e}+1-\ln(1+e)+\ln 2;$$

(7) $\frac{\pi^2}{4}-1$;

(8) $\frac{1}{2}(e^{-\pi}+1)$.

7.

(1) 由于

$$\int_0^{+\infty}\frac{1}{x^2+2x+5}dx=\int_0^{+\infty}\frac{1}{(x+1)^2+4}dx=\frac{1}{2}\arctan\frac{x+1}{2}\Big|_0^{+\infty}=\frac{\pi}{4}-\frac{1}{2}\arctan\left(\frac{1}{2}\right),$$

$$\int_{-\infty}^0\frac{1}{x^2+2x+5}dx=\int_{-\infty}^0\frac{1}{(x+1)^2+4}dx=\frac{1}{2}\arctan\frac{x+1}{2}\Big|_{-\infty}^0=\frac{1}{2}\arctan\left(\frac{1}{2}\right)+\frac{\pi}{4},$$

因此

$$\int_{-\infty}^{+\infty}\frac{1}{x^2+2x+5}dx=\int_0^{+\infty}\frac{1}{x^2+2x+5}dx+\int_{-\infty}^0\frac{1}{x^2+2x+5}dx=\frac{\pi}{2}.$$

(2) 令 $t=\sqrt{x}$，则 $x=t^2$，因此

$$\text{原式}=\int_0^{+\infty}e^{-\sqrt{x}}dx=2\int_0^{+\infty}te^{-t}dt=2\lim_{b\to+\infty}\int_0^b te^{-t}dt=-2\lim_{b\to+\infty}\int_0^b td(e^{-t})$$

$$=-2\lim_{b\to+\infty}\left(te^{-t}\big|_0^b-\int_0^b e^{-t}dt\right)=-2\lim_{b\to+\infty}(be^{-b}+e^{-b}-1)=2.$$

(3) $\int_1^e\frac{1}{x\sqrt{1-\ln^2x}}dx=\int_1^e\frac{1}{\sqrt{1-\ln^2x}}d(\ln x)=\arcsin(\ln x)\big|_1^e=\frac{\pi}{2}$.

(4) $\int_0^1\frac{x}{(2-x^2)\sqrt{1-x^2}}dx=\lim_{b\to1^-}\int_0^b\frac{x}{(2-x^2)\sqrt{1-x^2}}dx$

$$\xlongequal{x=\sin t}\lim_{b\to1^-}\int_0^{\arcsin b}\frac{\sin t\cos t}{(2-\sin^2t)\cos t}dt$$

$$=-\lim_{b\to1^-}\int_0^{\arcsin b}\frac{1}{1+\cos^2t}d(\cos t)=-\lim_{b\to1^-}\arctan(\cos t)\Big|_0^{\arcsin b}$$

$$=-\lim_{b\to1^-}\{\arctan[\cos(\arcsin b)]-\arctan(\cos 0)\}=\frac{\pi}{4}.$$

8. 由洛必达法则，得

$$\lim_{x\to0}\frac{1}{ax-\sin x}\int_0^x\frac{t^2}{\sqrt{b+t^2}}dt=\lim_{x\to0}\frac{\int_0^x\frac{t^2}{\sqrt{b+t^2}}dt}{ax-\sin x}=\lim_{x\to0}\frac{\frac{x^2}{\sqrt{b+x^2}}}{a-\cos x}=2,$$

由于上述分式的极限存在，且分子的极限为 0，因此分母的极限必为 0，即

$$\lim_{x\to0}(a-\cos x)=0,$$

从而 $a=1$. 又因为

$$2=\lim_{x\to 0}\frac{\frac{x^2}{\sqrt{b+x^2}}}{a-\cos x}=\lim_{x\to 0}\frac{x^2}{(1-\cos x)\sqrt{b+x^2}}=\lim_{x\to 0}\frac{2x^2}{x^2\sqrt{b+x^2}}=\frac{2}{\sqrt{b}},$$

所以 $b=1$.

9. 由于当 $x\in[0,1]$时,$0\leqslant\frac{x^n}{1+x^2}\leqslant x^n$,因此

$$0\leqslant\int_0^1\frac{x^n}{1+x^2}\mathrm{d}x\leqslant\int_0^1 x^n\mathrm{d}x=\frac{1}{n+1},$$

由夹逼定理可知 $\lim\limits_{n\to\infty}\int_0^1\frac{x^n}{1+x^2}\mathrm{d}x=0$.

10. 原式$=\lim\limits_{n\to\infty}\frac{1}{n}\sum\limits_{k=1}^{n}\sqrt{1+\cos\left(\frac{k}{n}\pi\right)}=\int_0^1\sqrt{1+\cos(\pi x)}\,\mathrm{d}x=\frac{1}{\pi}\int_0^{\pi}\sqrt{1+\cos t}\,\mathrm{d}t$

$$=\frac{2\sqrt{2}}{\pi}.$$

11. 方程 $\int_1^y\frac{\sin t}{t}\mathrm{d}t+\int_x^{x^2}\ln(1+t)\mathrm{d}t=0$ 两边同时对 x 求导数,得

$$\frac{\sin y}{y}\cdot y'+2x\ln(1+x^2)-\ln(1+x)=0,$$

因此

$$y'=\frac{y\ln(1+x)-2xy\ln(1+x^2)}{\sin y}.$$

12. 由于 $f'(x)=x\mathrm{e}^{-x}\ln(2+x^2)$,令 $f'(x)=0$,得到唯一驻点 $x=0$. 又因为当 $x>0$ 时,$f'(x)>0$,当 $x<0$ 时,$f'(x)<0$,因此 $x=0$ 为函数 $f(x)$的极小值点,极小值为 $f(0)=0$.

13. 当 $x\in(0,1)$时,由于 $f'(x)=\frac{x+2}{x^2+2x+x}>0$,因此 $f(x)$在$[0,1]$上单调递增,可得函数 $f(x)$在$[0,1]$上的最小值为 $f(0)=0$,最大值为 $f(1)=\int_0^1\frac{t+2}{t^2+2t+2}\mathrm{d}t$. 而

$$\int_0^1\frac{t+2}{t^2+2t+2}\mathrm{d}t=\int_0^1\frac{t+2}{(t+1)^2+1}\mathrm{d}t=\int_1^2\frac{u+1}{u^2+1}\mathrm{d}u=\int_1^2\frac{u}{u^2+1}\mathrm{d}u+\int_1^2\frac{1}{u^2+1}\mathrm{d}u$$

$$=\frac{1}{2}\ln(u^2+1)\Big|_1^2+\arctan u\,\Big|_1^2=\frac{1}{2}\ln\frac{5}{2}+\arctan 2-\frac{\pi}{4}.$$

因此函数 $f(x)$在$[0,1]$上的最大值为

$$f(1)=\frac{1}{2}\ln\frac{5}{2}+\arctan 2-\frac{\pi}{4}.$$

14. 当 $n>2$ 时,

$$f(n)=\int_0^{\frac{\pi}{4}}\tan^n x\,\mathrm{d}x=\int_0^{\frac{\pi}{4}}\tan^{n-2}x\cdot(\sec^2x-1)\mathrm{d}x$$

$$=\int_0^{\frac{\pi}{4}}\tan^{n-2}x\cdot\sec^2x\,\mathrm{d}x-\int_0^{\frac{\pi}{4}}\tan^{n-2}x\,\mathrm{d}x$$

$$=\int_0^{\frac{\pi}{4}}\tan^{n-2}x\,\mathrm{d}(\tan x)-f(n-2),$$

因此

$$f(n)+f(n-2)=\frac{1}{n-1}\tan^{n-1}x\Big|_0^{\frac{\pi}{4}}=\frac{1}{n-1}.$$

故 $f(5)+f(7)=\frac{1}{6}$.

15. 由本章 14 题的解题过程可知，当 $n>2$ 时，有

$$f(n)+f(n-2)=\frac{1}{n-1},$$

又因为当 $x\in\left(0,\frac{\pi}{4}\right)$时，$0<\tan x<1$，因此 $f(n)$单调减少，所以

$$2f(n)<\frac{1}{n-1}<2f(n-2),$$

故有 $f(n)<\frac{1}{2(n-1)}$，$\frac{1}{2(n-1)}<f(n-2)$，从而$\frac{1}{2(n+1)}<f(n)$，结论得证.

16. 由于

$$F(-x)=\int_0^{-x}f(t)\mathrm{d}t\underline{\underline{u=-t}}-\int_0^{x}f(-u)\mathrm{d}u,$$

若 $f(x)$为奇函数，则 $F(-x)=F(x)$，从而 $F(x)$为偶函数；若 $f(x)$为偶函数，则 $F(-x)=-F(x)$，$F(x)$为奇函数.

17. 由于

$$\lim_{x\to0}F(x)=\lim_{x\to0}\frac{\int_0^x t^2f(t)\mathrm{d}t}{x}=\lim_{x\to0}x^2f(x)=0=F(0),$$

所以 $F(x)$在 $x=0$ 处连续，从而 $F(x)$在$(-\infty,+\infty)$内连续.

18. 令 $u=x-t$，则 $t=x-u$，$\mathrm{d}t=-\mathrm{d}u$，当 $t=0$ 时，$u=x$；当 $t=x$ 时，$u=0$. 因此

$$\int_0^x \mathrm{e}^t f(x-t)\mathrm{d}t=-\int_x^0 \mathrm{e}^{x-u}f(u)\mathrm{d}u=\mathrm{e}^x\int_0^x \mathrm{e}^{-u}f(u)\mathrm{d}u,$$

可得 $\mathrm{e}^x\int_0^x \mathrm{e}^{-u}f(u)\mathrm{d}u=x$，即有

$$\int_0^x \mathrm{e}^{-u}f(u)\mathrm{d}u=x\mathrm{e}^{-x}.$$

等式两边同时对 x 求导数，得

$$\mathrm{e}^{-x}f(x)=\mathrm{e}^{-x}-x\mathrm{e}^{-x}=(1-x)\mathrm{e}^{-x},$$

故 $f(x)=1-x$.

19. 由积分中值定理可知，存在 $\xi_1\in[0,a]$，$\xi_2\in[a,b]$，使得

$$b\int_0^a f(x)\mathrm{d}x=baf(\xi_1),a\int_a^b f(x)\mathrm{d}x=a(b-a)f(\xi_2),$$

由于 $f(x)$单调减少，且 $\xi_1\leqslant\xi_2$，因此 $f(\xi_1)\geqslant f(\xi_2)>0$，故有

$$baf(\xi_1)>a(b-a)f(\xi_2),$$

从而不等式 $b\int_0^a f(x)\mathrm{d}x>a\int_a^b f(x)\mathrm{d}x$ 成立.

20. 当 $k\neq-1$ 时，

$$\text{原式}=\int_{e}^{+\infty}(\ln x)^{k}\mathrm{d}(\ln x)=\frac{1}{k+1}(\ln x)^{k+1}\Big|_{e}^{+\infty}=\begin{cases}+\infty, & k>-1\\ -\dfrac{1}{k+1}, & k<-1\end{cases},$$

当 $k=-1$ 时，原式 $=\int_{e}^{+\infty}\frac{1}{x\ln x}\mathrm{d}x=\int_{e}^{+\infty}\frac{1}{\ln x}\mathrm{d}(\ln x)=\ln(\ln x)\big|_{e}^{+\infty}=+\infty$，积分发散.

综上所述，当 $k\geqslant-1$ 时，广义积分发散；当 $k<-1$ 时，广义积分收敛.

21. 令 $t=\arccos x$，则 $x=\cos t$，$\mathrm{d}x=-\sin t\mathrm{d}t$，因此

$$\int_{0}^{1}\frac{1}{\arccos x}\mathrm{d}x=-\int_{\frac{\pi}{2}}^{0}\frac{1}{t}\cdot\sin t\mathrm{d}t=\int_{0}^{\frac{\pi}{2}}\frac{\sin t}{t}\mathrm{d}t=\int_{0}^{\frac{\pi}{2}}\frac{\sin x}{x}\mathrm{d}x.$$

22. $A=\frac{1}{6}$；$V_x=\frac{2}{15}\pi$；$V_y=\frac{1}{6}\pi$.

23. $A=4-3\ln 3$；$V_x=\frac{8}{3}\pi$；$V_y=\frac{8}{3}\pi$.

24. $A=2$；$V_x=\pi(1+e^2)$；$V_y=\pi(e-2)$.

25. $K(5)=K(0)+\int_{0}^{5}I(t)\mathrm{d}t=100+\int_{0}^{5}\left(\frac{3}{5}t^2+6t\right)\mathrm{d}t=200$(千万元).

第7章

多元函数微积分学

7.1 内容提要

7.1.1 二元函数的定义

设 D 是平面上的一个点集，如果对于每一个点 $P(x,y)\in D$，按照一定的对应法则 f，总有唯一确定的 z 与之对应，则称 f 是定义在点集 D 上的**二元函数**，记作 $z=f(x,y)$ 或 $z=f(P)$，点集 D 称为函数的定义域，也记作 $D(f)$ 或者 D_f，x 与 y 称为自变量，z 称为因变量，数集

$$\{z \mid z=f(x,y),(x,y)\in D_f\}$$

称为函数的值域，记作 $Z(f)$ 或者 Z_f.

设函数 $z=f(x,y)$ 的定义域为 D_f，对于任意取定的点 $P(x,y)\in D_f$，对应的函数值为 $z=f(x,y)$. 这样，以 x 为横坐标、以 y 为纵坐标、以 z 为竖坐标在空间就确定了一点 $M(x,y,z)$，当 (x,y) 取遍 D_f 上所有点时，得到一个三维空间的点集

$$\{(x,y,z) \mid z=f(x,y),(x,y)\in D_f\},$$

这个点集称为二元函数 $z=f(x,y)$ 在三维空间中的**图形**，通常二元函数的图形是空间中的一个曲面.

7.1.2 二元函数的极限与连续

1. 二元函数的极限

设二元函数 $z=f(x,y)$ 在点 $P_0(x_0,y_0)$ 的某个去心邻域内有定义，A 为某个确定的常数，如果对于 $\forall\varepsilon>0$，$\exists\delta>0$，使得对于满足不等式

$$0<|PP_0|=\sqrt{(x-x_0)^2+(y-y_0)^2}<\delta$$

的一切点 $P(x,y)$，都有 $|f(x,y)-A|<\varepsilon$ 成立，则称 $P\to P_0$ 时函数 $z=f(x,y)$ 的极限

为 A,记作

$$\lim_{P\to P_0} f(P)=A,\text{或}\lim_{\substack{x\to x_0\\ y\to y_0}} f(x,y)=A,\text{或}\lim_{(x,y)\to(x_0,y_0)} f(x,y)=A.$$

2. 二元函数的连续性

设二元函数 $z=f(x,y)$在点 $P_0(x_0,y_0)$的某个实心邻域内有定义,如果

$$\lim_{\substack{x\to x_0\\ y\to y_0}} f(x,y)=f(x_0,y_0),$$

则称二元函数 $z=f(x,y)$在点 $P_0(x_0,y_0)$处**连续**.

7.1.3　偏导数

设二元函数 $z=f(x,y)$在点 $P_0(x_0,y_0)$的某个实心邻域内有定义,当自变量 y 固定在 y_0,而 x 在 x_0 处有增量 Δx 时,相应地函数有偏增量

$$\Delta_x z=f(x_0+\Delta x,y_0)-f(x_0,y_0),$$

如果极限

$$\lim_{\Delta x\to 0}\frac{\Delta_x z}{\Delta x}=\lim_{\Delta x\to 0}\frac{f(x_0+\Delta x,y_0)-f(x_0,y_0)}{\Delta x}$$

存在,则称此极限为函数 $z=f(x,y)$在点 $P_0(x_0,y_0)$处对 x 的偏导数,记作

$$\left.\frac{\partial z}{\partial x}\right|_{\substack{x=x_0\\ y=y_0}},\quad \left.\frac{\partial z}{\partial x}\right|_{(x_0,y_0)},\quad \frac{\partial f(x_0,y_0)}{\partial x},\quad z'_x(x_0,y_0),\quad f'_x(x_0,y_0),\quad f_x(x_0,y_0).$$

同样,可以定义对 y 的偏导数

$$\lim_{\Delta y\to 0}\frac{\Delta_y z}{\Delta y}=\lim_{\Delta y\to 0}\frac{f(x_0,y_0+\Delta y)-f(x_0,y_0)}{\Delta y}.$$

记作$\left.\frac{\partial z}{\partial y}\right|_{\substack{x=x_0\\ y=y_0}}$,$\left.\frac{\partial z}{\partial y}\right|_{(x_0,y_0)}$,　$\frac{\partial f(x_0,y_0)}{\partial y}$,　$z'_y(x_0,y_0)$,　$f'_y(x_0,y_0)$,　$f_y(x_0,y_0)$.

如果函数 $z=f(x,y)$在区域 D 内每一点(x,y)处对 x 的偏导数都存在,那么这个偏导数还是 x,y 的二元函数,称其为函数 $z=f(x,y)$对自变量 x 的偏导函数,记作

$$\frac{\partial z}{\partial x},\quad \frac{\partial f}{\partial x},\quad z'_x(x,y),\quad f'_x(x,y),\quad f_x(x,y).$$

类似地,可以定义函数 $z=f(x,y)$对自变量 y 的偏导函数,记作

$$\frac{\partial z}{\partial y},\quad \frac{\partial f}{\partial y},\quad z'_y(x,y),\quad f'_y(x,y),\quad f_y(x,y).$$

7.1.4　全微分

1. 全微分的概念

设自变量在点(x,y)处有改变量 $\Delta x,\Delta y$,若函数 $z=f(x,y)$相应的改变量可以表示为

$$\Delta z=f(x+\Delta x,y+\Delta y)-f(x,y)=A\Delta x+B\Delta y+o(\rho),\varphi\to 0$$

其中 A,B 可以是 x,y 的函数,但与 $\Delta x,\Delta y$ 无关;$o(\rho)$是一个比 $\rho=\sqrt{(\Delta x)^2+(\Delta y)^2}$ 较高阶的无穷小量,则称 $A\Delta x+B\Delta y$ 是函数 $z=f(x,y)$在点(x,y)处的**全微分**,记作 $\mathrm{d}z$ 或 $\mathrm{d}f(x,y)$,即

$$\mathrm{d}z=\mathrm{d}f(x,y)=A\Delta x+B\Delta y,$$

此时也称函数 $z=f(x,y)$在点(x,y)处**可微**.

2. 可微的充分条件与必要条件

定理 7.1 如果函数 $z=f(x,y)$在点(x,y)处可微,则函数 $z=f(x,y)$在点(x,y)处连续.

定理 7.2 如果函数 $z=f(x,y)$在点(x,y)处可微,则函数 $z=f(x,y)$在点(x,y)处的两个偏导数 $f'_x(x,y),f'_y(x,y)$均存在.

定理 7.3 设函数 $z=f(x,y)$在点(x,y)某一邻域内有连续的偏导数 $f'_x(x,y)$, $f'_y(x,y)$,则函数 $z=f(x,y)$在点(x,y)处可微,并且

$$\mathrm{d}z=f'_x(x,y)\mathrm{d}x+f'_y(x,y)\mathrm{d}y,\quad \text{或}\quad \mathrm{d}z=\frac{\partial z}{\partial x}\mathrm{d}x+\frac{\partial z}{\partial y}\mathrm{d}y.$$

3. 全微分的形式不变性

设 $z=f(u,v)$可微,若 u,v 为自变量,则 $\mathrm{d}z=\frac{\partial z}{\partial x}\mathrm{d}x+\frac{\partial z}{\partial y}\mathrm{d}y$. 若 u,v 为中间变量,例如,$u=u(x,y),v=v(x,y)$,如果 $u(x,y),v(x,y)$分别都有连续的偏导数,则复合函数 $z=f[u(x,y),v(x,y)]$在(x,y)处的全微分仍然可以表示成 $\mathrm{d}z=\frac{\partial z}{\partial u}\mathrm{d}u+\frac{\partial z}{\partial v}\mathrm{d}v$. 即无论 u, v 是自变量还是中间变量,$\mathrm{d}z$ 总可以表示为 $\mathrm{d}z=\frac{\partial z}{\partial u}\mathrm{d}u+\frac{\partial z}{\partial v}\mathrm{d}v$.

4. 极限、连续、偏导数及微分之间的关系

设函数 $z=f(x,y)$在点(x,y)的某个邻域内有定义,则函数的极限、连续、偏导数及微分之间有如下关系,如图 7.1 所示.

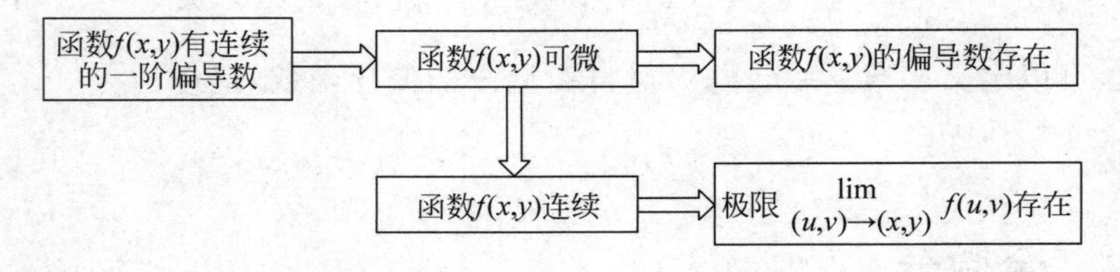

图 7.1 函数的极限、连续、偏导数及微分间的关系

7.1.5 高阶偏导数

设函数 $z=f(x,y)$在区域 D 内的偏导函数 $f'_x(x,y),f'_y(x,y)$仍然具有偏导数,则它们的偏导数称为 $z=f(x,y)$的**二阶偏导数**,记作

$$\frac{\partial}{\partial x}\left(\frac{\partial z}{\partial x}\right)=\frac{\partial^2 z}{\partial x^2}=f''_{xx}(x,y)=z''_{xx},\quad \frac{\partial}{\partial y}\left(\frac{\partial z}{\partial x}\right)=\frac{\partial^2 z}{\partial x\partial y}=f''_{xy}(x,y)=z''_{xy},$$

$$\frac{\partial}{\partial x}\left(\frac{\partial z}{\partial y}\right)=\frac{\partial^2 z}{\partial y\partial x}=f''_{yx}(x,y)=z''_{yx},\quad \frac{\partial}{\partial y}\left(\frac{\partial z}{\partial y}\right)=\frac{\partial^2 z}{\partial y^2}=f''_{yy}(x,y)=z''_{yy}.$$

类似地可以定义三阶、四阶……以及 n 阶偏导数.

定理 7.4　若函数 $z=f(x,y)$ 在区域 D 内的混合偏导数 $\frac{\partial^2 z}{\partial y\partial x}$, $\frac{\partial^2 z}{\partial x\partial y}$ 连续，则 $\frac{\partial^2 z}{\partial y\partial x}=\frac{\partial^2 z}{\partial x\partial y}$.

定理 7.4 说明二阶混合偏导数在连续的条件下与求导的次序无关. 上述结论可以推广到高阶偏导数的情形，即高阶混合偏导数在连续的条件下与求导的次序无关.

7.1.6　复合函数求导法则

(1) 如果函数 $u=u(x,y)$, $v=v(x,y)$ 在点 (x,y) 有连续的偏导数，函数 $z=f(u,v)$ 在对应点 (u,v) 处有连续的偏导数，那么复合函数 $z=f[u(x,y),v(x,y)]$ 在点 (x,y) 处对 x,y 的偏导数存在，且

$$\frac{\partial z}{\partial x}=\frac{\partial z}{\partial u}\cdot\frac{\partial u}{\partial x}+\frac{\partial z}{\partial v}\cdot\frac{\partial v}{\partial x},\quad \frac{\partial z}{\partial y}=\frac{\partial z}{\partial u}\cdot\frac{\partial u}{\partial y}+\frac{\partial z}{\partial v}\cdot\frac{\partial v}{\partial y};$$

(2) 如果三元复合函数为 $s=f(u,v,w)$ 有连续的偏导数，而 $u=u(x,y)$, $v=v(x,y)$, $w=w(x,y)$ 也有连续的偏导数，则 $s=f[u(x,y),v(x,y),w(x,y)]$ 在点 (x,y) 处对 x,y 的偏导数存在，且

$$\frac{\partial s}{\partial x}=\frac{\partial s}{\partial u}\cdot\frac{\partial u}{\partial x}+\frac{\partial s}{\partial v}\cdot\frac{\partial v}{\partial x}+\frac{\partial s}{\partial w}\cdot\frac{\partial w}{\partial x},\quad \frac{\partial s}{\partial y}=\frac{\partial s}{\partial u}\cdot\frac{\partial u}{\partial y}+\frac{\partial s}{\partial v}\cdot\frac{\partial v}{\partial y}+\frac{\partial s}{\partial w}\cdot\frac{\partial w}{\partial y};$$

(3) 如果 $z=f(u,v)$ 有连续的偏导数，函数 $u=\varphi(x)$ 和 $v=\psi(x)$ 可导，则函数 $z=f[\varphi(x),\psi(x)]$ 对 x 的导数称为**全导数**，且

$$\frac{\mathrm{d}z}{\mathrm{d}x}=\frac{\partial z}{\partial u}\cdot\frac{\mathrm{d}u}{\mathrm{d}x}+\frac{\partial z}{\partial v}\cdot\frac{\mathrm{d}v}{\mathrm{d}x}.$$

7.1.7　隐函数求导法则

(1) 如果二元函数 $F(x,y)$ 具有连续偏导数，且 $\frac{\partial F}{\partial y}\neq 0$，则方程 $F(x,y)=0$ 确定一个具有连续导数的隐函数 $y=f(x)$，且

$$\frac{\mathrm{d}y}{\mathrm{d}x}=-\frac{\frac{\partial F}{\partial x}}{\frac{\partial F}{\partial y}}.$$

(2) 如果三元函数 $F(x,y,z)$ 具有连续偏导数，且 $\frac{\partial F}{\partial z}\neq 0$，方程 $F(x,y,z)=0$ 确定一个具有连续偏导数的二元隐函数 $z=f(x,y)$，且

$$\frac{\partial z}{\partial x}=-\frac{\frac{\partial F}{\partial x}}{\frac{\partial F}{\partial z}},\quad \frac{\partial z}{\partial y}=-\frac{\frac{\partial F}{\partial y}}{\frac{\partial F}{\partial z}}.$$

7.1.8 二元函数的极值

1. 极值的概念

设函数 $z=f(x,y)$ 在点 (x_0,y_0) 的某一邻域内有定义,若对所有异于 (x_0,y_0) 的点 (x,y) 均有

$$f(x_0,y_0)>f(x,y)\ (f(x_0,y_0)<f(x,y)),$$

则称函数 $z=f(x,y)$ 在点 (x_0,y_0) 处取得极大(小)值 $f(x_0,y_0)$,称点 (x_0,y_0) 为 $z=f(x,y)$ 的极大(小)值点.

极大值、极小值统称为**极值**,取得极值的点 (x_0,y_0) 称为**极值点**.

2. 极值存在的必要条件

设函数 $z=f(x,y)$ 在点 (x_0,y_0) 处有极值且两个偏导数 $f'_x(x_0,y_0)$,$f'_y(x_0,y_0)$ 都存在,则

$$f'_x(x_0,y_0)=0,\quad f'_y(x_0,y_0)=0.$$

3. 极值存在的充分条件

设函数 $z=f(x,y)$ 在点 (x_0,y_0) 的某一邻域内有连续的二阶偏导数,且点 (x_0,y_0) 是驻点,设 $f''_{xx}(x_0,y_0)=A$,$f''_{xy}(x_0,y_0)=B$,$f''_{yy}(x_0,y_0)=C$,则 $z=f(x,y)$ 在点 (x_0,y_0) 是否取得极值的条件如下:

(1) 当 $AC-B^2>0$ 时,$z=f(x,y)$ 取得极值,且当 $A>0$ 时,$z=f(x,y)$ 取得极小值;$A<0$ 时,$z=f(x,y)$ 取得极大值.

(2) 当 $AC-B^2<0$ 时,$z=f(x,y)$ 没有取得极值.

(3) 当 $AC-B^2=0$ 时,$z=f(x,y)$ 可能取得极值,也可能没有取得极值,要用另外的方法判断.

4. 条件极值

(1) 函数 $z=f(x,y)$ 在条件 $\varphi(x,y)=0$ 下的条件极值问题.

求条件极值的方法是首先构造一个拉格朗日函数

$$L(x,y,\lambda)=f(x,y)+\lambda\varphi(x,y),$$

$L(x,y,\lambda)$ 分别对 x,y 及 λ 求一阶偏导数,并令其为 0

$$\begin{cases} L'_x(x,y,\lambda)=f'_x(x,y)+\lambda\varphi'_x(x,y)=0 \\ L'_y(x,y,\lambda)=f'_y(x,y)+\lambda\varphi'_y(x,y)=0, \\ L'_\lambda(x,y,\lambda)=\varphi(x,y)=0 \end{cases}$$

由这个方程组解出 x 和 y,则其中点 (x,y) 就可能是函数的极值点. 至于如何确定所求的点是否是极值点,在实际问题中往往可根据问题本身的性质来判断.

（2）函数 $u=f(x,y,z)$ 在条件 $\varphi(x,y,z)=0,\psi(x,y,z)=0$ 下的条件极值问题.

首先构造拉格朗日函数

$$L(x,y,z,\lambda,\mu)=f(x,y,z)+\lambda\varphi(x,y,z)+\mu\psi(x,y,z),$$

求其一阶偏导数,并使其为零,求出驻点

$$\begin{cases}L'_x=f'_x(x,y,z)+\lambda\varphi'_x(x,y,z)+\mu\psi'_x(x,y,z)=0\\L'_y=f'_y(x,y,z)+\lambda\varphi'_y(x,y,z)+\mu\psi'_y(x,y,z)=0\\L'_z=f'_z(x,y,z)+\lambda\varphi'_z(x,y,z)+\mu\psi'_z(x,y,z)=0\\L'_\lambda=\varphi(x,y,z)=0\\L'_\mu=\psi(x,y,z)=0\end{cases},$$

该驻点就有可能是极值点,然后根据实际意义来判断该点是否为极值点.

7.1.9　二重积分的概念

设函数 $z=f(x,y)$ 在有界闭区域 D 上有定义.将区域 D 任意分成 n 小区域：$\Delta\sigma_1$，$\Delta\sigma_2$，$\cdots$，$\Delta\sigma_n$，其中 $\Delta\sigma_i(i=1,2,\cdots,n)$ 表示第 i 个小区域,也表示该小区域的面积.记 d_i 为 $\Delta\sigma_i$ 的直径,在每个 $\Delta\sigma_i$ 上任取一点 (ξ_i,η_i)，求乘积的和式 $\sum\limits_{i=1}^{n}f(\xi_i,\eta_i)\Delta\sigma_i$（该式子称为 $f(x,y)$ 在 D 上的**积分和**），记 $\lambda=\max\{d_i\mid i=1,2,\cdots,n\}$，如果极限 $\lim\limits_{\lambda\to0}\sum\limits_{i=1}^{n}f(\xi_i,\eta_i)\Delta\sigma_i$ 存在,且极限值与区域 D 的分法及点 (ξ_i,η_i) 的取法无关,则称函数 $f(x,y)$ 在 D 上是可积的,并称此极限为函数 $f(x,y)$ 在区域 D 上的**二重积分**,记为 $\iint\limits_D f(x,y)\,d\sigma$,即

$$\iint\limits_D f(x,y)d\sigma=\lim_{\lambda\to0}\sum_{i=1}^{n}f(\xi_i,\eta_i)\Delta\sigma_i.$$

其中 $f(x,y)$ 称为**被积函数**，$f(x,y)d\sigma$ 称为**被积表达式**，$d\sigma$ 称为**面积元素**，x 与 y 称为**积分变量**，D 称为**积分区域**.

7.1.10　二重积分的性质

设函数 $f(x,y)$，$g(x,y)$ 在有界闭区域 D 上可积.

（1）设 k 为常数,则 $kf(x,y)$ 在区域 D 上可积,且

$$\iint\limits_D kf(x,y)d\sigma=k\iint\limits_D f(x,y)d\sigma.$$

（2）$f(x,y)\pm g(x,y)$ 在闭区域 D 上可积,且

$$\iint\limits_D[f(x,y)\pm g(x,y)]d\sigma=\iint\limits_D f(x,y)d\sigma\pm\iint\limits_D g(x,y)d\sigma.$$

（3）如果将 D 分成两个区域 D_1 和 D_2，则

$$\iint\limits_D f(x,y)d\sigma=\iint\limits_{D_1}f(x,y)d\sigma+\iint\limits_{D_2}f(x,y)d\sigma.$$

(4) 若 $f(x,y)=1$,σ 为 D 的面积,则

$$\iint_D 1\mathrm{d}\sigma = \iint_D \mathrm{d}\sigma = \sigma.$$

这个性质的几何意义是：高为 1 的平顶柱体的体积在数值上恰好等于柱体的底面积.

(5) 若在 D 上有 $f(x,y)\leqslant g(x,y)$,则有

$$\iint_D f(x,y)\mathrm{d}\sigma \leqslant \iint_D g(x,y)\mathrm{d}\sigma.$$

(6) $|f(x,y)|$ 在区域 D 上可积,且

$$\left|\iint_D f(x,y)\mathrm{d}\sigma\right| \leqslant \iint_D |f(x,y)|\mathrm{d}\sigma.$$

(7) 若在 D 上有 $M\leqslant f(x,y)\leqslant M$,这里 M,m 分别表示为 $f(x,y)$ 在 D 上最大值和最小值,σ 为 D 的面积,则

$$m\sigma \leqslant \iint_D f(x,y)\mathrm{d}\sigma \leqslant M\sigma.$$

这个性质称为**估值定理**,其几何意义是明显的.

(8) (积分中值定理)设 $f(x,y)$ 在有界闭区域 D 上连续,σ 为 D 的面积,则至少存在一点 $(\xi,\eta)\in D$,使得

$$\iint_D f(x,y)\mathrm{d}\sigma = f(\xi,\eta)\sigma.$$

7.1.11 利用直角坐标系计算二重积分

1. X-型区域

设 $f(x,y)$ 积分区域为 $D=\{(x,y)\mid \varphi_1(x)\leqslant y\leqslant \varphi_2(x),a\leqslant x\leqslant b\}$. 如图 7.2 所示,其中函数 $\varphi_1(x)$,$\varphi_2(x)$ 在区间 $[a,b]$ 上连续,此类区域称为 ***X*-型区域**, X-型区域的特点是穿过 D 内部且平行于 Y 轴的直线与 D 的边界相交不多于两点. 此时

$$\iint_D f(x,y)\mathrm{d}\sigma = \int_a^b \left[\int_{\varphi_1(x)}^{\varphi_2(x)} f(x,y)\mathrm{d}y\right]\mathrm{d}x = \int_a^b \mathrm{d}x \int_{\varphi_1(x)}^{\varphi_2(x)} f(x,y)\mathrm{d}y.$$

2. Y-型区域

如果积分区间为 $D=\{(x,y)\mid \psi_1(y)\leqslant x\leqslant \psi_2(y),c\leqslant y\leqslant d\}$. 如图 7.3 所示,其中函数 $\psi_1(y)$、$\psi_2(y)$ 在区间 $[c,d]$ 上连续,此区域我们称之为 ***Y*-型区域**, Y-型区域的特点是穿过 D 内部且平行于 x 轴的直线与 D 的边界相交不多于两点. 此时

$$\iint_D f(x,y)\mathrm{d}\sigma = \int_c^d \left[\int_{\psi_1(y)}^{\psi_2(y)} f(x,y)\mathrm{d}x\right]\mathrm{d}y = \int_c^d \mathrm{d}y \int_{\psi_1(y)}^{\psi_2(y)} f(x,y)\mathrm{d}x.$$

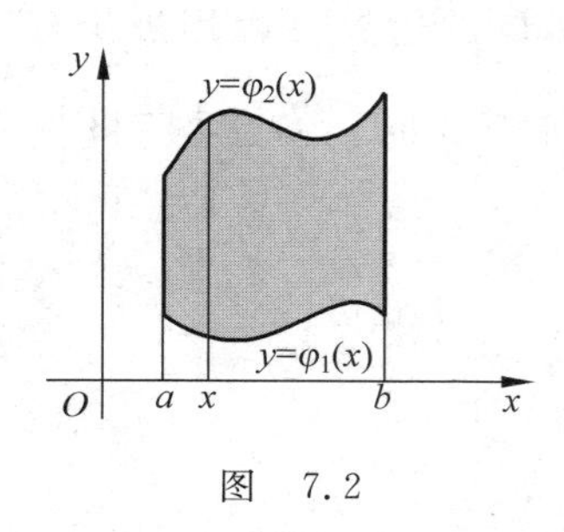

图　7.2

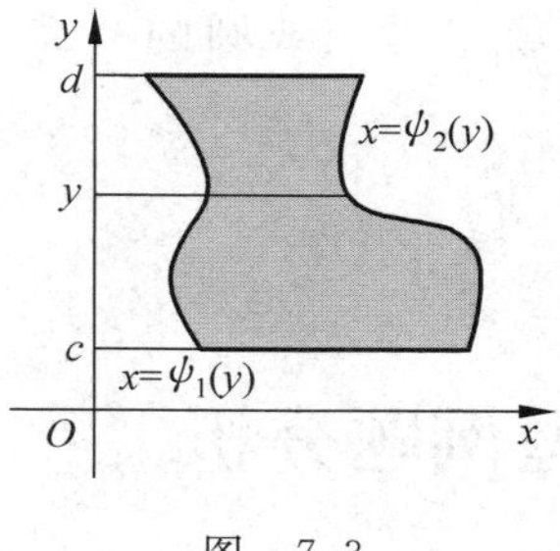

图　7.3

7.1.12　利用极坐标计算二重积分

(1) 极点 O 在区域 D 外的情形. 设在极坐标系下区域 D 的边界曲线为 $r=r_1(\theta)$ 和 $r=r_2(\theta)$, $\alpha\leqslant\theta\leqslant\beta$, 其中 $r_1(\theta)$ 和 $r_2(\theta)$ 在 $[\alpha,\beta]$ 上连续. 如图 7.4 所示, 区域 D 可以表示成

$$D=\{(r,\theta)\mid r_1(\theta)\leqslant r\leqslant r_2(\theta),\alpha\leqslant\theta\leqslant\beta\},$$

于是

$$\begin{aligned}\iint_D f(x,y)\mathrm{d}\sigma&=\iint_D f(r\cos\theta,r\sin\theta)r\mathrm{d}r\mathrm{d}\theta\\&=\int_\alpha^\beta\mathrm{d}\theta\int_{r_1(\theta)}^{r_2(\theta)}f(r\cos\theta,r\sin\theta)r\mathrm{d}r.\end{aligned}$$

(2) 极点 O 在区域 D 的边界上的情形. 如图 7.5 所示, 区域 D 可以表示成

$$D=\{(r,\theta)\mid 0\leqslant r\leqslant r(\theta),\alpha\leqslant\theta\leqslant\beta\},$$

于是

$$\begin{aligned}\iint_D f(x,y)\mathrm{d}\sigma&=\iint_D f(r\cos\theta,r\sin\theta)r\mathrm{d}r\mathrm{d}\theta\\&=\int_\alpha^\beta\mathrm{d}\theta\int_0^{r(\theta)}f(r\cos\theta,r\sin\theta)r\mathrm{d}r.\end{aligned}$$

(3) 极点 O 在区域 D 内的情形. 如图 7.6 所示, 区域 D 可以表示成

$$D=\{(r,\theta)\mid 0\leqslant r\leqslant r(\theta),0\leqslant\theta\leqslant 2\pi\},$$

于是

$$\begin{aligned}\iint_D f(x,y)\mathrm{d}\sigma&=\iint_D f(r\cos\theta,r\sin\theta)r\mathrm{d}r\mathrm{d}\theta\\&=\int_0^{2\pi}\mathrm{d}\theta\int_0^{r(\theta)}f(r\cos\theta,r\sin\theta)r\mathrm{d}r.\end{aligned}$$

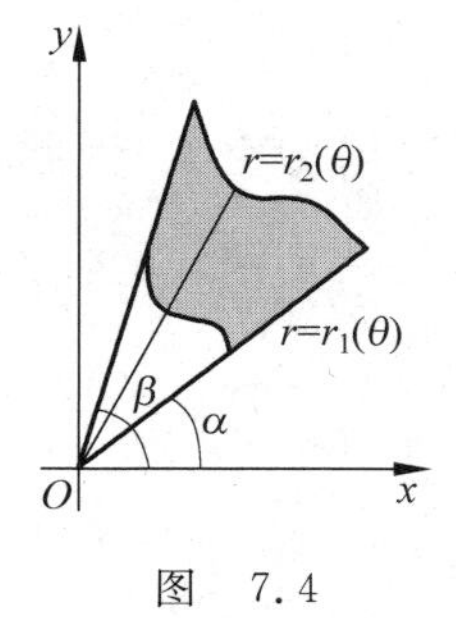

图　7.4

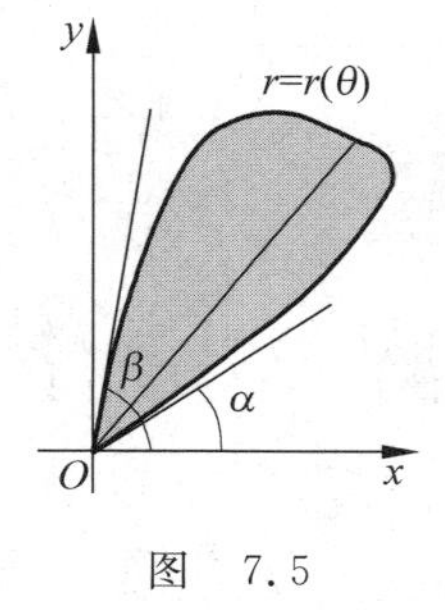

图　7.5

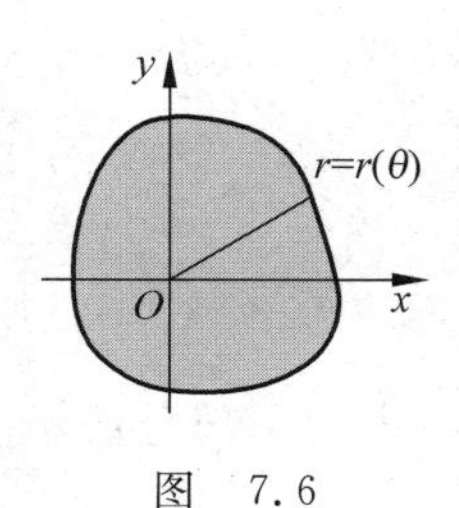

图　7.6

注 当区域 D 是圆或圆的一部分，或者区域 D 的边界方程用极坐标表示较为简单，或者被积函数为 $f(x^2+y^2)$，$f\left(\frac{x}{y}\right)$，$f\left(\frac{y}{x}\right)$ 等形式时，一般采用极坐标计算二重积分.

7.2 典型例题分析

7.2.1 题型一 二元函数表达式的求解问题

例 7.1 设 $u(x,y)=y^2F(3x+2y)$，若 $u\left(x,\frac{1}{2}\right)=x^2$，求 $u(x,y)$.

解 由 $u\left(x,\frac{1}{2}\right)=x^2$，得 $F(3x+1)=4x^2$，设 $t=3x+1$，则 $x=\frac{t-1}{3}$，于是 $F(t)=\frac{4}{9}(t-1)^2$，则

$$F(3x+2y)=\frac{4}{9}(3x+2y-1)^2.$$

从而

$$u(x,y)=\frac{4}{9}y^2(3x+2y-1)^2.$$

7.2.2 题型二 函数的定义域的求解

例 7.2 求函数 $z=\sqrt{\frac{x^2+y^2-x}{2x-x^2-y^2}}$ 的定义域.

解 显然定义域中的点应满足

$$\begin{cases}x^2+y^2-x\geqslant 0\\ 2x-x^2-y^2>0\end{cases},\quad 或\begin{cases}x^2+y^2-x\leqslant 0\\ 2x-x^2-y^2<0\end{cases}.$$

整理得

$$\begin{cases}\left(x-\frac{1}{2}\right)^2+y^2\geqslant\frac{1}{4}\\ (x-1)^2+y^2<1\end{cases},\quad 或\begin{cases}\left(x-\frac{1}{2}\right)^2+y^2\leqslant\frac{1}{4}\\ (x-1)^2+y^2>1\end{cases}.$$

如图 7.7 所示，集合 $\left\{(x,y)\,\middle|\,\left(x-\frac{1}{2}\right)^2+y^2\leqslant\frac{1}{4}且(x-1)^2+y^2>1\right\}$ 为空集，因此函数的定义域为

$$D=\left\{(x,y)\,\middle|\,\left(x-\frac{1}{2}\right)^2+y^2\geqslant\frac{1}{4}且(x-1)^2+y^2<1\right\},$$

如图 7.7 中阴影部分所示.

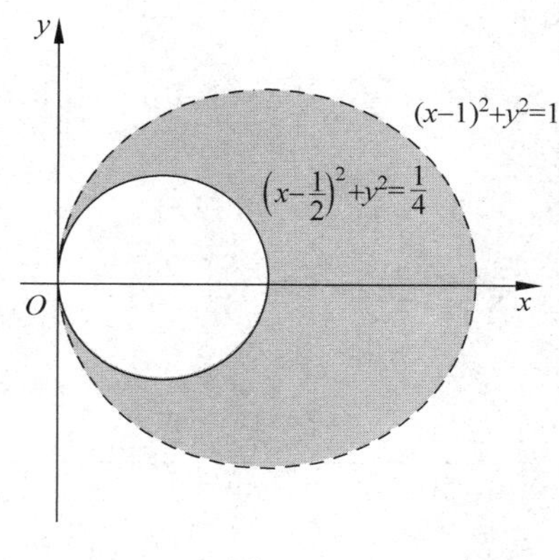

图　7.7

7.2.3　题型三　二元函数极限的存在性问题

例 7.3　设 $f(x,y)=(x^2+y^2)\sin\dfrac{1}{x^2+y^2}$，$x^2+y^2\neq 0$，证明 $\lim\limits_{\substack{x\to 0\\ y\to 0}}f(x,y)=0$.

证　由于

$$\left|(x^2+y^2)\sin\frac{1}{x^2+y^2}-0\right|=|x^2+y^2|\left|\sin\frac{1}{x^2+y^2}\right|\leqslant x^2+y^2,$$

所以对 $\forall\varepsilon>0$，取 $\delta=\sqrt{\varepsilon}$，则当 $0<\sqrt{(x-0)^2+(y-0)^2}<\delta$ 时，总有

$$\left|(x^2+y^2)\sin\frac{1}{x^2+y^2}-0\right|<\varepsilon$$

成立，因此 $\lim\limits_{\substack{x\to 0\\ y\to 0}}f(x,y)=0$.

例 7.4　证明极限 $\lim\limits_{(x,y)\to(0,0)}\dfrac{\sqrt{xy+1}-1}{x+y}$ 不存在.

证　当 $y=x$ 且 $x\to 0$ 时，

$$\lim_{\substack{y=x\\ x\to 0}}\frac{\sqrt{xy+1}-1}{x+y}=\lim_{x\to 0}\frac{\sqrt{x^2+1}-1}{2x}=\lim_{x\to 0}\frac{x^2}{2x(\sqrt{x^2+1}+1)}=0,$$

而当 $y=x^2-x$ 且 $x\to 0$ 时，

$$\lim_{\substack{y=x^2-x\\ x\to 0}}\frac{\sqrt{xy+1}-1}{x+y}=\lim_{x\to 0}\frac{\sqrt{x^3-x^2+1}-1}{x^2}=\lim_{x\to 0}\frac{x^3-x^2}{x^2(\sqrt{x^3-x^2+1}+1)}=-\frac{1}{2},$$

所以极限不存在.

7.2.4　题型四　偏导数的求解问题

例 7.5　设 $z=(1+xy)^y$，求 $\left.\dfrac{\partial z}{\partial x}\right|_{\substack{x=1\\ y=1}}$，$\left.\dfrac{\partial z}{\partial y}\right|_{\substack{x=1\\ y=1}}$.

解　$\dfrac{\partial z}{\partial x}=y^2(1+xy)^{y-1}$，$\left.\dfrac{\partial z}{\partial x}\right|_{\substack{x=1\\ y=1}}=1$.

而 $z=(1+xy)^y=\mathrm{e}^{y\ln(1+xy)}$，因此

$$\frac{\partial z}{\partial y}=\mathrm{e}^{y\ln(1+xy)}\left[\ln(1+xy)+\frac{xy}{1+xy}\right]=(1+xy)^y\left[\ln(1+xy)+\frac{xy}{1+xy}\right],$$

故 $\left.\frac{\partial z}{\partial y}\right|_{\substack{x=1\\y=1}}=2\ln 2+1$.

例 7.6 设 $z=\frac{y}{\sqrt{x^2+y^2}}$，求 $\frac{\partial z}{\partial x},\frac{\partial z}{\partial y}$.

解 $\frac{\partial z}{\partial x}=-\frac{\frac{2xy}{2\sqrt{x^2+y^2}}}{x^2+y^2}=-\frac{xy}{(x^2+y^2)^{\frac{3}{2}}}$，$\frac{\partial z}{\partial y}=\frac{\sqrt{x^2+y^2}-\frac{2y^2}{2\sqrt{x^2+y^2}}}{x^2+y^2}=\frac{x^2}{(x^2+y^2)^{\frac{3}{2}}}$.

例 7.7 设 $f(x,y)=\begin{cases}\frac{xy}{x^2+y^2}, & x^2+y^2\neq 0\\ 0, & x^2+y^2=0\end{cases}$，求 $f'_x(x,y),f'_y(x,y)$.

解 当 $x^2+y^2\neq 0$ 时，

$$f'_x(x,y)=y\frac{(x^2+y^2)-2x^2}{(x^2+y^2)^2}=\frac{y(y^2-x^2)}{(x^2+y^2)^2},$$

$$f'_y(x,y)=x\frac{(x^2+y^2)-2y^2}{(x^2+y^2)^2}=\frac{x(x^2-y^2)}{(x^2+y^2)^2},$$

当 $x^2+y^2=0$ 时，

$$f'_x(0,0)=\lim_{\Delta x\to 0}\frac{f(0+\Delta x,0)-f(0,0)}{\Delta x}=0,$$

$$f'_y(0,0)=\lim_{\Delta y\to 0}\frac{f(0,0+\Delta y)-f(0,0)}{\Delta y}=0,$$

因此

$$f'_x(x,y)=\begin{cases}\frac{y(y^2-x^2)}{(x^2+y^2)^2}, & x^2+y^2\neq 0\\ 0, & x^2+y^2=0\end{cases},\quad f'_y(x,y)=\begin{cases}\frac{x(x^2-y^2)}{(x^2+y^2)^2}, & x^2+y^2\neq 0\\ 0, & x^2+y^2=0\end{cases}.$$

7.2.5 题型五 利用定义讨论函数在某点处是否可微

****例 7.8** 试讨论 $f(x,y)=\begin{cases}xy\sin\frac{1}{x^2+y^2}, & x^2+y^2\neq 0\\ 0, & x^2+y^2=0\end{cases}$ 在点(0,0)处是否可微.

解 根据偏导数的定义，有

$$f'_x(0,0)=\lim_{\Delta x\to 0}\frac{f(0+\Delta x,0)-f(0,0)}{\Delta x}=0=A,$$

$$f'_y(0,0)=\lim_{\Delta y\to 0}\frac{f(0,0+\Delta y)-f(0,0)}{\Delta y}=0=B,$$

$f(x,y)$ 在点(0,0)处的全增量为

$$\Delta z=f(0+\Delta x,0+\Delta y)-f(0,0)=\Delta x\Delta y\sin\frac{1}{(\Delta x)^2+(\Delta y)^2}.$$

根据全微分的定义，函数 $f(x,y)$ 在点(0,0)处是否可微，只需证明当 $(\Delta x,\Delta y)\to(0,0)$ 时，

$\Delta z-f'_x(0,0)\Delta x-f'_y(0,0)\Delta y$ 是否为 $\rho=\sqrt{(\Delta x)^2+(\Delta y)^2}$ 的高阶无穷小量. 而

$$\Delta z - f'_x(0,0)\Delta x - f'_y(0,0)\Delta y = \Delta x\Delta y\sin\frac{1}{(\Delta x)^2+(\Delta y)^2},$$

因此只需讨论极限 $\lim\limits_{\substack{\Delta x\to 0\\ \Delta y\to 0}}\dfrac{\Delta x\Delta y\sin\dfrac{1}{(\Delta x)^2+(\Delta y)^2}}{\sqrt{(\Delta x)^2+(\Delta y)^2}}$ 是否存在. 显然

$$0\leqslant\left|\frac{\Delta x\Delta y\sin\dfrac{1}{(\Delta x)^2+(\Delta y)^2}}{\sqrt{(\Delta x)^2+(\Delta y)^2}}\right|\leqslant\left|\frac{\Delta x\Delta y}{\sqrt{(\Delta x)^2+(\Delta y)^2}}\right|\leqslant\frac{1}{2}\frac{(\Delta x)^2+(\Delta y)^2}{\sqrt{(\Delta x)^2+(\Delta y)^2}}$$

$$\leqslant\sqrt{(\Delta x)^2+(\Delta y)^2},$$

由夹逼定理可知 $\lim\limits_{\substack{\Delta x\to 0\\ \Delta y\to 0}}\dfrac{\Delta x\Delta y\sin\dfrac{1}{(\Delta x)^2+(\Delta y)^2}}{\sqrt{(\Delta x)^2+(\Delta y)^2}}=0$，因此有

$$\Delta z - f'_x(0,0)\Delta x - f'_y(0,0)\Delta y = o(\rho),(\Delta x,\Delta y)\to(0,0).$$

所以 $f(x,y)$ 在点 $(0,0)$ 处可微.

7.2.6　题型六　全微分的求解问题

例 7.9　设 $z=\arctan\dfrac{x+y}{x-y}$，求 $\mathrm{d}z$.

解　由于

$$\frac{\partial z}{\partial x}=\frac{1}{1+\left(\dfrac{x+y}{x-y}\right)^2}\cdot\frac{(x-y)-(x+y)}{(x-y)^2}=-\frac{y}{x^2+y^2},$$

$$\frac{\partial z}{\partial y}=\frac{1}{1+\left(\dfrac{x+y}{x-y}\right)^2}\cdot\frac{(x-y)+(x+y)}{(x-y)^2}=\frac{x}{x^2+y^2},$$

因此

$$\mathrm{d}z=\frac{\partial z}{\partial x}\mathrm{d}x+\frac{\partial z}{\partial y}\mathrm{d}y=-\frac{y}{x^2+y^2}\mathrm{d}x+\frac{x}{x^2+y^2}\mathrm{d}y.$$

7.2.7　题型七　复合函数的偏导数的证明与计算

例 7.10　如果 $z=\dfrac{y^2}{2x}+\phi(xy)$，其中 ϕ 为可微函数，求证

$$x^2\frac{\partial z}{\partial x}-xy\frac{\partial z}{\partial y}+\frac{3}{2}y^2=0.$$

证　函数 z 对 x,y 的偏导数为

$$\frac{\partial z}{\partial x}=-\frac{y^2}{2x^2}+y\phi'(xy),\quad \frac{\partial z}{\partial y}=\frac{y}{x}+x\phi'(xy),$$

所以有

$$x^2\frac{\partial z}{\partial x}=-\frac{y^2}{2}+x^2y\phi'(xy),\quad xy\frac{\partial z}{\partial y}=y^2+x^2y\phi'(xy),$$

两式相减得

$$x^2\frac{\partial z}{\partial x}-xy\frac{\partial z}{\partial y}=-\frac{3y^2}{2},$$

即有 $x^2\frac{\partial z}{\partial x}-xy\frac{\partial z}{\partial y}+\frac{3}{2}y^2=0$,结论得证.

例 7.11 求 $z=(5x+2y^2)^{3x^2-2y}$的偏导数.

解 设 $u=5x+2y^2,v=3x^2-2y$,则 $z=u^v$,且

$$\frac{\partial z}{\partial u}=vu^{v-1},\quad \frac{\partial z}{\partial v}=u^v\ln u,\quad \frac{\partial u}{\partial x}=5,\quad \frac{\partial u}{\partial y}=4y,\quad \frac{\partial v}{\partial x}=6x,\quad \frac{\partial v}{\partial y}=-2,$$

根据复合函数的链式法则有

$$\begin{aligned}\frac{\partial z}{\partial x}&=\frac{\partial z}{\partial u}\cdot\frac{\partial u}{\partial x}+\frac{\partial z}{\partial v}\cdot\frac{\partial v}{\partial x}=5vu^{v-1}+6xu^v\ln u\\&=5(3x^2-2y)(5x+2y^2)^{3x^2-2y-1}+6x(5x+2y^2)^{3x^2-2y}\ln(5x+2y^2),\\\frac{\partial z}{\partial y}&=\frac{\partial z}{\partial u}\cdot\frac{\partial u}{\partial y}+\frac{\partial z}{\partial v}\cdot\frac{\partial v}{\partial y}=4yvu^{v-1}+(-2)u^v\ln u\\&=4y(3x^2-2y)(5x+2y^2)^{3x^2-2y-1}-2(5x+2y^2)^{3x^2-2y}\ln(5x+2y^2).\end{aligned}$$

7.2.8 题型八 抽象复合函数的高阶偏导数的求解问题

例 7.12 设 $z=f(x^2-y^2,xy)$,且 f 具有连续的二阶偏导数,求$\frac{\partial z}{\partial x},\frac{\partial z}{\partial y},\frac{\partial^2 z}{\partial x^2}$和$\frac{\partial^2 z}{\partial x\partial y}$.

解 首先引进符号:f'_1表示 f 对第一个中间变量的偏导数,f'_2表示 f 对第二个中间变量的偏导数,则

$$\frac{\partial z}{\partial x}=2xf'_1+yf'_2,\frac{\partial z}{\partial y}=-2yf'_1+xf'_2,$$

这里 $f'_1=f'_1(x^2-y^2,xy),f'_2=f'_2(x^2-y^2,xy)$,即 f'_1与 f'_2仍是复合函数,再引进符号:f''_{11}表示 f'_1再对第一个中间变量的偏导数,f''_{12}表示 f'_1再对第二个中间变量的偏导数;类似地定义 f''_{21}和 f''_{22},从而

$$\begin{aligned}\frac{\partial^2 z}{\partial x^2}&=2f'_1+2x(2xf''_{11}+yf''_{12})+y(2xf''_{21}+yf''_{22})\\&=2f'_1+4x^2f''_{11}+2xy(f''_{12}+f''_{21})+y^2f''_{22}\\&=2f'_1+4x^2f''_{11}+4xyf''_{12}+y^2f''_{22},\\\frac{\partial^2 z}{\partial x\partial y}&=2x(-2yf''_{11}+xf''_{12})+f'_2+y(-2yf''_{21}+xf''_{22})\\&=f'_2-4xyf''_{11}+2x^2f''_{12}-2y^2f''_{21}+xyf''_{22}\\&=f'_2-4xyf''_{11}+2(x^2-y^2)f''_{12}+xyf''_{22}.\end{aligned}$$

7.2.9 题型九 隐函数偏导数的求解问题

例 7.13 设方程 $F\left(\frac{y}{x},\frac{z}{x}\right)=0$ 确定隐函数 $z=f(x,y)$,其中 F 具有连续的一阶偏

导数,求 $x\dfrac{\partial z}{\partial x}+y\dfrac{\partial z}{\partial y}$.

解法 1　记 $G(x,y,z)=F\left(\dfrac{y}{x},\dfrac{z}{x}\right)$,分别对 x,y,z 求偏导数,得

$$G'_x=-\frac{y}{x^2}F'_1-\frac{z}{x^2}F'_2,\quad G'_y=\frac{1}{x}F'_1,\quad G'_z=\frac{1}{x}F'_2,$$

因此

$$\frac{\partial z}{\partial x}=-\frac{G'_x}{G'_z}=\frac{yF'_1+zF'_2}{xF'_2},\quad \frac{\partial z}{\partial y}=-\frac{G'_y}{G'_z}=-\frac{F'_1}{F'_2},$$

故有

$$x\frac{\partial z}{\partial x}+y\frac{\partial z}{\partial y}=\frac{yF'_1+zF'_2}{F'_2}-\frac{yF'_1}{F'_2}=z.$$

解法 2　方程 $F\left(\dfrac{y}{x},\dfrac{z}{x}\right)=0$ 两端同时对 x 求偏导数,同时对 y 求偏导数,得

$$-\frac{y}{x^2}F'_1+F'_2\frac{xz'_x-z}{x^2}=0,\quad \frac{1}{x}F'_1+F'_2\frac{z'_y}{x}=0,$$

解得

$$z'_x=\frac{yF'_1+zF'_2}{xF'_2},\quad z'_y=-\frac{F'_1}{F'_2},$$

因此

$$x\frac{\partial z}{\partial x}+y\frac{\partial z}{\partial y}=\frac{yF'_1+zF'_2}{F'_2}-\frac{yF'_1}{F'_2}=z.$$

7.2.10　题型十　函数的无条件极值问题

例 7.14　求函数 $f(x,y)=x^3+y^3-3xy$ 的极值点和极值.

解　先求函数 $f(x,y)$ 的偏导数,并令其为 0,有

$$f'_x(x,y)=3x^2-3y=0,\quad f'_y(x,y)=3y^2-3x=0,$$

解得驻点(0,0)及(1,1),而二阶偏导数

$$f''_{xx}(x,y)=6x,\quad f''_{xy}(x,y)=-3,\quad f''_{yy}(x,y)=6y,$$

在点(0,0)处,

$$A=f''_{xx}(0,0)=0,\quad B=f''_{xy}(0,0)=-3,\quad C=f''_{yy}(0,0)=0,\quad AC-B^2=-9<0,$$

所以,(0,0)点不是极值点.

在点(1,1)处,

$$A=f''_{xx}(1,1)=6,\quad B=f''_{xy}(1,1)=-3,\quad C=f''_{yy}(1,1)=6,$$

$$AC-B^2=36-9=27>0,\text{且 } A=6>0,$$

则(1,1)是极小值点,且极小值为 $f(1,1)=-1$.

7.2.11　题型十一　实际应用题

例 7.15　某厂要用铁板做成一个体积为 2 立方米的有盖长方体水箱.问当长、宽、高各取怎样的尺寸时,才能使用料最省?

解 设水箱的长为 x 米，宽为 y 米，则高为$\frac{2}{xy}$米.此水箱所用材料的面积为

$$A(x,y)=2\left(xy+y\frac{2}{xy}+x\frac{2}{xy}\right)=2\left(xy+\frac{2}{x}+\frac{2}{y}\right),\quad x>0,y>0,$$

求偏导数得

$$A'_x(x,y)=2\left(y-\frac{2}{x^2}\right)=0,\quad A'_y(x,y)=2\left(x-\frac{2}{y^2}\right)=0,$$

解此方程组，得 $x=\sqrt[3]{2}$，$y=\sqrt[3]{2}$.

由题意可知，水箱所用材料面积的最小值一定存在，并在开区域 $D=\{(x,y)\mid x>0,y>0\}$内取得.又因函数在 D 内只有唯一的驻点$(\sqrt[3]{2},\sqrt[3]{2})$，因此当 $x=\sqrt[3]{2}$，$y=\sqrt[3]{2}$时，A 取得最小值.也就是说，当水箱长为$\sqrt[3]{2}$米、宽为$\sqrt[3]{2}$米、高为$\frac{2}{\sqrt[3]{2}\sqrt[3]{2}}=\sqrt[3]{2}$米时，水箱所用材料最省.

例 7.16 求表面积为 a^2 而体积为最大的长方体的体积.

解 设长方体的三条棱长分别为 x,y,z，则体积为

$$V=xyz,\quad x>0,y>0,z>0.$$

由条件可知自变量 x,y,z 应满足条件 $2(xy+yz+xz)=a^2$.

构造拉格朗日函数

$$L(x,y,z,\lambda)=xyz+\lambda[2(xy+yz+xz)-a^2],$$

求其函数对 x,y,z,λ 的偏导数，并使之为零，得到

$$\frac{\partial L}{\partial x}=yz+2\lambda(y+z)=0,\quad \frac{\partial L}{\partial y}=xz+2\lambda(x+z)=0,$$

$$\frac{\partial L}{\partial z}=xy+2\lambda(x+y)=0,\quad \frac{\partial L}{\partial \lambda}=2(xy+yz+xz)-a^2=0,$$

整理得到

$$\frac{x}{y}=\frac{x+z}{y+z},\quad \frac{y}{z}=\frac{x+y}{x+z}.$$

解得 $x=y=z$，所以 $x=y=z=\frac{\sqrt{6}}{6}a$.这是唯一的驻点，因为由问题本身可知最大值一定存在，所以最大值就在该驻点处取得.即在表面积为 a^2 的长方体中，以棱长为$\frac{\sqrt{6}}{6}a$ 的正方体的体积为最大，最大体积为 $V=\frac{\sqrt{6}}{36}a^3$.

7.2.12 题型十二 二次积分的换序问题

例 7.17 改变二次积分$\int_0^1 \mathrm{d}y\int_{\sqrt{1-y^2}}^{y+1}f(x,y)\,\mathrm{d}x$ 的积分次序.

解 积分区域 $D=\{(x,y)\mid \sqrt{1-y^2}\leqslant x\leqslant y+1,0\leqslant y\leqslant 1\}$是 Y-型区域.要改变为

X-型区域,即先对 x 后对 y 积分,由图 7.8 可知:

$$D = D_1 \cup D_2.$$

其中

$$D_1 = \{(x,y) \mid \sqrt{1-x^2} \leqslant y \leqslant 1, 0 \leqslant x \leqslant 1\},$$
$$D_2 = \{(x,y) \mid x-1 \leqslant y \leqslant 1, 1 \leqslant x \leqslant 2\}.$$

因此

$$\int_0^1 \mathrm{d}y \int_{\sqrt{1-y^2}}^{y+1} f(x,y)\mathrm{d}x = \int_0^1 \mathrm{d}x \int_{\sqrt{1-x^2}}^1 f(x,y)\mathrm{d}y + \int_1^2 \mathrm{d}x \int_{x-1}^1 f(x,y)\mathrm{d}y.$$

例 7.18　改变二次积分 $\int_0^2 \mathrm{d}x \int_{-\sqrt{2x}}^{\sqrt{2x}} f(x,y)\mathrm{d}y + \int_2^8 \mathrm{d}x \int_{x-4}^{\sqrt{2x}} f(x,y)\,\mathrm{d}y$ 的积分次序.

解　积分区域 D 由两部分组成,为 X-型区域,如图 7.9 所示. 有

$$D_1 = \{(x,y) \mid -\sqrt{2x} \leqslant y \leqslant \sqrt{2x}, 0 \leqslant x \leqslant 2\},$$
$$D_2 = \{(x,y) \mid x-4 \leqslant y \leqslant \sqrt{2x}, 2 \leqslant x \leqslant 8\}.$$

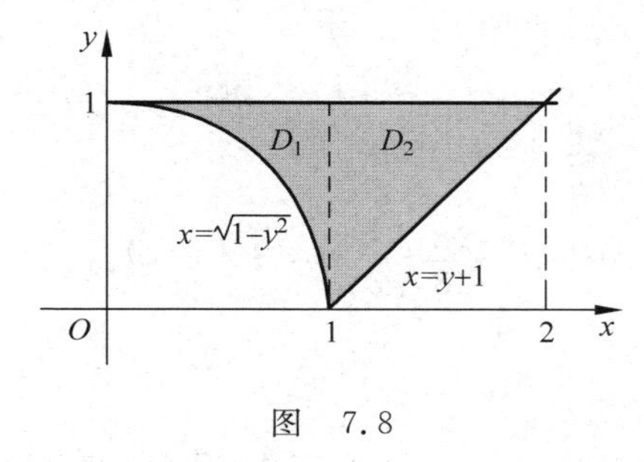

图　7.8

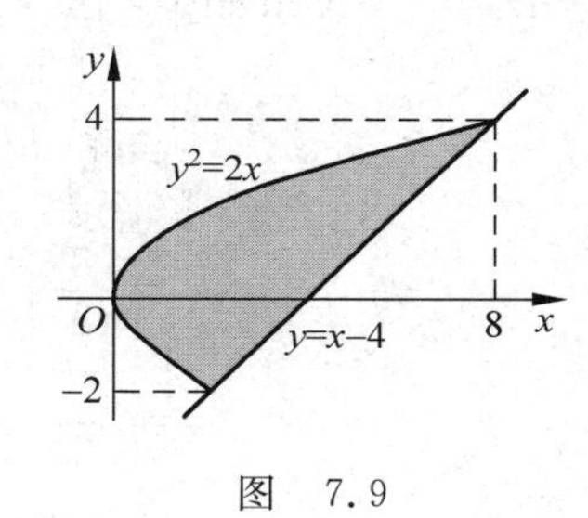

图　7.9

将其 D 改为 Y-型区域:

$$D = D_1 \cup D_2 = \left\{(x,y) \mid \frac{1}{2}y^2 \leqslant x \leqslant y+4, -2 \leqslant y \leqslant 4\right\},$$

则积分为

$$\int_0^2 \mathrm{d}x \int_{-\sqrt{2x}}^{\sqrt{2x}} f(x,y)\mathrm{d}y + \int_2^8 \mathrm{d}x \int_{x-4}^{\sqrt{2x}} f(x,y)\mathrm{d}y = \int_{-2}^4 \mathrm{d}y \int_{\frac{1}{2}y^2}^{y+4} f(x,y)\mathrm{d}x.$$

7.2.13　题型十三　二重积分的求解问题

例 7.19　计算二重积分 $\iint\limits_D |y-x^2|\,\mathrm{d}x\mathrm{d}y$,其中 $D=\{(x,y) \mid 0\leqslant x\leqslant 1, 0\leqslant y\leqslant 1\}$.

解　由于

$$|y-x^2| = \begin{cases} y-x^2, & y \geqslant x^2 \\ x^2-y, & y < x^2 \end{cases},$$

曲线 $y=x^2$ 将区域分成两部分 D_1 和 D_2,如图 7.10 所示,有

$$D_1 = \{(x,y) \mid x^2 \leqslant y \leqslant 1, 0 \leqslant x \leqslant 1\},$$
$$D_2 = \{(x,y) \mid 0 \leqslant y \leqslant x^2, 0 \leqslant x \leqslant 1\}.$$

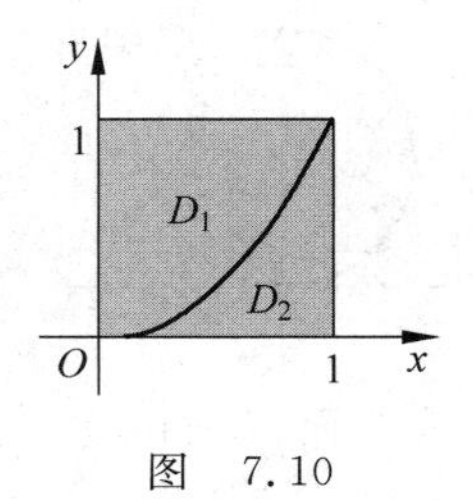

图　7.10

由积分区域的可加性,有

$$\iint_D |y-x^2|\mathrm{d}x\mathrm{d}y=\iint_{D_1}(y-x^2)\mathrm{d}x\mathrm{d}y+\iint_{D_2}(x^2-y)\mathrm{d}x\mathrm{d}y$$

$$=\int_0^1\mathrm{d}x\int_{x^2}^1(y-x^2)\mathrm{d}y+\int_0^1\mathrm{d}x\int_0^{x^2}(x^2-y)\mathrm{d}y$$

$$=\int_0^1\left(\frac{1}{2}y^2-x^2y\right)\Big|_{x^2}^1\mathrm{d}x+\int_0^1\left(x^2y-\frac{1}{2}y^2\right)\Big|_1^{x^2}\mathrm{d}x$$

$$=\int_0^1\left(\frac{1}{2}-x^2+x^4\right)\mathrm{d}x=\left(\frac{1}{2}x-\frac{1}{3}x^3+\frac{1}{5}x^5\right)\Big|_0^1=\frac{11}{30}.$$

7.2.14 题型十四 利用极坐标计算二重积分

例 7.20 计算 $\iint\limits_D\sqrt{x^2+y^2}\,\mathrm{d}x\mathrm{d}y$,其中区域 D 是圆 $x^2+y^2=2y$ 围成的区域.

解 如图 7.11 所示,圆 $x^2+y^2=2y$ 方程的极坐标方程为 $r=2\sin\theta$,且 $0\leqslant\theta\leqslant\pi$,所以

$$\iint_D\sqrt{x^2+y^2}\,\mathrm{d}x\mathrm{d}y=\iint_D r\cdot r\mathrm{d}r\mathrm{d}\theta=\int_0^\pi\mathrm{d}\theta\int_0^{2\sin\theta}r^2\mathrm{d}r$$

$$=\int_0^\pi\left(\frac{r^3}{3}\right)\Big|_0^{2\sin\theta}\mathrm{d}\theta=\frac{8}{3}\int_0^\pi\sin^3\theta\mathrm{d}\theta$$

$$=\frac{8}{3}\int_0^\pi(\cos^2\theta-1)\mathrm{d}\cos\theta=\frac{8}{3}\left(\frac{1}{3}\cos^3\theta-\cos\theta\right)\Big|_0^\pi$$

$$=\frac{8}{3}\times\frac{4}{3}=\frac{32}{9}.$$

例 7.21 计算 $\iint\limits_D x^2y\mathrm{d}x\mathrm{d}y$,其中区域 D 为 $1\leqslant x^2+y^2\leqslant 4$ 在第一象限的部分区域.

解 如图 7.12 所示,区域 D 为圆环在第一象限的部分,因此

$$\iint_D x^2y\mathrm{d}x\mathrm{d}y=\int_0^{\frac{\pi}{2}}\cos^2\theta\sin\theta\mathrm{d}\theta\int_1^2r^4\mathrm{d}r=\int_0^{\frac{\pi}{2}}\cos^2\theta\sin\theta\cdot\frac{r^5}{5}\Big|_1^2\mathrm{d}\theta$$

$$=-\frac{31}{5}\int_0^{\frac{\pi}{2}}\cos^2\theta\mathrm{d}\cos\theta=-\frac{31}{5}\cdot\frac{1}{3}\cos^3\theta\Big|_0^{\frac{\pi}{2}}=\frac{31}{15}.$$

例 7.22 $\iint\limits_D \mathrm{e}^{\frac{y}{x}}\,\mathrm{d}x\mathrm{d}y$,其中区域为 $D=\{(x,y)\mid 0\leqslant y\leqslant x,1\leqslant x\leqslant 2\}$.

解 如图 7.13 所示,在极坐标系下区域

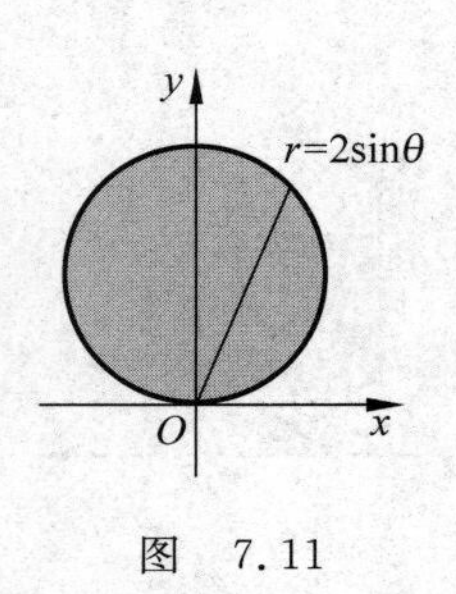

图 7.11

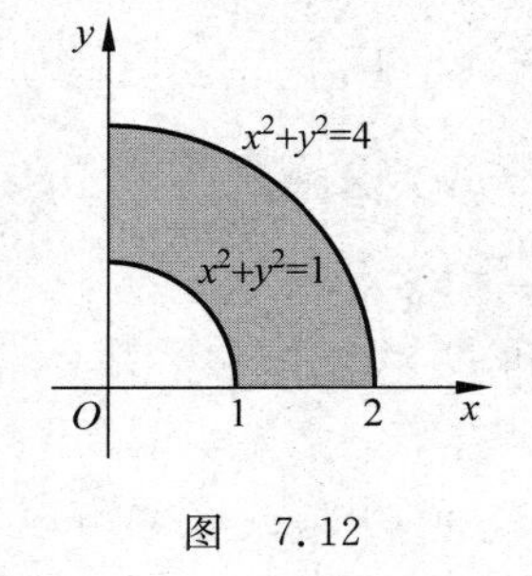

图 7.12

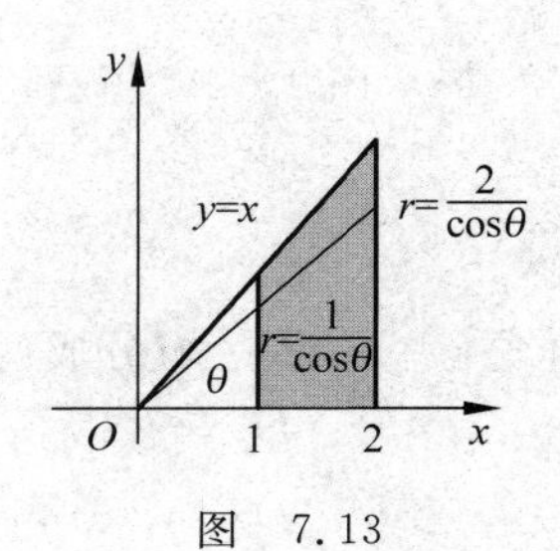

图 7.13

$$D=\left\{(r,\theta)\,\middle|\,\frac{1}{\cos\theta}\leqslant r\leqslant\frac{2}{\cos\theta},\quad 0\leqslant\theta\leqslant\frac{\pi}{4}\right\}.$$

则

$$\iint_D e^{\frac{y}{x}}\,dxdy=\int_0^{\frac{\pi}{4}}e^{\tan\theta}d\theta\int_{\frac{1}{\cos\theta}}^{\frac{2}{\cos\theta}}r\,dr=\int_0^{\frac{\pi}{4}}e^{\tan\theta}\cdot\frac{r^2}{2}\bigg|_{\frac{1}{\cos\theta}}^{\frac{2}{\cos\theta}}d\theta$$

$$=\frac{3}{2}\int_0^{\frac{\pi}{4}}e^{\tan\theta}\cdot\frac{1}{\cos^2\theta}d\theta=\frac{3}{2}e^{\tan\theta}\bigg|_0^{\frac{\pi}{4}}=\frac{3}{2}(e-1).$$

7.3 习题精选

1. 填空题

(1) 函数 $z=\dfrac{1}{\ln\sqrt{x-y^2}}$的定义域是________.

(2) 已知函数 $f(x+y,x-y)=x^2-y^2$,则$\dfrac{\partial f(x,y)}{\partial x}+\dfrac{\partial f(x,y)}{\partial y}=$________.

(3) 设 $z=\ln(x+\ln y)$,则$\dfrac{\partial z}{\partial x}=$________,$\dfrac{\partial z}{\partial y}=$________.

(4) 设 $u=\sqrt{x^2+y^2+z^2}$,则$\dfrac{\partial u}{\partial y}=$________.

(5) 设 $f(x,y)=e^{-x}\sin(x+2y)$,则 $f'_x\left(0,\dfrac{\pi}{4}\right)=$________.

(6) 设 $z=xyf\left(\dfrac{y}{x}\right)$,$f$ 可导,则 $xz'_x+yz'_y=$________.

(7) 若 $z=\dfrac{y}{f(x^2-y^2)}$,f 可导,则$\dfrac{1}{x}\cdot\dfrac{\partial z}{\partial x}+\dfrac{1}{y}\cdot\dfrac{\partial z}{\partial y}=$________.

(8) 设 $z=e^{ye^x}$,则$\dfrac{\partial^2 z}{\partial x\partial y}=$________.

(9) 设 $z=x^{y^2}$,则 $dz=$________.

(10) 设 $z=f(x,y)$是由方程 $e^z-xyz=0$ 给出的隐函数,则 $dz=$________.

(11) 由方程 $x^2+y^2+z^2-2x+2y-4z-10=0$ 所确定的隐函数的极小值为________,极大值为________.

(12) 二元函数 $z=x^4+y^4-x^2-2xy-y^2$ 的极小值点为________.

(13) 设积分区域为 $D=\{(x,y)\mid 0\leqslant x\leqslant 1,0\leqslant y\leqslant 2\}$,则$\iint\limits_D(x+y+1)\,dxdy=$________.

(14) 设积分区域为 $D=\{(x,y)\mid 0\leqslant x\leqslant 1,-1\leqslant y\leqslant 0\}$,则$\iint\limits_D ye^{xy}\,dxdy=$________.

(15) 设积分区域 D 为由直线 $y=x$,y 轴与直线 $y=1$ 所围成的区域,则$\iint\limits_D y^2e^{xy}\,dxdy=$________.

(16) 设积分区域为 $D=\{(x,y)\mid 1\leqslant x^2+y^2\leqslant 16\}$,则$\iint\limits_D 3\,dxdy=$________.

(17) 交换 $\int_{-1}^{0}\mathrm{d}y\int_{y}^{\sqrt{-y}}f(x,y)\,\mathrm{d}x$ 积分次序为________.

**(18) 改变二次积分次序 $\int_{-1}^{0}\mathrm{d}y\int_{-\sqrt{1-y^2}}^{\sqrt{1-y^2}}f(x,y)\mathrm{d}x+\int_{0}^{1}\mathrm{d}y\int_{-\sqrt{1-y}}^{\sqrt{1-y}}f(x,y)\mathrm{d}x=$________.

**(19) 改变二次积分次序 $\int_{0}^{1}\mathrm{d}x\int_{0}^{x}f(x,y)\mathrm{d}y+\int_{1}^{2}\mathrm{d}x\int_{0}^{2-x}f(x,y)\,\mathrm{d}y=$________.

(20) 设积分区域 $D=\{(x,y)\,|\,x^2+y^2\leqslant a^2\}$,$a>0$,$\iint\limits_{D}\mathrm{e}^{-(x^2+y^2)}\,\mathrm{d}x\mathrm{d}y=\frac{\pi}{2}$,则 $a=$________.

(21) 设积分区域 D 为 $x^2+y^2=1$ 所包围在第一象限的部分,则 $\iint\limits_{D}xy^2\,\mathrm{d}\sigma$ 用直角坐标化为二次积分是________;用极坐标化为二次积分是________.

(22) 将二次积分 $\int_{0}^{R}\mathrm{d}x\int_{0}^{\sqrt{Rx-x^2}}f(x,y)\,\mathrm{d}y$ 表示成极坐标形式的二次积分为________.

2. 单项选择题

(1) 函数 $z=\ln(y^2-4x+8)$ 的定义域为(　　).

(A) $\{(x,y)\,|\,y^2<4(x-2)\}$;　　(B) $\{(x,y)\,|\,y^2\leqslant 4(x-2)\}$;

(C) $\{(x,y)\,|\,y^2>4(x-2)\}$;　　(D) $\{(x,y)\,|\,y^2\geqslant 4(x-2)\}$.

(2) 函数 $z=\arcsin(1-y)+\ln(x-y)$ 的定义域为(　　).

(A) $\{(x,y)\,|\,|1-y|\leqslant 1$ 且 $x-y>0\}$;

(B) $\{(x,y)\,|\,|1-y|\leqslant 1$ 且 $x-y\geqslant 0\}$;

(C) $\{(x,y)\,|\,|1-y|<1$ 且 $x-y>0\}$;

(D) $\{(x,y)\,|\,|1-y|<1$ 且 $x-y\geqslant 0\}$.

(3) 已知点 (x_0,y_0) 满足 $f'_x(x_0,y_0)=0$,$f'_y(x_0,y_0)=0$,则下列结论正确的是(　　).

(A) 点 (x_0,y_0) 是 $f(x,y)$ 的驻点;

(B) 点 (x_0,y_0) 是极值点;

(C) $z=f(x,y)$ 在 (x_0,y_0) 连续;

(D) 点 (x_0,y_0) 不是 $f(x,y)$ 的极值点.

(4) 设函数 $z=f(x,y)$ 在点 (x_0,y_0) 处的偏导数都存在,则下列结论正确的是(　).

(A) $f(x,y)$ 在点 (x_0,y_0) 处必连续;　　(B) $f(x,y)$ 在点 (x_0,y_0) 处必可微;

(C) $\lim\limits_{\substack{x\to x_0\\ y\to y_0}}f(x,y)$ 一定存在;　　(D) 都不一定.

(5) 若 $z=f(x,y)$ 满足 $f'_x(x_0,y_0)=f'_y(x_0,y_0)$,则下列结论正确的是(　　).

(A) $\lim\limits_{\substack{x\to x_0\\ y\to y_0}}f(x,y)=f(x_0,y_0)$;

(B) $z=f(x,y)$ 在点 (x_0,y_0) 处可微;

(C) $\lim\limits_{\Delta x\to 0}\Delta_x z=0$,$\lim\limits_{\Delta y\to 0}\Delta_y z=0$;

(D) 以上结论不一定成立.

(6) 对于二元函数 $z=f(x,y)$，下列结论正确的是(　　).

(A) 若$\dfrac{\partial^2 z}{\partial x\partial y}$与$\dfrac{\partial^2 z}{\partial y\partial x}$存在，则$\dfrac{\partial^2 z}{\partial x\partial y}=\dfrac{\partial^2 z}{\partial y\partial x}$；

(B) 若$\dfrac{\partial z}{\partial x}$，$\dfrac{\partial z}{\partial y}$存在，则函数 $z=f(x,y)$可微；

(C) 若$\dfrac{\partial z}{\partial x}$，$\dfrac{\partial z}{\partial y}$连续，则函数 $z=f(x,y)$可微；

(D) $\lim\limits_{\substack{x\to x_0\\y\to y_0}}f(x,y)=A$ 的充要条件是$\lim\limits_{x\to x_0}f(x,y_0)=A$ 且$\lim\limits_{y\to y_0}f(x_0,y)=A$.

(7) 设 $f(x,y)=x\sin y^2$，则 $f'_x(0,1)=$(　　).

(A) 1；　　(B) 0；　　(C) sin1；　　(D) cos1.

(8) 设 $z=\mathrm{e}^{-\sin^2(xy^2)}$，则$\dfrac{\partial z}{\partial y}=$(　　).

(A) $\mathrm{e}^{-\sin^2(xy^2)}$；　　(B) $-\mathrm{e}^{-\cos^2(xy^2)}$；

(C) $-2xy\sin(2xy^2)\mathrm{e}^{-\sin^2(xy^2)}$；　　(D) $-4xy\sin(xy^2)\mathrm{e}^{-\sin^2(xy^2)}$.

(9) 已知 $z=\arcsin\dfrac{x}{\sqrt{x^2+y^2}}$，则$\dfrac{\partial z}{\partial x}=$(　　).

(A) $\dfrac{y}{x^2+y^2}$；　　(B) $-\dfrac{y}{x^2+y^2}$；

(C) $\dfrac{|y|}{x^2+y^2}$；　　(D) $\dfrac{1}{x^2+y^2}$.

(10) 设 $z=\ln(\mathrm{e}^x+\mathrm{e}^y)$，则$\dfrac{\partial^2 z}{\partial x\partial y}=$(　　).

(A) $\dfrac{\mathrm{e}^x}{\mathrm{e}^x+\mathrm{e}^y}$；　　(B) $-\dfrac{\mathrm{e}^x\mathrm{e}^y}{(\mathrm{e}^x+\mathrm{e}^y)^2}$；

(C) $\dfrac{\mathrm{e}^x\mathrm{e}^y}{(\mathrm{e}^x+\mathrm{e}^y)^2}$；　　(D) $\dfrac{\mathrm{e}^y}{\mathrm{e}^x+\mathrm{e}^y}$.

(11) 二元函数 $f(x,y)$在(x_0,y_0)的偏导数存在是它在该点处可微的(　)条件.

(A) 充分而不必要；　　(B) 必要而不充分；

(C) 充要；　　(D) 无关.

(12) 已知 $z=\ln(\sqrt[n]{x}+\sqrt[n]{y})$，则 $x\dfrac{\partial z}{\partial x}+y\dfrac{\partial z}{\partial y}=$(　　).

(A) 1；　　(B) n；

(C) $\dfrac{1}{n}$；　　(D) 以上都不对.

(13) 对两种相关商品的需求函数$\begin{cases}Q_1=a_1+b_1p_1+c_1p_2, & a_1>0\\Q_2=a_2+b_2p_1+c_2p_2, & a_2>0\end{cases}$，当(　　)时商品互相竞争.

(A) $c_1>0$，　$b_2>0$；　　(B) $c_1>0$，　$b_2<0$；

(C) $c_1<0$，　$b_2<0$；　　(D) $c_1<0$，　$b_2>0$.

(14) 已知生产函数 $Q=200K^{\frac{1}{2}}L^{\frac{2}{3}}$，则产量对资本的偏弹性 E_K 和产量对劳动力的偏弹性 E_L 分别为(　　).

(A) $\frac{1}{2}$，$\frac{2}{3}$；　　(B) $\frac{2}{3}$，$\frac{1}{2}$；

(C) $-\frac{1}{2}$，$-\frac{2}{3}$；　　(D) $-\frac{2}{3}$，$-\frac{1}{2}$.

(15) 已知(5,2)为函数 $z=xy+\frac{a}{x}+\frac{b}{y}$ 的极值点，则 a，b 分别为(　　).

(A) -50，-20；　　(B) 50，20；

(C) -20，-50；　　(D) 20，50.

(16) 当 D 为(　　)围成的区域时，$\iint\limits_D \mathrm{d}x\mathrm{d}y=1$.

(A) $y=x, x=0, y=\sqrt{2}$；　　(B) $xy=1, x=1, y=1$；

(C) $y=x^2, x=y^2$；　　(D) $y=x, y=0, x=\frac{\sqrt{2}}{2}$.

(17) 设积分区域 D 由直线 $y=x, y=x+a, y=a$ 及 $y=5a$ 所围成，则 $\iint\limits_D \mathrm{d}x\mathrm{d}y=$(　　).

(A) 4；　　(B) 5；

(C) $5a^2$；　　(D) $4a^2$.

(18) 设积分区域 D 是以(0,0)，(1,1)，(0,1)为顶点的三角形区域，则二重积分 $\iint\limits_D \mathrm{e}^{y^2}\mathrm{d}x\mathrm{d}y=$(　　).

(A) e^{-1}；　　(B) $1-\mathrm{e}$；

(C) $\frac{1}{2}(\mathrm{e}-1)$；　　(D) $\frac{1}{2}(1-\mathrm{e})$.

(19) 将二重积分 $\iint\limits_D f(x,y)\,\mathrm{d}x\mathrm{d}y$ 化成二次积分，其中积分区域为由 $y=x^2, y=4$ 所围成的在第一象限部分，下列各式中正确的是(　　).

(A) $\int_{x^2}^4 \mathrm{d}x\int_0^2 f(x,y)\,\mathrm{d}y$；　　(B) $\int_0^2 \mathrm{d}x\int_0^4 f(x,y)\,\mathrm{d}y$；

(C) $\int_0^4 \mathrm{d}y\int_0^y f(x,y)\,\mathrm{d}x$；　　(D) $\int_0^4 \mathrm{d}y\int_0^{\sqrt{y}} f(x,y)\,\mathrm{d}x$.

(20) 若平面区域 $D=\{(x,y)\mid 0\leqslant x\leqslant 1, 1\leqslant y\leqslant \mathrm{e}\}$，则二重积分 $\iint\limits_D \frac{x}{y}\mathrm{d}x\mathrm{d}y=$(　　).

(A) $\frac{\mathrm{e}}{2}$；　　(B) $\frac{1}{2}$；　　(C) e；　　(D) 1.

(21) 改变二次积分 $I=\int_0^1 \mathrm{d}y\int_{y^2}^y f(x,y)\,\mathrm{d}x$ 的积分次序，则 $I=$(　　).

(A) $\int_0^1 \mathrm{d}x\int_x^{\sqrt{x}} f(x,y)\,\mathrm{d}y$；　　(B) $\int_0^1 \mathrm{d}x\int_{\sqrt{x}}^x f(x,y)\,\mathrm{d}y$；

(C) $\int_0^1 dx \int_0^{\sqrt{x}} f(x,y)dy$；　　(D) $\int_0^1 dx \int_0^x f(x,y)\,dy$.

(22) 二次积分 $\int_0^{\frac{\pi}{2}} d\theta \int_0^{\cos\theta} f(r\cos\theta, r\sin\theta)\, r dr$ 可以写成(　).

(A) $\int_0^1 dy \int_0^{\sqrt{y-y^2}} f(x,y)\,dx$；　　(B) $\int_0^1 dy \int_0^{\sqrt{1-y^2}} f(x,y)dx$；

(C) $\int_0^1 dx \int_0^1 f(x,y)dy$；　　(D) $\int_0^1 dx \int_0^{\sqrt{x-x^2}} f(x,y)dy$.

(23) 设积分区域 $D=\{(x,y)\mid x^2+y^2\leqslant a^2\}(a>0)$，$\iint\limits_D (x^2+y^2)\,dxdy=8\pi$，则 $a=$(　　).

(A) 1；　　(B) 2；

(C) 4；　　(D) 8.

(24) 若 $f(x,y)=x^2-y^2$，积分区域 $D=\{(x,y)\mid 0\leqslant x\leqslant 1, 0\leqslant y\leqslant 1\}$，则 $\iint\limits_D f(x+y, x-y)\,dxdy=$(　　).

(A) $2\left(\int_0^1 x dx\right)^2$；　　(B) $4\int_0^1 x^2 dx$；

(C) $\left(2\int_0^1 x dx\right)^2$；　　(D) $2\int_0^1 x^2\, dx$.

(25) 设 $z=f(x,y)$ 连续，且 $f(x,y)=xy+\iint\limits_D f(u,v)\,dudv$，其中 D 是由 $y=0, y=x^2$ 及 $x=1$ 所围成的区域，则 $f(x,y)=$(　　).

(A) xy；　　(B) $2xy$；

(C) $xy+\frac{1}{8}$；　　(D) $xy+1$.

3. 若 $f(x,y)=\frac{2xy}{x^2+y^2}$，$k$ 为常数，试求 $f\left(1,\frac{y}{x}\right)$，$f(kx,ky)$，$f\left(\frac{1}{x},\frac{1}{y}\right)$ 及 $f(x+y, x-y)$.

4. 由下列条件，求函数 $f(x,y)$ 的表达式：

(1) $f(x+y,x-y)=(x^2-y^2)e^{x+y}$；

(2) $f(x-y,xy)=x^2-xy+y^2$.

5. 求下列函数的极限：

(1) $\lim\limits_{\substack{x\to 1\\ y\to 0}}\frac{e^x\cos y}{3x^2+y^2+1}$；　　(2) $\lim\limits_{\substack{x\to a\\ y\to 0}}\frac{\sin xy}{y}$；　　(3) $\lim\limits_{\substack{x\to\infty\\ y\to a}}\left(1+\frac{1}{x}\right)^{\frac{x^2}{x+y}}$.

6. 求函数 $f(x,y)=\frac{2x+y^2}{y^2-2x}$ 的间断点.

7. 求下列函数的定义域并画出其草图：

(1) $z=\sqrt{4-x^2-y^2}$；　　(2) $z=\frac{\sqrt{4x-y^2}}{\ln(1-x^2-y^2)}$；

(3) $z=\arcsin\dfrac{y}{x}$；　　(4) $z=\sqrt{1-(x^2+y)^2}$.

8. 求下列函数的一阶偏导数：

(1) $z=e^{xy}+x^2y$；　　(2) $z=\ln(x+\ln y)$；

(3) $z=\arctan\dfrac{x}{y}$；　　(4) $z=xy\sqrt{R^2-x^2-y^2}$；

(5) $z=\sqrt{x}\sin\dfrac{y}{x}$；　　(6) $z=\dfrac{xe^y}{y^2}$；

(7) 若 $f(x,y)=e^{-x}\sin(x+2y)$，求：$f'_x\left(0,\dfrac{\pi}{4}\right),f'_y\left(0,\dfrac{\pi}{4}\right)$；

(8) $u=z^{xy}$.

9. 计算下列全微分：

(1) $z=x^my^n$；　　(2) $z=\arctan(xy)$；

(3) $z=e^{xy},x=1,y=1,\Delta x=0.15,\Delta y=0.1$；

(4) $z=\dfrac{y}{x},x=2,y=1,\Delta x=0.1,\Delta y=0.2$.

10. 求下列函数的二阶偏导数，其中 f 具有二阶连续偏导数：

(1) $z=x^4+y^4-4x^2y^2$；　　(2) $z=\arctan\dfrac{x}{y}$；

(3) $z=\ln(x+y^2)$；　　(4) $z=f(xy,x^2+y^2)$.

11. 求下列函数的偏导数(或全导数)，其中 f 具有连续偏导数.

(1) $z=u^2\ln v$，而 $u=\dfrac{x}{y}$ ，$v=3x-2y$；　　(2) $z=(x+2y)^{2x+y}$；

(3) $z=e^{x-2y}$，而 $x=\sin t,y=t^3$；　　(4) $z=\dfrac{u}{v}$，而 $u=x^2-y,v=x+y$；

(5) $u=e^x(y-z)$，而 $z=\cos(xy)$；　　(6) $z=f(x^2-y^2,e^{xy})$；

(7) $z=\dfrac{1}{x}f(x^2-y^2)$.

12. 求下列方程所确定的隐函数的一阶偏导数：

(1) $\dfrac{x}{z}=\ln\dfrac{z}{y}$；　　(2) $e^z=xyz$；

(3) 方程 $2x+2y+z=2\sqrt{xyz}$ 确定的隐函数 $z=f(x,y)$；

(4) 方程 $e^{-(x+y+z)}=x+y+z$ 确定的隐函数 $z=f(x,y)$.

13. 方程 $\ln z=x^2+y^2$ 确定隐函数 $z=f(x,y)$，求 $z=f(x,y)$ 的二阶偏导数.

**14. 设 $u=f(x,y,z)$ 有连续的偏导数，函数 $y=y(x),z=z(x)$ 分别由 $e^{xy}-y=0,e^z-xz=0$ 所确定，求 $\dfrac{du}{dx}$.

15. 求下列函数的极值：

(1) $f(x,y)=4(x-y)-x^2-y^2$；

(2) $f(x,y)=xy(a-x-y),a>0$；

(3) $f(x,y)=e^{2x}(x+y^2+2y)$.

16. 在半径为 a 的半球内,内接一长方体,问各边长为多少时,其体积最大?

17. 求函数 $z=xy$ 在条件 $x+y=1$ 下的极值.

18. 证明下列各题:

(1) 设 $z=yf(x^2-y^2)$,其中 f 为可微函数,试证:

$$y^2\frac{\partial z}{\partial x}+xy\frac{\partial z}{\partial y}=xz;$$

**(2) 方程 $f\left(\frac{y}{z},\frac{z}{x}\right)=0$ 确定 z 是 x,y 的函数,其中 f 为可微函数,求证:

$$x\frac{\partial z}{\partial x}+y\frac{\partial z}{\partial y}=z;$$

(3) 设 $u=\frac{xy}{z}\ln x+xf\left(\frac{y+z}{x}\right)$,其中 f 为可微函数,求证

$$x\frac{\partial u}{\partial x}+y\frac{\partial u}{\partial y}+z\frac{\partial u}{\partial z}=u+\frac{xy}{z};$$

(4) 设 $z=xf\left(\frac{y}{x}\right)+(x-1)y\ln x$,其中 f 为二次可微函数,证明:

$$x^2\frac{\partial^2 z}{\partial x^2}-y^2\frac{\partial^2 z}{\partial y^2}=(x+1)y.$$

19. 某工厂生产的产品在甲、乙两个市场的销售量分别为 Q_1 与 Q_2,其销售价格分别为 p_1 与 p_2,需求函数分别为 $Q_1=24-0.2p_1$,$Q_2=10-0.05p_2$,总成本函数为 $C=35+40(Q_1+Q_2)$,问两个市场的定价为多少可获得利润最大?最大利润是多少?

20. 化二重积分 $\iint\limits_D f(x,y)\,dxdy$ 为二次积分(写出两种积分次序):

(1) $D=\{(x,y)\mid |x|\leqslant 1,|y|\leqslant 1\}$;

(2) D 是由 y 轴,$y=1$ 及 $y=x$ 围成的区域;

(3) D 是由 x 轴,$y=\ln x$ 及 $x=e$ 围成的区域;

(4) D 是由 x 轴、圆 $x^2+y^2-2x=0$ 在第一象限的部分以及直线 $x+y=2$ 围成的区域;

(5) D 是由 x 轴、抛物线 $y=4-x^2$ 及圆 $x^2+y^2-4y=0$ 在第二象限所围成的区域.

**21. 交换下列积分次序:

(1) $\int_1^2 dx\int_x^{x^2} f(x,y)dy+\int_2^8 dx\int_x^8 f(x,y)\,dy$;

(2) $\int_0^1 dy\int_0^y f(x,y)dx+\int_1^2 dy\int_0^{2-y} f(x,y)\,dx$.

22. 求证:$\int_0^1 dy\int_0^{\sqrt{y}} e^y f(x)dx=\int_0^1 (e-e^{x^2})\,f(x)dx$.

23. 计算下列二重积分

(1) $\iint\limits_D x e^{xy}\,dxdy$,其中 $D=\{(x,y)\mid -1\leqslant x\leqslant 1,-1\leqslant y\leqslant 0\}$;

(2) $\iint\limits_D x^3y^2\mathrm{d}x\mathrm{d}y$，其中 D 是由 x 轴、y 轴及圆 $x^2+y^2=1$ 在第一象限的部分围成的区域；

(3) $\iint\limits_D \cos(x+y)\,\mathrm{d}x\mathrm{d}y$，其中 D 是由 y 轴、直线 $y=x$ 及 $y=\pi$ 围成的区域；

(4) $\iint\limits_D \dfrac{\mathrm{e}^x}{y^2}\,\mathrm{d}x\mathrm{d}y$，其中 $D=\{(x,y)\,|\,1\leqslant x\leqslant 2,\dfrac{1}{x}\leqslant y\leqslant 2\}$；

(5) $\iint\limits_D \sqrt{xy-x^2}\,\mathrm{d}x\mathrm{d}y$，其中 D 是由直线 $y=2x$，及 $y=x$ 和 $x=1$ 围成的区域；

(6) $\iint\limits_D \dfrac{\sin y}{y}\,\mathrm{d}x\mathrm{d}y$，其中 D 是由直线 $y=x$ 及抛物线 $x=y^2$ 围成的区域；

(7) $\iint\limits_D |\,y-x^2\,|\,\mathrm{d}x\mathrm{d}y$，其中 $D=\{(x,y)\,|-1\leqslant x\leqslant 1,0\leqslant y\leqslant 1\}$；

(8) $\iint\limits_D xy^2\,\mathrm{d}x\mathrm{d}y$，其中 $D=\{(x,y)\,|\,2\leqslant x^2+y^2\leqslant 4,0\leqslant y\leqslant x\}$；

(9) $\iint\limits_D \mathrm{e}^{-(x^2+y^2)}\,\mathrm{d}x\mathrm{d}y$，其中 $D=\{(x,y)\,|\,x^2+y^2\leqslant R^2\}$；

(10) $\iint\limits_D \sqrt{R^2-x^2-y^2}\,\mathrm{d}x\mathrm{d}y$，其中 $D=\{(x,y)\,|\,x^2+y^2\leqslant Ry,R>0\}$.

*24. 计算下列立体的体积：

(1) 由抛物柱面 $z=4-x^2$，三个坐标面及平面 $2x+y=4$ 围成第一卦限部分；

(2) 由平面 $z=1+x+y$，$x+y=1$ 及三个坐标面围成的立体.

7.4 习题详解

1. 填空题

(1) $\{(x,y)\,|\,x>y^2$ 且 $x\neq 1+y^2\}$.

提示 $\begin{cases}x-y^2>0\\x-y^2\neq 1\end{cases}\Rightarrow\begin{cases}x>y^2\\x\neq 1+y^2\end{cases}\Rightarrow D=\{(x,y)\,|\,x>y^2$ 且 $x\neq 1+y^2\}$.

(2) $x+y$.

提示 $f(u,v)=uv$.

(3) $\dfrac{1}{x+\ln y}$，$\dfrac{1}{xy+y\ln y}$.

(4) $\dfrac{y}{\sqrt{x^2+y^2+z^2}}$.

(5) -1.

提示 $f'_x(x,y)=-\mathrm{e}^{-x}\sin(x+2y)+\mathrm{e}^{-x}\cos(x+2y)$.

(6) $2z$.

提示 $z'_x=yf\left(\dfrac{y}{x}\right)-\dfrac{y^2}{x}f'\left(\dfrac{y}{x}\right)$，$z'_y=xf\left(\dfrac{y}{x}\right)+yf'\left(\dfrac{y}{x}\right)$.

(7) $\dfrac{1}{yf(x^2-y^2)}=\dfrac{z}{y^2}$.

提示 $\dfrac{\partial z}{\partial x}=-\dfrac{2xyf'(x^2-y^2)}{[f(x^2-y^2)]^2}$，$\dfrac{\partial z}{\partial y}=\dfrac{f(x^2-y^2)+2y^2f'(x^2-y^2)}{[f(x^2-y^2)]^2}$.

(8) $e^{ye^x+x}(1+ye^x)$.

提示 $\dfrac{\partial z}{\partial x}=ye^{ye^x}\cdot e^x$，$\dfrac{\partial^2 z}{\partial x\partial y}=e^{ye^x}\cdot e^x+ye^{ye^x}\cdot e^x\cdot e^x$.

(9) $y^2x^{y^2-1}dx+2y\cdot x^{y^2}\ln x dy$.

提示 $\dfrac{\partial z}{\partial x}=y^2x^{y^2-1}$，$\dfrac{\partial z}{\partial y}=2y\cdot x^{y^2}\ln x$.

(10) $\dfrac{yz}{e^z-xy}dx+\dfrac{xz}{e^z-xy}dy$，或$\dfrac{z}{x(z-1)}dx+\dfrac{z}{y(z-1)}dy$，或$\dfrac{z}{(z-1)}\left(\dfrac{1}{x}dx+\dfrac{1}{y}dy\right)$.

提示 设$F(x,y,z)=e^z-xyz$，则

$$\frac{\partial F}{\partial x}=-yz,\quad \frac{\partial F}{\partial y}=-xz,\quad \frac{\partial F}{\partial z}=e^z-xy,$$

因此$\dfrac{\partial z}{\partial x}=\dfrac{yz}{e^z-xy}$，$\dfrac{\partial z}{\partial y}=\dfrac{xz}{e^z-xy}$.

(11) -2，6.

提示 设$F(x,y,z)=x^2+y^2+z^2-2x+2y-4z-10$，$\dfrac{\partial F}{\partial x}=2x-2$，$\dfrac{\partial F}{\partial y}=2y+2$，$\dfrac{\partial F}{\partial z}=2z-4$，$\dfrac{\partial z}{\partial x}=-\dfrac{2x-2}{2z-4}$，$\dfrac{\partial z}{\partial y}=-\dfrac{2y+2}{2z-4}$，得唯一驻点为$(1,-1)$，代入方程得到$z$值.

(12) $(1,1)$，$(-1,-1)$.

提示 $\dfrac{\partial z}{\partial x}=4x^3-2x-2y=0$，$\dfrac{\partial z}{\partial y}=4y^3-2x-2y=0$，驻点为$(0,0)$，$(1,1)$，$(-1,-1)$，$\dfrac{\partial^2 z}{\partial x^2}=12x^2-2$，$\dfrac{\partial^2 z}{\partial x\partial y}=-2$，$\dfrac{\partial^2 z}{\partial y^2}=12y^2-2$.

(13) 5.

提示
$$\begin{aligned}\iint_D(x+y+1)dxdy&=\int_0^1dx\int_0^2(x+y+1)dy=\int_0^1\left(xy+\frac{1}{2}y^2+y\right)_0^2dx\\&=\int_0^1(2x+4)dx.\end{aligned}$$

(14) $-\dfrac{1}{e}$.

提示 $\displaystyle\iint_D ye^{xy}dxdy=\int_{-1}^0dy\int_0^1ye^{xy}dx=\int_{-1}^0(e^{xy})_0^1dy=\int_{-1}^0(e^y-1)dy=(e^y-y)_{-1}^0=-\frac{1}{e}$.

(15) $\dfrac{1}{2}e-1$.

提示
$$\begin{aligned}\iint_D y^2e^{xy}dxdy&=\int_0^1dy\int_0^y y^2e^{xy}dx=\int_0^1 y(e^{xy})_0^y dy=\int_0^1 y(e^{y^2}-1)dy\\&=\left(\frac{1}{2}e^{y^2}-\frac{1}{2}y^2\right)_0^1=\frac{1}{2}e-\frac{1}{2}-\frac{1}{2}.\end{aligned}$$

(16) 45π.

(17) $\int_{-1}^{0}\mathrm{d}x\int_{-1}^{x}f(x,y)\mathrm{d}y+\int_{0}^{1}\mathrm{d}x\int_{-1}^{-x^2}f(x,y)\mathrm{d}y$.

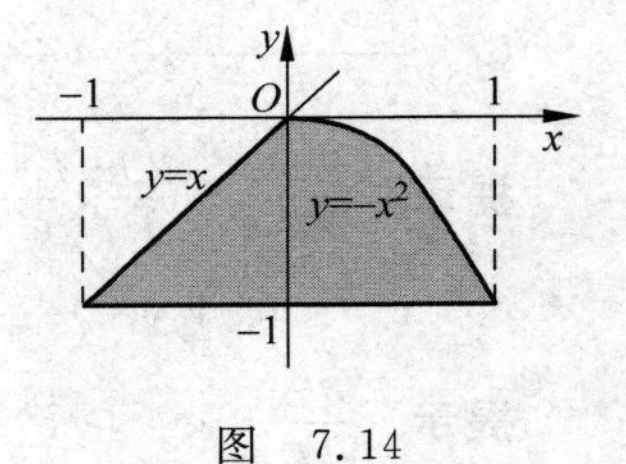

图 7.14

提示 积分区域如图 7.14 所示，$x=\sqrt{-y}$，$y=-x^2$.

(18) $\int_{-1}^{1}\mathrm{d}x\int_{-\sqrt{1-x^2}}^{1-x^2}f(x,y)\,\mathrm{d}y$.

提示 积分区域为

$$D_1=\{(x,y)\mid-\sqrt{1-y^2}\leqslant x\leqslant\sqrt{1-y^2},-1\leqslant y\leqslant 0\},$$
$$D_2=\{(x,y)\mid-\sqrt{1-y}\leqslant x\leqslant\sqrt{1-y},0\leqslant y\leqslant 1\},$$

则

$$D_1\cup D_2=\{(x,y)\mid-\sqrt{1-x^2}\leqslant y\leqslant 1-x^2,-1\leqslant x\leqslant 1\}.$$

(19) $\int_{0}^{1}\mathrm{d}y\int_{y}^{2-y}f(x,y)\mathrm{d}x$.

提示 积分区域为

$$D_1=\{(x,y)\mid 0\leqslant y\leqslant x,0\leqslant x\leqslant 1\},$$
$$D_2=\{(x,y)\mid 0\leqslant y\leqslant 2-x,1\leqslant x\leqslant 2\},$$

则

$$D_1\cup D_2=\{(x,y)\mid y\leqslant x\leqslant 2-y,0\leqslant y\leqslant 1\}.$$

(20) $a=\sqrt{\ln 2}$.

提示 $\iint\limits_{D}\mathrm{e}^{-(x^2+y^2)}\mathrm{d}x\mathrm{d}y=\int_{0}^{2\pi}\mathrm{d}\theta\int_{0}^{a}r\mathrm{e}^{-r^2}\mathrm{d}r=(2\pi)\left(-\frac{1}{2}\mathrm{e}^{-r^2}\right)\Big|_{0}^{a}$

$$=\pi(1-\mathrm{e}^{-a^2})=\frac{\pi}{2},$$

则 $\mathrm{e}^{-a^2}=\frac{1}{2}$，$a^2=\ln 2$.

(21) $\int_{0}^{1}\mathrm{d}x\int_{0}^{\sqrt{1-x^2}}xy^2\mathrm{d}y\quad\left(\text{或}\int_{0}^{1}\mathrm{d}y\int_{0}^{\sqrt{1-y^2}}xy^2\mathrm{d}x\right)$； $\int_{0}^{\frac{\pi}{2}}\sin^2\theta\cos\theta\mathrm{d}\theta\int_{0}^{1}r^4\,\mathrm{d}r$.

(22) $\int_{0}^{\frac{\pi}{2}}\mathrm{d}\theta\int_{0}^{R\cos\theta}rf(r\cos\theta,r\sin\theta)\,\mathrm{d}r$.

2. 单项选择题

(1) C. (2) A. (3) A. (4) D. (5) C.
(6) C. (7) C. (8) C. (9) C. (10) B. (11) B.
(12) C.

提示 $x\frac{\partial z}{\partial x}+y\frac{\partial z}{\partial y}=x\frac{\frac{1}{n}x^{\frac{1}{n}-1}}{\sqrt[n]{x}+\sqrt[n]{y}}+y\frac{\frac{1}{n}y^{\frac{1}{n}-1}}{\sqrt[n]{x}+\sqrt[n]{y}}=\frac{\frac{1}{n}x^{\frac{1}{n}}}{\sqrt[n]{x}+\sqrt[n]{y}}+\frac{\frac{1}{n}y^{\frac{1}{n}}}{\sqrt[n]{x}+\sqrt[n]{y}}$.

(13) A.

提示 $c_1=\frac{\partial Q_1}{\partial p_2}>0$，表示在 p_1 不变，当 p_2 增加时，商品 Q_1 增加；$b_2=\frac{\partial Q_2}{\partial p_2}>0$，表示

在 p_2 不变，当 p_1 增加时，商品 Q_2 增加．两种商品可以相互取代，互相竞争．

(14) A.

提示　$E_K=\dfrac{K}{Q}Q'_K$，$E_L=\dfrac{L}{Q}Q'_L$．

(15) B.　(16) A.　(17) D.　(18) C.　(19) D.　(20) B.　(21) A.　(22) D.

(23) B.　(24) C.　(25) C.

提示　对上述等式在区域 D 上两端积分，得

$$\iint_D f(x,y)\mathrm{d}x\mathrm{d}y=\iint_D xy\mathrm{d}x\mathrm{d}y+\iint_D f(u,v)\mathrm{d}u\mathrm{d}v\iint_D \mathrm{d}x\mathrm{d}y,$$

而 $\iint_D xy\mathrm{d}x\mathrm{d}y=\dfrac{1}{12}$，$\iint_D \mathrm{d}x\mathrm{d}y=\dfrac{1}{3}$，代入上式解出 $\iint_D f(x,y)\mathrm{d}x\mathrm{d}y$．

3. $f\left(1,\dfrac{y}{x}\right)=\dfrac{2\dfrac{y}{x}}{1+\left(\dfrac{y}{x}\right)^2}=\dfrac{2xy}{x^2+y^2}=f(x,y)$，

$$f(kx,ky)=\frac{2(kx)(ky)}{(kx)^2+(ky)^2}=\frac{2xy}{x^2+y^2}=f(x,y),$$

$$f\left(\frac{1}{x},\frac{1}{y}\right)=\frac{2\left(\frac{1}{x}\right)\left(\frac{1}{y}\right)}{\left(\frac{1}{x}\right)^2+\left(\frac{1}{y}\right)^2}=\frac{2xy}{x^2+y^2}=f(x,y),$$

$$f(x+y,x-y)=\frac{2(x+y)(x-y)}{(x+y)^2+(x-y)^2}=\frac{x^2-y^2}{x^2+y^2}.$$

4. (1) 因为 $f(x+y,x-y)=(x+y)(x-y)\mathrm{e}^{x+y}$，所以 $f(x,y)=xy\mathrm{e}^x$；

(2) 因为 $f(x-y,xy)=x^2-2xy+y^2+xy=(x-y)^2+xy$，所以 $f(x,y)=x^2+y$．

5.

(1) $\lim\limits_{\substack{x\to 1\\ y\to 0}}\dfrac{\mathrm{e}^x\cos y}{3x^2+y^2+1}=\dfrac{\mathrm{e}\cos 0}{3+0^2+1}=\dfrac{\mathrm{e}}{4}$．

(2) $\lim\limits_{\substack{x\to a\\ y\to 0}}\dfrac{\sin xy}{y}=\lim\limits_{\substack{x\to a\\ y\to 0}}\dfrac{\sin xy}{xy}\cdot x=a$．

(3) $\lim\limits_{\substack{x\to \infty\\ y\to a}}\left(1+\dfrac{1}{x}\right)^{\frac{x^2}{x+y}}=\lim\limits_{\substack{x\to \infty\\ y\to a}}\left[\left(1+\dfrac{1}{x}\right)^x\right]^{\frac{x}{x+y}}=\mathrm{e}$．

6. 间断点为集合，为坐标面上的一条抛物线 $D_1=\{(x,y)\mid y^2=2x\}$．

7.

(1) 因为 $4-x^2-y^2\geqslant 0\Leftrightarrow x^2+y^2\leqslant 4$，所以 $D=\{(x,y)\mid x^2+y^2\leqslant 4\}$．

(2) 因为 $\begin{cases}4x-y^2\geqslant 0\\ 1-x^2-y^2>0\\ 1-x^2-y^2\neq 1\end{cases}\Leftrightarrow\begin{cases}y^2\leqslant 4x\\ x^2+y^2<1\\ x^2+y^2\neq 0\end{cases}$，所以

$$D=\{(x,y)\mid x^2+y^2<1,x^2+y^2\neq 0,y^2\leqslant 4x\}.$$

(3) 因为当 $x\neq 0$ 时，$\left|\dfrac{y}{x}\right|\leqslant 1\Leftrightarrow|y|\leqslant|x|\Leftrightarrow-|x|\leqslant y\leqslant|x|$，所以 $D=\{(x,y)\mid-|x|\leqslant y\leqslant|x|$ 且 $x\neq 0\}$．

(4) 因为

$$1-(x^2+y)^2\geqslant 0\Leftrightarrow (x^2+y)^2\leqslant 1\Leftrightarrow -1\leqslant x^2+y\leqslant 1\Leftrightarrow\begin{cases}y\leqslant -x^2+1\\ y\geqslant -x^2-1\end{cases},$$

所以 $D=\{(x,y)\mid y\leqslant -x^2+1, y\geqslant -x^2-1\}$.

草图略.

8.

(1) $\frac{\partial z}{\partial x}=y\mathrm{e}^{xy}+2xy$, $\frac{\partial z}{\partial y}=x\mathrm{e}^{xy}+x^2$.

(2) $\frac{\partial z}{\partial x}=\frac{1}{x+\ln y}$, $\frac{\partial z}{\partial y}=\frac{1}{(x+\ln y)y}$.

(3) $\frac{\partial z}{\partial x}=\frac{1}{1+\left(\frac{x}{y}\right)^2}\cdot\frac{1}{y}=\frac{y}{x^2+y^2}$, $\frac{\partial z}{\partial y}=\frac{1}{1+\left(\frac{x}{y}\right)^2}\left(-\frac{x}{y^2}\right)=-\frac{x}{x^2+y^2}$.

(4) $\frac{\partial z}{\partial x}=y\sqrt{R^2-x^2-y^2}-xy\frac{x}{\sqrt{R^2-x^2-y^2}}=\frac{y(R^2-x^2-y^2)-x^2y}{\sqrt{R^2-x^2-y^2}}$

$=\frac{y(R^2-2x^2-y^2)}{\sqrt{R^2-x^2-y^2}}$,

同理$\frac{\partial z}{\partial y}=\frac{x(R^2-x^2-2y^2)}{\sqrt{R^2-x^2-y^2}}$.

(5) $\frac{\partial z}{\partial x}=\frac{1}{2\sqrt{x}}\sin\frac{y}{x}-\frac{y}{x\sqrt{x}}\cos\frac{y}{x}$, $\frac{\partial z}{\partial y}=\frac{1}{\sqrt{x}}\cos\frac{y}{x}$.

(6) $\frac{\partial z}{\partial x}=\frac{\mathrm{e}^y}{y^2}$, $\frac{\partial z}{\partial y}=x\frac{y^2\mathrm{e}^y-2y\mathrm{e}^y}{y^4}=x\frac{\mathrm{e}^y(y-2)}{y^3}$.

(7) $f'_x(x,y)=-\mathrm{e}^{-x}\sin(x+2y)+\mathrm{e}^{-x}\cos(x+2y)$, $f'_x\left(0,\frac{\pi}{4}\right)=-1$,

$f'_y(x,y)=2\mathrm{e}^{-x}\cos(x+2y)$, $f'_y\left(0,\frac{\pi}{4}\right)=0$.

(8) $\frac{\partial u}{\partial x}=yz^{xy}\ln z$, $\frac{\partial u}{\partial y}=xz^{xy}\ln z$, $\frac{\partial u}{\partial z}=xyz^{xy-1}$.

9.

(1) $\mathrm{d}z=mx^{m-1}y^n\mathrm{d}x+nx^my^{n-1}\mathrm{d}y=x^{m-1}y^{n-1}(my\mathrm{d}x+nx\mathrm{d}y)$;

(2) $\mathrm{d}z=\frac{y}{1+(xy)^2}\mathrm{d}x+\frac{x}{1+(xy)^2}\mathrm{d}y=\frac{1}{1+(xy)^2}(y\mathrm{d}x+x\mathrm{d}y)$;

(3) $\mathrm{d}z=y\mathrm{e}^{xy}\mathrm{d}x+x\mathrm{e}^{xy}\mathrm{d}y=0.25\mathrm{e}$;

(4) $\mathrm{d}z=-\frac{y}{x^2}\mathrm{d}x+\frac{1}{x}\mathrm{d}y=0.025$.

10.

(1) $\frac{\partial z}{\partial x}=4x^3-8xy^2$, $\frac{\partial z}{\partial y}=4y^3-8x^2y$, $\frac{\partial^2 z}{\partial x^2}=12x^2-8y^2$, $\frac{\partial^2 z}{\partial x\partial y}=-16xy$, $\frac{\partial^2 z}{\partial y^2}=12y^2-8x^2$.

(2) $\frac{\partial z}{\partial x}=\frac{y}{x^2+y^2}$, $\frac{\partial z}{\partial y}=-\frac{x}{x^2+y^2}$, $\frac{\partial^2 z}{\partial x^2}=-\frac{2xy}{(x^2+y^2)^2}$,

$$\frac{\partial^2 z}{\partial y^2}=\frac{2xy}{(x^2+y^2)^2},\frac{\partial^2 z}{\partial x\partial y}=\frac{(x^2+y^2)-2y^2}{(x^2+y^2)^2}=\frac{x^2-y^2}{(x^2+y^2)^2}.$$

(3) $\frac{\partial z}{\partial x}=\frac{1}{x+y^2},\frac{\partial z}{\partial y}=\frac{2y}{x+y^2},\frac{\partial^2 z}{\partial x^2}=-\frac{1}{(x+y^2)^2},$

$$\frac{\partial^2 z}{\partial x\partial y}=-\frac{2y}{(x+y^2)^2},\frac{\partial^2 z}{\partial y^2}=\frac{2(x+y^2)-4y^2}{(x+y^2)^2}=\frac{2(x-y^2)}{(x+y^2)^2};$$

(4) $\frac{\partial z}{\partial x}=yf_1'+2xf_2',$

$$\begin{aligned}\frac{\partial^2 z}{\partial x^2}&=y(yf_{11}''+2xf_{12}'')+2f_2'+2x(yf_{21}''+2xf_{22}'')\\&=2f_2'+y^2f_{11}''+2xy(f_{12}''+f_{21}'')+4x^2f_{22}''\\&=2f_2'+y^2f_{11}''+4xyf_{12}''+4x^2f_{22}'',\end{aligned}$$

$$\begin{aligned}\frac{\partial^2 z}{\partial x\partial y}&=f_1'+y(xf_{11}''+2yf_{12}'')+2x\ (xf_{21}''+2yf_{22}'')\\&=f_1'+xyf_{11}''+2y^2f_{12}''+2x^2f_{21}''+4xyf_{22}''\\&=f_1'+xyf_{11}''+2(x^2+y^2)f_{12}''+4xyf_{22}''.\end{aligned}$$

11.

(1) $\frac{\partial z}{\partial x}=\frac{\partial z}{\partial u}\cdot\frac{\partial u}{\partial x}+\frac{\partial z}{\partial v}\cdot\frac{\partial v}{\partial x}=2u\ln v\cdot\frac{1}{y}+\frac{u^2}{v}\cdot 3=\frac{2x}{y^2}\ln(3x-2y)+\frac{3x^2}{y^2(3x-2y)},$

$$\begin{aligned}\frac{\partial z}{\partial y}&=\frac{\partial z}{\partial u}\cdot\frac{\partial u}{\partial y}+\frac{\partial z}{\partial v}\cdot\frac{\partial v}{\partial y}=2u\ln v\cdot\left(-\frac{x}{y^2}\right)+\frac{u^2}{v}\cdot(-2)\\&=-\frac{2x^2}{y^3}\ln(3x-2y)-\frac{2x^2}{y^2(3x-2y)}.\end{aligned}$$

(2) 设 $u=x+2y,v=2x+y,z=u^v$,则

$$\begin{aligned}\frac{\partial z}{\partial x}&=\frac{\partial z}{\partial u}\cdot\frac{\partial u}{\partial x}+\frac{\partial z}{\partial v}\cdot\frac{\partial v}{\partial x}=2u^v\ln u+vu^{v-1}\\&=2\ (x+2y)^{2x+y}\ln(x+2y)+(2x+y)(x+2y)^{2x+y-1},\end{aligned}$$

$$\begin{aligned}\frac{\partial z}{\partial y}&=\frac{\partial z}{\partial u}\cdot\frac{\partial u}{\partial y}+\frac{\partial z}{\partial v}\cdot\frac{\partial v}{\partial y}=u^v\ln u+2vu^{v-1}\\&=(x+2y)^{2x+y}\ln(x+2y)+2(2x+y)(x+2y)^{2x+y-1}.\end{aligned}$$

(3) $$\begin{aligned}\frac{\mathrm{d}z}{\mathrm{d}t}&=\frac{\partial z}{\partial x}\cdot\frac{\mathrm{d}x}{\mathrm{d}t}+\frac{\partial z}{\partial y}\cdot\frac{\mathrm{d}y}{\mathrm{d}t}=\mathrm{e}^{x-2y}\cos t-6t^2\mathrm{e}^{x-2y}=\mathrm{e}^{x-2y}(\cos t-6t^2)\\&=\mathrm{e}^{\sin t-2t^3}(\cos t-6t^2).\end{aligned}$$

(4) $\frac{\partial z}{\partial x}=\frac{\partial z}{\partial u}\cdot\frac{\partial u}{\partial x}+\frac{\partial z}{\partial v}\cdot\frac{\partial v}{\partial x}=\frac{1}{v}(2x)-\frac{u}{v^2}=\frac{2x}{x+y}-\frac{x^2-y}{(x+y)^2}=\frac{x^2+2xy+y}{(x+y)^2},$

$$\frac{\partial z}{\partial y}=\frac{\partial z}{\partial u}\cdot\frac{\partial u}{\partial y}+\frac{\partial z}{\partial v}\cdot\frac{\partial v}{\partial y}=-\frac{1}{v}-\frac{u}{v^2}=-\frac{1}{x+y}-\frac{x^2-y}{(x+y)^2}=-\frac{x^2+x}{(x+y)^2}.$$

(5) 设 $u=f(x,y,z)=\mathrm{e}^x(y-z)$,而 $z=\cos(xy)$,则

$$\frac{\partial u}{\partial x}=\frac{\partial f}{\partial x}+\frac{\partial f}{\partial z}\cdot\frac{\partial z}{\partial x}=\mathrm{e}^x(y-z)+\mathrm{e}^x[y\sin(xy)]=\mathrm{e}^x(y-\cos xy+y\sin xy),$$

$$\frac{\partial u}{\partial y}=\frac{\partial f}{\partial y}+\frac{\partial f}{\partial z}\cdot\frac{\partial z}{\partial y}=\mathrm{e}^x+\mathrm{e}^x[x\sin(xy)]=\mathrm{e}^x(1+x\sin xy).$$

(6) $\frac{\partial z}{\partial x}=\frac{\partial z}{\partial u}\cdot\frac{\partial u}{\partial x}+\frac{\partial z}{\partial v}\cdot\frac{\partial v}{\partial x}=2xf_1'+ye^{xy}f_2'$,

$\frac{\partial z}{\partial y}=\frac{\partial z}{\partial u}\cdot\frac{\partial u}{\partial y}+\frac{\partial z}{\partial v}\cdot\frac{\partial v}{\partial y}=-2yf_1'+xe^{xy}f_2'$.

(7) $\frac{\partial z}{\partial x}=-\frac{1}{x^2}f(x^2-y^2)+2f'(x^2-y^2)$,

$\frac{\partial z}{\partial y}=-\frac{2y}{x}f'(x^2-y^2)$.

12. (1) 由于$\frac{x}{z}=\ln z-\ln y$, $\ln z-\ln y-\frac{x}{z}=0$,设 $F(x,y,z)=\ln z-\ln y-\frac{x}{z}$,则

$$F'_x=-\frac{1}{z},F'_y=-\frac{1}{y},F'_z=\frac{1}{z}+\frac{x}{z^2}=\frac{x+z}{z^2},$$

因此

$$\frac{\partial z}{\partial x}=-\frac{F'_x}{F'_z}=\frac{z}{x+z},\quad \frac{\partial z}{\partial y}=-\frac{F'_y}{F'_z}=\frac{z^2}{(x+z)y}.$$

(2) 由于 $e^z-xyz=0$,设 $F(x,y,z)=e^z-xyz$,则

$$F'_x=-yz,F'_y=-xz,F'_z=e^z-xy,$$

因此

$$\frac{\partial z}{\partial x}=-\frac{F'_x}{F'_z}=\frac{yz}{e^z-xy},\quad \frac{\partial z}{\partial y}=-\frac{F'_y}{F'_z}=\frac{xz}{e^z-xy}.$$

(3) 设 $F(x,y,z)=x+2y+z-2\sqrt{xyz}$,则

$$F'_x=1-\frac{yz}{\sqrt{xyz}}=\frac{\sqrt{xyz}-yz}{\sqrt{xyz}},$$

$$F'_y=2-\frac{xz}{\sqrt{xyz}}=\frac{2\sqrt{xyz}-xz}{\sqrt{xyz}},$$

$$F'_z=1-\frac{xy}{\sqrt{xyz}}=\frac{\sqrt{xyz}-xy}{\sqrt{xyz}},$$

因此

$$\frac{\partial z}{\partial x}=-\frac{F'_x}{F'_z}=-\frac{\sqrt{xyz}-yz}{\sqrt{xyz}-xy},\quad \frac{\partial z}{\partial y}=-\frac{F'_y}{F'_z}=-\frac{2\sqrt{xyz}-xz}{\sqrt{xyz}-xy}.$$

(4) 设 $F(x,y,z)=x+y+z-e^{-(x+y+z)}$,则

$$F'_x=1+e^{-(x+y+z)},\quad F'_y=1+e^{-(x+y+z)},\quad F'_z=1+e^{-(x+y+z)},$$

因此

$$\frac{\partial z}{\partial x}=-\frac{F'_x}{F'_z}=-1,\quad \frac{\partial z}{\partial y}=-\frac{F'_y}{F'_z}=-1.$$

13. **解法 1** $F(x,y,z)=x^2+y^2-\ln z,F'_x=2x,F'_y=2y,F'_z=-\frac{1}{z}$,

$$\frac{\partial z}{\partial x}=-\frac{F'_x}{F'_z}=2xz,\quad \frac{\partial z}{\partial y}=-\frac{F'_y}{F'_z}=2yz,$$

$$\frac{\partial^2 z}{\partial x^2}=2z+2x\frac{\partial z}{\partial x}=2z+2x(2xz)=2z(1+2x^2),$$

$$\frac{\partial^2 z}{\partial x\partial y}=2x\frac{\partial z}{\partial y}=4xyz,$$

$$\frac{\partial^2 z}{\partial y^2}=2z+2y\frac{\partial z}{\partial y}=2z+2y(2yz)=2z(1+2y^2).$$

解法 2　$z=\mathrm{e}^{x^2+y^2}$，$\frac{\partial z}{\partial x}=2x\mathrm{e}^{x^2+y^2}$，$\frac{\partial^2 z}{\partial x^2}=2\mathrm{e}^{x^2+y^2}+4x^2\mathrm{e}^{x^2+y^2}=2\mathrm{e}^{x^2+y^2}(1+2x^2)$，

$\frac{\partial^2 z}{\partial x\partial y}=4xy\mathrm{e}^{x^2+y^2}$，$\frac{\partial z}{\partial y}=2y\mathrm{e}^{x^2+y^2}$，$\frac{\partial^2 z}{\partial y^2}=2\mathrm{e}^{x^2+y^2}+4y^2\mathrm{e}^{x^2+y^2}=2\mathrm{e}^{x^2+y^2}(1+2y^2)$.

14. 设 $F(x,y)=\mathrm{e}^{xy}-y$，则 $F'_x=y\mathrm{e}^{xy}$，$F'_y=x\mathrm{e}^{xy}-1$，因此

$$\frac{\mathrm{d}y}{\mathrm{d}x}=-\frac{F'_x}{F'_y}=\frac{y\mathrm{e}^{xy}}{1-x\mathrm{e}^{xy}}=\frac{y^2}{1-xy}.$$

设 $G(x,z)=\mathrm{e}^z-xz$，则 $G'_x=-z$，$G'_z=\mathrm{e}^z-x$，因此

$$\frac{\mathrm{d}z}{\mathrm{d}x}=-\frac{G'_x}{G'_z}=\frac{z}{\mathrm{e}^z-x}=\frac{z}{x(z-1)},$$

故

$$\frac{\mathrm{d}u}{\mathrm{d}x}=\frac{\partial u}{\partial x}+\frac{\partial u}{\partial y}\cdot\frac{\mathrm{d}y}{\mathrm{d}x}+\frac{\partial u}{\partial z}\cdot\frac{\mathrm{d}z}{\mathrm{d}x}=\frac{\partial u}{\partial x}+\frac{\partial u}{\partial y}\cdot\frac{y^2}{1-xy}+\frac{\partial u}{\partial z}\cdot\frac{z}{x(z-1)}.$$

15. (1) $f'_x(x,y)=4-2x$，$f'_y(x,y)=-4-2y$，得到唯一驻点 $(2,-2)$，而 $f''_{xx}(x,y)=-2$，$f''_{xy}(x,y)=0$，$f''_{yy}(x,y)=-2$，$AC-B^2>0$ 且 $A<0$，则点 $(2,-2)$ 为函数的极大值点.

(2) $f'_x(x,y)=ay-2xy-y^2=y(a-2x-y)$，

$f'_y(x,y)=ax-2xy-x^2=x(a-2y-x)$，

得到 4 个驻点 $(0,0)$，$(a,0)$，$(0,a)$，$\left(\frac{a}{3},\frac{a}{3}\right)$，又因为二阶偏导数

$$f''_{xx}(x,y)=-2y,\quad f''_{xy}(x,y)=a-2x-2y,\quad f''_{yy}(x,y)=-2x,$$

在 $(0,0)$，$(a,0)$，$(0,a)$ 三个点处 $AC-B^2<0$，则这三个点不是极值点.

在 $\left(\frac{a}{3},\frac{a}{3}\right)$ 点处，$A=-\frac{2}{3}a$，$B=-\frac{1}{3}aC=-\frac{2}{3}a$，则 $AC-B^2>0$ 且 $A<0$，则点 $\left(\frac{a}{3},\frac{a}{3}\right)$ 为函数的极大值点.

(3) $f'_x(x,y)=2\mathrm{e}^{2x}(x+y^2+2y)+\mathrm{e}^{2x}=\mathrm{e}^{2x}(2x+2y^2+4y+1)$，

$f'_y(x,y)=\mathrm{e}^{2x}(2y+2)$，

得到唯一驻点 $\left(\frac{1}{2},-1\right)$，而二阶偏导数为

$$f''_{xx}(x,y)=\mathrm{e}^{2x}(4x+4y^2+8y+4),\quad f''_{xy}(x,y)=\mathrm{e}^{2x}(4y+4),\quad f''_{yy}(x,y)=2\mathrm{e}^{2x}.$$

在点 $\left(\frac{1}{2},-1\right)$ 处，$A=2\mathrm{e}$，$B=0$，$C=2\mathrm{e}$，则 $AC-B^2>0$ 且 $A>0$，则点 $\left(\frac{1}{2},-1\right)$ 为函数的极小值点. 极小值为 $f\left(\frac{1}{2},-1\right)=-\frac{1}{2}\mathrm{e}$.

16. 设长方体的边长分别为 x,y,z，则体积为 $V=xyz$，且

$$\left(\frac{1}{2}x\right)^2+\left(\frac{1}{2}y\right)^2+z^2=a^2,$$

则 $z=\sqrt{a^2-\frac{x^2}{4}-\frac{y^2}{4}}=\frac{1}{2}\sqrt{4a^2-x^2-y^2}$,因此

$$V=\frac{1}{2}xy\sqrt{4a^2-x^2-y^2},\quad 0<x<2a,0<y<2a,0<z<a,$$

令

$$\frac{\partial V}{\partial x}=\frac{1}{2}y\left(\sqrt{4a^2-x^2-y^2}-\frac{x^2}{\sqrt{4a^2-x^2-y^2}}\right)=\frac{1}{2}y\left(\frac{4a^2-2x^2-y^2}{\sqrt{4a^2-x^2-y^2}}\right)=0,$$

$$\frac{\partial V}{\partial y}=\frac{1}{2}x\left(\frac{4a^2-x^2-2y^2}{\sqrt{4a^2-x^2-y^2}}\right)=0,$$

得到唯一驻点$\left(\frac{2}{\sqrt{3}}a,\frac{2}{\sqrt{3}}a\right)$,则 $z=\frac{1}{\sqrt{3}}a$,由实际情况知$\left(\frac{2}{\sqrt{3}}a,\frac{2}{\sqrt{3}}a\right)$为最大值点,最大值为 $V=\frac{4}{3\sqrt{3}}a^3$.

17. 构造拉格朗日函数 $L(x,y,\lambda)=xy+\lambda(x+y-1)$,令

$$\frac{\partial L}{\partial x}=y+\lambda=0,\quad \frac{\partial L}{\partial y}=x+\lambda=0,\quad \frac{\partial L}{\partial \lambda}=x+y-1=0,$$

得到唯一驻点$\left(\frac{1}{2},\frac{1}{2}\right)$,由实际情况可知该点为极小值点,极小值为$\frac{1}{4}$.

18. (1) 由于

$$\frac{\partial z}{\partial x}=2xyf'(x^2-y^2),\quad \frac{\partial z}{\partial y}=f(x^2-y^2)-2y^2f'(x^2-y^2),$$

因此

$$\begin{aligned}y^2\frac{\partial z}{\partial x}+xy\frac{\partial z}{\partial y}&=2xy^3f'(x^2-y^2)+xyf(x^2-y^2)-2xy^3f'(x^2-y^2)\\&=xyf(x^2-y^2)=xz.\end{aligned}$$

(2) 设 $F(x,y,z)=f\left(\frac{y}{z},\frac{z}{x}\right)$,则

$$F'_x(x,y,z)=-\frac{z}{x^2}f'_2,\quad F'_y(x,y,z)=\frac{1}{z}f'_1,\quad F'_z(x,y,z)=-\frac{y}{z^2}f'_1+\frac{1}{x}f'_2,$$

因此

$$\frac{\partial z}{\partial x}=-\frac{F'_x}{F'_z}=-\frac{-\frac{z}{x^2}f'_2}{-\frac{y}{z^2}f'_1+\frac{1}{x}f'_2}=\frac{z^3f'_2}{-x^2yf'_1+xz^2f'_2},$$

$$\frac{\partial z}{\partial y}=-\frac{F'_y}{F'_z}=-\frac{\frac{1}{z}f'_1}{-\frac{y}{z^2}f'_1+\frac{1}{x}f'_2}=-\frac{xzf'_1}{-xyf'_1+z^2f'_2},$$

故

$$x\frac{\partial z}{\partial x}+y\frac{\partial z}{\partial y}=\frac{z^3f'_2}{-xyf'_1+z^2f'_2}-\frac{xyzf'_1}{-xyf'_1+z^2f'_2}=z\frac{z^2f'_2-xyf'_1}{-xyf'_1+z^2f'_2}=z.$$

（3）由于

$$\frac{\partial u}{\partial x}=\frac{y}{z}\ln x+\frac{y}{z}+f-\left(\frac{y+z}{x}\right)f',\quad \frac{\partial u}{\partial y}=\frac{x}{z}\ln x+f',\quad \frac{\partial u}{\partial z}=-\frac{xy}{z^2}\ln x+f',$$

因此

$$\begin{aligned}x\frac{\partial u}{\partial x}+y\frac{\partial u}{\partial y}+z\frac{\partial u}{\partial z}&=\frac{xy}{z}\ln x+\frac{xy}{z}+xf-(y+z)f'+\frac{xy}{z}\ln x+yf'-\frac{xy}{z}\ln x+zf'\\&=\frac{xy}{z}\ln x+\frac{xy}{z}+xf=u+\frac{xy}{z}.\end{aligned}$$

（4）$\frac{\partial z}{\partial x}=f\left(\frac{y}{x}\right)-\frac{y}{x}f'\left(\frac{y}{x}\right)+y\ln x+\frac{(x-1)y}{x}=f\left(\frac{y}{x}\right)-\frac{y}{x}f'\left(\frac{y}{x}\right)+y\ln x+y-\frac{y}{x}$,

$\frac{\partial z}{\partial y}=f'\left(\frac{y}{x}\right)+(x-1)\ln x$,

$\frac{\partial^2 z}{\partial x^2}=-\frac{y}{x^2}f'\left(\frac{y}{x}\right)+\frac{y}{x^2}f'\left(\frac{y}{x}\right)+\frac{y^2}{x^3}f''\left(\frac{y}{x}\right)+\frac{y}{x}+\frac{y}{x^2}=\frac{y^2}{x^3}f''\left(\frac{y}{x}\right)+\frac{y}{x}+\frac{y}{x^2}$,

$\frac{\partial^2 z}{\partial y^2}=\frac{1}{x}f''\left(\frac{y}{x}\right)$,

因此

$$x^2\frac{\partial^2 z}{\partial x^2}-y^2\frac{\partial^2 z}{\partial y^2}=\frac{y^2}{x}f''\left(\frac{y}{x}\right)+xy+y-\frac{y^2}{x}f''\left(\frac{y}{x}\right)=(x+1)y.$$

19．利润函数为

$$\begin{aligned}L(p_1,p_2)&=Q_1p_1+Q_2p_2-C\\&=(24p_1-0.2p_1^2)+(10p_2-0.05p_2^2)-35-40[(24-0.2p_1)+(10-0.05p_2)]\\&=-1395+32p_1+12p_2-0.2p_1^2-0.05p_2^2,\end{aligned}$$

令$\frac{\partial L}{\partial p_1}=32-0.4p_1=0$，$\frac{\partial L}{\partial p_2}=12-0.1p_2=0$，得到唯一驻点(80,120)．又因为

$$\frac{\partial^2 L}{\partial p_1^2}=-0.4,\quad \frac{\partial^2 L}{\partial p_1\partial p_2}=0,\quad \frac{\partial^2 L}{\partial p_2^2}=-0.1,$$

在点(80,120)处$AC-B^2>0$，且$A<0$，则(80,120)为极大值点，也是最大值点，最大值为$L(80,120)=605$，即当产量为(80,120)时利润最大，最大利润为605．

20．（1）$\iint\limits_D f(x,y)\mathrm{d}x\mathrm{d}y=\int_{-1}^1\mathrm{d}x\int_{-1}^1 f(x,y)\mathrm{d}y=\int_{-1}^1\mathrm{d}y\int_{-1}^1 f(x,y)\,\mathrm{d}x$；

（2）$\iint\limits_D f(x,y)\mathrm{d}x\mathrm{d}y=\int_0^1\mathrm{d}x\int_x^1 f(x,y)\mathrm{d}y=\int_0^1\mathrm{d}y\int_0^y f(x,y)\,\mathrm{d}x$；

（3）$\iint\limits_D f(x,y)\mathrm{d}x\mathrm{d}y=\int_1^{\mathrm{e}}\mathrm{d}x\int_0^{\ln x} f(x,y)\mathrm{d}y=\int_0^1\mathrm{d}y\int_{\mathrm{e}^y}^{\mathrm{e}} f(x,y)\,\mathrm{d}x$；

（4）积分区域如图7.15所示，有

$$\begin{aligned}\iint\limits_D f(x,y)\mathrm{d}x\mathrm{d}y&=\int_0^1\mathrm{d}x\int_0^{\sqrt{2x-x^2}} f(x,y)\mathrm{d}y+\int_1^2\mathrm{d}x\int_0^{2-x} f(x,y)\mathrm{d}y\\&=\int_0^1\mathrm{d}y\int_{1-\sqrt{1-y^2}}^{2-y} f(x,y)\mathrm{d}x.\end{aligned}$$

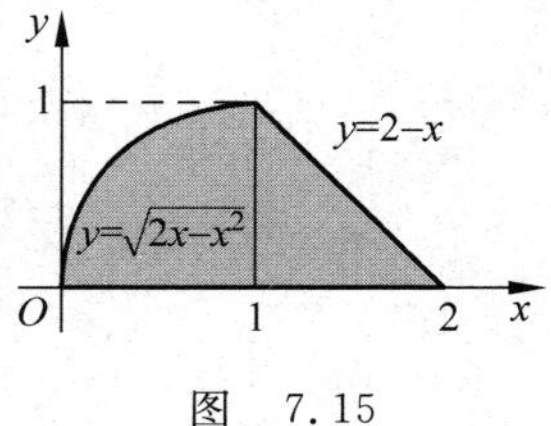

图　7.15

(5) 联立方程得$\begin{cases} y=4-x^2, \\ x^2+y^2-4y=0, \end{cases}$ 解得其交点坐标：$(-\sqrt{3},1)$[$(\sqrt{3},1)$在第一象限舍去]，积分区域如图 7.16 所示，则

$$\iint\limits_D f(x,y)\mathrm{d}x\mathrm{d}y=\int_{-2}^{-\sqrt{3}}\mathrm{d}x\int_0^{4-x^2}f(x,y)\mathrm{d}y+\int_{-\sqrt{3}}^{0}\mathrm{d}x\int_0^{2-\sqrt{4-x^2}}f(x,y)\mathrm{d}y$$

$$=\int_0^1\mathrm{d}y\int_{-\sqrt{4-y}}^{-\sqrt{4y-y^2}}f(x,y)\mathrm{d}x.$$

21. (1) 积分区域如图 7.17 所示，记

$$D_1=\{(x,y)\mid x\leqslant y\leqslant x^2,1\leqslant x\leqslant 2\},$$
$$D_2=\{(x,y)\mid x\leqslant y\leqslant 8,2\leqslant x\leqslant 8\},$$
$$D_3=\{(x,y)\mid \sqrt{y}\leqslant x\leqslant y,1\leqslant y\leqslant 4\},$$
$$D_4=\{(x,y)\mid 2\leqslant x\leqslant y,4\leqslant y\leqslant 8\},$$

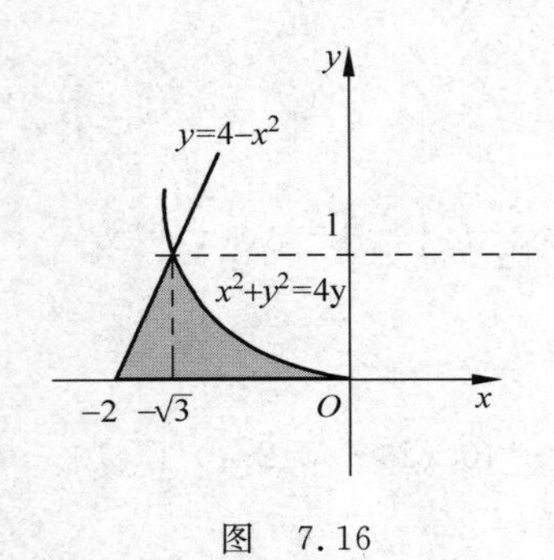

图 7.16

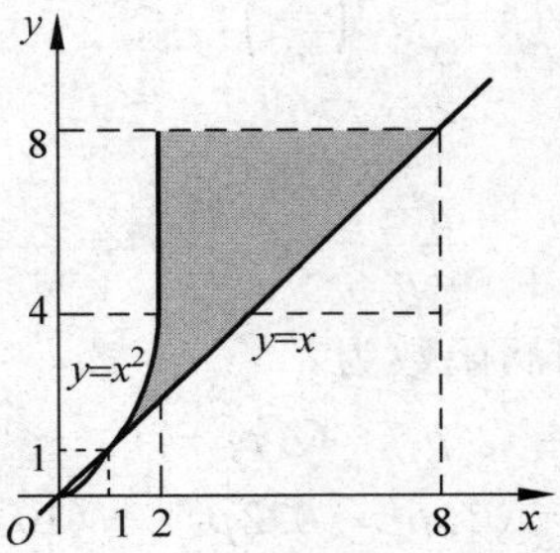

图 7.17

其中 $D_1\cup D_2=D_3\cup D_4$，因此

$$\text{原积分}=\int_1^4\mathrm{d}y\int_{\sqrt{y}}^{y}f(x,y)\mathrm{d}x+\int_4^8\mathrm{d}y\int_2^y f(x,y)\mathrm{d}x.$$

(2) $D_1=\{(x,y)|0\leqslant x\leqslant y,0\leqslant y\leqslant 1\}$，

$D_2=\{(x,y)|0\leqslant x\leqslant 2-y,1\leqslant y\leqslant 2\}$，

$D=\{(x,y)|0\leqslant x\leqslant 1,x\leqslant y\leqslant 2-x\}$，

其中 $D_1\cup D_2=D$，因此原式$=\int_0^1\mathrm{d}x\int_x^{2-x}f(x,y)\mathrm{d}y$.

22. 记 $D=\{(x,y)|0\leqslant x\leqslant\sqrt{y},0\leqslant y\leqslant 1\}$，也可以表示为 X 型区域

$$D=\{(x,y)\mid 0\leqslant x\leqslant 1,x^2\leqslant y\leqslant 1\},$$

因此

$$\int_0^1\mathrm{d}y\int_0^{\sqrt{y}}\mathrm{e}^y f(x)\mathrm{d}x=\int_0^1\mathrm{d}x\int_{x^2}^1\mathrm{e}^y f(x)\mathrm{d}y=\int_0^1 f(x)\mathrm{d}x\int_{x^2}^1\mathrm{e}^y\mathrm{d}y$$

$$=\int_0^1(\mathrm{e}^y)\Big|_{x^2}^1 f(x)\mathrm{d}x=\int_0^1(\mathrm{e}-\mathrm{e}^{x^2})f(x)\mathrm{d}x.$$

23. (1) $\iint\limits_D x\mathrm{e}^{xy}\mathrm{d}x\mathrm{d}y=\int_{-1}^1\mathrm{d}x\int_{-1}^0 x\mathrm{e}^{xy}\mathrm{d}y=\int_{-1}^1\mathrm{e}^{xy}\Big|_{-1}^0\mathrm{d}x=\int_{-1}^1(1-\mathrm{e}^{-x})\mathrm{d}x$

$$=(x+e^{-x})\Big|_{-1}^{1}=2+\frac{1}{e}-e.$$

(2) $\iint\limits_D x^3y^2\,dxdy=\int_0^1 dy\int_0^{\sqrt{1-y^2}}x^3y^2\,dx=\int_0^1 y^2\left(\frac{1}{4}x^4\right)\Big|_0^{\sqrt{1-y^2}}dy$

$$=\frac{1}{4}\int_0^1 y^2(1-y^2)^2dy=\frac{1}{4}\int_0^1(y^6-2y^4+y^2)\,dy$$

$$=\frac{1}{4}\left(\frac{1}{7}y^7-\frac{2}{5}y^5+\frac{1}{3}y^3\right)\Big|_0^1=\frac{1}{4}\left(\frac{1}{7}-\frac{2}{5}+\frac{1}{3}\right)=\frac{2}{105}.$$

(3) $\iint\limits_D\cos(x+y)\,dxdy=\int_0^{\pi}dy\int_0^y\cos(x+y)\,dx=\int_0^{\pi}\sin(x+y)\Big|_0^y dy$

$$=\int_0^{\pi}(\sin2y-\sin y)\,dy=\left(-\frac{1}{2}\cos2y+\cos y\right)\Big|_0^{\pi}=-2.$$

(4) $\iint\limits_D\frac{e^x}{y^2}dxdy=\int_1^2 dx\int_{\frac{1}{x}}^2\frac{e^x}{y^2}dy=\int_1^2\left(-\frac{e^x}{y}\right)\Big|_{\frac{1}{x}}^2dx=\int_1^2\left(xe^x-\frac{1}{2}e^x\right)dx$

$$=\int_1^2\left(x-\frac{1}{2}\right)de^x=\left(x-\frac{1}{2}\right)e^x\Big|_1^2-e^x\Big|_1^2=\frac{1}{2}e^2+\frac{1}{2}e.$$

(5) $\iint\limits_D\sqrt{xy-x^2}\,dxdy=\int_0^1dx\int_x^{2x}\sqrt{xy-x^2}\,dy=\int_0^1dx\int_x^{2x}\frac{1}{x}\sqrt{xy-x^2}\,d(xy-x^2)$

$$=\int_0^1\left[\frac{2}{3x}(xy-x^2)^{\frac{3}{2}}\right]_x^{2x}dx=\int_0^1\frac{2}{3}x^2dx=\frac{2}{9}.$$

(6) $\iint\limits_D\frac{\sin y}{y}dxdy=\int_0^1dy\int_{y^2}^y\frac{\sin y}{y}dx=\int_0^1\frac{\sin y}{y}(y-y^2)\,dy$

$$=\int_0^1(1-y)\sin y\,dy=-\int_0^1(1-y)\,d\cos y$$

$$=-(1-y)\cos y|_0^1-\sin y|_0^1=1-\sin1.$$

(7) $\iint\limits_D|y-x^2|\,dxdy=\int_{-1}^1dx\int_0^{x^2}(x^2-y)\,dy+\int_{-1}^1dx\int_{x^2}^1(y-x^2)\,dy$

$$=\int_{-1}^1\left(x^2y-\frac{1}{2}y^2\right)\Big|_0^{x^2}dx+\int_{-1}^1\left(\frac{1}{2}y^2-x^2y\right)\Big|_{x^2}^1dx$$

$$=\int_{-1}^1\left(\frac{1}{2}x^4\right)dx+\int_{-1}^1\left(\frac{1}{2}-x^2+\frac{1}{2}x^4\right)dx$$

$$=\int_{-1}^1\left(x^4-x^2+\frac{1}{2}\right)dx=2\int_0^1\left(x^4-x^2+\frac{1}{2}\right)dx$$

$$=2\left(\frac{1}{5}-\frac{1}{3}+\frac{1}{2}\right)=\frac{11}{15}.$$

(8) $\iint\limits_D xy^2\,dxdy=\int_0^{\frac{\pi}{4}}d\theta\int_{\sqrt{2}}^2\cos\theta\sin^2\theta r^4\,dr=\int_0^{\frac{\pi}{4}}\cos\theta\sin^2\theta\,d\theta\int_{\sqrt{2}}^2r^4\,dr$

$$=\left(\frac{1}{3}\sin^3\theta\right)\Big|_0^{\frac{\pi}{4}}\left(\frac{1}{5}r^5\right)\Big|_{\sqrt{2}}^2=\frac{\sqrt{2}}{12}\cdot\left[\frac{1}{5}(32-4\sqrt{2})\right]=\frac{2}{15}(4\sqrt{2}-1).$$

(9) $\iint\limits_D e^{-(x^2+y^2)}\,dxdy=\int_0^{2\pi}d\theta\int_0^R e^{-r^2}r\,dr=\pi(-e^{-r^2})\Big|_0^R=\pi(1-e^{-R^2}).$

(10) $\iint\limits_D \sqrt{R^2-x^2-y^2}\,\mathrm{d}x\mathrm{d}y=\int_0^{\pi}\mathrm{d}\theta\int_0^{R\sin\theta}\sqrt{R^2-r^2}\,r\mathrm{d}r$

$=\int_0^{\pi}\mathrm{d}\theta\int_0^{R\sin\theta}\left(-\frac{1}{2}\right)\sqrt{R^2-r^2}\,\mathrm{d}(R^2-r^2)$

$=-\frac{1}{3}\int_0^{\pi}[(R^2-r^2)^{\frac{3}{2}}]_0^{R\sin\theta}\mathrm{d}\theta$

$=-\frac{1}{3}\int_0^{\pi}R^3(|\cos^3\theta|-1)\mathrm{d}\theta$

$=-\frac{1}{3}R^3\left[\int_0^{\frac{\pi}{2}}(1-\sin^2\theta)\mathrm{d}\sin\theta-\int_{\frac{\pi}{2}}^{\pi}(1-\sin^2\theta)\mathrm{d}\sin\theta-\int_0^{\pi}1\mathrm{d}\theta\right]$

$=-\frac{1}{3}R^3\left[\left(\sin\theta-\frac{1}{3}\sin^3\theta\right)\Big|_0^{\frac{\pi}{2}}-\left(\sin\theta-\frac{1}{3}\sin^3\theta\right)\Big|_{\frac{\pi}{2}}^{\pi}-\theta\Big|_0^{\pi}\right]$

$=\frac{1}{3}R^3\pi-\frac{4}{9}R^3.$

24. (1)积分区域为 $D=\{(x,y)\,|\,0\leqslant x\leqslant 2,0\leqslant y\leqslant 4-2x\}$,则

$\iint\limits_D(4-x^2)\mathrm{d}x\mathrm{d}y=\int_0^2(4-x^2)\mathrm{d}x\int_0^{4-2x}1\mathrm{d}y=\int_0^2(4-x^2)(4-2x)\mathrm{d}x$

$=\int_0^2(16-8x-4x^2+2x^3)\mathrm{d}x=\left(16x-4x^2-\frac{4}{3}x^3+\frac{1}{2}x^4\right)_0^2=\frac{40}{3}.$

(2) 积分区域为 $D=\{(x,y)\,|\,0\leqslant x\leqslant 1,0\leqslant y\leqslant 1-x\}$,因此

$\iint\limits_D(1+x+y)\mathrm{d}x\mathrm{d}y=\int_0^1\mathrm{d}x\int_0^{1-x}(1+x+y)\mathrm{d}y=\int_0^1\left(y+xy+\frac{1}{2}y^2\right)\Big|_0^{1-x}\mathrm{d}x$

$=\int_0^1\left(\frac{3}{2}-x-\frac{1}{2}x^2\right)\mathrm{d}x=\left(\frac{3}{2}x-\frac{1}{2}x^2-\frac{1}{6}x^3\right)\Big|_0^1=\frac{5}{6}.$

第8章

无穷级数

8.1 内容提要

8.1.1 无穷级数的概念

给定数列$\{u_n\}$,把它们的各项依次相加得到的表达式

$$u_1 + u_2 + \cdots + u_n + \cdots$$

称为**常数项无穷级数**,简称**级数**,记为 $\sum_{n=1}^{\infty} u_n$,其中 u_n 称为**通项**或**一般项**.

记数列的前 n 项和为 $S_n = u_1 + u_2 + \cdots + u_n$,称 S_n 为级数 $\sum_{n=1}^{\infty} u_n$ 的**前 n 项部分和**,数列$\{S_n\}$称为级数 $\sum_{n=1}^{\infty} u_n$ 的**部分和数列**.

如果数列$\{S_n\}$有极限,设其极限值为 S,即$\lim\limits_{n\to\infty} S_n = S$,则称级数 $\sum_{n=1}^{\infty} u_n$ 收敛,极限值 S 称为级数 $\sum_{n=1}^{\infty} u_n$ 的**和**,记为

$$S = \sum_{n=1}^{\infty} u_n = u_1 + u_2 + \cdots + u_n + \cdots.$$

如果极限$\lim\limits_{n\to\infty} S_n$ 不存在,则称级数 $\sum_{n=1}^{\infty} u_n$ 发散.

当级数收敛时,其部分和 S_n 是级数的和 S 的近似值. 称 $R_n = S - S_n$ 为级数的**余项**,即

$$R_n = S - S_n = u_{n+1} + n_{n+2} + \cdots,$$

余项的绝对值$|R_n|$就是用 S_n 作为 S 的近似值所产生的误差.

8.1.2 无穷级数的性质

(1) 若级数 $\sum\limits_{n=1}^{\infty} u_n$ 收敛,c 为任一常数,则 $\sum\limits_{n=1}^{\infty} cu_n$ 也收敛,且有 $\sum\limits_{n=1}^{\infty} cu_n = c\sum\limits_{n=1}^{\infty} u_n$；当 $c\neq 0$ 时,若级数 $\sum\limits_{n=1}^{\infty} u_n$ 发散,则 $\sum\limits_{n=1}^{\infty} cu_n$ 也发散.

(2) 若级数 $\sum\limits_{n=1}^{\infty} u_n$ 和 $\sum\limits_{n=1}^{\infty} v_n$ 均收敛,则级数 $\sum\limits_{n=1}^{\infty} (u_n \pm v_n)$也收敛,且

$$\sum_{n=1}^{\infty}(u_n \pm v_n) = \sum_{n=1}^{\infty} u_n \pm \sum_{n=1}^{\infty} v_n.$$

(3) 在一个级数中加上、去掉或改变有限项,级数的敛散性不变(在收敛的情况下,级数的和一般会改变).

(4) 若级数 $\sum\limits_{n=1}^{\infty} u_n$ 收敛,则对这个级数的项任意添加括号后所成的级数仍然收敛,且其和不变,反之则不一定成立.

(5) (级数收敛的必要条件)若级数 $\sum\limits_{n=1}^{\infty} u_n$ 收敛,则 $\lim\limits_{n\to\infty} u_n = 0$.

8.1.3 常见级数的敛散性

(1) (几何级数) $\sum\limits_{n=1}^{\infty} aq^{n-1} = a + aq + aq^2 + \cdots + aq^{n-1} + \cdots$,当 $|q|<1$ 时,级数收敛,且级数的和为 $\dfrac{a}{1-q}$；当 $|q|\geqslant 1$,级数发散.

(2) (p 级数) $\sum\limits_{n=1}^{\infty} \dfrac{1}{n^p} = 1 + \dfrac{1}{2^p} + \dfrac{1}{3^p} + \cdots + \dfrac{1}{n^p} + \cdots$,当 $p>1$ 时,级数收敛；当 $p\leqslant 1$ 时,级数发散.

(3) $\sum\limits_{n=2}^{\infty} \dfrac{1}{n\ln^p n} = \dfrac{1}{2\ln^p 2} + \dfrac{1}{3\ln^p 3} + \cdots + \dfrac{1}{n\ln^p n} + \cdots$,当 $p>1$ 时,级数收敛；当 $p\leqslant 1$ 时,级数发散.

8.1.4 正项级数敛散性的判别法

1. 收敛的充要条件

设 $\sum\limits_{n=1}^{\infty} u_n$ 为正项级数,则 $\sum\limits_{n=1}^{\infty} u_n$ 收敛 $\Leftrightarrow$ 数列 $\{S_n\}$ 有上界.

2. 比较判别法

设正项级数 $\sum\limits_{n=1}^{\infty} u_n$ 和 $\sum\limits_{n=1}^{\infty} v_n$ 的通项满足关系式 $u_n \leqslant cv_n$,其中 c 为大于零的常数. 若

$\sum\limits_{n=1}^{\infty} v_n$ 收敛，则 $\sum\limits_{n=1}^{\infty} u_n$ 收敛；若 $\sum\limits_{n=1}^{\infty} u_n$ 发散，则 $\sum\limits_{n=1}^{\infty} v_n$ 发散.

3. 比较判别法的极限形式

设 $\sum\limits_{n=1}^{\infty} u_n$ 和 $\sum\limits_{n=1}^{\infty} v_n$ 均为正项级数，且 $\lim\limits_{n\to\infty}\frac{u_n}{v_n}=l$.

(1) 当 $0<l<+\infty$ 时，则 $\sum\limits_{n=1}^{\infty} v_n$ 与 $\sum\limits_{n=1}^{\infty} u_n$ 敛散性相同.

(2) 当 $l=0$ 时，若 $\sum\limits_{n=1}^{\infty} v_n$ 收敛，则 $\sum\limits_{n=1}^{\infty} u_n$ 收敛；若 $\sum\limits_{n=1}^{\infty} u_n$ 发散，则 $\sum\limits_{n=1}^{\infty} v_n$ 发散.

(3) 当 $l=+\infty$ 时，若 $\sum\limits_{n=1}^{\infty} u_n$ 收敛，则 $\sum\limits_{n=1}^{\infty} v_n$ 收敛；若 $\sum\limits_{n=1}^{\infty} v_n$ 发散，则 $\sum\limits_{n=1}^{\infty} u_n$ 发散.

4. 比值判别法（达朗贝尔判别法）

设 $\sum\limits_{n=1}^{\infty} u_n$ 为正项级数，且有 $\lim\limits_{n\to\infty}\frac{u_{n+1}}{u_n}=\rho$，则当 $\rho<1$ 时，$\sum\limits_{n=1}^{\infty} u_n$ 收敛；当 $\rho>1$ 时，$\sum\limits_{n=1}^{\infty} u_n$ 发散；当 $\rho=1$ 时，$\sum\limits_{n=1}^{\infty} u_n$ 可能收敛，也可能发散，判别法失效.

5. 根值判别法（柯西判别法）

设 $\sum\limits_{n=1}^{\infty} u_n$ 为正项级数，且有 $\lim\limits_{n\to\infty}\sqrt[n]{u_n}=\rho$，则当 $\rho<1$ 时，$\sum\limits_{n=1}^{\infty} u_n$ 收敛；当 $\rho>1$ 时，$\sum\limits_{n=1}^{\infty} u_n$ 发散；当 $\rho=1$ 时，$\sum\limits_{n=1}^{\infty} u_n$ 可能收敛，也可能发散，判别法失效.

8.1.5　任意项级数的敛散性

1. 交错级数的收敛性判断（莱布尼茨判别法）

设交错级数 $\sum\limits_{n=1}^{\infty}(-1)^{n-1}u_n\,(u_n\geqslant 0)$ 满足条件：

(1) $u_n\geqslant u_{n+1}$，$n=1,2,3,\cdots$，

(2) $\lim\limits_{n\to\infty}u_n=0$，

则交错级数 $\sum\limits_{n=1}^{\infty}(-1)^{n-1}u_n$ 收敛，且其和 $S\leqslant u_1$.

2. 任意项级数的条件收敛与绝对收敛

对于任意项级数 $\sum\limits_{n=1}^{\infty} u_n$，如果 $\sum\limits_{n=1}^{\infty}|u_n|$ 收敛，则称级数 $\sum\limits_{n=1}^{\infty} u_n$ 为**绝对收敛**. 如果

$\sum_{n=1}^{\infty}|u_n|$发散,而$\sum_{n=1}^{\infty}u_n$收敛,则称$\sum_{n=1}^{\infty}u_n$为**条件收敛**.

若级数$\sum_{n=1}^{\infty}u_n$为绝对收敛,则$\sum_{n=1}^{\infty}u_n$必收敛,反之不一定成立.

对于任意项级数$\sum_{n=1}^{\infty}u_n$,若$\lim\limits_{n\to\infty}\left|\frac{u_{n+1}}{u_n}\right|=\rho$,则当$\rho<1$时,$\sum_{n=1}^{\infty}u_n$绝对收敛;当$\rho>1$时级数发散.

8.1.6 函数项级数的概念

设$u_n(x)(n=1,2,\cdots)$为定义在区间I上的函数,则称

$$\sum_{n=1}^{\infty}u_n(x)=u_1(x)+u_2(x)+\cdots+u_n(x)+\cdots$$

为区间I上的**函数项级数**,若$x_0\in I$,常数项级数$\sum_{n=1}^{\infty}u_n(x_0)$收敛,则称$x_0$为$\sum_{n=1}^{\infty}u_n(x)$的**收敛点**,否则称为**发散点**.所有收敛点的集合称为**收敛域**,所有发散点的集合称为**发散域**.在收敛域上,函数项级数$\sum_{n=1}^{\infty}u_n(x)$的和是$x$的函数,记为$S(x)$,通常称$S(x)$为函数项级数的**和函数**,该函数的定义域即为级数的收敛域,因此在收敛域内有

$$S(x)=u_1(x)+u_2(x)+\cdots+u_n(x)+\cdots.$$

若记$S_n(x)$为$\sum_{n=1}^{\infty}u_n(x)$的前$n$项部分和,即$S_n(x)=u_1(x)+u_2(x)+\cdots+u_n(x)$,则在收敛域内有$\lim\limits_{n\to\infty}S_n(x)=S(x)$.

8.1.7 幂级数的概念

形如

$$\sum_{n=0}^{\infty}a_n(x-x_0)^n=a_0+a_1(x-x_0)+\cdots+a_n(x-x_0)^n+\cdots$$

的函数项级数称为在x_0点处的**幂级数**,其中$a_n(n=0,1,\cdots)$称为**幂级数的系数**,该形式称为幂级数的一般形式.当$x_0=0$时,幂级数化为$\sum_{n=0}^{\infty}a_nx^n$,该形式称为幂级数的标准形式.

阿贝尔(Abel)定理 如果幂级数$\sum_{n=0}^{\infty}a_nx^n$在$x=x_0(x_0\neq 0)$处收敛,则在满足不等式$|x|<|x_0|$的一切$x$处幂级数绝对收敛;反之,如果幂级数$\sum_{n=0}^{\infty}a_nx^n$在$x=x_0$处发散,则在满足不等式$|x|>|x_0|$的一切$x$处幂级数发散.

由Abel定理可知,若$\sum_{n=0}^{\infty}a_nx^n$在$x$轴的正半轴上同时存在收敛点和发散点,则一定存在一个正数R,使得$|x|<R$时,级数绝对收敛;$|x|>R$时,级数发散;$x=R$或

$x=-R$ 级数可能收敛，也可能发散. 这里的 R 称为幂级数的**收敛半径**.

规定，若 $\sum\limits_{n=0}^{\infty}a_nx^n$ 仅在 $x=0$ 处收敛，则收敛半径 $R=0$；若 $\sum\limits_{n=0}^{\infty}a_nx^n$ 在整个实数域上收敛，$R=+\infty$.

对于幂级数 $\sum\limits_{n=0}^{\infty}a_nx^n$，$a_n\neq 0$，若 $\lim\limits_{n\to\infty}\left|\dfrac{a_{n+1}}{a_n}\right|=\rho$，则级数的收敛半径为

$$R=\begin{cases}\dfrac{1}{\rho}, & 0<\rho<+\infty \\ +\infty, & \rho=0 \\ 0, & \rho=+\infty\end{cases}.$$

对于幂级数的一般形式 $\sum\limits_{n=0}^{\infty}a_n(x-x_0)^n$，级数在开区间 (x_0-R,x_0+R) 内必绝对收敛，在两个端点 $x=x_0\pm R$ 上可能收敛也可能发散，在 $[x_0-R,x_0+R]$ 之外必发散.

8.1.8　幂级数的和函数的性质

设幂级数 $\sum\limits_{n=0}^{\infty}a_nx^n$ 的收敛域为 I，收敛半径为 R，和函数为 $S(x)$，则：

(1) $S(x)$ 在收敛域 I 上连续；

(2) $S(x)$ 在 $(-R,R)$ 内可导，且有

$$S'(x)=\left(\sum_{n=0}^{\infty}a_nx^n\right)'=\sum_{n=0}^{\infty}(a_nx^n)'=\sum_{n=1}^{\infty}na_nx^{n-1},$$

即幂级数可以逐项求导数，新得到的幂级数的收敛半径仍为 R，但在端点处的收敛性可能会变化；

(3) $S(x)$ 在 I 上可积，且有

$$\int_{x_0}^{x}S(x)\mathrm{d}x=\int_{x_0}^{x}\left(\sum_{n=0}^{\infty}a_nx^n\right)\mathrm{d}x=\sum_{n=0}^{\infty}\int_{x_0}^{x}a_nx^n\mathrm{d}x=\sum_{n=0}^{\infty}\frac{a_n}{n+1}x^{n+1},$$

即幂级数可以逐项积分，新得到的幂级数的收敛半径仍为 R，但在端点处的收敛性可能会变化.

8.1.9　函数的幂级数展开

设函数 $f(x)$ 在 x_0 的邻域 $(x_0-\delta,x_0+\delta)$ 内有任意阶导数，则 $f(x)$ 在点 x_0 处的泰勒级数 $\sum\limits_{n=1}^{\infty}\dfrac{f^{(n)}(x_0)}{n!}(x-x_0)^n$ 在该邻域内收敛于 $f(x)$ 的充要条件是

$$\lim_{n\to\infty}R_n(x)=0,$$

其中 $R_n(x)$ 是 $f(x)$ 在 x_0 处的泰勒余项 $R_n(x)=\dfrac{f^{(n+1)}(\xi)}{(n+1)!}(x-x_0)^{n+1}$，$\xi$ 在 x 与 x_0 之间.

8.1.10　常见的麦克劳林公式(函数在 $x_0=0$ 处的泰勒展开公式)

(1) $\dfrac{1}{1-x}=\sum\limits_{n=0}^{\infty}x^n$，$x\in(-1,1)$；

(2) $e^x = \sum_{n=0}^{\infty} \frac{x^n}{n!}$, $x \in (-\infty, +\infty)$;

(3) $\sin x = \sum_{n=0}^{\infty} \frac{(-1)^n}{(2n+1)!} x^{2n+1}$, $x \in (-\infty, +\infty)$;

(4) $\cos x = \sum_{n=0}^{\infty} \frac{(-1)^n}{(2n)!} x^{2n}$, $x \in (-\infty, +\infty)$;

(5) $\ln(1+x) = \sum_{n=1}^{\infty} (-1)^{n-1} \frac{x^n}{n}$, $x \in (-1, 1]$;

(6) $(1+x)^\alpha = 1 + \sum_{n=1}^{\infty} \frac{\alpha(\alpha-1)\cdots(\alpha-n+1)}{n!} x^n$, $x \in (-1, 1)$.

8.2 典型例题分析

8.2.1 题型一 利用定义判定级数的敛散性

例 8.1 判定级数 $\sum_{n=1}^{\infty} \frac{1}{n(n+1)}$ 的敛散性.

解 该级数的 n 项部分和为

$$S_n = \frac{1}{1\times 2} + \frac{1}{2\times 3} + \frac{1}{3\times 4} + \cdots + \frac{1}{n(n+1)}$$
$$= \left(1-\frac{1}{2}\right) + \left(\frac{1}{2}-\frac{1}{3}\right) + \left(\frac{1}{n}-\frac{1}{n+1}\right) = 1-\frac{1}{n+1},$$

由 $\lim\limits_{n\to\infty} S_n = \lim\limits_{n\to\infty}\left(1-\frac{1}{n+1}\right) = 1$，则级数 $\sum_{n=1}^{\infty} \frac{1}{n(n+1)}$ 收敛于 1.

例 8.2 判定级数 $\sum_{n=1}^{\infty} \ln\frac{n+1}{n}$ 的敛散性.

解 由于 $\ln\frac{n+1}{n} = \ln(n+1) - \ln n, (n=1,2,\cdots)$，所以前 n 项部分和

$$S_n = \ln\frac{2}{1} + \ln\frac{3}{2} + \ln\frac{4}{3} + \cdots + \ln\frac{n+1}{n}$$
$$= (\ln 2 - \ln 1) + (\ln 3 - \ln 2) + \cdots + [\ln(n+1) - \ln n]$$
$$= \ln(n+1),$$

因为 $\lim\limits_{n\to\infty} S_n = \lim\limits_{n\to\infty} \ln(n+1) = +\infty$，所以级数发散.

8.2.2 题型二 利用级数性质判定级数的敛散性

例 8.3 判定下列级数的敛散性：

(1) $\left(\frac{1}{2}+\frac{1}{3}\right) + \left(\frac{1}{4}+\frac{1}{9}\right) + \left(\frac{1}{8}+\frac{1}{27}\right) + \left(\frac{1}{16}+\frac{1}{81}\right) + \cdots$;

(2) $\left(\frac{1}{2}+\frac{1}{3}\right) + \left(\frac{1}{4}+\frac{1}{9}\right) + \left(\frac{1}{6}+\frac{1}{27}\right) + \left(\frac{1}{8}+\frac{1}{81}\right) + \cdots$;

(3) $\sum_{n=1}^{\infty}\frac{1}{\sqrt[n]{n}}$.

解 (1) 这里 $u_n=\frac{1}{2^n}+\frac{1}{3^n}$，因为级数 $\sum_{n=1}^{\infty}\frac{1}{2^n}$ 和 $\sum_{n=1}^{\infty}\frac{1}{3^n}$ 均收敛，所以级数 $\sum_{n=1}^{\infty}\left(\frac{1}{2^n}+\frac{1}{3^n}\right)$收敛.

(2) 这里 $u_n=\frac{1}{2n}+\frac{1}{3^n}$，因为 $\sum_{n=1}^{\infty}\frac{1}{n}$ 发散，所以 $\sum_{n=1}^{\infty}\frac{1}{2n}$ 也发散，而 $\sum_{n=1}^{\infty}\frac{1}{3^n}$ 收敛，所以 $\sum_{n=1}^{\infty}\left(\frac{1}{2n}+\frac{1}{3^n}\right)$ 发散.

(3) 这里 $u_n=\frac{1}{\sqrt[n]{n}}$，考察函数极限：

$$\lim_{x\to+\infty}\frac{1}{\sqrt[x]{x}}=\lim_{x\to+\infty}x^{-\frac{1}{x}}=\lim_{x\to+\infty}\mathrm{e}^{-\frac{\ln x}{x}}=\lim_{x\to+\infty}\mathrm{e}^{-\frac{1}{x}}=\mathrm{e}^0=1,$$

故 $u_n=\frac{1}{\sqrt[n]{n}}$不趋向于零，级数不满足收敛的必要条件，所以 $\sum_{n=1}^{\infty}\frac{1}{\sqrt[n]{n}}$ 发散.

8.2.3 题型三 利用比较判别法判定级数的敛散性

例 8.4 判定下列级数的敛散性：

(1) $\sum_{n=1}^{\infty}\frac{\sqrt{n^2+1}}{2n^2+1}$； (2) $\sum_{n=1}^{\infty}\frac{2n+1}{n^4+4n^2}$； (3) $\sum_{n=1}^{\infty}\left(1-\cos\frac{1}{n}\right)$.

解 (1) 由于$\frac{\sqrt{n^2+1}}{2n^2+1}>\frac{\sqrt{n^2}}{3n^2}=\frac{1}{3n}$，而级数 $\sum_{n=1}^{\infty}\frac{1}{n}$ 发散，所以$\sum_{n=1}^{\infty}\frac{1}{3n}$ 也发散，由比较判别法知，$\sum_{n=1}^{\infty}\frac{\sqrt{n^2+1}}{2n^2+1}$ 发散.

(2) **解法 1** 由于$\frac{2n+1}{n^4+4n^2}<\frac{2n+n}{n^4}=\frac{3}{n^3}$，而 $\sum_{n=1}^{\infty}\frac{3}{n^3}$ 是收敛的 p 级数，故由比较判别法知，$\sum_{n=1}^{\infty}\frac{2n+1}{n^4+4n^2}$ 收敛.

解法 2 由于$\lim_{n\to\infty}\frac{\frac{2n+1}{n^4+4n^2}}{\frac{1}{n^3}}=\lim_{n\to\infty}\frac{2n^4+n^3}{n^4+4n^2}=2$，而$\sum_{n=1}^{\infty}\frac{1}{n^3}$ 收敛，根据比较判别法的极限形式可知，级数$\sum_{n=1}^{\infty}\frac{2n+1}{n^4+4n^2}$ 收敛.

(3) 因为当 $n\to\infty$时，$\left(1-\cos\frac{1}{n}\right)\sim\frac{1}{2n^2}$，即$\lim_{n\to\infty}\frac{1-\cos\frac{1}{n}}{\frac{1}{2n^2}}=1$，而$\sum_{n=1}^{\infty}\frac{1}{n^2}$ 收敛，根据比较判别法的极限形式可知，级数$\sum_{n=1}^{\infty}\left(1-\cos\frac{1}{n}\right)$收敛.

8.2.4 题型四 利用比值判别法判定级数的敛散性

例 8.5 判断下列级数的敛散性：

(1) $\sum\limits_{n=1}^{\infty}\frac{n^3}{3^n}$； (2) $\sum\limits_{n=1}^{\infty}\frac{2^n n!}{n^n}$.

解 (1) 由于

$$\lim_{n\to\infty}\frac{u_{n+1}}{u_n}=\lim_{n\to\infty}\frac{\frac{(n+1)^3}{3^{n+1}}}{\frac{n^3}{3^n}}=\frac{1}{3}\lim_{n\to\infty}\left(\frac{n+1}{n}\right)^3=\frac{1}{3}<1,$$

根据比值判别法可知，级数$\lim\limits_{n\to\infty}\frac{n^3}{3^n}$收敛.

(2) 由于

$$\lim_{n\to\infty}\frac{u_{n+1}}{u_n}=\lim_{n\to\infty}\frac{\frac{2^{n+1}(n+1)!}{(n+1)^{n+1}}}{\frac{2^n n!}{n^n}}=\lim_{n\to\infty}\frac{2^{n+1}(n+1)!}{(n+1)^{n+1}}\cdot\frac{n^n}{2^n n!}=\lim_{n\to\infty}\frac{2n^n}{(n+1)^n}$$

$$=\lim_{n\to\infty}\frac{2}{\left(\frac{n+1}{n}\right)^n}=\lim_{n\to\infty}\frac{2}{\left(1+\frac{1}{n}\right)^n}=\frac{2}{\mathrm{e}}<1,$$

根据比值判别法知，级数 $\sum\limits_{n=1}^{\infty}\frac{2^n n!}{n^n}$ 收敛.

例 8.6 判定级数 $\sum\limits_{n=1}^{\infty}\frac{n\cdot\sin^2\frac{n\pi}{3}}{2^n}$ 的敛散性.

解 因为$\sin^2\frac{n\pi}{3}\leqslant 1$，所以$\frac{n\cdot\sin^2\frac{n\pi}{3}}{2^n}\leqslant\frac{n}{2^n}$，考察级数 $\sum\limits_{n=1}^{\infty}\frac{n}{2^n}$，由于

$$\lim_{n\to\infty}\frac{u_{n+1}}{u_n}=\lim_{n\to\infty}\frac{\frac{n+1}{2^{n+1}}}{\frac{n}{2^n}}=\lim_{n\to\infty}\frac{1}{2}\cdot\frac{n+1}{n}=\frac{1}{2}<1,$$

因此$\sum\limits_{n=1}^{\infty}\frac{n}{2^n}$ 收敛，故由比较判别法知，级数$\sum\limits_{n=1}^{\infty}\frac{n\cdot\sin^2\frac{n\pi}{3}}{2^n}$ 收敛.

8.2.5 题型五 利用根值判别法判定级数的敛散性

例 8.7 判定级数 $\sum\limits_{n=1}^{\infty}\left(\frac{n}{2n+1}\right)^n$ 的敛散性.

解 因为

$$\lim_{n\to\infty}\sqrt[n]{u_n}=\lim_{n\to\infty}\frac{n}{2n+1}=\frac{1}{2}<1,$$

由根值判别法知，级数 $\sum\limits_{n=1}^{\infty}\left(\frac{n}{2n+1}\right)^n$ 收敛.

8.2.6　题型六　级数的条件收敛与绝对收敛问题

例 8.8　判定交错级数 $\sum\limits_{n=1}^{\infty}(-1)^n 2^n \sin\frac{1}{3^n}$ 的敛散性，如果收敛，指出是绝对收敛还是条件收敛.

解　由于

$$\left|(-1)^n 2^n \sin\frac{1}{3^n}\right| = 2^n \sin\frac{1}{3^n} \leqslant 2^n\frac{1}{3^n} = \left(\frac{2}{3}\right)^n,$$

而几何级数 $\sum\limits_{n=1}^{\infty}\left(\frac{2}{3}\right)^2$ 收敛，由比较判别法知，$\sum\limits_{n=1}^{\infty}\left|(-1)^n 2^n \sin\frac{1}{3^n}\right|$ 收敛，故级数 $\sum\limits_{n=1}^{\infty}(-1)^n 2^n \sin\frac{1}{3^n}$ 绝对收敛.

例 8.9　判定级数 $\sum\limits_{n=1}^{\infty}(-1)^{n-1}\frac{1}{n-\ln n}$ 的敛散性，如果收敛，指出是绝对收敛还是条件收敛.

解　因为级数的一般项的绝对值为

$$|u_n| = \left|(-1)^{n-1}\frac{1}{n-\ln n}\right| = \frac{1}{n-\ln n},$$

而 $\frac{1}{n-\ln n} > \frac{1}{n}$，且 $\sum\limits_{n=1}^{\infty}\frac{1}{n}$ 为调和级数，是发散的，所以由比较判别法知，$\sum\limits_{n=1}^{\infty}\frac{1}{n-\ln n}$ 发散.
又因为

$$\frac{1}{u_{n+1}} - \frac{1}{u_n} = [(n+1)-\ln(n+1)] - (n-\ln n) = 1 - \ln\frac{n+1}{n} > 0,$$

所以 $\frac{1}{u_{n+1}} > \frac{1}{u_n}$，即 $u_n > u_{n+1}$，且 $\lim\limits_{n\to\infty}u_n = \lim\limits_{n\to\infty}\frac{1}{n-\ln n} = 0$，可以由莱布尼茨判别法知，原级数收敛，从而 $\sum\limits_{n=1}^{\infty}(-1)^{n-1}\frac{1}{n-\ln n}$ 条件收敛.

8.2.7　题型七　求幂级数的收敛域与和函数

例 8.10　求幂级数 $\sum\limits_{n=0}^{\infty}\frac{n}{2^n}x^n$ 的收敛域.

解　因为

$$\rho = \lim_{n\to+\infty}\left|\frac{a_{n+1}}{a_n}\right| = \lim_{n\to+\infty}\frac{n+1}{2^{n+1}}\cdot\frac{2^n}{n} = \frac{1}{2},$$

所以级数的收敛半径 $R=2$，于是 $\sum\limits_{n=0}^{\infty}\frac{n}{2^n}x^n$ 在区间 $(-2,2)$ 内收敛.

当 $x=-2$ 时，幂级数化为 $\sum\limits_{n=0}^{\infty}(-1)^n n$，当 $x=2$ 时，幂级数化为 $\sum\limits_{n=0}^{\infty}n$，这两个级数的

通项都不趋向于零,由级数收敛的必要条件可知,在上述两个点处级数 $\sum_{n=0}^{\infty}\frac{n}{2^n}x^n$ 均发散.

因此幂级数 $\sum_{n=0}^{\infty}\frac{n}{2^n}x^n$ 的收敛域为$(-2,2)$.

例 8.11 求幂级数 $\sum_{n=1}^{\infty}\frac{1}{n}x^n$ 的收敛域.

解 因为

$$\rho=\lim_{n\to+\infty}\left|\frac{a_{n+1}}{a_n}\right|=\lim_{n\to+\infty}\frac{n}{n+1}=1,$$

因此级数的收敛半径 $R=1$,故幂级数在区间$(-1,1)$内收敛.

当 $x=1$ 时,幂级数化为 $\sum_{n=1}^{\infty}\frac{1}{n}$,这是调和级数,它是发散的.

当 $x=-1$ 时,幂级数化为交错级数 $\sum_{n=1}^{\infty}(-1)^n\frac{1}{n}$,由交错级数判别法知 $\sum_{n=1}^{\infty}(-1)^n\frac{1}{n}$ 收敛.

因此幂级数 $\sum_{n=1}^{\infty}\frac{1}{n}x^n$ 的收敛域为$[-1,1)$.

例 8.12 求幂级数 $\sum_{n=1}^{\infty}\frac{1}{\sqrt{n}}(x-2)^n$ 的收敛域.

解 作变换 $x-2=t$,所给级数化为关于 t 的幂级数 $\sum_{n=1}^{\infty}\frac{1}{\sqrt{n}}t^n$. 因为

$$\rho=\lim_{n\to+\infty}\left|\frac{a_{n+1}}{a_n}\right|=\lim_{n\to+\infty}\frac{\frac{1}{\sqrt{n+1}}}{\frac{1}{\sqrt{n}}}=\lim_{n\to+\infty}\frac{\sqrt{n}}{\sqrt{n+1}}=1,$$

所以级数 $\sum_{n=1}^{\infty}\frac{1}{\sqrt{n}}t^n$ 的收敛半径 $R=\frac{1}{\rho}=1$.

当 $t=1$ 时,级数化为 $\sum_{n=1}^{\infty}\frac{1}{\sqrt{n}}$,由 p 级数的性质可知,$\sum_{n=1}^{\infty}\frac{1}{\sqrt{n}}$ 发散.

当 $t=-1$ 时,级数化为交错级数 $\sum_{n=1}^{\infty}\frac{(-1)^n}{\sqrt{n}}$,由交错级数判别法知,$\sum_{n=1}^{\infty}\frac{(-1)^n}{\sqrt{n}}$ 收敛.

从而级数 $\sum_{n=1}^{\infty}\frac{1}{\sqrt{n}}t^n$ 的收敛域为 $-1\leqslant t<1$,解得 $1\leqslant x<3$,得到原级数的收敛域为$[1,3)$.

例 8.13 求幂级数 $\sum_{n=1}^{\infty}(-1)^{n-1}\frac{x^{2n-1}}{2n-1}$的收敛域及和函数.

解 因为

$$\lim_{n\to\infty}\left|\frac{u_{n+1}(x)}{u_n(x)}\right|=\lim_{n\to\infty}\frac{2n-1}{2n+1}\cdot x^2=x^2,$$

当 $x^2<1$，即 $-1<x<1$ 时，级数收敛，当 $x^2>1$，即 $x>1$ 或 $x<-1$ 时，级数发散，所以级数的收敛半径 $R=1$，幂级数在 $(-1,1)$ 内收敛.

当 $x=-1$ 时，幂级数化为 $\sum\limits_{n=1}^{\infty}(-1)^{n-2}\dfrac{1}{2n-1}$，由交错级数判别法知，级数收敛.

当 $x=1$ 时，幂级数变为 $\sum\limits_{n=1}^{\infty}(-1)^{n-1}\dfrac{1}{2n-1}$，由交错级数判别法知，级数收敛.
因此幂级数的收敛域为 $[-1,1]$.

设幂级数的和函数为 $S(x)$，即 $S(x)=\sum\limits_{n=1}^{\infty}(-1)^{n-1}\dfrac{x^{2n-1}}{2n-1}$，对幂级数逐项微分，有

$$S'(x)=\sum_{n=1}^{\infty}\left[(-1)^{n-1}\frac{x^{2n-1}}{2n-1}\right]'=\sum_{n=1}^{\infty}(-1)^{n-1}x^{2n-2}$$

$$=\sum_{n=0}^{\infty}(-1)^{n}x^{2n}=\sum_{n=0}^{\infty}(-x^2)^n=\frac{1}{1+x^2},$$

上式两边从 0 到 x 积分得

$$S(x)-S(0)=\int_0^x S'(x)\mathrm{d}x=\int_0^x\frac{1}{1+x^2}\mathrm{d}x,$$

注意到 $S(0)=0$，有

$$S(x)-S(0)=\int_0^x\frac{1}{1+x^2}\mathrm{d}x=\arctan x\Big|_0^x=\arctan x.$$

因此级数的和函数为 $S(x)=\arctan x, x\in[-1,1]$.

例 8.14　求幂级数 $\sum\limits_{n=1}^{\infty}\dfrac{x^n}{n[3^n+(-2)^n]}$ 的收敛域.

解　因为

$$\rho=\lim_{n\to\infty}\left|\frac{a_{n+1}}{a_n}\right|=\lim_{n\to\infty}\frac{[3^n+(-2)^n]\cdot n}{[3^{n+1}+(-2)^{n+1}]\cdot(n+1)}$$

$$=\lim_{n\to\infty}\frac{\left[1+\left(-\frac{2}{3}\right)^n\right]\cdot n}{3\left[1+\left(-\frac{2}{3}\right)^{n+1}\right]\cdot(n+1)}=\frac{1}{3},$$

所以收敛半径 $R=\dfrac{1}{\rho}=3$，因此级数的收敛区间为 $(-3,3)$.

当 $x=3$ 时，因为原级数为 $\sum\limits_{n=1}^{\infty}\dfrac{1}{3^n+(-2)^n}\cdot\dfrac{3^n}{n}$，注意到 $\dfrac{1}{3^n+(-2)^n}\cdot\dfrac{3^n}{n}>\dfrac{1}{3^n+3^n}\cdot\dfrac{3^n}{n}=\dfrac{1}{2n}$，而级数 $\sum\limits_{n=1}^{\infty}\dfrac{1}{n}$ 发散，所以 $\sum\limits_{n=1}^{\infty}\dfrac{1}{2n}$ 也发散，由比较判别法知，原级数在 $x=3$ 处发散；

当 $x=-3$ 时，因为原级数为 $\sum\limits_{n=1}^{\infty}\dfrac{1}{3^n+(-2)^n}\cdot\dfrac{(-3)^n}{n}$，注意到

$$\frac{1}{3^n+(-2)^n}\cdot\frac{(-3)^n}{n}=\frac{(-3)^n+2^n-2^n}{3^n+(-2)^n}\cdot\frac{1}{n}$$

$$=\frac{(-3)^n+2^n}{3^n+(-2)^n}\cdot\frac{1}{n}-\frac{2^n}{3^n+(-2)^n}\cdot\frac{1}{n}$$

$$=(-1)^n\frac{1}{n}-\frac{2^n}{3^n+(-2)^n}\cdot\frac{1}{n},$$

显然交错级数 $\sum\limits_{n=1}^{\infty}(-1)^n\frac{1}{n}$ 收敛.再考察级数 $\sum\limits_{n=1}^{\infty}\frac{2^n}{3^n+(-2)^n}\cdot\frac{1}{n}$ 的敛散性,由于

$$\lim_{n\to\infty}\frac{\frac{2^{n+1}}{3^{n+1}+(-2)^{n+1}}\cdot\frac{1}{n+1}}{\frac{2^n}{3^n+(-2)^n}\cdot\frac{1}{n}}=\lim_{n\to\infty}\frac{2[3^n+(-2)^n]}{3^{n+1}+(-2)^{n+1}}\cdot\frac{n}{n+1}$$

$$=\lim_{n\to\infty}2\frac{3^n\left[1+\left(-\frac{2}{3}\right)^n\right]}{3^{n+1}\left[1+\left(-\frac{2}{3}\right)^{n+1}\right]}\cdot\frac{n}{n+1}=\frac{2}{3},$$

所以由比值判别法可知级数 $\sum\limits_{n=1}^{\infty}\frac{2^n}{3^n+(-2)^n}\cdot\frac{1}{n}$ 收敛,因此 $\sum\limits_{n=1}^{\infty}\frac{1}{3^n+(-2)^n}\cdot\frac{x^n}{n}$ 的收敛域为 $[-3,3)$.

例 8.15 求幂级数 $\sum\limits_{n=0}^{\infty}(n+1)x^n$ 的和函数.

解 容易求得幂级数的收敛域为 $(-1,1)$. 设幂级数的和函数为 $S(x)$,即 $S(x)=\sum\limits_{n=0}^{\infty}(n+1)x^n$,对幂级数逐项积分,有

$$\int_0^x S(x)\mathrm{d}x=\sum_{n=0}^{\infty}\int_0^x(n+1)x^n\mathrm{d}x=\sum_{n=0}^{\infty}(n+1)\int_0^x x^n\mathrm{d}x=\sum_{n=0}^{\infty}x^{n+1}=\frac{x}{1-x},$$

再对上式两端求导得

$$S(x)=\left[\int_0^x S(x)\mathrm{d}x\right]'=\left(\frac{x}{1-x}\right)'=\frac{1}{(1-x)^2},\quad x\in(-1,1).$$

例 8.16 求幂级数 $1+\sum\limits_{n=1}^{\infty}(-1)^n\frac{x^{2n}}{2n}(|x|<1)$ 的和函数及其极值.

解 设 $S(x)=1+\sum\limits_{n=1}^{\infty}(-1)^n\frac{x^{2n}}{2n}$,两边求导得 $S'(x)=\sum\limits_{n=1}^{\infty}(-1)^n x^{2n-1}$,而

$$\sum_{n=1}^{\infty}(-1)^n x^{2n-1}=(-x)\sum_{n=1}^{\infty}(-x^2)^{n-1}=-\frac{x}{1+x^2},$$

即 $S'(x)=-\frac{x}{1+x^2}$.上式两边从 0 到 x 积分,得

$$S(x)-S(0)=\int_0^x-\frac{t}{1+t^2}\mathrm{d}t=-\frac{1}{2}\ln(1+x^2),$$

由于 $S(0)=1$,因此 $S(x)=1-\frac{1}{2}\ln(1+x^2)$,$x\in(-1,1)$.

令 $S'(x)=-\frac{x}{1+x^2}=0$,求得唯一驻点 $x=0$,再求二阶导数 $S''(x)=-\frac{1-x^2}{(1+x^2)^2}$,$S''(0)=-1<0$,可见 $S(x)$ 在 $x=0$ 处取得极大值,极大值为 $S(0)=1$.

8.2.8　题型八　利用间接展开法将函数展开成幂级数

例 8.17　将函数 $f(x)=\dfrac{1}{x-2}$展成 x 的幂级数.

解　因为

$$f(x)=\frac{1}{x-2}=-\frac{1}{2-x}=-\frac{1}{2}\cdot\frac{1}{1-\frac{x}{2}}=-\frac{1}{2}\sum_{n=0}^{\infty}\left(\frac{x}{2}\right)^{n}=\sum_{n=0}^{\infty}\left(-\frac{1}{2^{n+1}}\right)x^{n},$$

由几何级数的性质可知,收敛区间为$\left|\dfrac{x}{2}\right|<1$,即 $x\in(-2,2)$.

例 8.18　将函数 e^{-x^2} 展成 x 的幂级数.

解　由于

$$\mathrm{e}^{x}=\sum_{n=0}^{\infty}\frac{x^{n}}{n!},\quad x\in(-\infty,+\infty),$$

将 x 换成$-x^2$,得

$$\mathrm{e}^{-x^{2}}=\sum_{n=0}^{\infty}\frac{(-x^{2})^{n}}{n!}=\sum_{n=0}^{\infty}\frac{(-1)^{n}}{n!}x^{2n},\quad x\in(-\infty,+\infty).$$

例 8.19　将 $f(x)=(1+x)\mathrm{e}^x$ 展成 x 的幂级数.

解法 1　由于 $f(x)=\mathrm{e}^x+x\mathrm{e}^x$,而 $\mathrm{e}^x=\sum\limits_{n=0}^{\infty}\dfrac{x^n}{n!}$, $x\in(-\infty,+\infty)$,所以

$$\begin{aligned}f(x)&=\sum_{n=0}^{\infty}\frac{x^{n}}{n!}+x\sum_{n=0}^{\infty}\frac{x^{n}}{n!}=1+\frac{x}{1!}+\frac{x^{2}}{2!}+\frac{x^{3}}{3!}+\cdots+x\left(1+\frac{x}{1!}+\frac{x^{2}}{2!}+\frac{x^{3}}{3!}+\cdots\right)\\&=1+\left(\frac{1}{1!}+1\right)x+\left(\frac{1}{2!}+\frac{1}{1!}\right)x^{2}+\left(\frac{1}{3!}+\frac{1}{2!}\right)x^{3}+\cdots\\&=1+\sum_{n=1}^{\infty}\frac{n+1}{n!}x^{n},x\in(-\infty,+\infty).\end{aligned}$$

解法 2　注意到$(x\mathrm{e}^x)'=(1+x)\mathrm{e}^x$,而 $\mathrm{e}^x=\sum\limits_{n=0}^{\infty}\dfrac{x^n}{n!}$,$x\in(-\infty,+\infty)$,所以

$$x\mathrm{e}^{x}=x\sum_{n=0}^{\infty}\frac{x^{n}}{n!}=x\left(1+\frac{x}{1!}+\frac{x^{2}}{2!}+\frac{x^{3}}{3!}+\cdots\right)=x+\frac{x^{2}}{1!}+\frac{x^{3}}{2!}+\frac{x^{4}}{3!}+\cdots,$$

两端求导数,得

$$f(x)=\mathrm{e}^{x}+x\mathrm{e}^{x}=1+\frac{2x}{1!}+\frac{3x^{2}}{2!}+\frac{4x^{3}}{3!}+\cdots=1+\sum_{n=1}^{\infty}\frac{n+1}{n!}x^{n},x\in(-\infty,+\infty).$$

例 8.20　将函数 $f(x)=\sin x$ 在 $x=\dfrac{\pi}{4}$处展开成泰勒级数.

解　当 $x\in(-\infty,+\infty)$时,

$$\begin{aligned}\sin x&=\sin\left[\frac{\pi}{4}+\left(x-\frac{\pi}{4}\right)\right]=\sin\frac{\pi}{4}\cos\left(x-\frac{\pi}{4}\right)+\cos\frac{\pi}{4}\sin\left(x-\frac{\pi}{4}\right)\\&=\frac{\sqrt{2}}{2}\left[\cos\left(x-\frac{\pi}{4}\right)+\sin\left(x-\frac{\pi}{4}\right)\right],\end{aligned}$$

而

$$\cos\left(x-\frac{\pi}{4}\right)=\sum_{n=0}^{\infty}\frac{(-1)^n}{(2n)!}\left(x-\frac{\pi}{4}\right)^{2n}$$

$$=1-\frac{1}{2!}\left(x-\frac{\pi}{4}\right)^2+\frac{1}{4!}\left(x-\frac{\pi}{4}\right)^4-\cdots,$$

$$\sin\left(x-\frac{\pi}{4}\right)=\sum_{n=0}^{\infty}\frac{(-1)^n}{(2n+1)!}\left(x-\frac{\pi}{4}\right)^{2n+1}$$

$$=\left(x-\frac{\pi}{4}\right)-\frac{1}{3!}\left(x-\frac{\pi}{4}\right)^3+\frac{1}{5!}\left(x-\frac{\pi}{4}\right)^5-\cdots,$$

所以

$$\sin x=\frac{\sqrt{2}}{2}\left[1+\left(x-\frac{\pi}{4}\right)-\frac{1}{2!}\left(x-\frac{\pi}{4}\right)^2-\frac{1}{3!}\left(x-\frac{\pi}{4}\right)^3\right.$$

$$\left.+\frac{1}{4!}\left(x-\frac{\pi}{4}\right)^4+\frac{1}{5!}\left(x-\frac{\pi}{5}\right)^5-\cdots\right],x\in(-\infty,+\infty).$$

8.3 习题精选

1. 填空题

(1) 若正项级数 $\sum\limits_{n=1}^{\infty}a_n$ 的部分和数列 $\{S_n\}$ 有上界，则 $\sum\limits_{n=1}^{\infty}a_n$ ________（填写收敛或发散）.

(2) 数项级数 $\sum\limits_{n=1}^{\infty}\frac{1}{3^n}=$ ________.

(3) 数项级数 $\sum\limits_{n=1}^{\infty}\left(\frac{1}{2^n}+\frac{1}{\sqrt{n}}\right)$是________级数（填写收敛或发散）.

(4) 若正项级数 $\sum\limits_{n=1}^{\infty}u_n$ 的通项满足条件 $u_n\leqslant n^{-1.1}$，则 $\sum\limits_{n=1}^{\infty}u_n$ 是________级数.

(5) 已知级数 $\sum\limits_{n=1}^{\infty}\frac{a^n}{n^3}(a\geqslant 0)$ 收敛，则 a 满足________.

(6) 若级数 $\sum\limits_{n=1}^{\infty}(-1)^n\frac{1}{n^{p-3}}$ 条件收敛，则 p 的取值范围为________.

(7) 若级数 $\sum\limits_{n=1}^{\infty}(-1)^n\frac{1}{n^{3p}}$ 绝对收敛，则 p 的取值范围为________.

(8) 若积分 $\int_1^{+\infty}\frac{1}{x^{2-p}}dx$ 和级数 $\sum\limits_{n=1}^{\infty}\frac{1}{n^{2p}}$ 同时收敛，则 p 的取值范围为________.

(9) 若数项级数 $\sum\limits_{n=1}^{\infty}u_n$ 绝对收敛，则 $\lim\limits_{n\to\infty}u_n=$ ________.

(10) 幂级数 $\sum\limits_{n=1}^{\infty}\frac{1}{\sqrt{n}}x^{n-1}$ 的收敛半径为________.

(11) 若级数 $\sum_{n=0}^{\infty} a_n x^n (a_n \neq 0)$ 的收敛半径为 R，则级数 $\sum_{n=0}^{\infty} \frac{a_n}{n+1} x^{n+1}$ 的收敛半径为________.

(12) 幂级数 $\sum_{n=1}^{\infty} \frac{1}{n} x^{n+1}$ 的收敛域为________.

(13) 幂级数 $\sum_{n=1}^{\infty} (-1)^n \frac{1}{2n+1} x^{2n+1}$ 的收敛域为________.

(14) 幂级数 $\sum_{n=1}^{\infty} \frac{1}{2^n n^2} x^n$ 的收敛域为________.

(15) 若幂级数 $\sum_{n=0}^{\infty} a_n y^n$ 的收敛区间为 $(-9,9)$，则 $\sum_{n=0}^{\infty} a_n (x-3)^{2n}$ 的收敛区间为________.

(16) 幂级数 $\sum_{n=1}^{\infty} (-1)^n x^n$ 的和函数为________.

**(17) 幂级数 $\sum_{n=1}^{\infty} \frac{1}{4n+1} x^{4n+1}$ 的收敛域为________；和函数为________.

(18) 将函数 e^{-x^2} 展开成 x 的幂级数为________.

(19) 函数 $\ln(1+x)$ 展开成 x 的幂级数中 x^{10} 的系数为________.

2. 单项选择题

(1) 若级数 $\sum_{n=1}^{\infty} u_n$ 发散，则 $\sum_{n=1}^{\infty} a u_n (a \neq 0)$ (　　).

(A) 一定发散；　(B) 可能收敛，也可能发散；

(C) $a>0$ 时收敛，$a<0$ 时发散；　(D) $|a|>0$ 时收敛.

(2) 级数 $\sum_{n=1}^{\infty} \frac{1}{(2n-1)(2n+1)}$ 的和为(　　).

(A) 2；　(B) $\frac{1}{2}$；　(C) 3；　(D) $\frac{1}{3}$.

(3) 级数 $\sum_{n=0}^{\infty} \left(\frac{2}{5}\right)^n$ 的和为(　　).

(A) $\frac{3}{2}$；　(B) $\frac{5}{3}$；　(C) $\frac{2}{5}$；　(D) $\frac{2}{3}$.

(4) 正项级数 $\sum_{n=1}^{\infty} u_n$ 收敛的充要条件为(　　).

(A) $\lim\limits_{n\to\infty} u_n = 0$；　(B) $\lim\limits_{n\to\infty} \frac{u_{n+1}}{u_n} = r < 1$；

(C) 部分和数列 $\{S_n\}$ 有界；　(D) $u_n < 1$.

(5) 利用级数收敛性，指出下列哪个级数一定发散.(　　)

(A) $\sum_{n=1}^{\infty} \sin \frac{\pi}{3^n}$；

(B) $\sum_{n=1}^{\infty} \frac{n \cdot 2^n}{3^n}$;

(C) $\sum_{n=1}^{\infty} \arctan \frac{1}{n^2}$;

(D) $1 - \frac{3}{2} + \frac{4}{3} - \cdots + (-1)^{n+1} \frac{n+1}{n} + \cdots$.

(6) 若$\lim\limits_{n \to \infty} u_n = 0$,则级数 $\sum_{n=1}^{\infty} u_n$(　　).

(A) 一定收敛;

(B) 一定发散;

(C) 一定条件收敛;

(D) 可能收敛,也可能发散.

(7) 下列级数中发散的是(　　).

(A) $\sum_{n=1}^{\infty} \frac{1}{\sqrt{n^3}}$;

(B) $\frac{1}{2} + \frac{1}{4} + \frac{1}{8} + \frac{1}{16} + \frac{1}{32} + \cdots$;

(C) $0.001 + \sqrt{0.001} + \sqrt[3]{0.001} + \cdots$;

(D) $\frac{3}{5} - \frac{3^2}{5^2} + \frac{3^3}{5^3} - \frac{3^4}{5^4} + \frac{3^5}{5^5} - \cdots$.

(8) 在下列级数中收敛的是(　　).

(A) $\sum_{n=1}^{\infty} \frac{1}{\sqrt{2n+1}}$;

(B) $\sum_{n=1}^{\infty} \frac{n}{3n+1}$;

(C) $\sum_{n=1}^{\infty} \frac{100}{q^n}, |q| < 1$;

(D) $\sum_{n=1}^{\infty} \frac{2^{n-1}}{3^n}$.

(9) 若正项级数$\sum_{n=1}^{\infty} u_n$ 收敛,则下列级数中收敛的是(　　).

(A) $\sum_{n=1}^{\infty} \left(u_n + \frac{1}{100}\right)$;

(B) $\sum_{n=1}^{\infty} \sqrt{u_n}$;

(C) $\sum_{n=1}^{\infty} (-1)^n u_n$;

(D) $\sum_{n=1}^{\infty} \frac{1}{u_n}$.

(10) 在下列级数中条件收敛的是(　　).

(A) $\sum_{n=1}^{\infty} (-1)^n \frac{n}{n+1}$;

(B) $\sum_{n=1}^{\infty} (-1)^n \frac{1}{\sqrt{n}}$;

(C) $\sum_{n=1}^{\infty} (-1)^n \frac{1}{n^2}$;

(D) $\sum_{n=1}^{\infty} (-1)^n \frac{1}{n(n+1)}$.

(11) 在下列级数中绝对收敛的是(　　).

(A) $\sum_{n=1}^{\infty} \frac{(-1)^n}{\sqrt{2n+1}}$;

(B) $\sum_{n=1}^{\infty} (-1)^n \frac{1}{n}$;

(C) $\sum_{n=1}^{\infty} \frac{(-1)^n}{\sqrt{n^3}}$;

(D) $\sum_{n=1}^{\infty} (-1)^n \frac{n-1}{n}$.

(12) 级数 $\sum_{n=1}^{\infty} \frac{2^n}{n+2} \cdot x^n$ 的收敛半径$R=$(　　).

(A) 1;　　(B) 2;　　(C) $\frac{1}{2}$;　　(D) ∞.

(13) 级数 $\sum_{n=1}^{\infty}\frac{x^n}{n}$ 的收敛区间为(　　).

(A) $(-1,1)$；　(B) $[-1,1)$；　(C) $(-1,1]$；　(D) $[-1,1]$.

3. 用比较判别法判别下列级数的敛散性：

(1) $\sum_{n=1}^{\infty}\frac{1}{n\sqrt{n+2}}$；　(2) $\sum_{n=1}^{\infty}\frac{n+3}{n^2+2n}$；　(3) $\sum_{n=1}^{\infty}\sin\frac{\pi}{n}$；

(4) $\sum_{n=1}^{\infty}\sin\frac{2^n\pi}{5^n}$；　(5) $\sum_{n=1}^{\infty}\frac{1}{\ln(1+n)}$；　(6) $\sum_{n=1}^{\infty}\frac{1}{1+a^n}$ ，$a>0$.

4. 用比值判别法判别下列级数的敛散性：

(1) $\sum_{n=1}^{\infty}\frac{4^n}{n!}$；　(2) $\sum_{n=1}^{\infty}\frac{n+2}{2^n}$；　(3) $\sum_{n=1}^{\infty}\frac{3^n n!}{n^n}$；

(4) $\sum_{n=1}^{\infty}\frac{2^n}{100n}$；　(5) $\sum_{n=1}^{\infty}n\tan\frac{1}{5^n}$；　**(6) $\sum_{n=1}^{\infty}\frac{n}{3^n-n^2}$；

(7) $\sum_{n=1}^{\infty}\frac{2^{n-1}}{(2n-1)!!}$(注：$(2n-1)!!=1\cdot3\cdot5\cdot7\cdots(2n-1)$).

5. 判定下列级数的敛散性，若收敛，指出是条件收敛还是绝对收敛：

(1) $\sum_{n=1}^{\infty}(-1)^n\frac{5n^3}{n!}$；　(2) $\sum_{n=1}^{\infty}(-1)^n\frac{n^2}{3^n}$；　(3) $\sum_{n=1}^{\infty}\frac{\sin na}{(n+1)^2}$；

(4) $\sum_{n=1}^{\infty}(-1)^n\frac{\ln n}{n}$；　(5) $\sum_{n=2}^{\infty}(-1)^n\frac{1}{\ln n}$.

6. 求下列幂级数的收敛域：

(1) $\sum_{n=1}^{\infty}\frac{1}{3^n\sqrt{n+1}}x^n$；　(2) $\sum_{n=1}^{\infty}(-1)^n\frac{1}{5n}(x-2)^n$；

(3) $\sum_{n=1}^{\infty}(-1)^{n-1}\frac{2^n}{n^2}(x+1)^n$；　(4) $\sum_{n=1}^{\infty}(-1)^n\frac{1}{2n-1}x^{2n-1}$.

7. 求下列幂级数在收敛区间上的和函数：

(1) $\sum_{n=1}^{\infty}nx^n$，　$-1<x<1$；

(2) $\sum_{n=1}^{\infty}(-1)^n\frac{x^n}{2^n}$，　$-2<x<2$；

(3) $x+\frac{x^3}{3}+\frac{x^5}{5}+\frac{x^7}{7}+\cdots$，$-1<x<1$，并且求 $\sum_{n=1}^{\infty}\frac{1}{(2n-1)2^n}$.

8. 将下列函数展开成 x 的幂级数：

(1) $f(x)=\frac{x}{3+x}$；　(2) $f(x)=\sin\frac{x}{2}$；　(3) $f(x)=(1+x)e^x$；

(4) $f(x)=\ln(5+x)$；　(5) $f(x)=\frac{1}{2x^2-3x+1}$；(6) $f(x)=\ln(1+x+x^2+x^3)$.

9. 将下列函数展开成 $x-2$ 的幂级数：

(1) $f(x)=\frac{1}{5-x}$；　(2) $f(x)=\ln x$.

8.4 习题详解

1. 填空题

(1) 收敛.　　(2) $\frac{1}{2}$.　　(3) 发散.

(4) 收敛.

提示：$u_n \leqslant \frac{1}{n^{1.1}}$，而 p 级数 $\sum\limits_{n=1}^{\infty}\frac{1}{n^{1.1}}$ 收敛.

(5) $0\leqslant a\leqslant 1$.　　(6) $3<p\leqslant 4$.　　(7) $p>\frac{1}{3}$.　(8) $\frac{1}{2}<p<1$.　(9) 0.

(10) $R=1$.　(11) R.　(12) $[-1,1)$.　(13) $[-1,1]$.　(14) $[-2,2]$.

(15) $(0,6)$.

提示　$(x-3)^2<9$.

(16) $-\frac{x}{1+x}, x\in(-1,1)$.

(17) $(-1,1)$，$\frac{1}{4}\ln\left|\frac{1+x}{1-x}\right|+\frac{1}{2}\arctan x-x$.

提示　设 $S(x)=\sum\limits_{n=1}^{\infty}\frac{1}{4n+1}x^{4n+1}$，求导得

$$S'(x)=\sum_{n=1}^{\infty}x^{4n}=\frac{1}{1-x^4}-1,$$

这里 $\frac{1}{1-x^4}=\frac{1}{2}\left(\frac{1}{1-x^2}+\frac{1}{1+x^2}\right)$，而 $\frac{1}{1-x^2}=\frac{1}{2}\left(\frac{1}{1-x}+\frac{1}{1+x}\right)$，所以

$$S'(x)=\frac{1}{1-x^4}-1=\frac{1}{4(1-x)}+\frac{1}{4(1+x)}+\frac{1}{2(1+x^2)}-1.$$

(18) $\sum\limits_{n=0}^{\infty}(-1)^n\frac{1}{n!}x^{2n}, x\in(-\infty,+\infty)$.　　(19) $-\frac{1}{10}$.

2. 单项选择题

(1) A.　(2) B.　(3) B.　(4) C.　(5) D.　(6) D.　(7) C.　(8) D.

(9) C.　(10) B.　(11) C.　(12) C.　(13) B.

3.

(1) 由于 $\frac{1}{n\sqrt{n+2}}<\frac{1}{n\sqrt{n}}$，而 p 级数 $\sum\limits_{n=1}^{\infty}\frac{1}{n^{\frac{3}{2}}}$ 收敛，所以 $\sum\limits_{n=1}^{\infty}\frac{1}{n\sqrt{n+2}}$ 收敛.

(2) 由于 $\frac{n+3}{n^2+2n}>\frac{n}{n^2+2n^2}=\frac{1}{3n}$，而调和级数 $\sum\limits_{n=1}^{\infty}\frac{1}{n}$ 发散，所以 $\sum\limits_{n=1}^{\infty}\frac{1}{3n}$ 也发散，故 $\sum\limits_{n=1}^{\infty}\frac{n+3}{n^2+2n}$ 发散.

(3) 由于 $\lim\limits_{n\to\infty}\frac{\sin\frac{\pi}{n}}{\frac{1}{n}}=\pi$，而调和级数 $\sum\limits_{n=1}^{\infty}\frac{1}{n}$ 发散，所以 $\sum\limits_{n=1}^{\infty}\sin\frac{\pi}{n}$ 也发散.

(4) 由于 $\sin\frac{2^n\pi}{5^n}<\frac{2^n\pi}{5^n}$,而几何级数 $\sum\limits_{n=1}^{\infty}\pi\left(\frac{2}{5}\right)^n$ 收敛,所以 $\sum\limits_{n=1}^{\infty}\sin\frac{2^n\pi}{5^n}$ 收敛.

(5) 由于 $\ln(1+n)<n$,所以 $\frac{1}{\ln(1+n)}>\frac{1}{n}$,而调和级数 $\sum\limits_{n=1}^{\infty}\frac{1}{n}$ 发散,所以 $\sum\limits_{n=1}^{\infty}\frac{1}{\ln(1+n)}$ 发散.

(6) 当 $0<a<1$ 时,$\lim\limits_{n\to\infty}a^n=0$,因此 $\lim\limits_{n\to\infty}\frac{1}{1+a^n}=1$,所以 $\sum\limits_{n=1}^{\infty}\frac{1}{1+a^n}$ 发散;

当 $a=1$ 时,$\lim\limits_{n\to\infty}a^n=1$,所以 $\lim\limits_{n\to\infty}\frac{1}{1+a^n}=\frac{1}{2}$,所以 $\sum\limits_{n=1}^{\infty}\frac{1}{1+a^n}$ 发散;

当 $a>1$ 时,$\frac{1}{1+a^n}<\frac{1}{a^n}=\left(\frac{1}{a}\right)^n<1$,而几何级数 $\sum\limits_{n=1}^{\infty}\left(\frac{1}{a}\right)^n$ 收敛,所以 $\sum\limits_{n=1}^{\infty}\frac{1}{1+a^n}$ 收敛.

综上,当 $0<a\leqslant 1$ 时,级数 $\sum\limits_{n=1}^{\infty}\frac{1}{1+a^n}$ 发散;当 $a>1$ 时,级数 $\sum\limits_{n=1}^{\infty}\frac{1}{1+a^n}$ 收敛.

4.

(1) 由于 $\lim\limits_{n\to\infty}\frac{u_{n+1}}{u_n}=\lim\limits_{n\to\infty}\frac{\frac{4^{n+1}}{(n+1)!}}{\frac{4^n}{n!}}=\lim\limits_{n\to\infty}\frac{4}{n+1}=0$,所以 $\sum\limits_{n=1}^{\infty}\frac{4^n}{n!}$ 收敛.

(2) 由于 $\lim\limits_{n\to\infty}\frac{u_{n+1}}{u_n}=\lim\limits_{n\to\infty}\frac{\frac{n+3}{2^{n+1}}}{\frac{n+2}{2^n}}=\lim\limits_{n\to\infty}\frac{1}{2}\frac{n+3}{n+2}=\frac{1}{2}$,所以 $\sum\limits_{n=1}^{\infty}\frac{n+2}{2^n}$ 收敛.

(3) 由于

$$\lim_{n\to\infty}\frac{u_{n+1}}{u_n}=\lim_{n\to\infty}\frac{\frac{3^{n+1}(n+1)!}{(n+1)^{n+1}}}{\frac{3^n n!}{n^n}}=\lim_{n\to\infty}\frac{3^{n+1}(n+1)!}{(n+1)^{n+1}}\cdot\frac{n^n}{3^n n!}=\lim_{n\to\infty}\frac{3n^n}{(n+1)^n}$$

$$=\lim_{n\to\infty}\frac{3}{\left(\frac{n+1}{n}\right)^n}=\lim_{n\to\infty}\frac{3}{\left(1+\frac{1}{n}\right)^n}=\frac{3}{\mathrm{e}}>1,$$

所以 $\sum\limits_{n=1}^{\infty}\frac{3^n n!}{n^n}$ 发散.

(4) 由于 $\lim\limits_{n\to\infty}\frac{u_{n+1}}{u_n}=\lim\limits_{n\to\infty}\frac{\frac{2^{n+1}}{100(n+1)}}{\frac{2^n}{100n}}=\lim\limits_{n\to\infty}2\frac{n+1}{n}=2$,所以 $\sum\limits_{n=1}^{\infty}\frac{2^n}{100n}$ 发散.

(5) 因为当 $n\to\infty$ 时,$n\tan\frac{1}{5^n}\sim\frac{n}{5^n}$,而级数 $\sum\limits_{n=1}^{\infty}\frac{n}{5^n}$ 收敛,所以 $\sum\limits_{n=1}^{\infty}n\tan\frac{1}{5^n}$ 收敛.

(6) 由于

$$\lim_{n\to\infty}\frac{u_{n+1}}{u_n}=\lim_{n\to\infty}\frac{\dfrac{n+1}{3^{n+1}-(n+1)^2}}{\dfrac{n}{3^n-n^2}}=\lim_{n\to\infty}\frac{n+1}{n}\cdot\frac{3^n-n^2}{3^{n+1}-(n+1)^2}$$

$$=\lim_{n\to\infty}\frac{1}{3}\cdot\frac{n+1}{n}\cdot\frac{1-\dfrac{n^2}{3^n}}{1-\dfrac{(n+1)^2}{3^{n+1}}}=\frac{1}{3},$$

这里

$$\lim_{x\to\infty}\frac{x^2}{3^x}=\lim_{x\to\infty}\frac{2x}{3^x\ln3}=\lim_{x\to\infty}\frac{2}{3^x(\ln3)^2}=0,$$

根据海涅定理可知，$\lim\limits_{n\to\infty}\frac{n^2}{3^n}=0$，$\lim\limits_{n\to\infty}\frac{(n+1)^2}{3^{n+1}}=0$，所以 $\sum\limits_{n=1}^{\infty}\frac{n}{3^n-n^2}$ 收敛.

(7) 因为 $\lim\limits_{n\to\infty}\frac{u_{n+1}}{u_n}=\lim\limits_{n\to\infty}\frac{\dfrac{2^n}{(2n+1)!!}}{\dfrac{2^{n-1}}{(2n-1)!!}}=\lim\limits_{n\to\infty}\frac{2}{2n+1}=0$，所以 $\sum\limits_{n=1}^{\infty}\frac{2^{n-1}}{(2n-1)!!}$ 收敛.

5.

(1) 考察正项级数 $\sum\limits_{n=1}^{\infty}\frac{5n^3}{n!}$，由于 $\lim\limits_{n\to\infty}\frac{\dfrac{5(n+1)^3}{(n+1)!}}{\dfrac{5n^3}{n!}}=0$，所以 $\sum\limits_{n=1}^{\infty}\frac{5n^3}{n!}$ 收敛，因此 $\sum\limits_{n=1}^{\infty}(-1)^n\frac{5n^3}{n!}$ 绝对收敛.

(2) 考察正项级数 $\sum\limits_{n=1}^{\infty}\frac{n^2}{3^n}$，由于 $\lim\limits_{n\to\infty}\frac{\dfrac{(n+1)^2}{3^{n+1}}}{\dfrac{n^2}{3^n}}=\frac{1}{3}<1$，所以 $\sum\limits_{n=1}^{\infty}\frac{n^2}{3^n}$ 收敛，因此 $\sum\limits_{n=1}^{\infty}(-1)^n\frac{n^2}{3^n}$ 绝对收敛.

(3) 考察正项级数 $\sum\limits_{n=1}^{\infty}\frac{|\sin na|}{(n+1)^2}$，因为 $\frac{|\sin na|}{(n+1)^2}<\frac{1}{(n+1)^2}$，而 p 级数 $\sum\limits_{n=1}^{\infty}\frac{1}{(n+1)^2}$ 收敛，所以 $\sum\limits_{n=1}^{\infty}\frac{|\sin na|}{(n+1)^2}$ 收敛，因此 $\sum\limits_{n=1}^{\infty}\frac{\sin na}{(n+1)^2}$ 绝对收敛.

(4) 考察正项级数 $\sum\limits_{n=1}^{\infty}\frac{\ln n}{n}$，因为当 $n>2$ 时，$\frac{\ln n}{n}>\frac{1}{n}$，而调和级数 $\sum\limits_{n=1}^{\infty}\frac{1}{n}$ 发散，由比较判别法可知 $\sum\limits_{n=1}^{\infty}\frac{\ln n}{n}$ 发散. 再考察交错级数 $\sum\limits_{n=1}^{\infty}(-1)^n\frac{\ln n}{n}$ 的敛散性，设 $f(x)=\frac{\ln x}{x}$，则 $f'(x)=\frac{1-\ln x}{x^2}$，所以当 $x>\mathrm{e}$ 时，$f'(x)<0$，$f(x)$ 单调减少。因此当 $n>2$ 时，

$$u_n=\frac{\ln n}{n}>\frac{\ln(n+1)}{n+1}=u_{n+1}.$$

即当 $n>2$ 时，$\{u_n\}$ 单调递减. 又因为

$$\lim_{x\to\infty} f(x)=\lim_{x\to\infty}\frac{\ln x}{x}=\lim_{x\to\infty}\frac{1}{x}=0,$$

所以$\lim\limits_{n\to\infty}\frac{\ln n}{n}=0$,因此根据莱布尼茨判别法可知$\sum\limits_{n=1}^{\infty}(-1)^n\frac{\ln n}{n}$收敛,即$\sum\limits_{n=1}^{\infty}(-1)^n\frac{\ln n}{n}$条件收敛.

(5) 考察正项级数$\sum\limits_{n=2}^{\infty}\frac{1}{\ln n}$,因为$\ln n=\ln(1+n-1)<n-1$(当$x>0$时,$\ln(1+x)<x$),因此$\frac{1}{\ln n}>\frac{1}{n-1}$,而调和级数$\sum\limits_{n=2}^{\infty}\frac{1}{n-1}$发散,所以正项级数$\sum\limits_{n=2}^{\infty}\frac{1}{\ln n}$发散.再考察交错级数$\sum\limits_{n=2}^{\infty}(-1)^n\frac{1}{\ln n}$的敛散性,因为$\lim\limits_{n\to\infty}\frac{1}{\ln n}=0$,且$u_n=\frac{1}{\ln n}>\frac{1}{\ln(n+1)}=u_{n+1}$,所以$\sum\limits_{n=2}^{\infty}(-1)^n\frac{1}{\ln n}$收敛,即$\sum\limits_{n=2}^{\infty}(-1)^n\frac{1}{\ln n}$条件收敛.

6.

(1) 由于

$$\lim_{n\to\infty}\left|\frac{a_{n+1}}{a_n}\right|=\lim_{n\to\infty}\frac{\frac{1}{3^{n+1}\sqrt{n+2}}}{\frac{1}{3^n\sqrt{n+1}}}=\lim_{n\to\infty}\frac{\sqrt{n+1}}{3\sqrt{n+2}}=\frac{1}{3},$$

因此收敛半径为$R=3$.当$x=3$时,p级数$\sum\limits_{n=1}^{\infty}\frac{1}{\sqrt{n+1}}$发散,当$x=-3$时,交错级数$\sum\limits_{n=1}^{\infty}(-1)^n\frac{1}{\sqrt{n+1}}$收敛,收敛域为$[-3,3)$.

(2) 令$t=x-2$,考察级数$\sum\limits_{n=1}^{\infty}(-1)^n\frac{1}{5n}t^n$,由于

$$\lim_{n\to\infty}\left|\frac{a_{n+1}}{a_n}\right|=\lim_{n\to\infty}\frac{\frac{1}{5n+5}}{\frac{1}{5n}}=\lim_{n\to\infty}\frac{5n}{5n+5}=1,$$

因此收敛半径为$R=1$.当$t=1$时,交错级数$\sum\limits_{n=1}^{\infty}(-1)^n\frac{1}{5n}$收敛,当$t=-1$时,$p$级数$\sum\limits_{n=1}^{\infty}\frac{1}{5n}$发散,所以$\sum\limits_{n=1}^{\infty}(-1)^n\frac{1}{5n}t^n$的收敛域为$(-1,1]$,当$-1<t\leqslant 1$时,$-1<x-2\leqslant 1$,解得$1<x\leqslant 3$,因此原级数的收敛域为$(1,3]$.

(3) 令$t=x+1$,考察级数$\sum\limits_{n=1}^{\infty}(-1)^{n-1}\frac{2^n}{n^2}t^n$,由于

$$\lim_{n\to\infty}\left|\frac{a_{n+1}}{a_n}\right|=\lim_{n\to\infty}\frac{\frac{2^{n+1}}{(n+1)^2}}{\frac{2^n}{n^2}}=\lim_{n\to\infty}\frac{2n^2}{(n+1)^2}=2,$$

因此收敛半径为 $R=\frac{1}{2}$. 当 $t=\frac{1}{2}$时，交错级数 $\sum\limits_{n=1}^{\infty}(-1)^n\frac{1}{n^2}$ 绝对收敛，当 $t=-\frac{1}{2}$ 时，p 级数 $\sum\limits_{n=1}^{\infty}\frac{1}{n^2}$ 收敛，所以 $\sum\limits_{n=1}^{\infty}(-1)^{n-1}\frac{2^n}{n^2}t^n$ 的收敛域为 $\left[-\frac{1}{2},\frac{1}{2}\right]$，当 $-\frac{1}{2}\leqslant t\leqslant\frac{1}{2}$ 时，$-\frac{1}{2}\leqslant x+1\leqslant\frac{1}{2}$，$-\frac{3}{2}\leqslant x\leqslant-\frac{1}{2}$，原级数的收敛域为 $\left[-\frac{3}{2},-\frac{1}{2}\right]$.

(4) 由于

$$\lim_{n\to\infty}\left|\frac{u_{n+1}(x)}{u_n(x)}\right|=\lim_{n\to\infty}\frac{\frac{1}{2n+1}}{\frac{1}{2n-1}}x^2=\lim_{n\to\infty}\frac{2n-1}{2n+1}x^2=x^2,$$

因此当 $x^2<1$ 时，即当 $-1<x<1$ 时，级数收敛. 当 $x=1$ 时，交错级数 $\sum\limits_{n=1}^{\infty}\frac{(-1)^n}{2n-1}$ 收敛；当 $x=-1$ 时，交错级数 $\sum\limits_{n=1}^{\infty}\frac{(-1)^{n+1}}{2n-1}$ 收敛，收敛域为 $[-1,1)$.

7.

(1) 设 $S(x)=\sum\limits_{n=1}^{\infty}nx^n=x\left(\sum\limits_{n=1}^{\infty}nx^{n-1}\right)$，$g(x)=\sum\limits_{n=1}^{\infty}nx^{n-1}$，则有

$$\int_0^x g(x)\mathrm{d}x=\sum_{n=1}^{\infty}\int_0^x nx^{n-1}\mathrm{d}x=\sum_{n=1}^{\infty}x^n=\frac{x}{1-x},$$

对上式两端求导得

$$g(x)=\left[\int_0^x g(x)\mathrm{d}x\right]'=\left(\frac{x}{1-x}\right)'=\frac{1}{(1-x)^2},\quad x\in(-1,1),$$

因此 $S(x)=xg(x)=\sum\limits_{n=1}^{\infty}nx^n=\frac{x}{(1-x)^2}$，$x\in(-1,1)$.

(2) 考虑级数 $\sum\limits_{n=1}^{\infty}(-1)^n\frac{x^n}{2^n}$，$-2<x<2$，设 $t=-\frac{x}{2}$，由于几何级数 $\sum\limits_{n=1}^{\infty}t^n=\frac{t}{1-t}$，则

$$\sum_{n=1}^{\infty}(-1)^n\frac{x^n}{2^n}=\frac{-\frac{x}{2}}{1+\frac{x}{2}}=-\frac{x}{2+x},\quad -2<x<2.$$

(3) 设 $S(x)=x+\frac{x^3}{3}+\frac{x^5}{5}+\frac{x^7}{7}+\cdots+\frac{x^{2n-1}}{2n-1}+\cdots$，

逐项求导得

$$S'(x)=1+x^2+x^4+x^6+\cdots+x^{2n-2}+\cdots=\frac{1}{1-x^2},$$

对上式两端积分得

$$S(x)-S(0)=\int_0^x S'(x)\mathrm{d}x=\int_0^x\frac{1}{1-x^2}\mathrm{d}x=\frac{1}{2}\ln\left|\frac{1+x}{1-x}\right|,\quad -2<x<2.$$

注意到 $S(0)=0$，因此

$$S(x)=\frac{1}{2}\ln\left|\frac{1+x}{1-x}\right|,\quad -2<x<2.$$

从而

$$\sum_{n=1}^{\infty}\frac{1}{(2n-1)2^n}=\sum_{n=1}^{\infty}\frac{1}{(2n-1)(\sqrt{2})^{2n}}=\frac{1}{\sqrt{2}}\sum_{n=1}^{\infty}\frac{1}{(2n-1)(\sqrt{2})^{2n-1}}=\frac{1}{\sqrt{2}}S\left(\frac{1}{\sqrt{2}}\right)$$

$$=\frac{1}{2\sqrt{2}}\ln\left|\frac{1+\frac{1}{\sqrt{2}}}{1-\frac{1}{\sqrt{2}}}\right|=\frac{1}{2\sqrt{2}}\ln\left|\frac{\sqrt{2}+1}{\sqrt{2}-1}\right|=\frac{1}{\sqrt{2}}\ln\left|\sqrt{2}+1\right|.$$

8.

(1) 由于 $f(x)=\dfrac{x}{3+x}=\dfrac{x}{3}\cdot\dfrac{1}{1+\dfrac{x}{3}}$，而 $\dfrac{1}{1+\dfrac{x}{3}}=\sum\limits_{n=0}^{\infty}\left(-\dfrac{x}{3}\right)^n=\sum\limits_{n=0}^{\infty}(-1)^n\dfrac{1}{3^n}x^n$，

因此

$$f(x)=\frac{x}{3+x}=\sum_{n=0}^{\infty}(-1)^n\frac{1}{3^{n+1}}x^{n+1},\quad x\in(-3,3).$$

(2) 因为 $\sin x=\sum\limits_{n=0}^{\infty}\dfrac{(-1)^n}{(2n+1)!}x^{2n+1}$，$x\in(-\infty,+\infty)$，所以

$$f(x)=\sin\frac{x}{2}=\sum_{n=0}^{\infty}\frac{(-1)^n}{(2n+1)!}\left(\frac{x}{2}\right)^{2n+1}=\sum_{n=0}^{\infty}\frac{(-1)^n}{(2n+1)!2^{n+1}}x^{2n+1},\quad x\in(-\infty,+\infty).$$

(3) 因为 $\mathrm{e}^x=\sum\limits_{n=0}^{\infty}\dfrac{x^n}{n!}$，$x\in(-\infty,+\infty)$，所以

$$f(x)=(1+x)\mathrm{e}^x=\sum_{n=0}^{\infty}\frac{x^n}{n!}+\sum_{n=0}^{\infty}\frac{x^{n+1}}{n!}=\sum_{n=0}^{\infty}\frac{1+n}{n!}x^n,\quad x\in(-\infty,+\infty).$$

(4) $f(x)=\ln(5+x)=\ln\left[5\left(1+\dfrac{x}{5}\right)\right]=\ln5+\ln\left(1+\dfrac{x}{5}\right)$，因为 $\ln(1+x)=\sum\limits_{n=1}^{\infty}(-1)^{n-1}\dfrac{x^n}{n}$，因此

$$f(x)=\ln5+\sum_{n=1}^{\infty}(-1)^{n-1}\frac{1}{n}\left(\frac{x}{5}\right)^n=\ln5+\sum_{n=1}^{\infty}(-1)^{n-1}\frac{1}{n\cdot5^n}x^n,\quad x\in(-5,5).$$

(5) $f(x)=\dfrac{1}{2x^2-3x+1}=\dfrac{1}{(2x-1)(x-1)}=\dfrac{1}{x-1}-\dfrac{2}{2x-1}=\dfrac{2}{1-2x}-\dfrac{1}{1-x}$，

因为 $\dfrac{1}{1-x}=\sum\limits_{n=0}^{\infty}x^n$，$\dfrac{2}{1-2x}=2\sum\limits_{n=0}^{\infty}(2x)^n=\sum\limits_{n=0}^{\infty}2^{n+1}x^n$，所以

$$f(x)=\sum_{n=0}^{\infty}2^{n+1}x^n-\sum_{n=0}^{\infty}x^n=\sum_{n=0}^{\infty}(2^{n+1}-1)x^n,\ x\in\left(-\frac{1}{2},\frac{1}{2}\right).$$

(6) $f(x)=\ln(1+x+x^2+x^3)=\ln[(1+x)(1+x^2)]=\ln(1+x)+\ln(1+x^2)$，因为 $\ln(1+x)=\sum\limits_{n=1}^{\infty}(-1)^{n-1}\dfrac{x^n}{n}$，所以 $\ln(1+x^2)=\sum\limits_{n=1}^{\infty}(-1)^{n-1}\dfrac{x^{2n}}{n}$，故

$$f(x)=\sum_{n=1}^{\infty}(-1)^n\frac{1}{n}x^n-\sum_{n=1}^{\infty}(-1)^n\frac{1}{n}x^{2n},\quad x\in(-1,1).$$

9.

(1) $f(x)=\frac{1}{5-x}=\frac{1}{3-(x-2)}=\frac{1}{3}\frac{1}{1-\frac{x-2}{3}}$

$$=\frac{1}{3}\sum_{n=0}^{\infty}\left(\frac{x-2}{3}\right)^{n}=\sum_{n=0}^{\infty}\frac{1}{3^{n+1}}(x-2)^{n},\quad x\in(-1,5).$$

(2) $f(x)=\ln x=\ln(2+x-2)=\ln\left[2\left(1+\frac{x-2}{2}\right)\right]=\ln 2+\ln\left(1+\frac{x-2}{2}\right)$

$$=\ln 2+\sum_{n=1}^{\infty}(-1)^{n-1}\frac{(x-2)^{n}}{n2^{n}},\quad x\in(0,4).$$

第9章

微分方程

9.1 内容提要

9.1.1 微分方程的概念

凡表示未知函数、未知函数的导数以及自变量之间关系的方程称为**微分方程**；未知函数的最高导数的阶数称为该方程的**阶**；未知函数为一元函数的微分方程称为**常微分方程**,未知函数为多元函数的微分方程,称为**偏微分方程**.本章主要讨论常微分方程.

n 阶常微分方程的一般表示形式为

$$F(x,y,y',y'',\cdots,y^{(n)})=0 \quad 或 \quad y^{(n)}=f(x,y,y',y'',\cdots,y^{(n-1)}). \tag{9-1}$$

9.1.2 微分方程的解与初值条件

若将函数 $y=\varphi(x)$ 代入方程(9-1),使之成为恒等式,即

$$F(x,\varphi,\varphi',\varphi'',\cdots,\varphi^{(n)})\equiv 0 \quad 或 \quad \varphi^{(n)}\equiv f(x,\varphi,\varphi',\varphi'',\cdots,\varphi^{(n-1)}),$$

则称 $y=\varphi(x)$ 是微分方程(9-1)的解.

若微分方程的解中含有任意常数,且任意常数的个数与微分方程的阶数相等,这样的解称为**通解**或**一般解**.

通解中的任意常数确定以后,就可以得到微分方程的**特解**.一般地,可以通过某些特定条件确定这些常数,这些条件通常称为**初值条件**(或**边界条件**).常见的**初值条件**为

$$y|_{x=x_0}=y_0, \quad y'|_{x=x_0}=y_1, \quad y''|_{x=x_0}=y_2, \quad \cdots, \quad y^{(n-1)}|_{x=x_0}=y_{n-1},$$

其中 $y_0,y_1,\cdots,y_{n-1}$ 为已知常数.

9.1.3 一阶微分方程及解法

1. 可分离变量的微分方程

形如$\dfrac{dy}{dx}=f(x)g(y)$的方程称为**可分离变量**的微分方程.

解法：将变量分离到等式两端，两端同时积分即可，即

$$\int \frac{\mathrm{d}y}{g(y)} = \int f(x)\mathrm{d}x,$$

2. 齐次微分方程

形如

$$\frac{\mathrm{d}y}{\mathrm{d}x} = \varphi\left(\frac{y}{x}\right) \tag{9-2}$$

的方程称为**齐次微分方程**.

解法：令 $u=\frac{y}{x}$，则 $y=xu$，$\frac{\mathrm{d}y}{\mathrm{d}x}=u+x\frac{\mathrm{d}u}{\mathrm{d}x}$，代入齐次方程得

$$x\frac{\mathrm{d}u}{\mathrm{d}x} = \varphi(u) - u,$$

化为可分离变量微分方程.分离变量后再积分得

$$\int \frac{\mathrm{d}u}{\varphi(u)-u} = \int \frac{1}{x}\mathrm{d}x,$$

求出积分后回代 $u=\frac{y}{x}$ 即可.

3. 一阶线性微分方程

形如

$$\frac{\mathrm{d}y}{\mathrm{d}x} + P(x)y = Q(x) \tag{9-3}$$

的方程称为一阶线性微分方程若 $\varphi(x)=0$，则称(9-3)为一阶齐次线性微分方程.若 $\varphi(x)\neq 0$，则称(9-3)为一阶非齐次线性微分方程.

解法：常数变易法.先求解对应的齐次方程

$$\frac{\mathrm{d}y}{\mathrm{d}x} + P(x)y = 0 \tag{9-4}$$

的通解.分离变量再积分得，$\ln|y| = -\int P(x)\mathrm{d}x + C_1$，从而有

$$y = C\mathrm{e}^{-\int P(x)\mathrm{d}x},$$

其中 C 为任意实数这就是对应的齐次方程(9-4)的通解.

设非齐次微分方程(9-3)的解为 $y=u(x)\mathrm{e}^{-\int P(x)\mathrm{d}x}$，求导得

$$\frac{\mathrm{d}y}{\mathrm{d}x} = \frac{\mathrm{d}u}{\mathrm{d}x}\mathrm{e}^{-\int P(x)\mathrm{d}x} - u(x)P(x)\mathrm{e}^{-\int P(x)\mathrm{d}x},$$

代入非齐次微分方程(9-3)得

$$\frac{\mathrm{d}u}{\mathrm{d}x}\mathrm{e}^{-\int P(x)\mathrm{d}x} - u(x)P(x)\mathrm{e}^{-\int P(x)\mathrm{d}x} + u(x)P(x)\mathrm{e}^{-\int P(x)\mathrm{d}x} = Q(x),$$

整理得

$$\frac{\mathrm{d}u}{\mathrm{d}x}\mathrm{e}^{-\int P(x)\mathrm{d}x} = Q(x),$$

分离变量，积分得

$$u=\int \mathrm{d}u=\int Q(x)\mathrm{e}^{\int P(x)\mathrm{d}x}\mathrm{d}x,$$

因此式(9-3)的通解为

$$y=\left(\int Q(x)\mathrm{e}^{\int P(x)\mathrm{d}x}\mathrm{d}x+C\right)\mathrm{e}^{-\int P(x)\mathrm{d}x}.$$

注　一阶线性非齐次微分方程的通解中的$\int P(x)\mathrm{d}x$和$\int Q(x)\mathrm{e}^{\int P(x)\mathrm{d}x}\mathrm{d}x$分别理解为一个原函数，即不再含有任意常数.

*4. 伯努利方程

形如

$$\frac{\mathrm{d}y}{\mathrm{d}x}+P(x)y=Q(x)y^n,\quad n\neq 0,1, \tag{9-5}$$

的方程称为**伯努利方程**.

解法：整理方程(9-5)得

$$y^{-n}\frac{\mathrm{d}y}{\mathrm{d}x}+P(x)y^{1-n}=Q(x), \tag{9-6}$$

令 $z=y^{1-n}$，则$\frac{\mathrm{d}z}{\mathrm{d}x}=(1-n)y^{-n}\frac{\mathrm{d}y}{\mathrm{d}x}$，故 $y^{-n}\frac{\mathrm{d}y}{\mathrm{d}x}=\frac{1}{(1-n)}\frac{\mathrm{d}z}{\mathrm{d}x}$，代入到式(9-6)得

$$\frac{\mathrm{d}z}{\mathrm{d}x}+(1-n)P(x)z=(1-n)Q(x).$$

这是一个非齐次的一阶线性微分方程，可以用前面的方法进行求解，然后回代 $z=y^{1-n}$即可.

*9.1.4　可降阶的高阶微分方程及解法

1. 形如 $y^{(n)}=f(x)$的微分方程

解法：逐次积分

$$y^{(n-1)}=\int f(x)\mathrm{d}x+C_1,$$

$$y^{(n-2)}=\int\left[\int f(x)\mathrm{d}x\right]\mathrm{d}x+C_1x+C_2,$$

依次连续积分 n 次，即可得到原方程的通解，该通解中含有 n 个相互独立的任意常数.

2. 形如 $y''=f(x,y')$的微分方程

解法：令 $y'=p(x)$，则 $y''=p'$，代入方程得

$$p'=f(x,p),$$

这是一个关于变量 x 和 p 的一阶微分方程. 求出通解为 $p=\varphi(x,C_1)$，而 $p=\frac{\mathrm{d}y}{\mathrm{d}x}$，则有$\frac{\mathrm{d}y}{\mathrm{d}x}=\varphi(x,C_1)$，对其积分即可得到方程的通解

$$y=\int\varphi(x,C_1)\mathrm{d}x+C_2.$$

3. 形如 $y''=f(y,y')$ 的微分方程

解法：令 $y'=p(y)$，则 $y''=\frac{\mathrm{d}p}{\mathrm{d}y}\frac{\mathrm{d}y}{\mathrm{d}x}=p\frac{\mathrm{d}p}{\mathrm{d}y}$，代入原方程得 $p\frac{\mathrm{d}p}{\mathrm{d}y}=f(y,p)$，这是关于变量 y 和 p 的一阶微分方程. 求出通解为 $p=\varphi(y,C_1)$，即

$$\frac{\mathrm{d}y}{\mathrm{d}x}=\varphi(y,C_1),$$

分离变量后，积分即可得通解为 $\int\frac{\mathrm{d}y}{\varphi(y,C_1)}=x+C_2$.

*9.1.5 二阶线性微分方程

形如

$$y''+P(x)y'+Q(x)y=f(x) \tag{9-7}$$

的方程称为**二阶线性微分方程**. 方程 $y''+P(x)y'+Q(x)y=0$ 称为方程(9-7)所对应的**二阶齐次线性微分方程**.

1. 二阶线性微分方程的解的结构

(1) 如果函数 $y_1(x)$ 与 $y_2(x)$ 是齐次线性微分方程 $y''+P(x)y'+Q(x)y=0$ 的两个解，则 $y(x)=C_1y_1(x)+C_2y_2(x)$ 也是该方程的解，其中 C_1,C_2 是任意常数.

(2) 如果函数 $y_1(x)$ 与 $y_2(x)$ 是齐次线性微分方程 $y''+P(x)y'+Q(x)y=0$ 的两个线性无关的解，则 $y(x)=C_1y_1(x)+C_2y_2(x)$ 是该方程的通解，其中 C_1,C_2 是任意常数.

注 对于区间 I 上的 n 个函数 $y_1(x),y_2(x),\cdots,y_n(x)$，若存在 n 个不全为 0 的常数 $k_1,k_2,\cdots,k_n$，使得当 $x\in I$ 时有恒等式

$$k_1y_1(x)+k_2y_2(x)+\cdots+k_ny_n(x)\equiv 0,$$

则称 $y_1(x),y_2(x),\cdots,y_n(x)$ 在区间 I 上**线性相关**，否则称为**线性无关**.

(3) 如果函数 $y_1(x)$ 与 $y_2(x)$ 是非齐次线性微分方程 $y''+P(x)y'+Q(x)y=f(x)$ 的两个特解，那么 $y_1(x)-y_2(x)$ 是对应齐次线性微分方程 $y''+P(x)y'+Q(x)y=0$ 的解.

(4) 设 $y^*(x)$ 是二阶非齐次线性方程 $y''+P(x)y'+Q(x)y=f(x)$ 的一个特解，$C_1y_1(x)+C_2y_2(x)$ 是对应的齐次方程 $y''+P(x)y'+Q(x)y=0$ 的通解，那么 $y(x)=y^*(x)+C_1y_1(x)+C_2y_2(x)$ 是方程 $y''+P(x)y'+Q(x)y=f(x)$ 的通解.

(5)（叠加原理）若函数 $y_1(x)$ 与 $y_2(x)$ 分别是微分方程 $y''+P(x)y'+Q(x)y=f_1(x)$ 与 $y''+P(x)y'+Q(x)y=f_2(x)$ 的解，那么 $y(x)=y_1(x)+y_2(x)$ 是微分方程 $y''+P(x)y'+Q(x)y=f_1(x)+f_2(x)$ 的解.

2. 二阶常系数齐次线性微分方程的解

二阶常系数齐次线性微分方程的形式为

$$y''+py'+qy=0, \tag{9-8}$$

其中 p 和 q 均为常数. 方程 $r^2+pr+q=0$ 称为方程(9-8)的**特征方程**. 常系数齐次线性微分方程的特征方程与解的关系如表 9.1 所示.

表 9.1

特征方程	根的情况	特征根	微分方程的通解
$p^2-4q>0$	有两个不同的实根	$r_{1,2}=\dfrac{-p\pm\sqrt{p^2-4q}}{2}$	$C_1e^{r_1x}+C_2e^{r_2x}$
$p^2-4q=0$	有两个相同的实根	$r_1=r_2=-\dfrac{p}{2}$	$(C_1+C_2x)e^{r_1x}$
$p^2-4q<0$	有两个共轭的复根	$r_1=\alpha+i\beta, r_2=\alpha-i\beta$ $\alpha=-\dfrac{p}{2}, \beta=\dfrac{\sqrt{4q-p^2}}{2}$	$e^{\alpha x}(C_1\cos\beta x+C_2\sin\beta x)$

3. 二阶常系数非齐次线性微分方程的解

二阶常系数非齐次线性微分方程的形式为

$$y''+py'+qy=f(x), \tag{9-9}$$

其中 p 和 q 为常数. 对于非齐次线性微分方程, 只需求出一个特解, 再求出其对应的齐次线性微分方程(9-8)的通解, 将二者相加即可得常系数非齐次线性微分方程(9-9)的通解.

非齐次线性微分方程的右端函数类型与特征根及特解的关系如表 9.2 所示.

表 9.2

$f(x)$的类型	特征根	特解的形式
$f(x)=e^{\lambda x}P_m(x)$	λ 不是特征方程的根	$y^*=e^{\lambda x}Q_m(x)$
	λ 是特征方程的单根	$y^*=xe^{\lambda x}Q_m(x)$
	λ 是特征方程的二重根	$y^*=x^2e^{\lambda x}Q_m(x)$
$f(x)=e^{\lambda x}[P_l(x)\cos\omega x+P_n(x)\sin\omega x]$	$\lambda\pm i\omega$ 不是特征方程的根	$y^*=e^{\lambda x}[R_m^{(1)}(x)\cos\omega x+R_m^{(2)}(x)\sin\omega x]$
	$\lambda\pm i\omega$ 是特征方程的共轭复根	$y^*=xe^{\lambda x}[R_m^{(1)}(x)\cos\omega x+R_m^{(2)}(x)\sin\omega x]$

这里 $P_m(x)$为已知的 m 次多项式, $Q_m(x)$为待定的 m 次多项式; $P_l(x)$为已知的 l 次多项式, $P_n(x)$为已知的 n 次多项式, $R_m^{(1)}(x)$, $R_m^{(2)}(x)$为两个待定的 m 次多项式, $m=\max\{l,n\}$.

9.2 典型例题分析

9.2.1 题型一 判断函数是否为方程的解

例 9.1 验证函数 $y=C_1\sin x+C_2\cos x$ 是微分方程 $y''+y=0$ 的通解. 并求此微分方程满足边界条件$y|_{x=0}=\pi$, $y'|_{x=0}=1$ 的特解.

解 对函数分别求一、二阶导数得到 $y'=C_1\cos x-C_2\sin x$, $y''=-C_1\sin x-C_2\cos x$,

代入微分方程，有

$$y''+y=-C_1\sin x-C_2\cos x+C_1\sin x+C_2\cos x=0,$$

因此 $y=C_1\sin x+C_2\cos x$ 满足微分方程 $y''+y=0$，又因为其中含有两个独立的常数，所以是 $y''+y=0$ 的通解. 由初值条件 $y|_{x=0}=\pi$，得 $C_2=\pi$，将 $y'|_{x=0}=1$ 代入一阶导数，解 $C_1=1$，则特解为 $y=\sin x+\pi\cos x$.

9.2.2 题型二 一阶微分方程的求解问题

例 9.2 求下列微分方程的通解：

(1) $y(1+x^2)\mathrm{d}y=x(1+y^2)\mathrm{d}x$； (2) $y^2+x^2\dfrac{\mathrm{d}y}{\mathrm{d}x}=xy\dfrac{\mathrm{d}y}{\mathrm{d}x}$；

(3) $(x+\sqrt{x^2+y^2})\mathrm{d}y=y\mathrm{d}x$； (4) $\dfrac{\mathrm{d}y}{\mathrm{d}x}-\dfrac{2y}{x+1}=(x+1)^{\frac{5}{2}}$；

(5) $\dfrac{\mathrm{d}y}{\mathrm{d}x}=\dfrac{1}{x+y}$； *(6) $\dfrac{\mathrm{d}y}{\mathrm{d}x}+\dfrac{y}{x}=2y^2\ln x$.

解 (1)分离变量得 $\dfrac{y}{(1+y^2)}\mathrm{d}y=\dfrac{x}{(1+x^2)}\mathrm{d}x$，两端积分，得

$$\int\frac{y}{(1+y^2)}\mathrm{d}y=\int\frac{x}{(1+x^2)}\mathrm{d}x,$$

解得

$$\frac{1}{2}\ln(1+y^2)=\frac{1}{2}\ln(1+x^2)+\frac{1}{2}\ln|C|,$$

因此方程的通解为 $1+y^2=C(1+x^2)$，其中 C 为大于 0 的任意常数.

(2) 若 $y=0$，方程显然成立，当 $y\neq0$ 时，将方程化为齐次方程的标准形式：

$$\frac{\mathrm{d}y}{\mathrm{d}x}=\frac{y^2}{x^2-xy}=\frac{\left(\dfrac{y}{x}\right)^2}{1-\dfrac{y}{x}},$$

令 $u=\dfrac{y}{x}$，则 $y=xu$，$\dfrac{\mathrm{d}y}{\mathrm{d}x}=u+x\dfrac{\mathrm{d}u}{\mathrm{d}x}$，代入上式得 $u+x\dfrac{\mathrm{d}u}{\mathrm{d}x}=\dfrac{u^2}{1-u}$，整理得 $x\dfrac{\mathrm{d}u}{\mathrm{d}x}=\dfrac{u}{1-u}$，分离变量得

$$\left(1-\frac{1}{u}\right)\mathrm{d}u=\frac{1}{x}\mathrm{d}x,$$

两端积分，得 $\displaystyle\int\left(1-\frac{1}{u}\right)\mathrm{d}u=\int\frac{1}{x}\mathrm{d}x$，因此 $u-\ln|u|=\ln|x|+C$，回代 $u=\dfrac{y}{x}$ 得通解为

$$\frac{y}{x}=\ln|y|+C.$$

(3) 整理方程得

$$\frac{\mathrm{d}x}{\mathrm{d}y}=\frac{x+\sqrt{x^2+y^2}}{y}=\frac{x}{y}+\sqrt{\left(\frac{x}{y}\right)^2+1},$$

上述方程可以理解为以 y 为自变量、以 x 为因变量的齐次微分方程，令 $u=\dfrac{x}{y}$，则 $x=yu$，

$\frac{\mathrm{d}x}{\mathrm{d}y}=u+y\frac{\mathrm{d}u}{\mathrm{d}y}$，代入方程得

$$u+y\frac{\mathrm{d}u}{\mathrm{d}y}=u+\sqrt{1+u^2},$$

分离变量，得$\frac{\mathrm{d}u}{\sqrt{1+u^2}}=\frac{1}{y}\mathrm{d}y$，两端积分，得

$$\ln|u+\sqrt{1+u^2}|=\ln|y|+\ln|C|,$$

因此有 $u+\sqrt{1+u^2}=Cy$，回代 $u=\frac{x}{y}$，得到方程的通解为$\frac{x}{y}+\sqrt{1+\left(\frac{x}{y}\right)^2}=Cy$.

(4) **解法 1** (**常数变易法**)方程$\frac{\mathrm{d}y}{\mathrm{d}x}-\frac{2y}{x+1}=(x+1)^{\frac{5}{2}}$为一阶线性非齐次微分方程，对应的齐次方程为

$$\frac{\mathrm{d}y}{\mathrm{d}x}-\frac{2y}{x+1}=0,$$

变量分离得$\frac{\mathrm{d}y}{y}=\frac{2}{x+1}\mathrm{d}x$，解得 $\ln|y|=2\ln|1+x|+\ln|C|$，通解为 $y=C(1+x)^2$. 设非齐次方程的解为 $y=u(x)(1+x)^2$，求导得

$$\frac{\mathrm{d}y}{\mathrm{d}x}=\frac{\mathrm{d}u}{\mathrm{d}x}(x+1)^2+2(1+x)u(x),$$

代入非齐次方程得$\frac{\mathrm{d}u}{\mathrm{d}x}(x+1)^2=(x+1)^{\frac{5}{2}}$，整理积分得 $\int\mathrm{d}u=\int\sqrt{1+x}\,\mathrm{d}x$，即 $u=\frac{2}{3}(1+x)^{\frac{3}{2}}+C$，因此非齐次方程的通解为

$$y=\left[\frac{2}{3}(1+x)^{\frac{3}{2}}+C\right](1+x)^2,$$

其中 C 为任意常数.

解法 2 (**公式法**)对于一阶线性非齐次微分方程$\frac{\mathrm{d}y}{\mathrm{d}x}-\frac{2y}{x+1}=(x+1)^{\frac{5}{2}}$，由于 $P(x)=-\frac{2}{x+1}$，$Q(x)=(x+1)^{\frac{5}{2}}$，因此方程的通解为

$$\begin{aligned}y&=\left[\int Q(x)\mathrm{e}^{\int P(x)\mathrm{d}x}\mathrm{d}x+C\right]\mathrm{e}^{-\int P(x)\mathrm{d}x}=\left[\int(x+1)^{\frac{5}{2}}\mathrm{e}^{-\int\frac{2}{x+1}\mathrm{d}x}\mathrm{d}x+C\right]\mathrm{e}^{\int\frac{2}{x+1}\mathrm{d}x}\\&=\left[\int(x+1)^{\frac{5}{2}}\mathrm{e}^{-2\ln(x+1)}\mathrm{d}x+C\right]\mathrm{e}^{2\ln(x+1)}=\left[\int(x+1)^{\frac{1}{2}}\mathrm{d}x+C\right](x+1)^2\\&=\left[\frac{2}{3}(1+x)^{\frac{3}{2}}+C\right](1+x)^2.\end{aligned}$$

(5) **解法 1** 方程可化成$\frac{\mathrm{d}x}{\mathrm{d}y}=x+y$，则$\frac{\mathrm{d}x}{\mathrm{d}y}-x=y$，这是以 y 为自变量、以 x 为因变量的一阶非齐次线性微分方程，其中 $P(y)=-1$，$Q(y)=y$，因此方程的通解为

$$x=\left(\int Q(y)\mathrm{e}^{\int P(y)\mathrm{d}y}\mathrm{d}y+C\right)\mathrm{e}^{-\int P(y)\mathrm{d}y}=\left(\int y\mathrm{e}^{-y}\mathrm{d}y+C\right)\mathrm{e}^{y}=-y-1+C\mathrm{e}^{y}.$$

解法 2 令 $u=x+y$，则 $y=u-x$，$\frac{\mathrm{d}y}{\mathrm{d}x}=\frac{\mathrm{d}u}{\mathrm{d}x}-1$，代入方程得

$$\frac{\mathrm{d}u}{\mathrm{d}x}-1=\frac{1}{u},$$

整理得$\frac{u}{1+u}\mathrm{d}u=\mathrm{d}x$，积分得 $u-\ln|1+u|=x+C$，因此方程的通解为

$$y-\ln|1+x+y|=C.$$

（6）将方程整理为伯努利方程的标准形式

$$y^{-2}\frac{\mathrm{d}y}{\mathrm{d}x}+\frac{1}{x}y^{-1}=2\ln x,$$

令 $u=y^{-1}$，则$\frac{\mathrm{d}u}{\mathrm{d}x}=-y^{-2}\frac{\mathrm{d}y}{\mathrm{d}x}$，代入上式得$-\frac{\mathrm{d}u}{\mathrm{d}x}+\frac{1}{x}u=2\ln x$，即$\frac{\mathrm{d}u}{\mathrm{d}x}-\frac{1}{x}u=-2\ln x$，该方程为一阶非齐次线性微分方程，其中 $P(x)=-\frac{1}{x}$，$Q(x)=-2\ln x$，因此方程的通解为

$$\begin{aligned}u&=\left(\int Q(x)\mathrm{e}^{\int P(x)\mathrm{d}x}\mathrm{d}x+C\right)\mathrm{e}^{-\int P(x)\mathrm{d}x}=\left(\int-2\ln x\mathrm{e}^{-\int\frac{1}{x}\mathrm{d}x}\mathrm{d}x+C\right)\mathrm{e}^{\int\frac{1}{x}\mathrm{d}x}\\&=x[C-(\ln x)^2].\end{aligned}$$

而 $u=y^{-1}$，因此原方程的通解为 $xy[C-(\ln x)^2]=1$.

9.2.3 题型三 可降阶的高阶线性微分方程的求解

***例 9.3** 求下列微分方程的通解：

（1）$y'''=x\mathrm{e}^x$； （2）$y''-y'=x$； （3）$yy''-(y')^2=0$.

解 （1）对方程连续积分三次，得

$$y''=\int x\mathrm{e}^x\mathrm{d}x=(x-1)\mathrm{e}^x+C_1,$$

$$y'=\int(x-1)\mathrm{e}^x\mathrm{d}x+C_1x=(x-2)\mathrm{e}^x+C_1x+C_2,$$

$$y=\int(x-2)\mathrm{e}^x\mathrm{d}x+\frac{C_1}{2}x^2+C_2x+C_3=(x-3)\mathrm{e}^x+\frac{C_1}{2}x^2+C_2x+C_3.$$

（2）此方程不显含 y，因此令 $y'=p$，则 $y''=p'$，代入原方程可得

$$p'-p=x,$$

上式为一阶线性非齐次微分方程. 利用通解公式得

$$\begin{aligned}p&=\mathrm{e}^{-\int(-1)\mathrm{d}x}\left[\int x\mathrm{e}^{\int(-1)\mathrm{d}x}\mathrm{d}x+C_1\right]=\mathrm{e}^x\left(\int x\mathrm{e}^{-x}\mathrm{d}x+C_1\right)\\&=\mathrm{e}^x[-(x+1)\mathrm{e}^{-x}+C_1]=C_1\mathrm{e}^x-x-1,\end{aligned}$$

所以 $y'=C_1\mathrm{e}^x-x-1$，从而原方程的通解为

$$y=C_1\mathrm{e}^x-\frac{1}{2}x^2-x+C_2.$$

（3）方程不显含 x，因此令 $y'=p$，则方程化为 $y''=p\frac{\mathrm{d}y}{\mathrm{d}x}$，将其代入原方程得

$$yp\frac{\mathrm{d}p}{\mathrm{d}y}-p^2=0,$$

当 $p\neq0$ 时，分离变量得$\frac{\mathrm{d}p}{p}=\frac{\mathrm{d}y}{y}$，积分得 $p=C_1y$，即$\frac{\mathrm{d}y}{\mathrm{d}x}=C_1y$. 显然 $p=0$ 时，原方程仍成立，因此 C_1 可取任意实数. 由$\frac{\mathrm{d}y}{\mathrm{d}x}=C_1y$ 容易解得原方程的通解为 $y=C_2\mathrm{e}^{C_1x}$，其中 C_1，C_2

为任意实数.

9.2.4　题型四　二阶线性齐次微分方程的求解

*例 9.4　求下列微分方程的通解：

(1) $y''+3y'+2y=0$；　(2) $9y''+6y'+y=0$；　(3) $y''+2y'+3y=0$.

解　(1) 特征方程为 $r^2+3r+2=0$,解得特征根是 $r_1=-1,r_2=-2$,所以通解为

$$y=C_1\mathrm{e}^{-x}+C_2\mathrm{e}^{-2x},$$

其中 C_1 和 C_2 为任意常数.

(2) 特征方程是 $9r^2+6r+1=0$,解得特征根为 $r_1=r_2=-\frac{1}{3}$(二重实根),因此原方程的通解是 $y=(C_1+C_2x)\mathrm{e}^{-\frac{x}{3}}$,其中 C_1 和 C_2 为任意常数.

(3) 特征方程是 $r^2+2r+3=0$,解得特征根为 $r_{1,2}=\frac{-2\pm\sqrt{4-12}}{2}=-1\pm\sqrt{2}\,\mathrm{i}$(一对共轭复根),因此原方程的通解为

$$y=(C_1\cos\sqrt{2}x+C_2\sin\sqrt{2}x)\mathrm{e}^{-x},$$

其中 C_1 和 C_2 为任意常数.

9.2.5　题型五　二阶线性非齐次微分方程的求解

*例 9.5　求方程 $y''+y=2x^2+1$ 的一个特解.

解　非齐次方程的右端函数 $f(x)=2x^2+1=\mathrm{e}^{0x}(2x^2+1)$,而特征方程 $r^2+1=0$,这里 0 不是特征方程的根.

设特解为 $y^*=ax^2+bx+c$,为确定待定系数 a,b,c,将 y^*,$(y^*)'=2ax+b$ 及 $(y^*)''=2a$ 代入所给方程得

$$ax^2+bx+(c+2a)=2x^2+1,$$

比较两端 x 的同次幂的系数可解得 $a=2,b=0,c=-3a=2$,故 $y^*=2x^2-3$ 是所给方程的一个特解.

*例 9.6　求方程 $y''+4y'+3y=-\mathrm{e}^{2x}$ 的一个特解.

解　非齐次方程的右端函数 $f(x)=-\mathrm{e}^{2x}$,而特征方程为 $r^2+4r+3=0$,所以 2 不是特征方程的根. 设 $y^*=a\mathrm{e}^{2x}$ 是所给方程的一个特解,将 y^*,$y^{*\prime}=2a\mathrm{e}^{2x}$ 及 $y^{*\prime\prime}=4a\mathrm{e}^{2x}$ 代入方程,得 $15a\mathrm{e}^{2x}=-\mathrm{e}^{2x}$,可解得 $a=-\frac{1}{15}$,即 $y^*=-\frac{1}{15}\mathrm{e}^{2x}$ 是所给方程的一个特解.

*例 9.7　求微分方程 $y''-5y'+6y=x\mathrm{e}^{2x}$ 的通解.

解　先求对应的齐次方程 $y''-5y'+6y=0$ 的通解,它的特征方程为

$$r^2-5r+6=0,$$

解得特征根为 $r_1=2,r_2=3$,于是对应的齐次线性微分方程的通解为

$$Y=C_1\mathrm{e}^{2x}+C_2\mathrm{e}^{3x}.$$

再求非齐次线性微分方程 $y''-5y'+6y=x\mathrm{e}^{2x}$ 的一个特解. 这里右端函数 $f(x)=x\mathrm{e}^{2x}$,由于 $\lambda=2$ 是特征方程的单根,所以设特解为

$$y^* = x(ax+b)e^{2x} = (ax^2+bx)e^{2x},$$

将其代入原方程,得$-2ax+2a-b=x$. 比较等式两端同类项的系数,得$-2a=1,2a-b=0$,解得$a=-\frac{1}{2},b=-1$. 于是求得非齐次线性方程的一个特解为$y^*=x\left(-\frac{1}{2}x-1\right)e^{2x}$,从而原方程的通解为

$$y=C_1e^{2x}+C_2e^{3x}-\frac{1}{2}(x^2+2x)e^{2x},$$

其中C_1和C_2为任意常数.

*例 9.8 求微分方程$y''+y=x\cos 2x$的一个特解.

解 这里右端函数$f(x)=x\cos 2x=e^{0x}(x\cos 2x+0\cdot\sin 2x)$,特征方程为

$$r^2+1=0,$$

由于这里$\lambda+i\omega=2i$不是特征方程的根,所以应设特解为

$$y^*=(ax+b)\cos 2x+(cx+d)\sin 2x.$$

将其代入原方程,得

$$(-3ax-3b+4c)\cos 2x-(3cx+3d+4a)\sin 2x=x\cos 2x.$$

比较等式两端同类项的系数,得

$$\begin{cases}-3a=1\\-3b+4c=0\\-3c=0\\-3d-4a=0\end{cases},$$

由此可得$a=-\frac{1}{3},b=0,c=0,d=\frac{4}{9}$. 于是求得原方程的一个特解为

$$y^*=-\frac{1}{3}x\cos 2x+\frac{4}{9}\sin 2x.$$

9.3 习题精选

1. 填空题

(1) 微分方程$xy'+2y=\sqrt{x^2-y}$是________阶的微分方程.

(2) 微分方程$y'=2xy$的通解为________.

(3) 微分方程$y\mathrm{d}x+(x^2-4x)\mathrm{d}y=0$的通解为________.

(4) 微分方程$y'=e^{2x-y},y|_{x=0}=0$的特解为________.

(5) 微分方程$y'\tan x=y\ln y$且满足$y|_{x=\frac{\pi}{2}}=e$的解为________.

(6) 微分方程$xy'+y=3$的通解为________.

*(7) 微分方程$9y''+6y'+y=0$的通解为________.

*(8) 微分方程$y''+2y'+5y=0$的通解为________.

*(9) 微分方程$y''+y'=1$的通解为________.

*(10) 微分方程$y''+4y'+4y=xe^{-2x}$的特解形式为________.

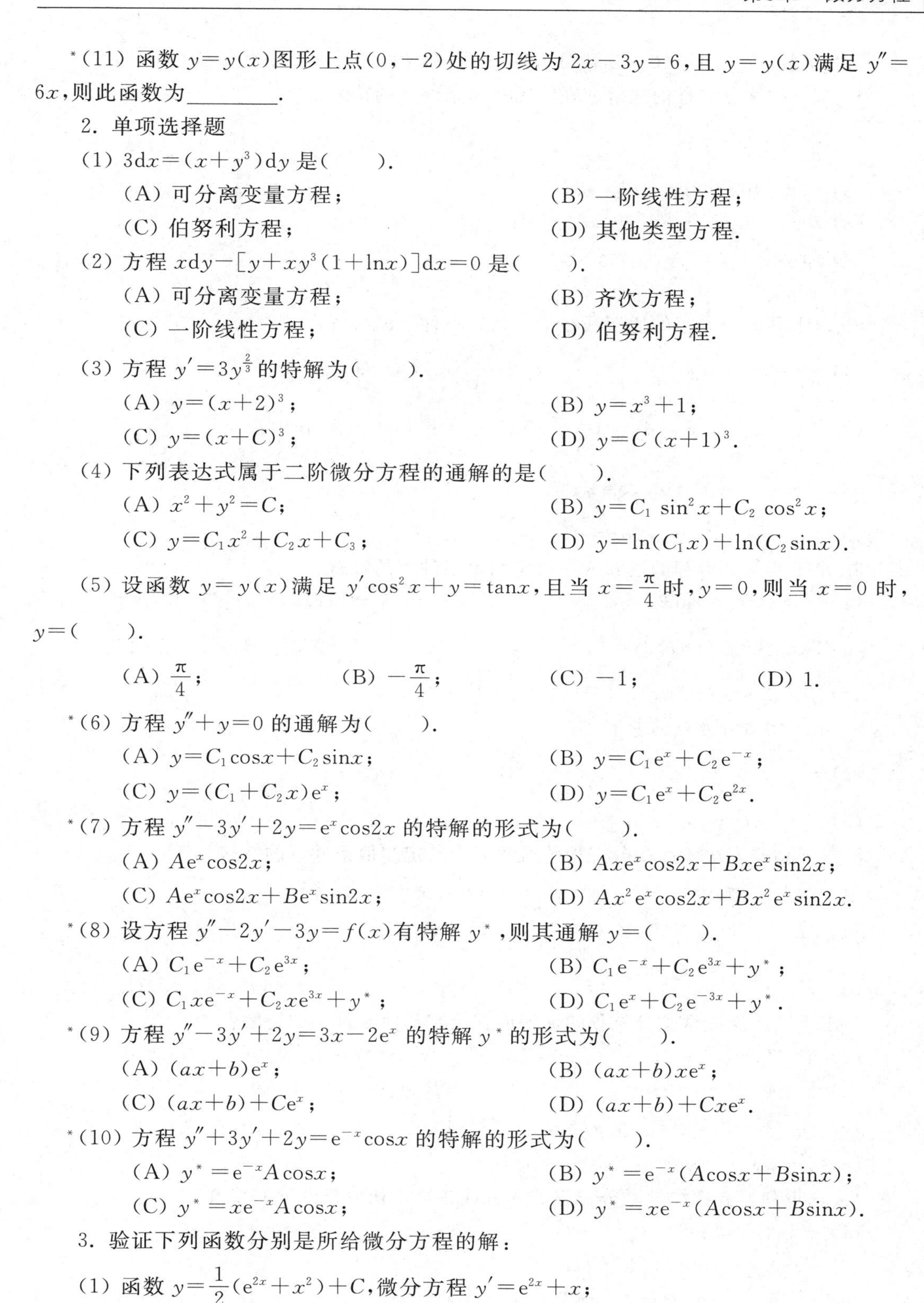

*(11) 函数 $y=y(x)$图形上点$(0,-2)$处的切线为 $2x-3y=6$，且 $y=y(x)$满足 $y''=6x$，则此函数为________.

2. 单项选择题

(1) $3dx=(x+y^3)dy$ 是(　　).

(A) 可分离变量方程；　　(B) 一阶线性方程；

(C) 伯努利方程；　　(D) 其他类型方程.

(2) 方程 $xdy-[y+xy^3(1+\ln x)]dx=0$ 是(　　).

(A) 可分离变量方程；　　(B) 齐次方程；

(C) 一阶线性方程；　　(D) 伯努利方程.

(3) 方程 $y'=3y^{\frac{2}{3}}$ 的特解为(　　).

(A) $y=(x+2)^3$；　　(B) $y=x^3+1$；

(C) $y=(x+C)^3$；　　(D) $y=C(x+1)^3$.

(4) 下列表达式属于二阶微分方程的通解的是(　　).

(A) $x^2+y^2=C$；　　(B) $y=C_1\sin^2 x+C_2\cos^2 x$；

(C) $y=C_1x^2+C_2x+C_3$；　　(D) $y=\ln(C_1x)+\ln(C_2\sin x)$.

(5) 设函数 $y=y(x)$满足 $y'\cos^2 x+y=\tan x$，且当 $x=\frac{\pi}{4}$时，$y=0$，则当 $x=0$ 时，$y=$(　　).

(A) $\frac{\pi}{4}$；　　(B) $-\frac{\pi}{4}$；　　(C) -1；　　(D) 1.

*(6) 方程 $y''+y=0$ 的通解为(　　).

(A) $y=C_1\cos x+C_2\sin x$；　　(B) $y=C_1e^x+C_2e^{-x}$；

(C) $y=(C_1+C_2x)e^x$；　　(D) $y=C_1e^x+C_2e^{2x}$.

*(7) 方程 $y''-3y'+2y=e^x\cos 2x$ 的特解的形式为(　　).

(A) $Ae^x\cos 2x$；　　(B) $Axe^x\cos 2x+Bxe^x\sin 2x$；

(C) $Ae^x\cos 2x+Be^x\sin 2x$；　　(D) $Ax^2e^x\cos 2x+Bx^2e^x\sin 2x$.

*(8) 设方程 $y''-2y'-3y=f(x)$有特解 y^*，则其通解 $y=$(　　).

(A) $C_1e^{-x}+C_2e^{3x}$；　　(B) $C_1e^{-x}+C_2e^{3x}+y^*$；

(C) $C_1xe^{-x}+C_2xe^{3x}+y^*$；　　(D) $C_1e^x+C_2e^{-3x}+y^*$.

*(9) 方程 $y''-3y'+2y=3x-2e^x$ 的特解 y^* 的形式为(　　).

(A) $(ax+b)e^x$；　　(B) $(ax+b)xe^x$；

(C) $(ax+b)+Ce^x$；　　(D) $(ax+b)+Cxe^x$.

*(10) 方程 $y''+3y'+2y=e^{-x}\cos x$ 的特解的形式为(　　).

(A) $y^*=e^{-x}A\cos x$；　　(B) $y^*=e^{-x}(A\cos x+B\sin x)$；

(C) $y^*=xe^{-x}A\cos x$；　　(D) $y^*=xe^{-x}(A\cos x+B\sin x)$.

3. 验证下列函数分别是所给微分方程的解：

(1) 函数 $y=\frac{1}{2}(e^{2x}+x^2)+C$，微分方程 $y'=e^{2x}+x$；

(2) 函数 $y=C_1e^{ax}+C_2e^{bx}$，微分方程 $y''-(a+b)y'+aby=0$.

4. 求下列微分方程的通解或在给定初值条件下的特解：

(1) $\dfrac{dy}{dx}=\dfrac{xy}{1+x^2}$；

(2) $(1+y)dx-(1-x)dy=0$；

(3) $\sec^2x\tan y dx+\sec^2y\tan x dy=0$；

(4) $(xy^2+x)dx+(y-x^2y)dy=0$；

(5) $xdy+2ydx=0$， $y|_{x=2}=1$.

5. 求下列微分方程的通解或在给定初值条件下的特解：

(1) $\dfrac{dy}{dx}=x+2y$； (2) $\dfrac{dy}{dx}+y=e^{-x}$；

(3) $(x^2+y^2)dx-xydy=0$； (4) $\dfrac{dy}{dx}=\dfrac{y}{x}(1+\ln y-\ln x)$；

(5) $y'=\dfrac{x}{y}+\dfrac{y}{x}$， $y|_{x=1}=2$；

**(6) $(y^2-3x^2)dy+2xydx=0$， $y|_{x=0}=1$.

6. 求下列微分方程的通解或在给定初值条件下的特解：

(1) $y'+y\tan x=\sin 2x$； (2) $y\ln y dx-(x-\ln y)dy=0$；

(3) $2ydx+(y^2-6x)dy=0$； (4) $y'-\dfrac{y}{x+2}=x^2+2x$， $y|_{x=-1}=\dfrac{3}{2}$；

(5) $y'+2xy=(x\sin x)e^{-x^2}$， $y|_{x=0}=1$.

7. 求下列微分方程的通解：

(1) $y'+\dfrac{xy}{1+x^2}=xy^{\frac{1}{2}}$； (2) $y'-3xy=xy^2$；

(3) $xy'+y-y^2\ln x=0$.

*8. 求下列非齐次线性微分方程的通解或在给定初值条件下的特解：

(1) $y'''=e^{2x}-\cos x$； (2) $xy''+y'=0$；

(3) $y''=\dfrac{1}{x}y'+xe^x$； **(4) $y^3y''+1=0$；

(5) $y'''=y''$； (6) $y''=3\sqrt{y}$， $y|_{x=0}=1$， $y'|_{x=0}=2$.

*9. 求下列齐次线性微分方程的通解或在给定初值条件下的特解：

(1) $y''-7y'+6y=0$； (2) $y''-4y'+13y=0$；

(3) $y''-4y'+4y=0$； (4) $y''+25y=0$；

(5) $y''-10y'+25y=0, y(0)=0, y'(0)=1$；

(6) $y''-2y'+10y=0, y|_{\frac{\pi}{2}}=0, y'|_{\frac{\pi}{6}}=e^{\frac{\pi}{6}}$.

*10. 求下列非齐次线性微分方程的通解或在给定初值条件下的特解：

(1) $y''-2y'+2y=x^2$；

(2) $y''+3y'-10y=144xe^{-2x}$；

(3) $y''-6y'+8y=8x^2+4x-2$；

(4) $y''-2y'+5y=\cos 2x$；

(5) $y''-8y'+16y=e^{4x}, y(0)=0, y'(0)=1$；

(6) $y''-y=\sin^2 x$.

9.4　习题详解

1. 填空题

(1) 1.

(2) $y=Ce^{x^2}$.

提示　$\int \frac{1}{y}dy = 2\int x dx, \ln|y| = x^2 + C$，解得 $y = Ce^{x^2}$.

(3) $y=C\left(\frac{x}{4-x}\right)^{\frac{1}{4}}$.

提示　$\int \frac{1}{y}dy=\int \frac{1}{4x-x^2}dx = \frac{1}{4}\int \frac{1}{x}dx+\frac{1}{4}\int \frac{1}{4-x}dx$，因此 $\ln|y|=\frac{1}{4}\ln\left|\frac{x}{4-x}\right|+\ln|C|$.

(4) $y=\ln\frac{e^{2x}+1}{2}$.

提示　$\int e^y dy = \int e^{2x}dx, e^y = \frac{1}{2}e^{2x}+C$，由 $y|_{x=0}=0$ 时，解得 $C=\frac{1}{2}$.

(5) $y=e^{\sin x}$.

提示　$\int \frac{1}{y\ln y}dy = \int \frac{\cos x}{\sin x}dx, \ln|\ln y| = \ln|\sin x| + \ln|C|, \ln y = C\sin x$，当 $y|_{x=\frac{\pi}{2}} = e$ 时，解得 $C=1$.

(6) $y=3+\frac{C}{x}$.

提示　$y'+\frac{1}{x}y=\frac{3}{x}$，一阶线性微分方程的解为

$$y = e^{-\int\frac{1}{x}dx}\left(\int \frac{3}{x}e^{\int\frac{1}{x}dx}dx + C\right) = \frac{1}{x}\left(\int 3dx + C\right).$$

(7) $y=e^{-\frac{x}{3}}(C_1+C_2x)$.

提示　特征方程为 $9r^2+6r+1=0$，特征根为 $r_1=r_2=-\frac{1}{3}$.

(8) $y=e^{-x}[C_1\cos(2x)+C_2\sin(2x)]$.

提示　特征方程为 $r^2+2r+5=0$，特征根为 $r_{1,2}=-1\pm 2i$.

(9) $y=x+C_1e^{-x}+C_2$.

提示　**解法1**　特征根为0，−1，则齐次方程的通解为 $C_1e^{-x}+C_2$，设非齐次方程的特解为 $y^*=ax$，代入方程得 $y^*=x$.

解法2　令 $p=y'$，则 $p'=y''$，代入方程得 $p'+p=1$，$\int \frac{1}{1-p}dp = \int dx$，解得

$-\ln|1-p|=x+C, p=1-C_1e^{-x}, y'=1-C_1e^{-x}$.

(10) $y^*=x^2e^{-2x}(ax+b)$.

提示 特征方程为 $r^2+4r+4=0$,特征根为 $r_1=r_2=-2$.

(11) $y(x)=x^3+\frac{2}{3}x-2$.

提示 积分得 $y'=3x^2+C_1$,再次积分得 $y(x)=x^3+C_1x+C_2$,由初值条件为 $y'(0)=\frac{2}{3}$,$y(0)=-2$,解得 $C_1=\frac{2}{3}$,$C_2=-2$.

2. 单项选择题

(1) B.

提示 整理得 $\frac{dx}{dy}-\frac{1}{3}x=\frac{1}{3}y^3$.

(2) D.

提示 整理得 $\frac{dy}{dx}-\frac{1}{x}y=(1+\ln x)y^3$.

(3) A.

(4) B.

提示 $y=\ln(C_1x)+\ln(C_2\sin x)$,因此有

$$y=\ln C_1+\ln C_2+\ln x+\ln\sin x=\ln x+\ln\sin x+C.$$

(5) C.

提示 整理得 $\frac{dy}{dx}+\frac{1}{\cos^2x}y=\frac{\sin x}{\cos^3x}$,利用公式得

$$y=\left(\int Q(x)e^{\int P(x)dx}dx+C\right)e^{-\int P(x)dx}=\tan x-1+Ce^{-\tan x},$$

由初值条件,当 $x=\frac{\pi}{4}$ 时,$y=0$,解得 $C=0$,特解为 $y=\tan x-1$.

(6) A.

提示 特征根为 $\pm i$.

(7) C.

提示 特征根为1,2.

(8) B.

提示 特征根为-1,3.

(9) D.

提示 特征根为1,2.

(10) B.

提示 特征根为-1,-2.

3. (1)求导得 $y'=e^{2x}+x$,显然满足方程,所以 $y=\frac{1}{2}(e^{2x}+x^2)+C$ 是方程的解.

(2) 将 $y'=aC_1e^{ax}+bC_2e^{bx}$,$y''=a^2C_1e^{ax}+b^2C_2e^{bx}$ 代入方程得

$$a^2C_1e^{ax}+b^2C_2e^{bx}-(a+b)(aC_1e^{ax}+bC_2e^{bx})+(ab)(C_1e^{ax}+C_2e^{bx})=0,$$

因此 $y=C_1\mathrm{e}^{ax}+C_2\mathrm{e}^{bx}$ 是方程的解.

4. (1) 当 $y=0$ 时,方程显然成立. 当 $y\neq 0$ 时,分离变量积分得 $\int\frac{\mathrm{d}y}{y}=\int\frac{x}{1+x^2}\mathrm{d}x$,解得 $\ln|y|=\frac{1}{2}\ln(1+x^2)+\ln|C|$,因此方程的通解为 $y=C\sqrt{1+x^2}$,其中 C 为任意常数.

(2) 当 $y=-1$ 时,方程显然成立. 当 $y\neq -1$ 时,分离变量再积分得 $\int\frac{\mathrm{d}y}{1+y}=\int\frac{1}{1-x}\mathrm{d}x$,即 $\ln|1+y|=-\ln|1-x|+\ln|C|$,$y=\frac{C}{1-x}-1$,其中 C 为任意常数.

(3) 当 $y=0$ 时,方程显然成立. 当 $y\neq 0$ 时,分离变量积分得

$$\int\frac{\sec^2 y}{\tan y}\mathrm{d}y=-\int\frac{\sec^2 x}{\tan x}\mathrm{d}x,$$

解得

$$\ln|\tan y|=-\ln|\tan x|+\ln|C|,$$

因此方程的通解为 $\tan y=\frac{C}{\tan x}$,其中 C 为任意常数.

(4) 分离变量积分得

$$\int\frac{y}{1+y^2}\mathrm{d}y=\int\frac{x}{x^2-1}\mathrm{d}x,\frac{1}{2}\ln(1+y^2)=\frac{1}{2}\ln|x^2-1|+\frac{1}{2}\ln|C|,$$

因此方程的通解为

$$1+y^2=C(x^2-1).$$

(5) 当 $y=0$ 时,显然成立. 当 $y\neq 0$ 时,分离变量再积分得 $\int\frac{1}{y}\mathrm{d}y=-2\int\frac{1}{x}\mathrm{d}x$,因此 $\ln|y|=-2\ln|x|+\ln|C|$,通解为 $y=\frac{C}{x^2}$. 由初值条件 $y|_{x=2}=1$,解得 $C=4$,故方程的特解为 $y=\frac{4}{x^2}$.

5.

$$\begin{aligned}(1)\ y&=\left(\int Q(x)\mathrm{e}^{\int P(x)\mathrm{d}x}\mathrm{d}x+C\right)\mathrm{e}^{-\int P(x)\mathrm{d}x}=\left(\int x\mathrm{e}^{-\int 2\mathrm{d}x}\mathrm{d}x+C\right)\mathrm{e}^{\int 2\mathrm{d}x}\\&=\left(\int x\mathrm{e}^{-2x}\mathrm{d}x+C\right)\mathrm{e}^{2x}=\left(-\frac{1}{2}x-\frac{1}{4}\right)+C\mathrm{e}^{2x}.\end{aligned}$$

$$(2)\ y=\left(\int Q(x)\mathrm{e}^{\int P(x)\mathrm{d}x}\mathrm{d}x+C\right)\mathrm{e}^{-\int P(x)\mathrm{d}x}=\left(\int\mathrm{e}^{-x}\mathrm{e}^{\int\mathrm{d}x}\mathrm{d}x+C\right)\mathrm{e}^{-\int\mathrm{d}x}=(x+C)\mathrm{e}^{-x}.$$

(3) $\frac{\mathrm{d}y}{\mathrm{d}x}=\frac{x^2+y^2}{xy}=\frac{1+\left(\frac{y}{x}\right)^2}{\frac{y}{x}}$,令 $u=\frac{y}{x}$,则 $y=xu$,$\frac{\mathrm{d}y}{\mathrm{d}x}=u+x\frac{\mathrm{d}u}{\mathrm{d}x}$,代入方程得 $u+x\frac{\mathrm{d}u}{\mathrm{d}x}=\frac{1+u^2}{u}$,两端积分得 $\int u\mathrm{d}u=\int\frac{1}{x}\mathrm{d}x$,$\frac{1}{2}u^2=\ln|x|+\ln|C_1|$,即有 $u^2=2\ln|x|+C$,回代 $u=\frac{y}{x}$,因此方程的通解为 $y^2=(2\ln|x|+C)x^2$.

(4) $\frac{dy}{dx}=\frac{y}{x}\left[1+\ln\left(\frac{y}{x}\right)\right]$,令 $u=\frac{y}{x}$,则 $y=xu$,$\frac{dy}{dx}=u+x\frac{du}{dx}$,代入方程得 $u+x\frac{du}{dx}=u(1+\ln u)$,$x\frac{du}{dx}=u\ln u$,$\int\frac{du}{u\ln u}=\int\frac{1}{x}dx$,$\ln|\ln u|=\ln|x|+\ln|C|$,$\ln u=Cx$,回代 $u=\frac{y}{x}$,$\ln\left(\frac{y}{x}\right)=Cx$,$\frac{y}{x}=e^{Cx}$,因此方程的通解为 $y=xe^{Cx}$.

(5) 令 $u=\frac{y}{x}$,则 $y=xu$,$\frac{dy}{dx}=u+x\frac{du}{dx}$,代入方程得 $u+x\frac{du}{dx}=u+\frac{1}{u}$,$\int u du=\int\frac{1}{x}dx$,$\frac{1}{2}u^2=\ln|x|+C$,$u^2=2\ln|x|+2C=\ln x^2+2C$,回代 $u=\frac{y}{x}$,$y^2=x^2(\ln x^2+2C)$,代入初值条件为 $y|_{x=1}=2$,解得 $C=2$,因此方程的特解为 $y^2=x^2(\ln x^2+4)$.

(6) **解法 1** $(3x^2-y^2)dy=2xydx$,$\frac{dy}{dx}=\frac{2xy}{3x^2-y^2}=\frac{2\left(\frac{y}{x}\right)}{3-\left(\frac{y}{x}\right)^2}$,令 $u=\frac{y}{x}$,则 $y=xu$,$\frac{dy}{dx}=u+x\frac{du}{dx}$,代入方程得 $u+x\frac{du}{dx}=\frac{2u}{3-u^2}$,从而 $x\frac{du}{dx}=\frac{u^3-u}{3-u^2}$,积分得

$$\int\frac{3-u^2}{u^3-u}du=\int\frac{1}{x}dx,$$

即有

$$\int\frac{1}{u-1}du+\int\frac{1}{u+1}du-\int\frac{3}{u}du=\int\frac{1}{x}dx,$$

解得

$$\ln|u-1|+\ln|u+1|-3\ln|u|=\ln|x|+\ln|C|,$$

即有 $\frac{u^2-1}{u^3}=Cx$,回代 $u=\frac{y}{x}$,$\frac{\left(\frac{y}{x}\right)^2-1}{\left(\frac{y}{x}\right)^3}=Cx$,整理得 $Cy^3-y^2+x^2=0$,由初值条件 $y|_{x=0}=1$,解得 $C=1$,因此方程的特解为 $y^3-y^2+x^2=0$.

解法 2 方程整理为$\frac{dy}{dx}=\frac{2xy}{3x^2-y^2}$,$\frac{dx}{dy}=\frac{3x^2-y^2}{2xy}=\frac{3}{2}\cdot\frac{x}{y}-\frac{1}{2}\cdot\frac{y}{x}$,将方程看成以 y 为自变量、以 x 为因变量的微分方程.令 $u=\frac{x}{y}$,则 $x=yu$,$\frac{dx}{dy}=u+y\frac{du}{dy}$,代入方程得 $u+y\frac{du}{dy}=\frac{3u}{2}-\frac{1}{2u}$,从而 $y\frac{du}{dy}=\frac{u^2-1}{2u}$,积分得

$$\int\frac{2u}{u^2-1}du=\int\frac{1}{y}dy,$$

解得

$$\ln|u^2-1|=\ln|y|+\ln C,$$

整理得 $u^2-1=Cy$,回代 $u=\frac{x}{y}$,$\left(\frac{x}{y}\right)^2-1=Cy$,因此方程的通解为 $Cy^3+y^2-x^2=0$.

6.

(1) $y=\left(\int Q(x)e^{\int P(x)dx}dx+C\right)e^{-\int P(x)dx}=\left(\int \sin 2x e^{\int \tan x dx}dx+C\right)e^{-\int \tan x dx}$

$=\left(\int \sin 2x e^{-\ln\cos x}dx+C\right)e^{\ln\cos x}=\left(2\int \sin x dx+C\right)\cos x$

$=(-2\cos x+C)\cos x.$

(2) 整理得以 y 为自变量的一阶线性微分方程 $\frac{dx}{dy}-\frac{1}{y\ln y}x=-\frac{1}{y}$,因此

$x=\left(\int Q(y)e^{\int P(y)dy}dy+C\right)e^{-\int P(y)dy}=\left(-\int \frac{1}{y}e^{-\int\frac{1}{y\ln y}dy}dy+C\right)e^{\int\frac{1}{y\ln y}dy}$

$=\left(-\int \frac{1}{y}e^{-\ln(\ln y)}dy+C\right)e^{\ln(\ln y)}=\left(-\int \frac{1}{y\ln y}dy+C\right)\ln y$

$=[-\ln(\ln y)+C]\ln y.$

(3) 整理得以 y 为自变量的一阶线性微分方程 $\frac{dx}{dy}-\frac{3}{y}x=-\frac{1}{2}y$,因此

$x=\left(\int Q(y)e^{\int P(y)dy}dy+C\right)e^{-\int P(y)dy}=\left(-\frac{1}{2}\int ye^{-3\int\frac{1}{y}dy}dy+C\right)e^{3\int\frac{1}{y}dy}$

$=\left(-\frac{1}{2}\int ye^{-3\ln y}dy+C\right)e^{3\ln y}=\left(-\frac{1}{2}\int y^{-2}dy+C\right)y^3$

$=\left(\frac{1}{2y}+C\right)y^3=\frac{1}{2}y^2+Cy^3.$

(4) $y=\left(\int Q(x)e^{\int P(x)dx}dx+C\right)e^{-\int P(x)dx}=\left(\int (x^2+2x)e^{-\int\frac{1}{x+2}dx}dx+C\right)e^{\int\frac{1}{x+2}dx}$

$=\left(\int (x^2+2x)e^{-\ln(x+2)}dx+C\right)e^{\ln(x+2)}=\left(\int x dx+C\right)(x+2)$

$=\left(\frac{1}{2}x^2+C\right)(x+2),$

由初值条件 $y|_{x=-1}=\frac{3}{2}$,得 $C=1$,因此特解为 $y=\left(\frac{1}{2}x^2+1\right)(x+2)$.

(5) $y=\left(\int Q(x)e^{\int P(x)dx}dx+C\right)e^{-\int P(x)dx}=\left(\int (x\sin x)e^{-x^2}e^{\int 2x dx}dx+C\right)e^{-\int 2x dx}$

$=\left(\int (x\sin x)e^{-x^2}e^{x^2}dx+C\right)e^{-x^2}=\left(\int x\sin x dx+C\right)e^{-x^2}$

$=(-x\cos x+\sin x+C)e^{-x^2},$

由 $y|_{x=0}=1$,解得 $C=1$,因此方程的特解为 $y=(-x\cos x+\sin x+1)e^{-x^2}$.

7.

(1) 方程整理为 $y^{-\frac{1}{2}}y'+\frac{x}{1+x^2}y^{\frac{1}{2}}=x$,令 $u=y^{\frac{1}{2}}$,则 $u'=\frac{1}{2}y^{-\frac{1}{2}}y'$,代入方程得 $2u'+\frac{x}{1+x^2}u=x$,整理得 $u'+\frac{1}{2}\frac{x}{1+x^2}u=\frac{1}{2}x$,因此通解为

$u=\left(\int Q(x)e^{\int P(x)dx}dx+C\right)e^{-\int P(x)dx}=\left(\frac{1}{2}\int xe^{\frac{1}{2}\int\frac{x}{1+x^2}dx}dx+C\right)e^{-\frac{1}{2}\int\frac{x}{1+x^2}dx}$

$=\left(\frac{1}{2}\int xe^{\frac{1}{4}\ln(1+x^2)}dx+C\right)e^{-\frac{1}{4}\ln(1+x^2)}=\left[\frac{1}{5}(1+x^2)^{\frac{5}{4}}+C\right]\frac{1}{\sqrt[4]{1+x^2}},$

而 $u=y^{\frac{1}{2}}$，故原方程的通解为 $y=\left[\frac{1}{5}(1+x^2)^{\frac{5}{4}}+C\right]^2\frac{1}{\sqrt{1+x^2}}$.

(2) 方程整理为 $y^{-2}y'-3xy^{-1}=x$，令 $u=y^{-1}$，$u'=-y^{-2}y'$，代入方程得 $-u'-3xu=x$，整理得 $u'+3xu=-x$，因此通解为

$$u=\left(\int Q(x)e^{\int P(x)dx}dx+C\right)e^{-\int P(x)dx}=\left(-\int xe^{3\int xdx}dx+C\right)e^{-3\int xdx}$$
$$=\left(-\int xe^{\frac{3}{2}x^2}dx+C\right)e^{-\frac{3}{2}x^2}=\left(-\frac{1}{3}e^{\frac{3}{2}x^2}+C\right)e^{-\frac{3}{2}x^2}=Ce^{-\frac{3}{2}x^2}-\frac{1}{3},$$

而 $u=y^{-1}$，故原方程的通解为 $y=\left(Ce^{-\frac{3}{2}x^2}-\frac{1}{3}\right)^{-1}$.

(3) 方程整理为 $y^{-2}y'+\frac{1}{x}y^{-1}=\frac{\ln x}{x}$，令 $u=y^{-1}$，则 $u'=-y^{-2}y'$，代入方程得 $-u'+\frac{1}{x}u=\frac{\ln x}{x}$，$u'-\frac{1}{x}u=-\frac{\ln x}{x}$，因此通解为

$$u=\left(\int Q(x)e^{\int P(x)dx}dx+C\right)e^{-\int P(x)dx}=\left(-\int\frac{\ln x}{x}e^{-\int\frac{1}{x}dx}dx+C\right)e^{\int\frac{1}{x}dx}$$
$$=\left(-\int\frac{\ln x}{x^2}dx+C\right)x=\left(\frac{\ln x+1}{x}+C\right)x=\ln x+1+Cx.$$

回代 $u=y^{-1}$，故原方程的通解为 $y=\frac{1}{\ln x+1+Cx}$.

8.

(1) $$y''=\int(e^{2x}-\cos x)dx+C_1=\frac{1}{2}e^{2x}-\sin x+C_1,$$
$$y'=\int\left(\frac{1}{2}e^{2x}-\sin x\right)dx+C_1x+C_2=\frac{1}{4}e^{2x}+\cos x+C_1x+C_2,$$
$$y=\int\left(\frac{1}{4}e^{2x}+\cos x\right)dx+\frac{C_1}{2}x^2+C_2x+C_3=\frac{1}{8}e^{2x}+\sin x+C_1x^2+C_2x+C_3.$$

(2) 令 $y'=p$，则 $y''=p'$，代入方程得 $xp'+p=0$，分离变量积分得 $\int\frac{1}{p}dp=-\int\frac{1}{x}dx$，$\ln|p|=-\ln|x|+\ln|C_1|$，$p=\frac{C_1}{x}$，即 $y'=\frac{C_1}{x}$，$\int dy=C_1\int\frac{1}{x}dx$，故原方程的通解为 $y=C_1\ln x+C_2$.

(3) 令 $y'=p$，则 $y''=p'$，代入方程得

$$p'-\frac{1}{x}p=xe^x,$$
$$p=\left(\int Q(x)e^{\int P(x)dx}dx+C\right)e^{-\int P(x)dx}=\left(\int xe^xe^{-\int\frac{1}{x}dx}dx+C\right)e^{\int\frac{1}{x}dx}$$
$$=\left(\int e^xdx+C\right)x=xe^x+Cx,$$

即 $y'=xe^x+Cx$，再积分得 $y=xe^x-e^x+C_1x^2+C_2$.

(4) 令 $y'=p(y)$，则 $y''=\frac{dp}{dy}p$，代入方程得 $y^3\frac{dp}{dy}p=-1$，积分得

$$\int pdp=-\int\frac{1}{y^3}dy,p^2=\frac{1}{y^2}+C_1,$$

解得

$$p=\sqrt{\frac{1}{y^2}+C_1}=\frac{\sqrt{1+C_1y^2}}{y},$$

即

$$y'=\frac{\sqrt{1+C_1y^2}}{y},$$

$$\int\frac{y}{\sqrt{1+C_1y^2}}\mathrm{d}y=\int\mathrm{d}x,\ \frac{1}{C_1}\sqrt{1+C_1y^2}=x+C,$$

整理得

$$\sqrt{1+C_1y^2}=C_1x+C_1C=C_1x+C_2,$$

即

$$1+C_1y^2=(C_1x+C_2)^2,$$

故原方程的通解为 $y^2=\frac{(C_1x+C_2)^2-1}{C_1}$.

(5) 令 $y''=p,y'''=p'$,代入方程得 $p'=p$,$\int\frac{1}{p}\mathrm{d}p=\int\mathrm{d}x+C$,解得 $\ln|p|=x+C,p=\pm\mathrm{e}^{x+C}=C_1\mathrm{e}^x$,即 $y''=C_1\mathrm{e}^x$,积分得 $y'=C_1\mathrm{e}^x+C_2$,再积分得 $y=C_1\mathrm{e}^x+C_2x+C_3$.

(6) 令 $y'=p$,则 $y''=\frac{\mathrm{d}p}{\mathrm{d}x}$,代入方程得$\frac{\mathrm{d}p}{\mathrm{d}x}=3\sqrt{p}$,$\int\frac{1}{\sqrt{p}}\mathrm{d}p=3\int\mathrm{d}x$,解得 $2\sqrt{p}=3x+C_1$,由初值条件 $y'|_{x=0}=2$,解得 $C_1=2\sqrt{2}$,因此 $2\sqrt{y'}=3x+2\sqrt{2}$. 整理得 $\sqrt{y'}=\frac{3}{2}x+\sqrt{2}$,$y'=\frac{9}{4}x^2+3\sqrt{2}x+2$,因此 $y=\frac{3}{4}x^3+\frac{3\sqrt{2}}{2}x^2+2x+C_2$,由初值条件 $y|_{x=0}=1$,解得 $C_2=1$,因此方程的特解为 $y=\frac{3}{4}x^3+\frac{3\sqrt{2}}{2}x^2+2x+1$.

9.

(1) 特征方程为 $r^2-7r+6=0$,特征根为 $r_1=1,r_2=6$,则通解为 $y=C_1\mathrm{e}^x+C_2\mathrm{e}^{6x}$.

(2) 特征方程为 $r^2-4r+13=0$,特征根为 $r_{1,2}=2\pm3\mathrm{i}$,则通解为

$$y=\mathrm{e}^{2x}(C_1\sin3x+C_2\cos3x).$$

(3) 特征方程为 $r^2-4r+4=0$,特征根为 $r_1=r_2=2$,则通解为 $y=\mathrm{e}^{2x}(C_1x+C_2)$.

(4) 特征方程为 $r^2+25=0$,特征根为 $r_{1,2}=\pm5\mathrm{i}$,则通解为 $y=C_1\sin5x+C_2\cos5x$.

(5) 特征方程为 $r^2-10r+25=0$,特征根为 $r_1=r_2=5$,则通解为 $y=\mathrm{e}^{5x}(C_1x+C_2)$,由初值条件 $y(0)=0$,解得 $C_2=0$,因此 $y=C_1x\mathrm{e}^{5x}$. 而 $y'=C_1(5x+1)\mathrm{e}^{5x}$,由初值条件 $y'(0)=1$,解得 $C_1=1$,因此方程的特解为 $y=x\mathrm{e}^{5x}$.

(6) 特征方程为 $r^2-2r+10=0$,特征根为 $r_{1,2}=1\pm3\mathrm{i}$,方程的通解为

$$y=\mathrm{e}^x(C_1\sin3x+C_2\cos3x),$$

由初值条件$y|_{\frac{\pi}{2}}=0$,解得 $C_1=0$,因此,$y=C_2\mathrm{e}^x\cos3x$. 而 $y'=C_2\mathrm{e}^x(\cos3x-3\sin3x)$,由初值条件$y'|_{\frac{\pi}{6}}=\mathrm{e}^{\frac{\pi}{6}}$,解得 $C_2=-\frac{\pi}{18}\mathrm{e}^{-\frac{\pi}{6}}$,特解为 $y=-\frac{\pi}{18}\mathrm{e}^{-\frac{\pi}{6}+x}\cos3x$.

10.

(1) 特征方程为 $r^2-2r+2=0$，特征根为 $r_{1,2}=1\pm i$，则齐次方程的通解为

$$y=e^x(C_1\sin x+C_2\cos x).$$

设非齐次方程的特解为 $y^*=ax^2+bx+c$，则 $y^{*\prime}=2ax+b$，$y^{*\prime\prime}=2a$，代入方程比较两端同次项系数得，$a=\frac{1}{2}$，$b=1$，$c=\frac{1}{2}$，因此特解为 $y^*=\frac{1}{2}x^2+x+\frac{1}{2}$，故原方程的通解为

$$y=\frac{1}{2}x^2+x+\frac{1}{2}+e^x(C_1\sin x+C_2\cos x).$$

(2) 特征方程为 $r^2+3r-10=0$，特征根为 $r_1=-5$，$r_2=2$，则齐次方程的通解为

$$y=C_1e^{-5x}+C_2e^{2x}.$$

设非齐次方程的特解为 $y^*=(ax+b)e^{-2x}$，则

$$y^{*\prime}=(-2ax-2b+a)e^{-2x},\quad y^{*\prime\prime}=4(ax+b-a)e^{-2x},$$

代入方程比较两端同次项系数得，$a=-12$，$b=1$，因此特解为 $y^*=(-12x+1)e^{-2x}$，故原方程的通解为

$$y=(-12x+1)e^{-2x}+C_1e^{-5x}+C_2e^{2x}.$$

(3) 特征方程为 $r^2-6r+8=0$，特征根为 $r_1=2$，$r_2=4$，则齐次方程的通解为

$$y=C_1e^{2x}+C_2e^{4x}.$$

设非齐次方程的特解为 $y^*=ax^2+bx+c$，则 $y^{*\prime}=2ax+b$，$y^{*\prime\prime}=2a$，代入方程比较两端同次项系数得，$a=1$，$b=2$，$c=1$，因此特解为 $y^*=x^2+2x+1$，故原方程的通解为

$$y=x^2+2x+1+C_1e^{2x}+C_2e^{4x}.$$

(4) 特征方程为 $r^2-2r+5=0$，特征根为 $r_{1,2}=1\pm 2i$，则齐次方程的通解为

$$y=e^x(C_1\sin 2x+C_2\cos 2x).$$

设非齐次方程的特解为 $y^*=a\sin 2x+b\cos 2x$，则

$$y^{*\prime}=2a\cos 2x-2b\sin 2x,\quad y^{*\prime\prime}=-4a\sin 2x-4b\cos 2x,$$

代入方程比较两端同次项系数得，$a=-\frac{4}{17}$，$b=\frac{1}{17}$，因此特解为

$$y^*=-\frac{4}{17}\sin 2x+\frac{1}{17}\cos 2x,$$

故非齐次线性微分方程的通解为

$$y=-\frac{4}{17}\sin 2x+\frac{1}{17}\cos 2x+e^x(C_1\sin 2x+C_2\cos 2x).$$

(5) 特征方程为 $r^2-8r+16=0$，特征根为 $r_1=r_2=4$，则齐次方程的通解为

$$y=e^{4x}(C_1x+C_2).$$

设非齐次方程的特解为 $y^*=ax^2e^{4x}$，则

$$y^{*\prime}=(4ax^2+2ax)e^{4x},\quad y^{*\prime\prime}=(16ax^2+16ax+2a)e^{4x}.$$

代入方程比较两端同次项系数得 $a=\frac{1}{2}$，特解为 $y^*=\frac{1}{2}x^2e^{4x}$，因此非齐次方程的通解为

$$y=\frac{1}{2}x^2e^{4x}+e^{4x}(C_1x+C_2)=\left(\frac{1}{2}x^2+C_1x+C_2\right)e^{4x},$$

由初值条件 $y(0)=0$，解得 $C_2=0$，则 $y=\left(\frac{1}{2}x^2+C_1x\right)e^{4x}$. 而

$$y'=(2x^2+4C_1x+x+C_1)e^{4x},$$

由初值条件 $y'(0)=1$，解得 $C_1=1$，因此原方程的特解为 $y=\left(\frac{1}{2}x^2+x\right)e^{4x}$.

（6）方程整理得 $y''-y=\frac{1}{2}-\frac{1}{2}\cos 2x$，特征方程为 $r^2-1=0$，特征根为 $r_1=-1$，$r_2=1$，则齐次方程的通解为 $y=C_1e^{-x}+C_2e^{x}$. 先求微分方程 $y''-y=\frac{1}{2}$ 的一个特解，显然 $y_1^*=-\frac{1}{2}$ 是此方程的一个特解；再求微分方程 $y''-y=-\frac{1}{2}\cos 2x$ 的一个特解，设 $y_2^*=a\sin 2x+b\cos 2x$，则

$$y_2^{*\prime}=2a\cos 2x-2b\sin 2x,\ y_2^{*\prime\prime}=-4a\sin 2x-4b\cos 2x,$$

代入方程得 $a=0$，$b=\frac{1}{10}$. 特解为 $y_2^*=\frac{1}{10}\cos 2x$，非齐次微分方程的特解为

$$y_1^*+y_2^*=-\frac{1}{2}+\frac{1}{10}\cos 2x,$$

非齐次方程的通解为

$$y=-\frac{1}{2}+\frac{1}{10}\cos 2x+C_1e^{-x}+C_2e^{x}.$$

第二部分

模拟试题及详解

模拟试题一

一、填空题

(1) 函数 $y=\sqrt{x^2-1}+\ln(x+2)$ 的定义区间为________.

(2) $\lim\limits_{n\to\infty}\dfrac{3^n-(-1)^n}{3^{n+1}+(-1)^n}=$________.

(3) 为使 $f(x)=\dfrac{\sqrt{1-x^4}-1}{1-\cos(x^2)}$ 在 $x=0$ 处连续,须补充定义 $f(0)=$________.

(4) $f(x)=\dfrac{x^2-1}{x^2-3x+2}$ 的可去间断点为________.

(5) 设 $f(x)=x(2x-1)(3x-2)\cdots(2016x-2015)$,则 $f'(0)=$________.

(6) 已知 $y=x^n+\mathrm{e}^{-x}$,则 $y^{(n)}=$________.

(7) 设 $f'(x)=\sin\sqrt{x}$,$x>0$,又 $y=f(x^2)$,则 $\mathrm{d}y=$________.

(8) 函数 $f(x)=\ln\sin x$ 在 $\left[\dfrac{\pi}{6},\dfrac{5}{6}\pi\right]$ 上满足罗尔定理的 $\xi=$________.

(9) 设某商品的需求函数为 $Q=100-2p$,则当 $Q=50$ 时,其边际收益为________.

(10) 已知 $f'(x)=1$,$f(0)=1$,则 $\int f(x)\mathrm{d}x=$________.

二、单项选择题

(1) 若 $f(x)$ 在 $(-\infty,+\infty)$ 内有定义,则下列函数偶函数的是(　　).

(A) $f(x^3)$;　　(B) $f^2(x)$;

(C) $f(x)-f(-x)$;　　(D) $f(x)+f(-x)$.

(2) 极限 $\lim\limits_{x\to+\infty}\sin[\arctan(\ln x)]=$(　　).

(A) 1;　　(B) -1;　　(C) 0;　　(D) 不存在.

(3) 函数 $f(x)$ 可微,则 $\lim\limits_{x\to1}\dfrac{f(2-x)-f(1)}{x-1}=$(　　).

(A) $-f'(-1)$;　　(B) $-f'(1)$;　　(C) $f'(1)$;　　(D) $f'(-1)$.

(4) 设 $f'(x)$ 在 $x=2$ 处连续，且 $\lim\limits_{x\to 2}\dfrac{f'(x)}{x-2}=-2$，则(　　).

(A) $x=2$ 为 $f(x)$ 的极小值点；

(B) $x=2$ 为 $f(x)$ 的极大值点；

(C) $(2,f(2))$ 是曲线 $y=f(x)$ 的拐点；

(D) $x=2$ 不是 $f(x)$ 的极值点，$(2,f(2))$ 不是曲线 $y=f(x)$ 的拐点.

(5) 若 $\int xf(x)\mathrm{d}x=\arcsin x+C$，则 $\int\dfrac{1}{f(x)}\mathrm{d}x=$ (　　).

(A) $-\dfrac{1}{3}\sqrt{(1-x^2)^3}+C$；　　(B) $-\dfrac{1}{2}\sqrt{(1-x^2)^3}+C$；

(C) $\dfrac{1}{3}(1-x^2)^{\frac{2}{3}}+C$；　　(D) $\dfrac{2}{3}(1-x^2)^{\frac{2}{3}}+C$.

三、计算题

1. 求极限 $\lim\limits_{x\to 0}\left(\dfrac{1}{x^2}-\dfrac{1}{x\tan x}\right)$.

2. 设 $f(x-2)=\left(1-\dfrac{3}{x}\right)^x$，求 $\lim\limits_{x\to\infty}f(x)$.

3. $y=\dfrac{x}{2}\sqrt{9-x^2}+\dfrac{9}{2}\arcsin\dfrac{x}{3}$，求 y'.

4. 设 $f(x)=\begin{cases}x^2\sin\dfrac{1}{x}, & x>0\\ 0, & x=0\\ \dfrac{1-\cos x^2}{x}, & x<0\end{cases}$，试求 $f'(x)$.

5. 设 $\lim\limits_{x\to+\infty}f'(x)=K$，求 $\lim\limits_{x\to+\infty}[f(x+a)-f(x)]$，其中 $a>0$.

6. 设 $f(x)=ax^3-3ax^2+b\,(a>0)$ 在区间 $[-1,2]$ 上的最大值为 1，最小值为 -3，试求常数 a 和 b 的值.

7. 求不定积分 $\int\dfrac{\cos x}{1+\cos x}\mathrm{d}x$.

8. 求不定积分 $\int\dfrac{\ln(\sin x)}{\sin^2 x}\mathrm{d}x$.

四、应用题

1. 某厂商计划生产一批产品，已知该产品的需求函数为 $p=10\mathrm{e}^{-\frac{x}{2}}$，其中 x 为需求量(单位：千台)，p 为价格(单位：千万元)，且最大需求量为 6 千台，试求：

(1) 收益最大时的产量，并求最大收益；

(2) $x=4$ 时的收益价格弹性，并给出其经济意义.

2. 利用导数方法作函数 $y=f(x)=\dfrac{x^2}{x+1}$ 的图像.

五、证明题

证明当 $x>0$ 时，不等式 $\cos x>1-\dfrac{x^2}{2}$ 成立.

模拟试题二

一、填空题

(1) 已知函数 $f(x)$的定义域为$[0,4]$,则 $f(x^2)+f(x-1)$的定义域为________.

(2) 已知$\lim\limits_{n\to\infty}\dfrac{an^2+bn+5}{3n-2}=2$,则 $a=$________,$b=$________.

(3) 当 $k=$ ________时,$f(x)=\begin{cases}x\ln|x|, & x\neq 0\\ k, & x=0\end{cases}$在 $x=0$ 处连续.

(4) 设函数 $f(x)$在 $x=0$ 处可导,且 $f(0)=1$,则$\lim\limits_{x\to 1}\dfrac{f(\ln x)-1}{x-1}=$________.

(5) 若 $f(x)=x^{\tan x}$,则 $f'(x)=$________.

(6) 函数 $f(x)=x^2+px+q$ 在$[a,b]$上满足拉格朗日中值定理的 $\xi=$________.

(7) 曲线 $y=\left(\dfrac{x+1}{x-1}\right)^x$ 的水平渐近线为________.

(8) 将函数 $y=\mathrm{e}^{2x}$展开为带有皮亚诺余项的三阶麦克劳林公式为________.

(9) 已知$\int f(x)\mathrm{d}x=\arcsin x+C$,则$\int xf(x^2)\mathrm{d}x=$ ________.

(10) 不定积分$\int \mathrm{e}^{\mathrm{e}^x+x}\mathrm{d}x=$ ________.

二、单项选择题

(1) 若在$(-\infty,+\infty)$内 $f(x)$单调增加,$g(x)$单调减少,则 $f[g(x)]$在$(-\infty,+\infty)$内(　　).

(A) 单调增加;　　　　(B) 单调减少;

(C) 不是单调函数;　　(D) 增减性难以判定.

(2) 下列极限不正确的是(　　).

(A) $\lim\limits_{x\to 0}\mathrm{e}^{\frac{1}{x}}=\infty$;　　(B) $\lim\limits_{x\to 0^-}\mathrm{e}^{\frac{1}{x}}=0$;

(C) $\lim\limits_{x\to0^+}e^{\frac{1}{x}}=+\infty$；　　(D) $\lim\limits_{x\to\infty}e^{\frac{1}{x}}=1$.

(3) 设 $f(x)=\arctan(x^2)$，则$\lim\limits_{x\to0}\dfrac{f(x_0)-f(x_0-x)}{x}=$(　　).

(A) $\dfrac{1}{1+x_0^2}$；　　(B) $\dfrac{-2x_0}{1+x_0^2}$；

(C) $\dfrac{-2x_0}{1+x_0^4}$；　　(D) $\dfrac{2x_0}{1+x_0^4}$.

(4) 函数 $f(x)$在点 $x=x_0$ 处可微是它在点 $x=x_0$ 连续的(　　)条件.

(A) 必要而不充分；　　(B) 充分而不必要；

(C) 充分必要；　　(D) 不确定.

(5) $\displaystyle\int\frac{2x}{x^2-2x+5}dx=$(　　).

(A) $\ln(x^2-2x+5)+2\arctan\dfrac{x-1}{2}+C$；

(B) $\ln(x^2-2x+5)+\dfrac{1}{2}\arctan\dfrac{x-1}{2}+C$；

(C) $\ln(x^2-2x+5)+\arctan\dfrac{x}{2}+C$；

(D) $\ln(x^2-2x+5)+\arctan\dfrac{x-1}{2}+C$.

三、计算题

1. 已知 $y=\sec(2x)+\arctan(3x)$，求 dy.

2. 设连续函数 $f(x)$ 满足 $f(x)=4x^3+2x+3\lim\limits_{x\to1}f(x)$，求$\int f(x)dx$.

3. 求极限 $\lim\limits_{x\to+\infty}(x+\sqrt{1+x^2})^{\frac{1}{x}}$.

4. 已知函数 $y=\left(\dfrac{b}{a}\right)^{\sin x}\left(\dfrac{b}{x+1}\right)^a\left(\dfrac{x+2}{a}\right)^b$，其中 $a,b>0$，求 y'.

5. 已知曲线 $y=kx^2(k>0)$与 $y=\ln x-\dfrac{1}{2}$相切，试求常数 k 的值.

6. 已知 $y=f(e^x+y)$确定隐函数 $y=y(x)$，其中 f 二阶可导且其一阶导数 $f'\neq1$，求$\dfrac{dy}{dx}$和$\dfrac{d^2y}{dx^2}$.

7. 求不定积分$\displaystyle\int\frac{1}{\sqrt{x-x^2}}dx$.

8. 求不定积分$\displaystyle\int\frac{x\cos^4\frac{x}{2}}{\sin^3x}dx$.

四、应用题

1. 已知某企业生产某种产品，固定成本为 10 万元，另每生产 1 百件，成本增加 10 万元. 已知市场上此种产品的最大需求量为 100 百件，且销售收入(单位：万元)为

$$R(x)=\begin{cases}-\dfrac{1}{2}x^2+70x, & 0\leqslant x\leqslant 100\\ 2000, & x>100\end{cases},$$

试求产量(单位：百件)为多少时利润达到最大,并求最大利润.

2. 利用导数方法作函数 $y=f(x)=\dfrac{2x}{x^2+1}$ 的图像.

五、证明题

证明对于 $\forall x\in(-\infty,+\infty)$,不等式 $1+x\ln(x+\sqrt{1+x^2})\geqslant\sqrt{1+x^2}$ 成立.

模拟试题三

一、填空题

(1) 设 $f(x)$的定义域为$(1,2)$,则 $f(\ln x)$的定义域为________.

(2) $y=(2x+1)^2$(其中 $x\geqslant 0$)的反函数为________.

(3) $\lim\limits_{x\to+\infty}(\sqrt{x^2-x+2}-\sqrt{x^2+2x})=$________.

(4) 若$\lim\limits_{x\to 0}\dfrac{1-\cos(kx)}{e^{kx^2}-1}=2$,其中 $k\neq 0$,则常数 $k=$________.

(5) 已知函数 $f(x)=\begin{cases}\dfrac{x}{1+e^{\frac{1}{x}}}, & x\neq 0\\ k, & x=0\end{cases}$ 在 $x=0$ 处连续,则 $k=$________.

(6) 若 $f(x)=f(-x)$,且 $f'(-1)=2$,则 $f'(1)=$________.

(7) 设 $y=f(x^2+a)$,其中 f 二阶可导,a 为常数,则 $y''=$________.

(8) 写出 $f(x)=\sqrt{x}$按$(x-1)$的幂展开的带有皮亚诺余项的三阶泰勒公式为________.

(9) 求函数 $y=\dfrac{x}{\sqrt{x^2-1}}$的水平渐近线为________.

(10) 若$\int f(\sqrt{x})\mathrm{d}x=x^2+C$,则$\int f(x)\mathrm{d}x=$________.

二、单项选择题

(1) 下列表达式为基本初等函数的是(　　).

(A) $y=\cos(2x)$;　　(B) $y=\arctan x$;

(C) $y=\begin{cases}2x+1, & x>0\\ e^x-1, & x<0\end{cases}$;　　(D) $y=\ln(x+1)$.

(2) 设 $f(x)=\begin{cases}\dfrac{1-\cos x}{\sqrt{x}}, & x>0\\ x^2\varphi(x), & x\leqslant 0\end{cases}$,其中 $\varphi(x)$为有界函数,则 $f(x)$在 $x=0$ 处(　　).

(A) 极限不存在;　　(B) 极限存在但不连续;

(C) 连续但不可导；　　(D) 可导.

(3) 设成本函数为 $C(Q)=aQ+b$,则成本函数的弹性为(　　).

(A) aQ；　　(B) $\dfrac{aQ}{aQ+b}$；

(C) $\dfrac{a}{aQ+b}$；　　(D) $\dfrac{Q}{aQ+b}$.

(4) 设偶函数 $f(x)$具有连续的二阶导数,且 $f''(0)\neq 0$,则 $x=0$(　　).

(A) 不是 $f(x)$的驻点；　　(B) 必是 $f(x)$的极值点；

(C) 不是 $f(x)$的极值点；　　(D) 是否为极值点无法确定.

(5) 若 $F'(x)=f(x)$,则下列选项中不正确的是(　　).

(A) $\int e^{2x}f(e^{2x})dx=F(e^{2x})+C$；　　(B) $\int \dfrac{f(\tan x)}{\cos^2 x}dx=F(\tan x)+C$；

(C) $\int \dfrac{f(x^{-1})}{x^2}dx=-F(x^{-1})+C$；　　(D) $\int \dfrac{f(\ln x)}{x}dx=F(\ln x)+C$.

三、计算题

1. 求极限 $\lim\limits_{x\to 0}\dfrac{\sqrt{1+x\sin x}-1}{x\ln(1+2x)}$.

2. 求极限 $\lim\limits_{x\to 0}\left(\dfrac{\tan x}{x}\right)^{\frac{1}{x^2}}$.

3. 试讨论当 α 满足什么条件时,$f(x)=\begin{cases} x^{\alpha}\cos\dfrac{1}{x}, & x\neq 0 \\ 0, & x=0 \end{cases}$ 的导数在 $x=0$ 处连续.

4. 设 $y=\dfrac{x}{2}\sqrt{x^2+a^2}+\dfrac{a^2}{2}\ln(x+\sqrt{x^2+a^2})$,试求 $\dfrac{dy}{dx}$ 和 $\dfrac{d^2y}{dx^2}$.

5. 设 $e^{2xy}+2xe^y-3\ln x=0$ 确定隐函数 $y=f(x)$,试求 y'.

6. 设 $f(x)$可导,且满足 $xf'(x)=f'(-x)+1$,$f(0)=0$,试求(1)$f'(x)$；(2)$f(x)$的极值.

7. 求不定积分 $\int \dfrac{\ln x}{x\sqrt{1+\ln x}}dx$.

8. 求不定积分 $\int \dfrac{\ln\tan x}{\cos x\sin x}dx$.

四、应用题

1. 某企业销售某种商品,需求函数为 $P=20-4x$,其中 P 为价格(单位：万元),x 为需求量(单位：吨).企业的平均成本为 $\bar{C}(x)=2$ 万元,政府向企业每吨商品征收税款 2 万元,当产量为多少吨时,商家获得最大利润,最大利润为多少？

2. 已知函数 $y=f(x)$在$(-\infty,+\infty)$上具有二阶连续的导数,且其一阶导函数 $f'(x)$的图形如图 3.1 所示.

则：(1) 函数 $f(x)$的驻点是________.

(2) $f(x)$的递增区间为________.

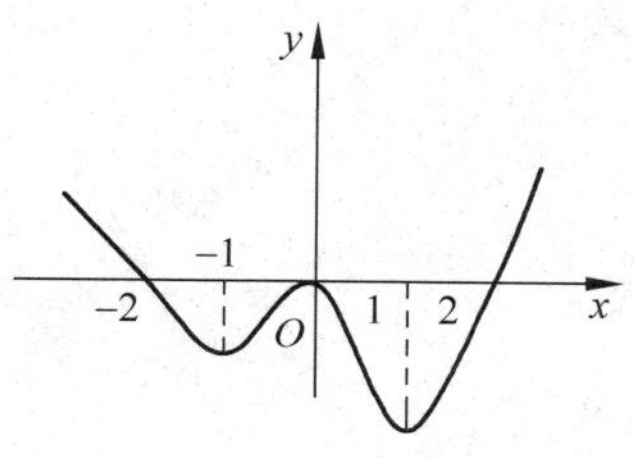

图 3.1

(3) $f(x)$的递减区间为________.

(4) $f(x)$的极大值点为________.

(5) $f(x)$的极小值点为________.

(6) 曲线 $y=f(x)$的上凸(或下凹)区间为________.

(7) 曲线 $y=f(x)$的下凸(或上凹)区间为________.

(8) 曲线 $y=f(x)$的拐点是________.

五、证明题

已知 $f(x)$在$[1,3]$上连续,在$(1,3)$内可导,且 $f(1)f(3)>0$,$f(1)f(2)<0$,证明至少存在一点 $\xi\in(1,3)$,使得 $f'(\xi)-f(\xi)=0$.

模拟试题四

一、填空题

(1) 设 $f(x)=\begin{cases}x^2, & x<0\\ x, & x\geqslant 0\end{cases}$,则 $f[f(-1)]=$________.

(2) 若 $\lim\limits_{x\to 2}\dfrac{x^2-3x+a}{2-x}=b$,则 a,b 的值分别是________.

(3) 设 $f(x)=\dfrac{1}{1+\mathrm{e}^{\frac{1}{x}}}$,则 $\lim\limits_{x\to 0^-}f(x)=$________.

(4) 为使 $f(x)=\dfrac{\sin 5x}{\arcsin 3x}$ 在 $x=0$ 处连续,须补充定义 $f(0)=$________.

(5) 设 $f'(3)=a$,则 $\lim\limits_{h\to 0}\dfrac{f(3+h)-f(3-2h)}{h}=$________.

(6) 已知 $y=x\ln x$,则 $y^{(10)}=$________.

(7) 函数 $f(x)=\ln x$ 在 $x=2$ 处的三阶带有皮亚诺余项的泰勒公式为________.

(8) 曲线 $y=\dfrac{x}{\sqrt{x^2-4}}$ 共有________条渐近线.

(9) 设 $f(x)$的一个原函数为 $\mathrm{e}^{-x}+\sin(2x)$,则 $f'(x)=$________.

(10) 已知函数 $f(x)$满足 $f(0)=1$, $f'(x)=2x$,则 $\int f(x)\mathrm{d}x=$ ________.

二、单项选择题

(1) 下列函数在其定义域内无界的是(　　).

(A) $y=\dfrac{x}{1+x^2}$;　　(B) $y=\arctan\dfrac{1}{x}$;

(C) $y=\tan(\sin x)$;　　(D) $y=\mathrm{e}^{-x}$.

(2) 当 $x\to 0$ 时,与 x 等价的无穷小量是(　　).

(A) $\sqrt{x}-x$;　　(B) $\sqrt{1+x}-1$;

(C) $\sin(\tan x)$;　　(D) $1-\cos x$.

(3) 设 $f(x)=\begin{cases} x^2\arctan\dfrac{1}{x^2}, & x\neq 0 \\ 0, & x=0 \end{cases}$,则 $f(x)$ 在 $x=0$ 处(　　).

(A) 不连续;　　(B) 极限不存在;

(C) 连续且可导;　　(D) 连续但不可导.

(4) 设 $F(x)$ 和 $G(x)$ 为 $f(x)$ 的两个不同的原函数,且 $f(x)\neq 0$,C 为某一常数,则(　　).

(A) $F(x)+G(x)=C$;　　(B) $F(x)-G(x)=C$;

(C) $F(x)\cdot G(x)=C$;　　(D) $F(x)=C\cdot G(x)$.

(5) 设 $f(x)$ 的一个原函数是 $\ln x$,则$\int xf(1+3x^2)\mathrm{d}x=$(　　).

(A) $\dfrac{1}{6}\ln(1+3x^2)+C$;　　(B) $-\dfrac{1}{6}\ln(1+3x^2)+C$;

(C) $\dfrac{1}{6(1+3x^2)}+C$;　　(D) $-\dfrac{1}{6(1+3x^2)}+C$.

三、计算题

1. 求极限 $\lim\limits_{x\to+\infty}(\sqrt{x+\sqrt{x}}-\sqrt{x})$.

2. 求极限$\lim\limits_{x\to\infty}(x+\sqrt[3]{1-x^3})$.

3. 求极限 $\lim\limits_{x\to-\infty}x\left(\dfrac{\pi}{2}+\arctan x\right)$.

4. 设 $y=f(x^2)+\tan[f(x)]$,其中 f 二阶可导,试求$\dfrac{\mathrm{d}y}{\mathrm{d}x}$和$\dfrac{\mathrm{d}^2y}{\mathrm{d}x^2}$.

5. 设函数 $f(x)=\begin{cases} \dfrac{\sin x}{x}-x, & x\neq 0 \\ 1, & x=0 \end{cases}$,试问

(1) $f'(x)$在 $x=0$ 处是否连续;(2) $f'(x)$在 $x=0$ 处是否可导.

6. 若 $y=f(x)$是由方程 $2^y+xy-4=0$ 确定的隐函数,求曲线 $y=f(x)$在 $x=0$ 处的切线方程.

7. 求解不定积分 $\int\dfrac{1}{\mathrm{e}^x+1}\mathrm{d}x$.

8. 求不定积分 $\int\dfrac{(\arcsin\sqrt{x})^2}{\sqrt{x-x^2}}\mathrm{d}x$.

四、应用题

1. 在半径为 a 的半圆内,内接一个矩形,问当矩形的边长分别为多少时,矩形的周长达到最大?

2. 讨论函数 $y=f(x)=x^3-3x^2+2$ 的性态,并作出函数的图像.

五、证明题

证明方程 $1-x+\dfrac{x^2}{2}-\dfrac{x^3}{3}+\dfrac{x^4}{4}=0$ 无实根.

模拟试题五

一、填空题

(1) 设 $f(x)=\begin{cases}x^2, & x<0\\ 2-x, & x\geqslant 0\end{cases}$,则 $f[f(-1)]=$________.

(2) 函数 $f(x)=\arcsin(1-x)+\dfrac{1}{\sqrt{x-1}}$的定义区间为________.

(3) $\lim\limits_{x\to+\infty}\arctan(\sqrt{x^2+2x}-x)=$________.

(4) 已知 $f(x)=\begin{cases}x^2+a, & x\leqslant 0\\ x\sin\dfrac{2}{x}, & x>0\end{cases}$在$(-\infty+\infty)$内连续,则 $a=$________.

(5) 已知 $f(x)$是可导函数且满足$\lim\limits_{h\to 0}\dfrac{h}{f(1-2h)-f(1)}=\dfrac{1}{3}$,则 $f'(1)=$________.

(6) 若函数 $f(x)$满足 $\mathrm{d}\ln(1+4x^2)=f(x)\mathrm{d}\arctan(2x)$,则 $f(x)=$________.

(7) 若 $f(x)=\mathrm{e}^{2x}+x^2$,则 $f'(\ln x)=$________.

(8) $f(x)=\dfrac{\ln x}{x^2-1}$的垂直渐近线为________.

(9) 将函数 $y=\sin(2x)$展开为带有皮亚诺余项的三阶麦克劳林公式为________.

(10) $\displaystyle\int\frac{\sec^2 x}{4+\tan^2 x}\mathrm{d}x=$________.

二、单项选择题

(1) 已知$\lim\limits_{x\to 0}\dfrac{f(ax)}{x}=k$,其中 $k\neq 0$,则$\lim\limits_{x\to 0}\dfrac{f(bx)}{x}=$(　　).

(A) $\dfrac{b}{ka}$;　　(B) $\dfrac{k}{ab}$;　　(C) $\dfrac{kb}{a}$;　　(D) $\dfrac{ak}{b}$.

(2) 设函数 $f(x)$在 $x=0$ 处连续,且$\lim\limits_{x\to 0}\dfrac{f(x^2)}{1-\cos x}=1$,则下列结论正确的是(　　).

(A) $f(0)=0$ 且 $f'(0)$存在;　　(B) $f(0)=1$ 且 $f'(0)$存在;

(C) $f(0)=0$ 且 $f'_+(0)$存在;　　(D) $f(0)=1$ 且 $f'_+(0)$存在。

(3) 对于任意的实数 p 和 q，函数 $f(x)=x^2+px+q$ 在$[1,3]$上满足拉格朗日中值定理的 $\xi=($　　$)$.

(A) $\frac{1}{2}$；　　(B) 2；　　(C) $\frac{p}{2}$；　　(D) p.

(4) 设函数 $f(x)$在$[0,1]$上可导，$f'(x)>0$ 并且 $f(0)<0$，$f(1)>0$，则 $f(x)$在$(0,1)$内(　　).

(A) 至少有两个零点；　　(B) 有且仅有一个零点；

(C) 没有零点；　　(D) 零点个数不能确定.

(5) 设 $f'(e^x)=x$，则 $f(x)=($　　$)$.

(A) $\ln x+C$；　　(B) $x\ln x-x+C$；

(C) $\frac{1}{x}+C$；　　(D) $\ln x+x+C$.

三、计算题

1. 已知 $y=x^{\sin x}+\sin^2 x$，求 y'.

2. 求极限$\lim\limits_{x\to 0}\frac{\arctan x-x}{\ln(1+2x^3)}$.

3. 求极限$\lim\limits_{x\to 0}\left[\frac{1}{x}-\left(\frac{1}{x^2}-1\right)\ln(1+x)\right]$.

4. 已知函数 $f(x)=\lim\limits_{n\to\infty}\frac{(n+2)x}{n\sin x+1}$，则：

(1) 写出 $f(x)$的表达式；

(2) 指出 $f(x)$的间断点及其所属类型。

5. 设方程 $x^y=y^x$ 确定 y 为 x 的函数，求 dy.

6. 求函数 $f(x)=\begin{cases}3x^2+\sin(x^2), & x\leqslant 0\\ \frac{1}{\sqrt{x}}\arcsin(x^2), & x>0\end{cases}$的导函数 $f'(x)$.

7. 求不定积分$\int\frac{x^3}{\sqrt{1-x^2}}dx$.

8. 求不定积分$\int\frac{x^2\arctan x}{1+x^2}dx$.

四、应用题

1. 某企业销售某种商品，其销售量为 Q(单位：吨)，销售价格为 p(单位：万元/吨)，需求函数为 $Q=24-4p$. 已知该商品的边际成本为 2，固定成本为 3，试求利润最大时的销售量 Q，并求最大利润.

2. 证明曲线$\sqrt{x}+\sqrt{y}=a$($a>0$ 为常数)上任意一点的切线在 x 轴、y 轴上的截距之和等于 a^2.

五、证明题

设 $f(x)$在$[0,1]$上连续，在$(0,1)$内可导，且 $f(0)=1$，$f(1)=0$，试证明在$(0,1)$内至少存在一点 ξ，使得 $f'(\xi)=-\frac{f(\xi)}{\xi}$.

模拟试题六

一、填空题

(1) 设函数 $f(\ln x)=x, f[\varphi(x)]=1-x$,则 $\varphi(x)$ 的连续区间为________.

(2) 若 $f(x)$ 可导,且 $\lim\limits_{h\to 0}\dfrac{f(x_0+2h)-f(x_0-h)}{h}=3$,则 $f'(x_0)=$________.

(3) $f(x)=\dfrac{x^2-1}{x^3-3x^2-4x}$ 的可去间断点为________.

(4) 为使函数 $f(x)=\dfrac{\sqrt{1+x}-\sqrt{1-x}}{\sin(2x)}$ 在 $x=0$ 处连续,需补充定义为 $f(0)=$________.

(5) $\lim\limits_{x\to\infty}\left(\dfrac{6x^2+2x+1}{3x-1}\sin\dfrac{1}{x}\right)=$________.

(6) $\lim\limits_{n\to\infty}\dfrac{\sqrt{n}-2n^2+1}{3n^2+\sqrt{n^4+1}+2}=$ ________.

(7) 曲线 $y=\dfrac{x}{2x+1}$ 的渐近线为________.

(8) 已知某产品的需求函数为 $Q=k\mathrm{e}^{-aP}$,其中 Q 为需求量,P 为价格,a 和 k 为正常数,则总收益对价格的弹性为________.

(9) 若 $f'(x)=\sin x$,且 $f(0)=-1$,则 $\mathrm{d}f[f(x)]=$________.

(10) $\displaystyle\int\frac{1}{1+\sin x}\mathrm{d}x=$ ________.

二、单项选择题

(1) 对 $\forall\varepsilon>0$,若数列 $\{x_n\}$ 在 $x=a$ 的 ε 邻域 $(a-\varepsilon,a+\varepsilon)$ 内有无穷多个点,则下列结论正确的是(　　).

(A) 数列 $\{x_n\}$ 的极限存在,但不一定等于 a;

(B) 数列 $\{x_n\}$ 的极限存在,且等于 a;

(C) 数列 $\{x_n\}$ 的极限不一定存在;

(D) 数列 $\{x_n\}$ 的极限一定不存在.

(2) 当 $x\to 0$ 时,与 x 等价的无穷小是(　　).

(A) $\ln(1+2x)$;　　(B) $\sqrt{1+\sin x}-1$;

(C) $x+\sqrt[3]{x}$；　　(D) $\sin(e^x-1)$.

(3) $f(x)=\ln(1+x^2)$在(　　)内单调递减且为下凸(或凹)函数.

(A) $(-\infty,-1)$；　　(B) $(-1,0)$；

(C) $(0,1)$；　　(D) $(1,+\infty)$.

(4) 设函数 $f(x)$满足 $f'(x_0)=f''(x_0)=0, f'''(x_0)>0$,则下列结论正确的是(　　).

(A) $x=x_0$ 是 $f'(x)$的极大值点；

(B) $x=x_0$ 是 $f(x)$的极大值点；

(C) $x=x_0$ 是 $f(x)$的极小值点；

(D) $(x_0,f(x_0))$是曲线 $y=f(x)$的拐点.

(5) 已知函数 $F(x)=\begin{cases}\frac{1}{2}x^2+2, & x\geqslant 0\\ k-\frac{1}{2}x^2, & x<0\end{cases}$ 是$|x|$的一个原函数,则 $k=$(　　).

(A) 0；　　(B) 1；　　(C) 2；　　(D) 3.

三、计算题

1. 求极限 $\lim\limits_{x\to-\infty}(\sqrt{x^2+x}-\sqrt{x^2-x})$.

2. 求极限 $\lim\limits_{x\to-1}\left[\frac{1}{x+1}-\frac{1}{\ln(x+2)}\right]$.

3. $y=\frac{\sqrt{1-x}\,(x+2)^2}{\sqrt{1+x}\,(x+3)^3}$,求$\frac{dy}{dx}$.

4. 设 $y=f(e^x)\cdot e^{f(x)}$,其中 f 可微,求 dy.

5. 设函数 $f(x)=\begin{cases}x\arctan\frac{1}{x^2}, & x\neq 0\\ 0, & x=0\end{cases}$,试讨论导函数 $f'(x)$在 $x=0$ 处的连续性.

6. 已知 $y=\sin^2 x$,求 $y^{(n)}$.

7. 求不定积分$\int\frac{1}{x^2\sqrt{4-x^2}}dx$.

8. 求不定积分$\int\frac{xe^x}{(2+e^x)^2}dx$.

四、应用题

1. 某企业销售某种商品,需求函数为 $P=20-4x$,其中 P 为价格(单位：万元),x 为需求量(单位：吨).企业的平均成本为 $\bar{C}(x)=2$ 万元,政府向企业每吨商品征收税款 t 万元,试求：

(1) t 为多少时,在企业获得最大利润的前提下,政府的总税额达到最大；

(2) $P=4$ 时的需求价格弹性,并说明其经济意义.

2. 讨论方程 $e^x=x+2$ 在$(-\infty,+\infty)$内的实根的个数.

五、证明题

已知 $f(x)$在$[a,b]$($0<a<b$)上连续,在(a,b)内可导,且 $f(a)=f(b)=0$.证明至少存在一点 $\xi\in(a,b)$,使得 $\xi f'(\xi)-2f(\xi)=0$ 成立.

模拟试题七

一、填空题

(1) 设 $f(x)=\begin{cases}x+2, & |x|\leqslant 1\\ x^2, & |x|>1\end{cases}$,则 $f\left[f\left(\sin\dfrac{\pi}{2}\right)\right]=$________.

(2) 函数 $f(x)$在 x_0 的某一去心邻域内有界是极限$\lim\limits_{x\to x_0}f(x)$存在的________条件;极限$\lim\limits_{x\to x_0}f(x)$存在是 $f(x)$在 x_0 处连续的________条件.

(3) $\lim\limits_{n\to\infty}(2^n+3^n)^{\frac{1}{n}}=$________.

(4) $\lim\limits_{x\to\infty}\dfrac{x^2+2x+1}{x^3+3x+4}(1+\cos x)=$________.

(5) 若$\lim\limits_{x\to 0}\dfrac{\sin^2 x}{1-\cos(kx)}=1$,则 $k=$________.

(6) 若 $f(x)=\dfrac{\sqrt{1-x}-\sqrt{1+x}}{x}$在 $x=0$ 处连续,则需补充定义 $f(0)=$________.

(7) $a=$________时,$y=\ln x$ 与 $y=ax^2$ 相切.

(8) 设某商品的需求函数是 $Q=10-0.2p$,则当价格 $p=10$ 时,降价 1%,需求量将________.

(9) 已知$\displaystyle\int\frac{f'(\ln x)}{x}\mathrm{d}x = x^2+C$,则 $f(x) =$ ________.

(10) 已知 $f(x)$ 为 $\sin x$ 的原函数,且 $f(0) = 1$,则$\displaystyle\int f(x)\mathrm{d}x =$ ________.

二、单项选择题

(1) 下列函数在$(-1,1)$内可微的是(　　).

(A) $y=|x|-x^2$;　(B) $y=\dfrac{1+x}{x}$;　(C) $y=\dfrac{1+x}{1+x^2}$;　(D) $y=x^{\frac{2}{3}}$.

(2) $\lim\limits_{x\to 0^+}\sin[\arctan(\ln x)]=$(　　).

(A) 1;　(B) -1;　(C) 0;　(D) 不存在.

(3) 若$\lim\limits_{x\to 0}\dfrac{f(x)-f(0)}{\sqrt{1+2x}-1}=1$,则 $f'(0)=($　　).

(A) 1;　　(B) $\dfrac{1}{2}$;　　(C) 2;　　(D) -1.

(4) 设 $f(x)$为偶函数,且可导,$f''(0)\neq 0$,则下列结论正确的是(　　).

(A) $x=0$ 不是 $f(x)$的驻点;　　(B) $x=0$ 不是 $f(x)$的极值点;

(C) $x=0$ 是 $f(x)$的极值点;　　(D) 无法确定.

(5) 若 $\int f(x)\mathrm{d}x = \mathrm{e}^{x^2}+C$, 则 $f(x)=($　　).

(A) $x^2\mathrm{e}^{x^2}$;　　(B) $2x\mathrm{e}^{x^2}$;　　(C) $2x\mathrm{e}^{2x}$;　　(D) $x\mathrm{e}^{2x}$.

三、计算题

1. 求极限 $\lim\limits_{x\to+\infty}\dfrac{\sqrt{x}\sin x}{x^2\sin\dfrac{1}{x}}$.

2. 设 $f(x)=\begin{cases}\dfrac{\mathrm{e}^x-1}{x}, & x<0\\ 1, & x=0\\ \dfrac{1-\cos x}{x^2}, & x>0\end{cases}$,求 $\lim\limits_{x\to+\infty}f(x)$, $\lim\limits_{x\to-\infty}f(x)$和 $f'(0)$.

3. 已知函数 $f(x)$满足 $f(0)=0,f'(0)=1,f''(0)=2$,求极限$\lim\limits_{x\to 0}\dfrac{f(x)-x}{x^2}$.

4. 求极限 $\lim\limits_{x\to+\infty}\left[x-x^2\ln\left(1+\dfrac{1}{x}\right)\right]$.

5. 设 $y\mathrm{e}^x+x\mathrm{e}^y=1$ 确定隐函数 $y=f(x)$,求 y'及 $y'|_{x=0}$.

6. 已知 $y=f(x)=x^3+3ax^2+3bx+c$ 在点 $x=-1$ 处取得极值,点$(0,1)$为曲线的拐点,试求 a,b,c 的值.

7. 求不定积分$\int(x^2+3x-2)\cos x\mathrm{d}x$.

8. 求不定积分$\int\cos\sqrt{1-x}\,\mathrm{d}x$.

四、应用题

1. 已知某商品对价格的需求函数 $x=f(p)=125-5p$,成本函数 $C(x)=100+x+x^2$,若生产的商品都能全部售出,试求:(1)利润取得最大时的产量,(2)$p=20$ 时的需求价格弹性,并说明其经济意义.

2. 讨论函数 $f(x)=\dfrac{x^3}{3(x-1)^2}$的性态,并作出函数的图像.

五、证明题

证明当 $x>0$ 时,$\sin x>x-\dfrac{x^3}{3!}$.

模拟试题八

一、填空题

(1) 设 $f(x)=\begin{cases}x, & |x|\leqslant 1\\ 1, & |x|>1\end{cases}$,则 $f(\sin x)\cdot f(1+e^x)=$________.

(2) $\lim\limits_{n\to\infty}2^n\sin\dfrac{x}{2^{n-1}}=$________.

(3) $\lim\limits_{x\to 0}(1-2x)^{\frac{3}{\sin x}}=$________.

(4) $\lim\limits_{n\to\infty}\left(\dfrac{1}{n^2+1}+\dfrac{2}{n^2+2}+\cdots+\dfrac{n}{n^2+n}\right)=$________.

(5) 设 $f(x)=\begin{cases}x\ln x+1, & x>0\\ x+a, & x\leqslant 0\end{cases}$,在 $x=0$ 处连续,则 $a=$________.

(6) 若 $f(x)$在$(-\infty,+\infty)$内可导,且为偶函数,则 $f'(0)=$________.

(7) 将函数 $y=e^x$ 在 $x=1$ 处展开为带有拉格朗日余项的泰勒公式为________.

(8) 设某种商品的需求函数为 $Q=100-2p$,则当 $Q=40$ 时,其边际收益为________.

(9) 已知 $\ln x$ 是 $f(x)$ 的一个原函数,则$\int xf(1-x^2)\mathrm{d}x=$________.

(10) $\dfrac{\mathrm{d}}{\mathrm{d}x}\int x^2e^{x^2}\mathrm{d}x=$________.

二、单项选择题

(1) 当 $x\to 0$ 时,下列表达式中与 x 是等价无穷小量的是(　　).

(A) $\arcsin(3x)$;　　(B) $\sqrt{1+x}-1$;

(C) $x+\sin x$;　　(D) $\sqrt{1+x}-\sqrt{1-x}$.

(2) 函数 $f(x)$在 $x=x_0$ 的某空心邻域内有界是$\lim\limits_{x\to x_0}f(x)$存在的(　　).

(A) 必要非充分条件;　　(B) 充分非必要条件;

(C) 充要条件;　　(D) 非必要非充分条件.

(3) 设 $f(x)=\begin{cases} e^x, & x\leqslant 0 \\ ax+b, & x>0 \end{cases}$ 在 $x=0$ 处可导,则有(　　).

(A) $a=0,b=1$;　　(B) $a=1,b=0$;

(C) $a=1,b=1$;　　(D) $a=1,b=-1$.

(4) 函数 $f(x)=x^2+2x+1$ 在区间$[0,1]$上满足拉格朗日中值定理,则结论中的 $\xi=$(　　).

(A) $\dfrac{1}{3}$;　　(B) $\dfrac{1}{\sqrt{3}}$;　　(C) $\dfrac{1}{2}$;　　(D) $-\dfrac{1}{2}$.

(5) 若函数 $f(x)$具有二阶连续导数,且 $f'(0)=0$,$\lim\limits_{x\to 0}\dfrac{f''(x)}{|x|}=1$,则(　　).

(A) $x=0$ 为极大值点;　　(B) $x=0$ 为极小值点;

(C) $x=0$ 不是极值点;　　(D) 以上结论都不对.

三、计算题

1. 求极限$\lim\limits_{n\to\infty}(\sqrt{n+3\sqrt{n}}-\sqrt{n-\sqrt{n}})$.

2. 求极限$\lim\limits_{x\to 0}\left(\dfrac{2^x+3^x}{2}\right)^{\frac{1}{x}}$.

3. 设 $y=\dfrac{x}{2}\sqrt{9-x^2}+\dfrac{9}{2}\arcsin\dfrac{x}{3}$,求 dy.

4. 设 $y=xf(\ln x)$,其中 f 可微,求 y''.

5. 求极限$\lim\limits_{x\to 0}\dfrac{(1+x)^{\frac{1}{x}}-e}{x}$.

6. 设 $y=f(x)$是由方程 $y=e^{2x}+xe^y$ 所确定的隐函数,求 $f'(0)$和 $f''(0)$.

7. 求不定积分$\displaystyle\int\sqrt{\frac{x}{1-x\sqrt{x}}}\,dx$.

8. 求不定积分$\displaystyle\int\frac{\arcsin x}{\sqrt{(1-x^2)^3}}\,dx$.

四、应用题

1. 假设某工厂每年需要消耗原材料 1000 吨(这里假定是均匀消耗),该材料每吨库存的费用为 40 元/年,已知该原材料每次订货的手续费为 32 元,外加每吨 20 元的费用,则每次订货数量为多少吨时可使总费用最省?

2. 讨论函数 $y=e^{-\frac{1}{x}}$ 的性态,并作出函数的图像.

五、证明题

设 $f(x)$在$[1,6]$上连续,在$(1,6)$内可导,且

$$f(1)=5,\quad f(5)=1,\quad f(6)=12.$$

证明:在$(1,6)$内至少存在一点 ξ,使得 $f'(\xi)+f(\xi)-2\xi=2$.

模拟试题九

一、填空题

(1) 设 $f(t)=t\varphi(x)$，则 $f(1)-f(0)=$________.

(2) $\lim\limits_{x\to\infty}\dfrac{n\arctan(n)}{\sqrt{1+n^2}}=$________.

(3) 若当 $x\to0$ 时，$\sin(kx^2)\sim1-\cos x$，则 $k=$________.

(4) 设 $f'(1)=1$，则 $\lim\limits_{x\to1}\dfrac{f(x)-f(1)}{x^2-1}=$________.

(5) 设 $y=f(e^{\frac{1}{x}})$，其中 f 可微，则 $dy=$________.

(6) 若 $y=f(e^{-x})$，且 $f'(x)=x\ln x$，则 $\left.\dfrac{dy}{dx}\right|_{x=1}=$________.

(7) 设在 $[0,1]$ 上 $f''(x)>0$，则 $f'(0)$，$f'(1)$，$f(1)-f(0)$ 从小到大的顺序是________.

(8) 已知某商品的边际成本为 $(2x-300)e^{\frac{1}{2}x}$，则使得成本函数最小的产量 $x=$________.

(9) 已知 $f'(\tan^2x)=\cos^2x$，且 $f(0)=1$，则 $f(x)=$________.

(10) 若 $f(x)$ 的一个原函数是 $\ln x$，则 $f'(x)=$________.

二、单项选择题

(1) 下列函数中是奇函数的是(　　).

(A) $y=\dfrac{1}{2}(\sin x-\cos x)$；　　(B) $y=\dfrac{1}{2}(e^x-e^{-x})$；

(C) $y=x\arctan x$；　　(D) $y=\dfrac{1}{2}(e^x+e^{-x})$.

(2) 当 $x\to0$ 时，对于函数 $\dfrac{1}{x}\sin\dfrac{1}{x}$ 下列结论正确的是(　　).

(A) 无穷小量；　　(B) 无穷大量；

(C) 有界变量但不是无穷小量；　　(D) 无界变量但不是无穷大量.

(3) 若下列极限都存在，则下列等式成立的是(　　).

(A) $\lim\limits_{h\to0}\dfrac{f(x_0)-f(x_0+h)}{h}=f'(x_0)$；

(B) $\lim\limits_{x\to x_0}\dfrac{f(x_0)-f(x_0-x)}{x}=f'(x_0)$；

(C) $\lim\limits_{x\to 0}\dfrac{f(x_0)-f(x_0-x)}{x}=f'(x_0)$；

(D) $\lim\limits_{h\to 0}\dfrac{f(x_0+h)-f(x_0-h)}{2h}=f'(x_0)$.

(4) 曲线 $y=\dfrac{x^2-1}{3x^2-x-2}$渐近线的条数为(　　).

(A) 0；　(B) 1；　(C) 2；　(D) 3.

(5) 设对任意的 $x\in\mathbf{R}$ 有 $f'(x)=(x-1)(2x+1)$，则 $f(x)$在$\left(-\dfrac{1}{2},\dfrac{1}{4}\right)$内(　　).

(A) 单调增加，曲线下凸；　(B) 单调减少，曲线下凸；

(C) 单调增加，曲线上凸；　(D) 单调减少，曲线上凸.

三、计算题

1. 求极限 $\lim\limits_{x\to+\infty}(\sqrt{(x-3)(x-5)}-x)$.

2. 求极限$\lim\limits_{x\to 0}(1-2x)^{\frac{1}{\arcsin x}}$.

3. 求极限 $\lim\limits_{x\to+\infty}(x+\sqrt{x^2+2x})^{\frac{1}{x}}$.

4. 已知 $y=\sin[f(\mathrm{e}^x)]$，其中 f 二阶可导，求$\dfrac{\mathrm{d}y}{\mathrm{d}x}$和$\dfrac{\mathrm{d}^2y}{\mathrm{d}x^2}$.

5. 设 $f(x)$ 在 $(-\infty,+\infty)$ 上具有二阶导数，且 $\lim\limits_{x\to 0}\dfrac{f(x)}{x}=0$，$f''(0)=4$，求 $\lim\limits_{x\to 0}\left[1+\dfrac{f(x)}{x}\right]^{\frac{1}{x}}$.

6. 设函数 $y=f(x)$由 $\mathrm{e}^y-xy=\mathrm{e}$ 所确定，求 $f'(0)$和 $f''(0)$.

7. 设 $f(x)$的原函数 $F(x)>0$，且 $F(0)=1$，当 $x\geqslant 0$ 时有 $f(x)F(x)=\sin^2(2x)$，求 $f(x)$.

8. 求不定积分$\displaystyle\int\frac{x+2}{x^2+2x+5}\mathrm{d}x$.

四、应用题

1. 某商业企业销售某种商品，其销售量为 Q(单位：吨)，其销售价格为 p(单位：万元/吨)，需求函数 $Q=35-5p$，边际成本 $C'(Q)=3$，固定成本 1 万元，求利润最大时的销售量 Q，并求最大利润.

2. 讨论函数 $y=f(x)=x\mathrm{e}^{-x}$的单调区间、极值、凹凸区间、拐点以及渐近线.

五、证明题

设函数 $f(x)$在$[0,1]$上连续，$(0,1)$内可导，且 $f(0)=0$，$f(1)=1$，证明：存在 $0<\xi<\eta<1$，使得对$\forall a,b>0$，有下式成立：$af'(\xi)+bf'(\eta)=a+b$.

模拟试题十

一、填空题

(1) $y=\arcsin\dfrac{x+1}{2}$的定义域为________.

(2) 设 $f(x)=\begin{cases}2x, & x\leqslant 1\\ x+3, & x>1\end{cases}$,则 $f(x+2)=$________.

(3) $y=\dfrac{\mathrm{e}^x}{1+\mathrm{e}^x}$的反函数是________.

(4) 若$\lim\limits_{x\to\infty}\left(\dfrac{x^3-x^2+2x+1}{x^2+1}+ax+b\right)=0$,则 $a=$________,$b=$________.

(5) 若$\lim\limits_{x\to 0}(1+2x)^{\frac{1}{x}}=\lim\limits_{x\to 0}\dfrac{\sin(\sin kx)}{x}$,则 $k=$________.

(6) 已知 $f(x)=2^{x^2}$,则$\lim\limits_{h\to 0}\dfrac{f(1-2h)-f(1)}{h}=$________.

(7) 曲线 $y=2x^3$ 上与直线 $y=6x$ 平行的切线方程是________.

(8) 已知 $f(x)=3x^5+4x^2+5x+1$,则 $f^{(16)}(x)=$________.

(9) 函数 $y=x-\sin x$ 的单调递增区间为________.

(10) 若 $f(x)=x+\sqrt{x}, x>0$,则$\int f'(x^2)\mathrm{d}x=$________.

二、单项选择题

(1) 当 $x\to 0$ 时,$2\sin x-\sin 2x\sim x^k$,则 $k=$(　　).

(A) 1;　　(B) 2;　　(C) 3;　　(D) 4.

(2) 若 $f'(x_0)=-2$,则$\lim\limits_{x\to 0}\dfrac{x}{f(x_0-2x)-f(x_0)}=$(　　).

(A) $\dfrac{1}{4}$;　　(B) $-\dfrac{1}{4}$;　　(C) 1;　　(D) -1.

(3) 设 $y=f(x)$ 在点 x_0 处可微，$\Delta y=f(x_0+\Delta x)-f(x_0)$，则当 $\Delta x\to 0$ 时，(　　).

(A) dy 与 Δx 是等价无穷小量；　　(B) dy 是比 Δx 高阶的无穷小量；

(C) $\Delta y-dy$ 是比 Δx 高阶的无穷小量；　　(D) $\Delta y-dy$ 与 Δx 是同阶无穷小量.

(4) 若 $f(x)=\begin{cases}\sin x, & x\leqslant\dfrac{\pi}{2}\\ \dfrac{\pi}{2x}, & x>\dfrac{\pi}{2}\end{cases}$，则 $x=\dfrac{\pi}{2}$ 与 $\left(\dfrac{\pi}{2},1\right)$ 分别为(　　).

(A) 极小值点，拐点；　　(B) 极大值点，拐点；

(C) 极小值点，不是拐点；　　(D) 极大值点，不是拐点.

(5) 已知 $f'(\cos x)=\sin x$，则 $f(\cos x)=$(　　).

(A) $-\cos x+C$；　　(B) $\dfrac{1}{4}\sin(2x)-\dfrac{1}{2}x+C$；

(C) $\dfrac{1}{2}\sin(2x)-\dfrac{1}{2}x+C$；　　(D) $\cos x+C$.

三、计算题

1. 求极限 $\lim\limits_{n\to\infty}\left(\sqrt{n+2\sqrt{n}}-\sqrt{n-3\sqrt{n}}\right)$.

2. 求极限 $\lim\limits_{x\to 0}(\sin x+e^x)^{\frac{1}{x}}$.

3. 已知 $y=\sqrt{2x+\sqrt{1-4x}}$，求 dy.

4. 设函数 $f(x)=\begin{cases}ae^x, & x<0\\ 3\sin x-b, & x\geqslant 0\end{cases}$ 在 $x=0$ 可导，求常数 a 和 b 的值.

5. 已知 $f(x)=\arctan(3x)$，$g(x)=e^{2x}$，试求 $f'[g(x)]$ 和 $\{f[g(x)]\}'$.

6. 设方程 $x^2-xy+y^2=1$ 确定 y 为 x 的函数，求 $y'|_{(1,1)}$，$y''|_{(1,1)}$.

7. 求不定积分 $\displaystyle\int\frac{1}{1+\sin x}dx$.

8. 求不定积分 $\displaystyle\int\frac{\ln x}{(x+1)^2}dx$.

四、应用题

1. 某企业销售某种商品，年销售量为 100 万件，每次订货手续费用为 1000 元，每件商品的库存费用为 0.05 元，假定年销售量是均匀的，且上批商品销售完后，能够立即补货. 问应该分几批进货，使得手续费和库存费总费用达到最小?

2. 已知函数 $f(x)$ 在 $(-\infty,+\infty)$ 内具有二阶连续导数，且其一阶导函数 $f'(x)$ 的图形如图 10.1 所示.

则：(1) 函数 $f(x)$ 的驻点是________.

(2) $f(x)$ 的递增区间为________.

(3) $f(x)$ 的递减区间为________.

(4) $f(x)$ 的极大值点为________.

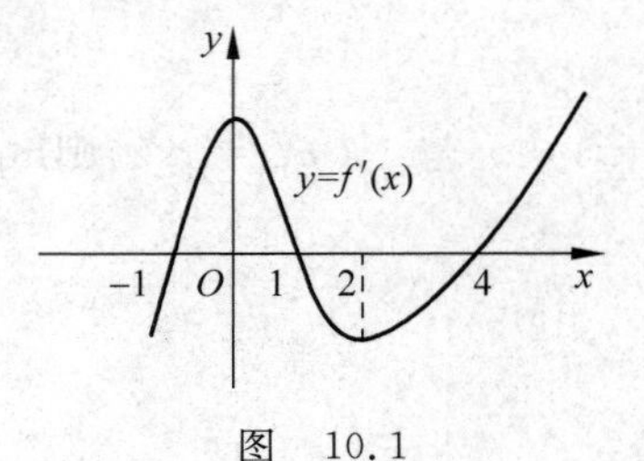

图　10.1

(5) $f(x)$的极小值点为________.

(6) 曲线 $y=f(x)$的上凸(或下凹)区间为________.

(7) 曲线 $y=f(x)$的下凸(或上凹)区间为________.

(8) 曲线 $y=f(x)$的拐点是________.

五、证明题

试利用单调性证明不等式 $e^{\pi}>\pi^{e}$.

模拟试题十一

一、填空题

(1) 若$\int_0^x f(t-x)\mathrm{d}t=\sin(x^2+1)$,则 $f(x)=$ ________.

(2) $\int_0^{\frac{1}{2}}\frac{f'(\arcsin x)}{\sqrt{1-x^2}}\mathrm{d}x=$ ________.

(3) 曲线 $y=x^2$、直线 $x=\sqrt[3]{2}$ 和 $y=0$ 所围成的平面区域图形被直线 $x=b$ 分成面积相等的两个部分,则 $b=$ ________.

(4) 正项级数$\sum_{n=1}^{\infty}\frac{1}{an+b}(a>0,b>0)$为________级数(填写收敛或发散).

(5) 若 $z=f\left(xy,\frac{x}{y}\right)$,其中 f 可微,则$\frac{\partial z}{\partial x}=$ ________.

(6) 已知(x_0,y_0)是 $f(x,y)$的驻点,若 $f''_{xx}(x_0,y_0)=3$,$f''_{xy}(x_0,y_0)=a$,$f''_{yy}(x_0,y_0)=12$,则当 a 满足________时,(x_0,y_0)一定是 $f(x,y)$的最小值点.

(7) 级数$\sum_{n=1}^{\infty}(-1)^n\frac{1}{2^n}=$ ________.

(8) 幂级数$\sum_{n=1}^{\infty}\frac{(x-3)^n}{2n-n^3}$的收敛区间是________.

(9) 变换二次积分 $I=\int_0^2\mathrm{d}y\int_{y^2}^{2y}f(x,y)\mathrm{d}x$ 的积分次序后 $I=$ ________.

(10) 方程 $x\mathrm{d}y=y\mathrm{d}x$ 满足 $y(1)=2$ 的特解为________.

二、单项选择题

(1) 下列广义积分发散的是(   ).

(A) $\int_0^1\frac{1}{\sqrt{x}}\mathrm{d}x$;　　(B) $\int_2^{+\infty}\frac{1}{x\ln x}\mathrm{d}x$;

(C) $\int_0^{+\infty}\mathrm{e}^{-x^2}\mathrm{d}x$;　　(D) $\int_2^{+\infty}\frac{1}{x\ln^2 x}\mathrm{d}x$.

(2) 设 $F(x)=\int_{x}^{x+2\pi} e^{\sin^2 t}\sin t dt$,则 $F(x)$( ).

(A) 为正常数;　　(B) 为负常数;

(C) 恒为零;　　(D) 不是常数.

(3) 若级数 $\sum_{n=1}^{\infty} u_n$ 收敛于 S,则级数 $\sum_{n=2}^{\infty}(u_n+u_{n-1})$ 一定( ).

(A) 收敛于 $2S$;　　(B) 收敛于 $2S+u_1$;

(C) 收敛于 $2S-u_1$;　　(D) 发散.

(4) 下列级数条件收敛的是( ).

(A) $\sum_{n=1}^{\infty} \frac{5^n+4^n}{7^n-4^n}$;　　(B) $\sum_{n=1}^{\infty}(-1)^n \frac{1}{\ln(n+1)}$;

(C) $\sum_{n=1}^{\infty} e^{-n^2}$;　　(D) $\sum_{n=1}^{\infty}(-1)^n\left(\frac{\sqrt{n+1}-\sqrt{n}}{n}\right)$.

(5) 下列方程中( )是线性微分方程.

(A) $xy'+\frac{2y}{x}=x\cos x$;　　(B) $y''+2xy+x^2y^2=0$;

(C) $(x^2+y)dy-ydx=0$;　　(D) $y''+(y')^2=5y$.

三、计算题

1. 求积分 $\int_{\frac{1}{2}}^{1} e^{\sqrt{2x-1}}dx$.

2. 设 $f(x)=\begin{cases}\frac{k}{\sqrt{1-x^2}}, & |x|<1\\ 0, & |x|\geqslant 1\end{cases}$,且 $\int_{-\infty}^{+\infty} f(x)dx=1$,求 k.

3. 设函数 $z=f(x,y)$ 由方程 $xyz+ze^x+\frac{1}{2}z^2=1$ 所确定,求 dz.

4. 设 $z=\frac{y}{x}+yf(xy)$,其中 f 二阶可微,求 $x^3\frac{\partial^2 z}{\partial x^2}-xy^2\frac{\partial^2 z}{\partial y^2}$.

5. 计算二重积分 $\iint\limits_{D} e^{x^2}d\sigma$,其中 $D=\{(x,y)\mid 0<x<1,x^3<y<x\}$.

6. 讨论级数 $\sum_{n=1}^{\infty}\frac{n!}{n^n}$ 的敛散性.

7. 求幂级数 $\sum_{n=0}^{\infty}\frac{x^n}{n+1}$ 在区间 $(-1,1)$ 内的和函数.

8. 求方程 $xdy-ydx=y^2e^y dy$ 的通解.

四、应用题

1. 设平面图形由曲线 $y=2x-x^2$,$y=1$ 和 $x=0$ 围成,试求:(1)该平面图形的面积;(2)该平面图形绕 x 轴旋转所生成的旋转体的体积.

2. 某厂生产甲、乙两种产品,产量分别为 x 和 y(千件),其利润函数为

$$L(x,y)=-x^2-4y^2+8x+24y-15,$$

如果现有原料 15000 千克,生产两种产品每千件都要消耗 2000 千克,求:(1)使利润最大

时的产量 x 和 y 和最大利润；(2)如果原料降到 12000 千克，求利润最大时的产量 x 和 y 和最大利润.

五、证明题

若正项级数 $\sum_{n=1}^{\infty} u_n$ 收敛，而数列 $\{v_n\}$ 有界，证明：$\sum_{n=1}^{\infty} u_n v_n$ 绝对收敛.

模拟试题十二

一、填空题

(1) 若 $f\left(x+y,\dfrac{x}{y}\right)=x^2-y^2$，则 $f(x,y)=$________.

(2) 已知 $F(x)=\int_0^{x^2}\ln t^2\,\mathrm{d}t$，则 $F'(x)=$________.

(3) $\int_0^{+\infty}\mathrm{e}^{-x}\,\mathrm{d}x=$________.

(4) 若 $\lim\limits_{x\to 0}\dfrac{\int_0^x\dfrac{t^2}{\sqrt{a+t^2}}\mathrm{d}t}{bx-\sin x}=1$，则 $a=$________，$b=$________.

(5) 若数列 $\{u_n\}$ 收敛于 a，则 $\sum\limits_{n=1}^{\infty}(u_n-u_{n+1})=$________.

(6) 二元函数 $z=4(x-y)-x^2-y^2$ 的极值点为________.

(7) 若 $z=\arctan(xy)$，则 $\mathrm{d}z=$________.

(8) 变换二次积分 $I=\int_0^1\mathrm{d}x\int_0^x f(x,y)\mathrm{d}y$ 的积分次序后 $I=$________.

(9) 已知 $\int_0^1 f(x)\mathrm{d}x=1$，积分区域 $D=\{(x,y)\mid x^2+y^2\leqslant 1\}$，则 $\iint\limits_D f(x^2+y^2)\mathrm{d}\sigma=$________.

(10) 方程 $y'=\cos(x-y)$ 的通解为________.

二、单项选择题

(1) $\int_{-\frac{\pi}{2}}^{\frac{\pi}{2}}\sqrt{\sin^2 x}\,\mathrm{d}x=$(　　).

(A) 0；　　(B) π；　　(C) 2；　　(D) −2.

(2) 若正项级数 $\sum_{n=1}^{\infty}u_n$ 发散,则下列选项中一定正确的是(　　).

(A) $\sum_{n=1}^{\infty}u_n^2$ 发散;　　(B) 其部分和数列趋于无穷大;

(C) $\sum_{n=1}^{\infty}\frac{1}{u_n}$ 也发散;　　(D) $\lim\limits_{n\to\infty}u_n\neq 0$.

(3) 设二元函数 $f(x,y)$ 在闭区域 D 上连续,则 $\frac{\partial}{\partial x}\iint\limits_D f(x,y)\mathrm{d}\sigma=$ (　　).

(A) $\iint\limits_D \frac{\partial f(x,y)}{\partial x}\mathrm{d}\sigma$;　　(B) $\iint\limits_D \frac{\partial f(x,y)}{\partial x}\mathrm{d}x\mathrm{d}y$;

(C) 0;　　(D) $f(x,y)$.

(4) 累次积分 $\int_0^{\frac{\pi}{2}}\mathrm{d}\theta\int_0^{\cos\theta}f(r\cos\theta,r\sin\theta)r\mathrm{d}r$,可以写成(　　).

(A) $\int_0^1\mathrm{d}y\int_0^{\sqrt{y-y^2}}f(x,y)\mathrm{d}x$;　　(B) $\int_0^1\mathrm{d}y\int_0^{\sqrt{1-y^2}}f(x,y)\mathrm{d}x$;

(C) $\int_0^1\mathrm{d}x\int_0^1 f(x,y)\mathrm{d}y$;　　(D) $\int_0^1\mathrm{d}x\int_0^{\sqrt{x-x^2}}f(x,y)\mathrm{d}y$.

(5) 下列方程中(　　)是二阶线性齐次微分方程.

(A) $\frac{\mathrm{d}^2y}{\mathrm{d}x^2}+\frac{\mathrm{d}y}{\mathrm{d}x}=y$;　　(B) $(y'')^2=x+y'$;

(C) $y''=x^2+yy'$;　　(D) $y''=y(y')^2+x$.

三、计算题

1. 求积分 $\int_0^1\frac{2x+3}{1+x^2}\mathrm{d}x$.

2. 求定积分 $\int_{-1}^1\left[\frac{\sin x\arctan^2x}{3+\cos x}+\ln(2-x)\right]\mathrm{d}x$.

3. 讨论广义积分 $\int_0^{+\infty}\mathrm{e}^{ax}\mathrm{d}x$ 的敛散性.

4. 设 $z=f(x,y)$ 由方程 $\mathrm{e}^{xyz}+z-\sin(xy)=6$ 所确定,求 $\mathrm{d}z$.

5. 求 $\iint\limits_D\sqrt{1-x^2-y^2}\mathrm{d}\sigma$,其中 $D=\{(x,y)\mid x^2+y^2<x,\quad y>0\}$.

6. 讨论级数 $\sum_{n=1}^{\infty}\frac{(-1)^{n-1}}{3^n+n}$ 的敛散性,若收敛,指出是条件收敛还是绝对收敛.

7. 求幂级数 $\sum_{n=1}^{\infty}\frac{x^{4n+1}}{4n+1}$ 在区间 $(-1,1)$ 内的和函数.

8. 求 $x\mathrm{d}y-y\mathrm{d}x=y^2\mathrm{e}^y\mathrm{d}y$,满足 $y(\mathrm{e})=1$ 的特解.

四、应用题

1. 设平面图形由曲线 $y=x^2$ 和 $y=1,x=2$ 围成,试求:(1)该平面图形的面积;

(2)该平面图形绕 x 轴旋转所生成的旋转体的体积.

2. 衣物漂洗的洗净度可用指标 $u=x_1x_2\cdots x_n$(其中 $x_1,x_2,\cdots,x_n$ 表示每次漂洗时的用水量)来衡量,u 值越大,洗净度越高,若用一桶水分三次漂洗衣物,则如何分配每次漂洗的用水量,才能使衣物洗得干净?

五、证明题

设 $z=\ln(\mathrm{e}^x+\mathrm{e}^y)$,求证:$\frac{\partial^2 z}{\partial x^2}\cdot\frac{\partial^2 z}{\partial y^2}=\left(\frac{\partial^2 z}{\partial x\partial y}\right)^2$.

模拟试题十三

一、填空题

(1) 设函数 $f\left(x+y,\dfrac{y}{x}\right)=x^2-y^2$，则 $f(x,y)=$ ________.

(2) $F(x)=\int_0^x tf(x^2-t^2)\mathrm{d}t$，其中 f 连续，则 $F'(x)=$ ________.

(3) $\int_1^{+\infty}\dfrac{1}{x(1+x^2)}\mathrm{d}x=$ ________.

(4) $\int_{-\frac{\pi}{2}}^{\frac{\pi}{2}}\left(x+\dfrac{\pi}{2}\right)\cos x\mathrm{d}x=$ ________.

(5) 若级数 $\sum\limits_{n=1}^{\infty}(1+u_n)$ 是收敛的，$\lim\limits_{n\to\infty}u_n=$ ________.

(6) 设 $f(x,y)=\begin{cases}\dfrac{xy}{\sqrt{x^2+y^2}}, & x^2+y^2\neq 0\\ 0, & x^2+y^2=0\end{cases}$，则 $f'_x(0,0)=$ ________.

(7) 若 $z=f(x,y)$，$y=2^{2x}$，则 $\dfrac{\mathrm{d}z}{\mathrm{d}x}=$ ________.

(8) 交换积分次序 $\int_0^1\mathrm{d}y\int_{\sqrt{y}}^{\sqrt{2-y^2}}f(x,y)\mathrm{d}x=$ ________.

(9) 将 $f(x)=\dfrac{1}{2+x}$ 展开为 x 的幂级数为________.

(10) 方程 $\dfrac{1}{y}\mathrm{d}x+\dfrac{1}{x}\mathrm{d}y=0$ 的通解为________.

二、单项选择题

(1) 下列广义积分收敛的是(　　).

(A) $\int_1^{+\infty}\dfrac{1}{x^2}\mathrm{d}x$；　　(B) $\int_0^1\dfrac{1}{x}\mathrm{d}x$；

(C) $\int_1^{+\infty}\dfrac{1}{x}\mathrm{d}x$；　　(D) $\int_0^{+\infty}\mathrm{e}^x\mathrm{d}x$.

(2) 若 $z=f(x,y)$ 具有二阶连续偏导数,且 $f''_{xy}(x,y)=k$(常数),$f'_y(x,y)=($　　$)$.

(A) $\frac{k^2}{2}$;　　(B) kx;　　(C) $kx+\varphi(x)$;　　(D) $kx+\varphi(y)$.

(3) 二元函数 $z=x^3-y^3+3x^2+3y^2-9x$ 的极小值点是(　　).

(A) $(1,0)$;　　(B) $(1,2)$;　　(C) $(-3,0)$;　　(D) $(-3,2)$.

(4) 若级数 $\sum_{n=1}^{\infty} a_n$ 收敛,则下列级数一定收敛的是(　　).

(A) $\sum_{n=1}^{\infty}(a_n+a_{n+1})$;　　(B) $\sum_{n=1}^{\infty} a_{2n}$;

(C) $\sum_{n=1}^{\infty}(a_n \cdot a_{n+1})$;　　(D) $\sum_{n=1}^{\infty}(-1)^n a_n$.

(5) 微分方程 $\frac{\mathrm{d}y}{\mathrm{d}x}+5y=0$ 的通解是(　　).

(A) $y=\mathrm{e}^{-5x}+C$;　　(B) $y=C\mathrm{e}^{-5x}$;

(C) $y=\mathrm{e}^{-5x}$;　　(D) $y=(Ce)^{-5x}$.

三、计算题

1. 求定积分 $\int_1^{\mathrm{e}} \sin(\ln x)\,\mathrm{d}x$.

2. 求定积分 $\int_0^4 x(x-1)(x-2)(x-3)(x-4)\,\mathrm{d}x$.

3. 设 $z=\mathrm{e}^{xy}\sin(x+y)$,求 $\frac{\partial z}{\partial x},\frac{\partial z}{\partial y}$.

4. 设 $z=f(x,y)$ 由方程 $xy+yz+xz=1$ 所确定,求 $\frac{\partial^2 z}{\partial y\partial x}$.

5. 求 $\iint\limits_D \sin\sqrt{x^2+y^2}\,\mathrm{d}\sigma$,其中 D 由 $y=x,y=0,x^2+y^2=\pi^2$ 及 $x^2+y^2=\frac{\pi^2}{4}$ 所围成的第一象限部分.

6. 求级数 $x+\frac{x^3}{3}+\frac{x^5}{5}+\cdots+\frac{x^{2n-1}}{2n-1}+\cdots$ 在 $(-1,1)$ 内的和函数.

7. 求方程 $y'=\frac{\mathrm{e}^{y^2}}{2xy\mathrm{e}^{y^2}+4y}$ 的通解,及在初始条件 $y(-1)=0$ 下的特解.

四、应用题

1. 由曲线 $y=\ln x$ 及过曲线上的点 $(\mathrm{e},1)$ 的切线和 x 轴围成图形,试求:(1)该平面图形的面积;(2)该平面图形绕 x 轴旋转所生成的旋转体的体积.

2. 某公司所属的甲、乙两个厂生产的同一种产品,月产量分别为 x 和 y(千件),甲厂的月生产成本是 $C_1=x^2-x+5$(千元),乙厂的月生产成本是 $C_2=y^2+2y+3$(千元),若要求该产品总产量为 8 千件,并使得总成本最小,求每个厂的最优月产量和相应最小成本.

五、证明题

设 $z=x^n f\left(\frac{y}{x^2}\right)$,其中 f 可微,求证:$x\frac{\partial z}{\partial x}+2y\frac{\partial z}{\partial y}=nz$.

模拟试题十四

一、填空题

(1) 设函数 $z=\dfrac{\sqrt{y-x}}{\ln(x^2+y^2-1)}$，则其定义域为________.

(2) $\dfrac{\mathrm{d}}{\mathrm{d}x}\displaystyle\int_a^{2x} f(t)\mathrm{d}t=$ ________.

(3) 若 $f(x)=\dfrac{1}{1+x^2}+\sqrt{1-x^2}\displaystyle\int_0^1 f(x)\mathrm{d}x$，则$\displaystyle\int_0^1 f(x)\mathrm{d}x=$ ________.

(4) $\displaystyle\int_0^{+\infty} x^3\mathrm{e}^{-x}\mathrm{d}x=$ ________.

(5) 设 (x_0,y_0) 是 $z=f(x,y)$ 的驻点，若 $z=f(x,y)$ 具有二阶连续偏导数，且 $f''_{xx}(x_0,y_0)=-1$，$f''_{xy}(x_0,y_0)=1$，$f''_{yy}(x_0,y_0)=a$，则当 a 满足________时，(x_0,y_0) 是 $z=f(x,y)$ 的最大值点.

(6) 若级数 $\displaystyle\sum_{n=1}^{\infty}u_n$ 的部分和 $S_n=\dfrac{2n}{n+1}$，则 $u_n=$ ________，$\displaystyle\sum_{n=1}^{\infty}u_n=$ ________.

(7) 若 $z=\ln\sqrt{x^2+y^2}$，则 $\mathrm{d}z=$________.

(8) 设 $z=\arctan\dfrac{x}{y}$，则 $\mathrm{d}z=$________.

(9) 设 D 是由 $y=\ln x$ 和 $y=1$，$y=4$，$x=0$ 围成，则$\displaystyle\iint_D \mathrm{d}\sigma=$ ________.

(10) 将 $f(x)=\dfrac{1}{x}$展开为 $x-2$ 的幂级数为________.

二、单项选择题

(1) 下列广义积分收敛的是(　　).

(A) $\displaystyle\int_{-\infty}^{+\infty}\frac{1}{1+x^2}\mathrm{d}x$；　　(B) $\displaystyle\int_1^{+\infty}\frac{1}{x}\mathrm{d}x$；

(C) $\displaystyle\int_1^{+\infty}\frac{1}{x-1}\mathrm{d}x$；　　(D) $\displaystyle\int_1^{+\infty}\mathrm{e}^{x-1}\mathrm{d}x$.

(2) $z=\dfrac{1}{\sqrt{\ln(x+y)}}$的定义域为(　　).

(A) $x+y>0$;　　(B) $\ln(x+y)\neq 0$;

(C) $x+y\neq 1$;　　(D) $x+y>1$.

(3) 设函数 $f(x)$在$[-a,a]$上是连续的,则$\int_{-a}^{a} f(x)\mathrm{d}x=$(　　).

(A) $2\int_{0}^{a} f(x)\mathrm{d}x$;　　(B) 0;

(C) $\int_{0}^{a}[f(x)+f(-x)]\mathrm{d}x$;　　(D) $\int_{0}^{a}[f(x)-f(-x)]\mathrm{d}x$.

(4) 若级数$\sum\limits_{n=1}^{\infty}(-1)^n\dfrac{1}{n^{p-2}}$收敛,则 p 的取值范围为(　　).

(A) $p\geqslant 1$;　　(B) $p\geqslant 2$;　　(C) $p>3$;　　(D) $p>2$.

(5) 微分方程 $x^2y\mathrm{d}x=(1-y^2+x^2-x^2y^2)\mathrm{d}y$ 是(　　)微分方程.

(A) 齐次;　　(B) 可分离变量;

(C) 一阶线性齐次;　　(D) 一阶线性非齐次.

三、计算题

1. 求$\int_{0}^{\frac{\pi}{2}}|\sin x-\cos x|\mathrm{d}x$.

2. 求$\int_{-2}^{-1}\dfrac{\sqrt{x^2-1}}{x}\mathrm{d}x$.

3. 求由方程 $\ln z-\ln x=yz$ 所确定的隐函数 $z=f(x,y)$的全微分 $\mathrm{d}z$.

4. 讨论级数$\sum\limits_{n=2}^{\infty}(-1)^n\dfrac{\ln n}{n}$的敛散性,若收敛是条件收敛还是绝对收敛.

5. 求级数$\sum\limits_{n=1}^{\infty}\dfrac{x^n}{n\cdot 4^n}$的收敛域.

6. 求$\iint\limits_{D}xy\mathrm{d}x\mathrm{d}y$,其中 $D=\{(x,y)\mid y\geqslant 0,x^2+y^2\leqslant 1,x^2+y^2\leqslant 2x\}$.

7. 求 $xy'+y=x\mathrm{e}^x$,满足 $y(1)=1$ 的特解.

四、应用题

1. 设平面图形由曲线 $y=2x-x^2$ 和 $y=0$ 围成,求该平面图形绕 y 轴旋转所生成的旋转体的体积.

2. 某公司在 A 城投入广告费 x(千元),则在 A 城的销售额可达$\dfrac{240x}{x+10}$(千元).若在 B 城投入广告费 y(千元),则在 B 城的销售额可达$\dfrac{400y}{y+13.5}$(千元),假定利润是销售额的$\dfrac{1}{3}$,而公司的广告预算是 16.5(千元),应如何分配广告费可使总利润最大?

五、证明题

已知 $f(x)=\int_{1}^{x}\dfrac{\ln(1+t)}{t}\mathrm{d}t$,试证:$f(x)+f\left(\dfrac{1}{x}\right)=\dfrac{1}{2}\ln^2 x$.

模拟试题十五

一、填空题

(1) 若$\int_0^{x^2} f(t)\mathrm{d}t=\ln(1+x^2)$,则 $f(x)=$ ________.

(2) $\int_0^{2\pi} |\sin x|\,\mathrm{d}x=$ ________.

(3) 若级数$\sum\limits_{n=1}^{\infty}\dfrac{(-1)^n}{n^{2p}}$是收敛的,则 p 满足________.

(4) $\sum\limits_{n=1}^{\infty}\dfrac{1}{(2n+1)(2n-1)}=$ ________.

(5) 设 $u=f(x-y,y-z,z-x)$,其中 f 可微,则$\dfrac{\partial u}{\partial x}+\dfrac{\partial u}{\partial y}+\dfrac{\partial u}{\partial z}=$ ________.

(6) 若积分区域 D 是由 $y=x,y=0,x^2+y^2=4$ 及 $x^2+y^2=1$ 所围成的第一象限部分,则$\iint\limits_D \arctan\dfrac{y}{x}\mathrm{d}\sigma=$ ________.

(7) 设 $z=\dfrac{y}{x}$,当 $x=2,y=1,\Delta x=0.1,\Delta y=0.2$ 时,$\mathrm{d}z=$________.

(8) 变换二次积分 $I=\int_0^1\mathrm{d}x\int_0^{x^2}f(x,y)\mathrm{d}y+\int_1^2\mathrm{d}x\int_0^{2-x}f(x,y)\mathrm{d}y$ 的积分次序后 $I=$________.

(9) 将 $f(x)=\dfrac{\mathrm{e}^x-\mathrm{e}^{-x}}{2}$展开为 x 的幂级数为________.

(10) 函数 $z=x^3+y^3-3xy$ 的极小值为________.

二、单项选择题

(1) 下列等式成立的是(　　).

(A) $\int f'(x)\mathrm{d}x=f(x)$;

(B) $\dfrac{\mathrm{d}}{\mathrm{d}x}\int f(x)\mathrm{d}x=f(x)+C$;

(C) $\dfrac{\mathrm{d}}{\mathrm{d}x}\int_a^b f(x)\mathrm{d}x=f(x)$;

(D) $\dfrac{\mathrm{d}}{\mathrm{d}x}\int_a^b f(x)\mathrm{d}x=0$.

(2) $\int_0^{+\infty} x^4 e^{-x} dx =$ (　　).

(A) 5;　　(B) 12;　　(C) 4;　　(D) 24.

(3) 设 $z=\ln\left(xy+\frac{x}{y}\right)$,则$\frac{\partial^2 z}{\partial x \partial y}=$ (　　).

(A) 0;　　(B) 1;　　(C) $\frac{1}{x}$;　　(D) $\frac{y}{y^2+1}$.

(4) $\lim\limits_{n\to\infty} u_n=1$ 是级数$\sum\limits_{n=1}^{\infty}(1-u_n)$收敛的(　　).

(A) 必要条件;　　(B) 充分条件;

(C) 充要条件;　　(D) 无关条件.

(5) R 为幂级数 $\sum\limits_{n=1}^{\infty} a_n x^n$ 的收敛半径的充要条件是(　　).

(A) 当 $|x|<R$ 时,$\sum\limits_{n=1}^{\infty} a_n x^n$ 收敛;且当 $|x|\geqslant R$ 时,$\sum\limits_{n=1}^{\infty} a_n x^n$ 发散.

(B) 当 $|x|\leqslant R$ 时,$\sum\limits_{n=1}^{\infty} a_n x^n$ 收敛;且当 $|x|>R$ 时,$\sum\limits_{n=1}^{\infty} a_n x^n$ 发散.

(C) 当 $|x|<R$ 时,$\sum\limits_{n=1}^{\infty} a_n x^n$ 收敛;且当 $|x|>R$ 时,$\sum\limits_{n=1}^{\infty} a_n x^n$ 发散.

(D) 当 $|x|<R$ 时,$\sum\limits_{n=1}^{\infty} a_n x^n$ 收敛.

三、计算题

1. $\int_0^{\frac{1}{\sqrt{2}}} (1-x^2)^{-\frac{3}{2}} dx$.

2. 设 $z=f(x,y)$由方程 $xy+e^{xz}=1+z\ln y$ 所确定,求 dz.

3. 计算二重积分$\iint\limits_D \frac{\sin x}{x} d\sigma$,其中 D 是由 $y=x, y=\frac{x}{2}$ 及 $x=2$ 所围成的区域.

4. 计算二重积分$\iint\limits_D e^{-(x^2+y^2)} dx dy$,其中 $D=\{(x,y) \mid x^2+y^2<R^2\}$.

5. 讨论级数$\sum\limits_{n=2}^{\infty} \frac{n\cos(n\pi)}{\sqrt{n^3-2n+1}}$ 的敛散性,若收敛,指出是条件收敛还是绝对收敛.

6. 求级数$\frac{x}{1\cdot 3}+\frac{x^2}{2\cdot 3^2}+\frac{x^3}{3\cdot 3^3}+\cdots+\frac{x^n}{n\cdot 3^n}+\cdots$的收敛域.

7. 设连续函数 $f(x)$ 满足方程 $f(x)=\int_0^x f(t)dt+e^x$,求 $f(x)$.

四、应用题

1. 设平面图形由曲线 $y=\frac{3}{x}$和 $x+y=4$ 围成,求:

(1) 该平面图形的面积;

(2) 该平面图形绕 x 轴旋转所生成的旋转体的体积.

2. 某工厂生产 A、B 两种产品,产品 A 每公斤可获利 0.6 元,产品 B 每公斤可获利

0.4 元，制 x 公斤的 A 种产品和 y 公斤 B 种产品的成本函数为 $C(x,y)=10\,000+x+\frac{x^2}{6000}+y$，而该厂每月的制造预算是 20 000(元)，如何分配两种产品的产量可使月利润最大？

五、证明题

已知 $a_n>0$ 且 $\lim\limits_{n\to\infty}na_n=A$，试证：若 $\sum\limits_{n=1}^{\infty}a_n$ 收敛，则 $A=0$.

模拟试题十六

一、填空题

(1) $\lim\limits_{x\to 0}\dfrac{\int_0^x t\sin 2t\mathrm{d}t}{x^3}=$ ________.

(2) 若$\int_0^1\dfrac{kx}{(1+x^2)^2}\mathrm{d}x=1$,则 $k=$ ________.

(3) 设二元函数 $f(x,y)$ 在有界闭区域上连续, $z=x^2y+\iint\limits_D f(x,y)\mathrm{d}\sigma$, 则 $\dfrac{\partial z}{\partial y}=$ ________.

(4) 将极限$\lim\limits_{x\to 0}\dfrac{1}{n}\left(\sqrt{\dfrac{1}{n}}+\sqrt{\dfrac{2}{n}}+\cdots+\sqrt{\dfrac{n}{n}}\right)$表示为定积分的形式为________.

(5) 已知函数 $z=f(x,y)$可微,且 $\mathrm{d}z=x\mathrm{d}x+y\mathrm{d}y$,则 $z=f(x,y)$在点________处取得________值(填写极大或极小).

(6) 若级数$\sum\limits_{n=1}^{\infty}u_n$ 的前 n 项部分和 $S_n=\dfrac{2n}{n+1}$,则级数的通项 $u_n=$ ________,其和 $S=$ ________.

(7) 函数项级数$\sum\limits_{n=1}^{\infty}\dfrac{n+1}{x^n}$ 的收敛区间为________.

(8) 变换二次积分 $I=\int_1^{\mathrm{e}}\mathrm{d}x\int_0^{\ln x}f(x,y)\mathrm{d}y$ 的积分次序后 $I=$ ________.

(9) 将 $f(x)=\dfrac{1}{x}$展开为 $x-1$ 的幂级数为________.

*(10) 方程 $4y''+8y'+3y=0$ 的通解为________.

二、单项选择题

(1) 下列广义积分收敛的是(　　).

(A) $\int_{\mathrm{e}}^{+\infty}\dfrac{\ln x}{x}\mathrm{d}x$;　　　　(B) $\int_{\mathrm{e}}^{+\infty}\dfrac{1}{x\ln x}\mathrm{d}x$;

(C) $\int_{e}^{+\infty}\frac{1}{x\ln^2 x}dx$； (D) $\int_{e}^{+\infty}\frac{1}{x\sqrt{\ln x}}dx$.

(2) 下列级数中条件收敛的是(　　).

(A) $\sum_{n=1}^{\infty}\frac{(-1)^{n-1}}{n^3}$； (B) $\sum_{n=1}^{\infty}\frac{(-1)^{n-1}}{3^n}$；

(C) $\sum_{n=1}^{\infty}\frac{(-1)^{n-1}}{\sqrt[3]{n^2}}$； (D) $\sum_{n=1}^{\infty}\frac{(-1)^{n-1}n}{n+1}$.

(3) 函数 $z=x^2+xy+y^2-3x-6y$ 的极小值是(　　).

(A) 0； (B) -3； (C) -8； (D) -9.

(4) 设函数 $z=f(xy,x-y)$，其中 f 可微，则 $\frac{\partial z}{\partial x}+\frac{\partial z}{\partial y}=$(　　).

(A) $\frac{\partial f}{\partial x}+\frac{\partial f}{\partial y}$； (B) $\frac{\partial f}{\partial(xy)}+\frac{\partial f}{\partial(x-y)}$；

(C) $(x+y)\frac{\partial f}{\partial(xy)}$； (D) 0.

** (5) 设函数 $f(x,y)=\begin{cases}xy\sin\frac{1}{x^2+y^2}, & x^2+y^2\neq 0\\ 0, & x^2+y^2=0\end{cases}$，则 $f(x,y)$ 在 $(0,0)$ 点处(　　).

(A) 极限不存在； (B) 极限存在但不连续；

(C) 连续但不可微； (D) 可微.

三、计算题

1. 求 $\int_{0}^{1}\frac{\arcsin\sqrt{x}}{\sqrt{x(1-x)}}dx$.

2. 求 $\int_{0}^{\frac{\pi}{2}}e^{\frac{x}{\pi}}\sin x dx$.

3. 设 $x^z=z^y$ 确定隐函数 $z=f(x,y)$，求 dz.

4. 设 $z=f(u,v)$，$u=x+y$，$v=xy$，$f(u,v)$ 具有连续的二阶偏导数，求 $\frac{\partial^2 z}{\partial x^2}$.

5. 计算二重积分 $\iint_D\sqrt{1-x^2-y^2}\,d\sigma$，其中 $D=\{(x,y)\mid x^2+y^2<1\}$.

6. 计算二重积分 $\iint_D(1+x+y)dxdy$，其中 $D=\{(x,y)\mid 0<x<1,\ 0<y<2\}$.

7. 判断级数 $\sum_{n=1}^{\infty}(-1)^n\left(1-\cos\frac{1}{\sqrt{n}}\right)$ 的敛散性，若收敛，指出是条件收敛还是绝对收敛.

8. 求方程 $y'+y=e^{-x}$ 的通解.

四、应用题

1. 设平面图形是由曲线 $y=\cos x$ 和直线 $x=0$，$x=\pi$，$y=0$ 所围成的平面区域，求此图形绕 x 轴旋转所生成的旋转体的体积.

2. 设某产品的产量是劳动力 x 和原料 y 的函数 $f(x,y)=2x^m y^n$，其中 $m+n=1$，$m>0,n>0$，若劳动力单位成本为 p，原料单位成本为 q，则在产量为 12 单位时，如何安排劳动力和原料，可使成本最小？

五、证明题

设 $\sum\limits_{n=1}^{\infty} u_n^2$ 和 $\sum\limits_{n=1}^{\infty} v_n^2$ 均收敛，求证 $\sum\limits_{n=1}^{\infty} u_n v_n$ 绝对收敛.

模拟试题十七

一、填空题

(1) 设 $f(x)=\int_0^x xe^{t^2}\,dt$,则 $f'(x)=$ ________.

(2) $\int_{-1}^{1}(x+\sqrt{1-x^2})^2\,dx=$ ________.

(3) 若$\int_1^{+\infty}x^{2\alpha+1}\,dx$ 收敛,则 α 的取值范围是________.

(4) 若级数 $\sum_{n=1}^{\infty}u_n$ 收敛且 $u_n\neq 0$,则 $\sum_{n=1}^{\infty}\frac{1}{u_n}$ 的敛散性为________.

(5) 设 D 为 $|x|+|y|\leqslant 1$ 所确定的区域,则$\iint_D x^2y\,dx\,dy=$ ________.

(6) 若 $u=\ln(x^3+y^3+z^3-3xyz)$,则$\frac{\partial u}{\partial x}+\frac{\partial u}{\partial y}+\frac{\partial u}{\partial z}=$ ________.

(7) 级数$\sum_{n=0}^{\infty}(-1)^n\frac{1}{2^n\cdot n!}=$ ________.

(8) 将 $f(x)=\cos\sqrt{2x}$展开为 x 的幂级数为________.

(9) 变换二次积分 $I=\int_0^a dx\int_0^x f(x,y)\,dy$ 的积分次序后 $I=$ ________.

*(10) 方程 $y''+y=0$ 的通解为________.

二、单项选择题

(1) 下列广义积分发散的是(　　).

(A) $\int_{-\infty}^{+\infty}\cos x\,dx$;

(B) $\int_1^{+\infty}\frac{1}{x^2}\,dx$;

(C) $\int_0^2\frac{1}{\sqrt{2-x}}\,dx$;

(D) $\int_0^{+\infty}e^{-x}\,dx$.

(2) 要使 $f(x,y)=\frac{2-\sqrt{xy+4}}{xy}$在(0,0)点连续,则应定义 $f(0,0)=$ (　　).

(A) 0;　　(B) 4;　　(C) $\frac{1}{4}$;　　(D) $-\frac{1}{4}$.

(3) 级数$\sum_{n=1}^{\infty}(-1)^n(\sqrt{n+1}-\sqrt{n})$的敛散性是(　　).

(A) 条件收敛；　　(B) 绝对收敛；

(C) 发散；　　(D) 敛散性不确定.

(4) 设 $dz=\frac{dx}{x}+\frac{dy}{y}$,则$\frac{\partial^2 z}{\partial x\partial y}=$ (　　).

(A) $\frac{1}{x^2}$；　　(B) $-\frac{1}{x^2}$；　　(C) $\ln x$；　　(D) 0.

(5) 改变积分次序：$\int_0^1 dy\int_{y^2-1}^{1-y}f(x,y)dx=$ (　　).

(A) $\int_{-1}^{1}dx\int_{-\sqrt{1+x}}^{\sqrt{1+x}}f(x,y)dy$；

(B) $\int_{-1}^{0}dx\int_{0}^{\sqrt{1+x}}f(x,y)dy+\int_0^1 dx\int_0^{1-x}f(x,y)dy$；

(C) $\int_{0}^{1}dx\int_{-\sqrt{1+x}}^{1+x}f(x,y)dy$；

(D) $\int_{-1}^{1}dx\int_{\sqrt{1+x}}^{1+x}f(x,y)dy$.

三、计算题

1. 设函数 $f(x)=\begin{cases}xe^{x^2}, & x<1\\ x\ln x, & x\geqslant 1\end{cases}$,求$\int_1^4 f(x-2)dx$.

2. 求由曲线 $y=(x-2)^2+1$、直线 $y=2x$ 及 $y=8-2x$ 所围成的最小区域的图形的面积.

3. $z=\left(\frac{x}{y}\right)\varphi(u)$,而 $u=-3x+2y$,且 $\varphi(u)$二阶可微,求$\frac{\partial^2 z}{\partial x^2},\frac{\partial^2 z}{\partial x\partial y}$.

4. 讨论级数$\sum_{n=1}^{\infty}\frac{(n!)^2}{(2n)!}$的敛散性.

5. 计算二重积分$\iint_D xe^{xy}d\sigma$,其中 $D=\{(x,y)\mid 0<x<1,\ 0<y<1\}$.

6. 计算二重积分$\iint_D \ln(1+x^2+y^2)d\sigma$, 其中 $D=\{(x,y)\mid x^2+y^2<1,x>0,y>0\}$.

7. 求级数$\sum_{n=1}^{\infty}nx^{n-1}$ 的和函数.

8. 将 $f(x)=\frac{x}{x^2-x-2}$展开成 x 的幂级数.

四、应用题

1. 在曲线 $y=x^2(x\geqslant 0)$上某点 A 处作一切线,使之与曲线以及 x 轴所围成的图形面积为$\frac{1}{12}$,试求：

(1) 该切点的坐标；

(2) 过切点 A 的切线方程；

(3) 该图形绕 x 轴旋转所生成的旋转体的体积.

2. 设两种产品的需求量分别为 x,y,相应的价格分别为 p,q,已知 $x=1-p+2q$,$y=11+p-3q$,而两种产品的总成本为 $C(x,y)=4x+y$,试求两种产品获得最大利润时的需求量与相应的价格.

五、证明题

设 $z=f(u)$,$u=x^2+y^2$,其中 f 可微,求证:$x\dfrac{\partial z}{\partial x}+y\dfrac{\partial z}{\partial y}=2uf'(u)$.

模拟试题十八

一、填空题

(1) $\lim\limits_{x\to 0}\dfrac{\int_0^{2x}\arcsin t\mathrm{d}t}{x^2}=$ ________.

(2) 由曲线 $y=x\mathrm{e}^x$ 与直线 $y=\mathrm{e}x$ 所围成的区域图形的面积 $S=$ ________.

(3) 已知 $\lim\limits_{n\to\infty}nu_n=2$，则级数 $\sum\limits_{n=1}^{\infty}u_n$ 的敛散性是________.

(4) 级数 $\sum\limits_{n=1}^{\infty}\dfrac{1}{n(n+1)}$ 的前 n 项部分和 $S_n=$ ________，级数的和 $S=$ ________.

(5) 当 p 满足________时，级数 $\sum\limits_{n=1}^{\infty}a_0\left(\dfrac{1}{p}\right)^n(a_0\neq 0)$ 绝对收敛.

(6) 若 $z=\dfrac{y}{x}+u,u=\varphi(y)$，则 $\dfrac{\partial z}{\partial x}=$ ________.

(7) 若 $z=f(x-y,y-x)$，其中 f 可微，则 $\dfrac{\partial z}{\partial x}+\dfrac{\partial z}{\partial y}=$ ________.

(8) 变换二次积分 $I=\int_{\frac{1}{2}}^{1}\mathrm{d}y\int_{\frac{1}{y}}^{2}f(x,y)\mathrm{d}x+\int_{1}^{2}\mathrm{d}y\int_{y}^{2}f(x,y)\mathrm{d}x$ 的积分次序后，$I=$ ________.

(9) 若平面区域 D 是以 $A(0,1),B(2,1),C(2,0)$ 为顶点的三角形区域，则 $\iint\limits_{D}\mathrm{d}x\mathrm{d}y=$ ________.

(10) 方程 $2xy\mathrm{d}x-(1+x^2)\mathrm{d}y=0$ 的满足 $y(0)=1$ 的特解为________.

二、单项选择题

(1) $\int_a^b f'(2x)\mathrm{d}x=$ (　　).

(A) $f(b)-f(a)$；　　(B) $f(2b)-f(2a)$；

(C) $\dfrac{1}{2}[f(2b)-f(2a)]$；　　(D) $2[f(2b)-f(2a)]$.

(2) 设 $f(x)$ 连续，$F(x)=\int_{x^2}^{\ln x} f(t)\mathrm{d}t$，则 $F'(1)=($　　$)$.

(A) $f(0)-2f(1)$；　(B) $f(0)-f(1)$；

(C) $f(0)+2f(1)$；　(D) $f(0)+f(1)$.

(3) 级数 $\sum\limits_{n=1}^{\infty} u_n$ 收敛是 $\lim\limits_{n\to\infty} u_n=0$ 的(　　)条件.

(A) 必要；　(B) 充分；　(C) 充要；　(D) 无关.

(4) 若级数 $\sum\limits_{n=1}^{\infty} a_n^2$ 收敛，则级数 $\sum\limits_{n=1}^{\infty}(-1)^n\dfrac{a_n}{n}$(　　).

(A) 条件收敛；　(B) 绝对收敛；

(C) 发散；　(D) 敛散性不确定.

*(5) 微分方程 $y''+y'=\mathrm{e}^{-x}$ 在初始条件 $y(0)=1, y'(0)=-1$ 下的特解是(　　).

(A) $y=C_1-C_2x\mathrm{e}^{-x}$；　(B) $y=-x\mathrm{e}^{-x}$；

(C) $y=1-2x\mathrm{e}^{-x}$；　(D) $y=1-x\mathrm{e}^{-x}$.

三、计算题

1. 计算 $\int_0^1 \ln(\sqrt{x}+1)\mathrm{d}x$.

2. $z=f(u,x,y)$，$u=x\mathrm{e}^y$，其中 f 具有二阶连续偏导数，求 $\dfrac{\partial^2 z}{\partial x\partial y}$.

3. 已知函数 $z=f(x,y)$ 由方程 $F(x,xy,x+xy+z)=0$ 所确定，求 $\mathrm{d}z$.

4. 计算二重积分 $\iint\limits_D \mathrm{e}^{x+y}\mathrm{d}\sigma$，其中 $D=\{(x,y)\mid 0<x<1,\ 1<y<3\}$.

5. 求 $\iint\limits_D \dfrac{1}{\sqrt{4a^2-x^2-y^2}}\mathrm{d}\sigma$，其中 D 为由 $y=-a+\sqrt{a^2-x^2}\ (a>0)$ 和直线 $y=-x$ 所围成的小块区域.

6. 求级数 $\sum\limits_{n=1}^{\infty}\dfrac{(x-5)^n}{\sqrt{n}}$ 的收敛域.

7. 求方程 $y''-4y'+4y=\mathrm{e}^{2x}$ 的通解.

四、应用题

1. 由圆 $(x-b)^2+y^2=a^2\ (b>a>0)$ 绕 y 轴旋转一周所生成的旋转体是一个形如救生圈的立体，试计算它的体积.

2. 某工厂生产两种产品，产量分别为 x, y，价格分别为 p, q，总成本 $c(x,y)=x^2+y^2+4xy-10x+10y+500$，需求函数分别为 $x=70-0.25p$，$y=120-0.5q$，且产品需求受 $x+2y=50$ 限制，求工厂获得最大利润的产量与单价.

五、证明题

设 $f(x), g(x)$ 在 $[-a,a]$ 上连续，$g(x)$ 为偶函数，且 $f(x)+f(-x)=A$(常数)，(1)求 $\int_{-a}^{a} f(x)g(x)\mathrm{d}x=A\int_0^a g(x)\mathrm{d}x$；(2) 利用(1) 计算 $\int_{-\frac{\pi}{2}}^{\frac{\pi}{2}} |\sin x|\arctan\mathrm{e}^x\mathrm{d}x$.

模拟试题十九

一、填空题

(1) 若 $f(x-y,x+y)=x^2+y^2$，则 $f(1,2)=$________.

(2) $\lim\limits_{x\to 0}\dfrac{\int_0^x(1-\cos t)\mathrm{d}t}{x^3}=$ ________.

(3) $\int_{-\frac{\pi}{2}}^{\frac{\pi}{2}}(x+|x|)\cos x\mathrm{d}x=$ ________.

(4) 若级数 $\sum\limits_{n=1}^{\infty}\dfrac{(-1)^{n-1}}{\sqrt[p]{n}}$ 绝对收敛，则 p 的取值范围为________.

(5) 变换二次积分 $I=\int_0^1\mathrm{d}x\int_x^{\sqrt{x}}f(x,y)\mathrm{d}y$ 的积分次序后 $I=$ ________.

(6) 幂级数 $\sum\limits_{n=1}^{\infty}(-1)^n\dfrac{1}{n^2}x^n$ 的收敛区间为________.

(7) $\int_0^1\mathrm{d}y\int_0^1\mathrm{e}^{x+y}\mathrm{d}x=$ ________.

(8) 若 $D=\{(x,y)\mid 2x\leqslant x^2+y^2\leqslant 4\}$，则 $\iint\limits_D\mathrm{d}x\mathrm{d}y=$ ________.

(9) 将 $f(x)=a^x(a>0,a\neq 1)$ 展开为 x 的幂级数为________.

(10) 方程 $y'+ay=b(a,b$ 为常数，且 $a\neq 0)$ 的通解为________.

二、单项选择题

(1) $\int_{-1}^1\dfrac{1}{x^3}\mathrm{d}x=$ (　　).

(A) 0；　　(B) $\dfrac{1}{4}$；　　(C) $\dfrac{1}{2}$；　　(D) 不存在.

(2) 设函数 $f(x)=\int_0^x(t-1)\mathrm{e}^t\mathrm{d}t$，则 $f(x)$ 有(　　).

(A) 极小值 $2-\mathrm{e}$；　　(B) 极小值 $2-\mathrm{e}^{-1}$；

(C) 极大值 $2-\mathrm{e}$；　　(D) 极大值 $2-\mathrm{e}^{-1}$.

(3) 若 $z=y^x$，则在点(　　)处有 $\dfrac{\partial z}{\partial x}=\dfrac{\partial z}{\partial y}$.

(A) (1,1)；　　(B) (e,1)；　　(C) (1,e)；　　(D) (e,e).

(4) 下列级数收敛的是(　　).

(A) $\sum\limits_{n=1}^{\infty}\dfrac{1}{n}$；　　(B) $\sum\limits_{n=1}^{\infty}\dfrac{1}{\sqrt{n}}$；

(C) $\sum\limits_{n=1}^{\infty}(-1)^{n-1}\left(\dfrac{1}{n}+\dfrac{1}{\sqrt{n}}\right)$；　　(D) $\sum\limits_{n=1}^{\infty}\left[\dfrac{(-1)^{n-1}}{n}+\dfrac{1}{\sqrt{n}}\right]$.

(5) 若 $f(x)=1+2\int_0^x f(t)\mathrm{d}t$，则 $f(x)=$ ________.

(A) e^{2x}；　　(B) $\mathrm{e}^{2x}+C$；　　(C) $\mathrm{e}^{2x}+1$；　　(D) e^{x}.

三、计算题

1. 计算 $\int_0^{\ln 5}\dfrac{\mathrm{e}^x\sqrt{\mathrm{e}^x-1}}{\mathrm{e}^x+3}\mathrm{d}x$.

2. 已知 $2x\int_0^1 f(x)\mathrm{d}x+f(x)=\ln(1+x^2)$，求 $\int_0^1 f(x)\mathrm{d}x$.

3. 设 $z=x^2+y^2$，其中 $y=y(x)$ 是由方程 $x^2-xy+y^2=1$ 所确定的隐函数，求 $\left.\dfrac{\mathrm{d}z}{\mathrm{d}x}\right|_{\substack{x=1\\y=0}}$.

4. 设 $z=x^3\cdot f\left(xy,\dfrac{y}{x}\right)$，其中 f 具有二阶连续偏导数，试求 $\dfrac{\partial z}{\partial y},\dfrac{\partial^2 z}{\partial y^2},\dfrac{\partial^2 z}{\partial x\partial y}$.

5. 求级数 $\sum\limits_{n=1}^{\infty}(-1)^n\dfrac{n}{2^n}$ 的和.

6. 计算二重积分 $\iint\limits_D (x^2-y^2)\mathrm{d}\sigma$，其中 $D=\{(x,y)\mid 0<x<\pi,\quad 0<y<\sin x\}$.

7. 设可微函数 $f(x)$ 满足关系式 $f(x)-1=\int_0^x[2f(t)-1]\mathrm{d}t$，求 $f(0)$ 与 $f(x)$.

四、应用题

1. 设平面图形由曲线 $y=x^2$ 和 $y=1$，$y=4$ 及 $x=0$ 围成，试求：(1)该平面图形的面积；(2)该平面图形绕 y 轴旋转所生成的旋转体的体积.

2. 某工厂生产一种产品同时在两个商店销售，销售量分别为 Q_1，Q_2，售价分别为 P_1，P_2，需求函数分别为 $Q_1=24-0.2P_1$，$Q_2=10-0.05P_2$，总成本函数为 $C=40(Q_1+Q_2)$，工厂如何确定两个产品的价格才能获得最大利润？最大利润是多少？

五、证明题

若 $\int_0^1 f(tx)\mathrm{d}x=\sin t, t\neq 0$，求证：$f(x)=\sin x+x\cos x$.

模拟试题二十

一、填空题

(1) $z=\sqrt{1-\sqrt{(x-y)^2}}$ 的定义域是________.

(2) $\lim\limits_{x\to 0}\dfrac{\int_0^{x^2}(1-\cos\sqrt{t})\mathrm{d}t}{x^4}=$ ________.

(3) $\int_0^{+\infty}x\mathrm{e}^{-x}\mathrm{d}x=$ ________.

(4) $\int_{-\frac{\pi}{2}}^{\frac{\pi}{2}}(x^3\mathrm{e}^{x^2}+\cos x)\mathrm{d}x=$ ________.

(5) 级数 $\sum\limits_{n=1}^{\infty}\dfrac{(-1)^n}{n^{2p}}$,当 p 满足________时,级数绝对收敛;当 p 满足________时,级数条件收敛.

(6) 幂级数 $\sum\limits_{n=1}^{\infty}\dfrac{2^n}{n+2^n}x^n$ 的收敛区域为________.

(7) 幂级数 $\sum\limits_{n=1}^{\infty}\dfrac{(-1)^n}{n\cdot 2^n}x^n$ 的和函数为________.

(8) 若 $z=\sqrt{u+2v}$,$u=xy$,$v=\dfrac{x}{y}$,则$\left.\dfrac{\partial z}{\partial y}\right|_{(2,1)}=$________.

(9) 变换二次积分 $I=\int_a^b\mathrm{d}x\int_a^x f(x,y)\mathrm{d}y$ 的积分次序后 $I=$ ________.

*(10) 方程 $2y''-6y'+5y=0$ 的通解为________.

二、单项选择题

(1) 若$\int_0^x f(t)\mathrm{d}t=\dfrac{x^2}{2}$,则$\int_0^4\dfrac{1}{\sqrt{x}}f(\sqrt{x})\mathrm{d}x=$ (　　).

(A) 16;　　(B) 8;　　(C) 4;　　(D) 2.

(2) 函数 $z=f(x,y)=\dfrac{xy}{x^2+y^2}$,则下列结论不正确的是(　　).

(A) $f\left(1,\dfrac{y}{x}\right)=\dfrac{xy}{x^2+y^2}$;　　(B) $f\left(1,\dfrac{x}{y}\right)=\dfrac{xy}{x^2+y^2}$;

(C) $f\left(\frac{1}{x},\frac{1}{y}\right)=\frac{xy}{x^2+y^2}$； (D) $f(x+y,x-y)=\frac{xy}{x^2+y^2}$.

(3) 函数 $z=x^3-4x^2+2xy-y^2$ 的极大值点是(　　).

(A) $(0,0)$； (B) $(2,2)$； (C) $(2,0)$； (D) $(0,2)$.

(4) 幂级数 $\sum_{n=1}^{\infty}\frac{1}{\ln(1+n)}x^n$ 的收敛区间是(　　).

(A) $(-1,1)$； (B) $(-1,1]$； (C) $[-1,1)$； (D) $[-1,1]$.

*(5) 设 y_1,y_2 是二阶微分方程 $y''+p(x)y'+q(x)y=0$ 的两个解，则 $y=C_1y_1+C_2y_2$（C_1,C_2 为两个任意常数）必是该方程的(　　).

(A) 解； (B) 特解； (C) 通解； (D) 全部解.

三、计算题

1. 求 $\int_{-1}^{1}\frac{|x|+x}{1+x^2}\mathrm{d}x$.

2. 设 $f(2x+1)=xe^x$，试求定积分 $\int_3^5 f(t)\mathrm{d}t$.

3. 求 $\int_0^1\mathrm{d}x\int_{x^2}^1 xe^{y^2}\mathrm{d}y$.

4. 设 $z=f(x,y)$ 由方程 $e^{xyz}+z+\sin y-\ln x=0$ 所确定，求 $\frac{\partial z}{\partial x},\frac{\partial z}{\partial y}$.

5. 求 $\sum_{n=1}^{\infty}\frac{(-5)^n}{n}x^n$ 的和函数，并求 $\sum_{n=2}^{\infty}\frac{(-1)^n}{n\cdot 3^n}$ 的和.

6. 计算二重积分 $I=\iint_D\frac{y}{\sqrt{x^2+y^2}}\mathrm{d}\sigma$，其中 D 是由 $x^2+y^2\leqslant 2y$ 所围成的区域.

7. 求微分方程 $x\mathrm{d}y+(y-3)\mathrm{d}x=0$ 的满足初始条件 $y(1)=0$ 的特解.

四、应用题

1. 设平面图形是由曲线 $y=\ln x$ 和直线 $x=e,y=0$ 围成，求：

(1) 该平面图形的面积；

(2) 该平面此图形绕 x 轴旋转所生成的旋转体的体积；

(3) 该平面此图形绕 y 轴旋转所生成的旋转体的体积.

2. 设有甲、乙两种商品，其单价分别为 p,q，某消费者消费 x 单位甲商品和 y 单位乙商品所获得的效用为 $u(x,y)=\alpha\ln x+(1-\alpha)\ln y,0<\alpha<1$，其中 α 为一个常数，求该消费者在两种商品的预算消费支出为 m 元时所获得的最大效用，以及各商品的消费数量.

五、证明题

设函数 $f(x)$ 在 $[a,b]$ 时连续，在 (a,b) 内可导，$f'(x)\leqslant 0$，$F(x)=\frac{1}{x-a}\int_a^x f(t)\mathrm{d}t$，求证：在 (a,b) 内，$F'(x)\leqslant 0$.

模拟试题详解

模拟试题一详解

一、填空题

(1) $(-2,-1]\cup[1,+\infty)$； (2) $\frac{1}{3}$； (3) -1； (4) $x=1$； (5) $-2015!$；

(6) $n!+(-1)^n e^{-x}$； (7) $2x\sin x\mathrm{d}x$； (8) $\frac{\pi}{2}$； (9) 0； (10) $\frac{1}{2}x^2+x+C$.

二、单项选择题

(1) D. (2) A.

(3) B.

提示 令 $t=1-x$，则 $\lim\limits_{x\to1}\frac{f(2-x)-f(1)}{x-1}=\lim\limits_{t\to0}\frac{f(1+t)-f(1)}{-t}=-f'(1)$.

(4) B. (5) A.

三、计算题

1. 原式 $=\lim\limits_{x\to0}\frac{\tan x-x}{x^2\tan x}=\lim\limits_{x\to0}\frac{\tan x-x}{x^3}=\lim\limits_{x\to0}\frac{\sec^2x-1}{3x^2}=\lim\limits_{x\to0}\frac{\tan^2x}{3x^2}=\frac{1}{3}$.

2. 由题意，$f(x)=\left(1-\frac{3}{x+2}\right)^{x+2}$，因此

$$\lim_{x\to\infty}f(x)=\lim_{x\to\infty}\left(1-\frac{3}{x+2}\right)^{x+2}=\lim_{x\to\infty}\left(1-\frac{3}{x+2}\right)^{\frac{x+2}{-3}\cdot(-3)}=e^{-3}.$$

3. $y'=\frac{1}{2}\sqrt{9-x^2}+\frac{x}{2}\cdot\frac{-2x}{2\sqrt{9-x^2}}+\frac{9}{2}\cdot\frac{1}{\sqrt{1-\frac{x^2}{9}}}\cdot\frac{1}{3}=\sqrt{9-x^2}$.

4. (1) 当 $x<0$ 时，$f'(x)=\frac{2x^2\sin x^2+\cos x^2-1}{x^2}$；

当 $x>0$ 时，$f'(x)=2x\sin\frac{1}{x}-\cos\frac{1}{x}$；

当 $x=0$ 时，根据左、右导数的定义，有

$$f'_-(0)=\lim_{x\to0^-}\frac{f(x)-f(0)}{x}=\lim_{x\to0^-}\frac{\frac{1-\cos x^2}{x}-0}{x}=\lim_{x\to0^-}\frac{1-\cos x^2}{x^2}=\lim_{x\to0^-}\frac{\frac{1}{2}x^4}{x^2}=0,$$

$$f'_+(0)=\lim_{x\to0^+}\frac{f(x)-f(0)}{x}=\lim_{x\to0^+}\frac{x^2\sin\frac{1}{x}-0}{x}=\lim_{x\to0^+}x\sin\frac{1}{x}=0,$$

所以 $f'(0)=0$. 综上可得

$$f'(x)=\begin{cases}2x\sin\frac{1}{x}-\cos\frac{1}{x}, & x>0\\ 0, & x=0\\ \frac{2x^2\sin x^2+\cos x^2-1}{x^2}, & x<0\end{cases}.$$

(2) 又因为当 $x=0$ 时，$y=0$，所以曲线在 $x=0$ 处的切线方程为 $y=0$.

5. 由拉格朗日中值定理得，$\exists\xi\in(x,x+a)$，使得 $f(x+a)-f(x)=f'(\xi)a$，且当 $x\to+\infty$ 时，$\xi\to+\infty$，故

$$\lim_{x\to+\infty}[f(x+a)-f(x)]=\lim_{\xi\to+\infty}f'(\xi)a=aK.$$

6. 由题意 $a\neq0$. 当 $x\in(-1,2)$ 时，因为 $f'(x)=3ax^2-6ax$，令 $f'(x)=0$，解得唯一的驻点 $x=0$，因此函数的最值只能在 $x=0,x=-1$ 及 $x=2$ 处取到. 可能的最值为

$$f(-1)=-4a+b,f(0)=b,f(2)=-4a+b,$$

由于 $a>0$，因此 $f(0)=b$ 为函数 $f(x)$ 在 $[-1,2]$ 上的最大值，$f(-1)=f(2)=-4a+b$ 为 $f(x)$ 在 $[-1,2]$ 上的最小值，即有 $b=1,-4a+b=-3$，解得 $b=1,a=1$.

7. 原式 $=\int\frac{\cos x(1-\cos x)}{\sin^2x}\mathrm{d}x=\int\cot x\csc x\mathrm{d}x-\int\cot^2x\mathrm{d}x$

$$=-\csc x-\int(\csc^2x-1)\mathrm{d}x=-\csc x+\cot x+x+C.$$

8. 原式 $=\int\ln(\sin x)\cdot\csc^2x\mathrm{d}x=-\int\ln\sin x\mathrm{d}(\cot x)=-\cot x\ln(\sin x)+\int\cot^2x\mathrm{d}x$

$$=-\cot x\ln(\sin x)+\int(\csc^2x-1)\mathrm{d}x$$

$$=-\cot x\ln(\sin x)-\cot x-x+C.$$

四、应用题

1. (1)收益函数为

$$R=R(x)=xp=10x\mathrm{e}^{-\frac{x}{2}},$$

而 $R'(x)=10\mathrm{e}^{-\frac{x}{2}}-5x\mathrm{e}^{-\frac{x}{2}}=5\mathrm{e}^{-\frac{x}{2}}(2-x)$，令 $R'(x)=0$，解得唯一驻点 $x=2$. 又因为

$$R''(x)=-5\mathrm{e}^{-\frac{x}{2}}+5\mathrm{e}^{-\frac{x}{2}}(2-x)\cdot\left(-\frac{1}{2}\right),$$

因此 $R''(2)=-5\mathrm{e}^{-1}<0$，当 $x=2$ 时，$R(x)$ 取得极大值，从而取得最大值. 最大收益为 $R(2)=20\mathrm{e}^{-1}$(千万元).

(2) 由 $p=10\mathrm{e}^{-\frac{x}{2}}$ 可知，$x=-2\ln\frac{p}{10}$，因此收益价格函数为

$$R=R(p)=px=-2p\ln\frac{p}{10}.$$

收益价格弹性为

$$\frac{ER}{Ep}=p\frac{R'(p)}{R(p)}=p\frac{-2\ln\frac{p}{10}-2}{-2p\ln\frac{p}{10}}=\frac{\ln\frac{p}{10}+1}{\ln\frac{p}{10}},$$

当 $x=4$ 时，$p=10\mathrm{e}^{-2}$，因此 $\left.\frac{ER}{Ep}\right|_{p=10\mathrm{e}^{-2}}=\frac{\ln\mathrm{e}^{-2}+1}{\ln\mathrm{e}^{-2}}=0.5$. 其经济意义为：当产量 $x=4$ 时，若价格上涨(或下跌)1%，则收益将增加(或减少)0.5%.

2. 函数的定义域为 $(-\infty,-1)\cup(-1,+\infty)$，$x=-1$ 为函数的无穷间断点.

$$y'=\frac{x^2+2x}{(x+1)^2}=\frac{x(x+2)}{(x+1)^2},\quad y''=\frac{2}{(x+1)^3},$$

令 $y'=0$，解得驻点 $x_1=0,x_2=-2$. 列表讨论函数的性态，见表 1.1.

表 1.1

x	$(-\infty,-2)$	-2	$(-2,-1)$	-1	$(-1,0)$	0	$(0,+\infty)$
y'	+		−		−		+
y''	−		−		+		+
y	↗上凸	极大值−4	↘上凸		↘下凸	极小值0	↗下凸

因为$\lim\limits_{x\to\infty}\frac{x^2}{x+1}=+\infty$,因此曲线没有水平渐近线. 因为$\lim\limits_{x\to-1}\frac{x^2}{x+1}=\infty$,因此曲线有一条垂直渐近线 $x=-1$. 又因为

$$a=\lim_{x\to\infty}\frac{f(x)}{x}=\lim_{x\to\infty}\frac{x^2}{x(x+1)}=1,\ b=\lim_{x\to\infty}[f(x)-ax]=\lim_{x\to\infty}\left(\frac{x^2}{x+1}-x\right)=-1,$$

故函数 $y=f(x)$有一条斜渐近线 $y=x-1$.

补充辅助点 $f(1)=\frac{1}{2}$, $f(2)=\frac{4}{3}$. 按照表 1.1 列出的函数的单调性和凹凸性作出函数的图像,如图 1.1 所示.

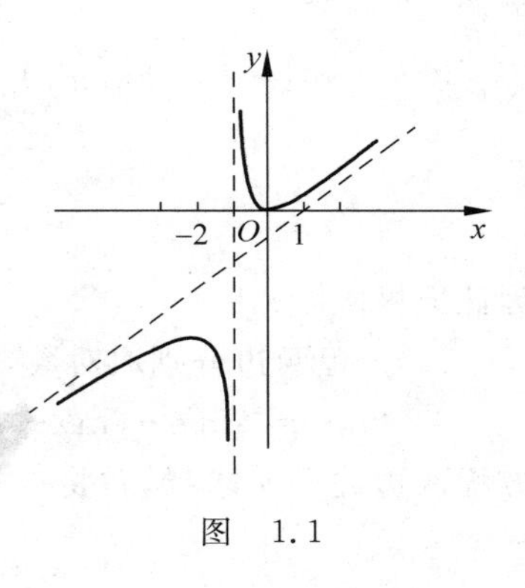

图 1.1

五、证明题

构造辅助函数

$$F(x)=\cos x-1+\frac{1}{2}x^2,$$

则 $F(x)$在$[0,+\infty)$上连续. 当 $x>0$ 时,$F'(x)=-\sin x+x>0$,所以 $F(x)$在$[0,+\infty)$上单调递增,从而 $F(x)>F(0)=0$,即当 $x>0$ 时,$\cos x>1-\frac{x^2}{2}$,命题得证.

模拟试题二详解

一、填空题

(1) $[1,2]$. (2) $a=0$, $b=6$. (3) 0.

(4) $f'(0)$.

提示 令 $t=\ln x$,则

$$\text{原式}=\lim_{t\to0}\frac{f(t)-1}{e^t-1}=\lim_{t\to0}\frac{f(t)-1}{t}=\lim_{t\to0}\frac{f(0+t)-f(0)}{t}=f'(0).$$

(5) $x^{\tan x}\left(\sec^2 x\cdot\ln x+\frac{\tan x}{x}\right)$. (6) $\frac{a+b}{2}$. (7) $y=e^2$.

(8) $1+2x+2x^2+\frac{4}{3}x^3+o(x^3)$, $x\to0$. (9) $\frac{1}{2}\arcsin(x^2)+C$. (10) $e^{e^x}+C$.

二、单项选择题

(1) B. (2) A. (3) D. (4) B. (5) D.

三、计算题

1. 由于 $y'=2\sec(2x)\tan(2x)+\dfrac{3}{1+9x^2}$,因此

$$\mathrm{d}y=\left[2\sec(2x)\tan(2x)+\frac{3}{1+9x^2}\right]\mathrm{d}x.$$

2. 令 $\lim\limits_{x\to1}f(x)=A$,则 $f(x)=4x^3+2x+3A$,等式两边同时取极限,得

$$\lim_{x\to1}f(x)=\lim_{x\to1}4x^3+\lim_{x\to1}2x+\lim_{x\to1}3A,$$

即有 $A=4+2+3A$,解得 $A=-3$. 因此

$$\int f(x)\mathrm{d}x=\int(4x^3+2x-9)\mathrm{d}x=x^4+x^2-9x+C.$$

3. 由于原式 $=\lim\limits_{x\to+\infty}\mathrm{e}^{\frac{1}{x}\ln(x+\sqrt{1+x^2})}=\mathrm{e}^{\lim\limits_{x\to+\infty}\frac{1}{x}\ln(x+\sqrt{1+x^2})}$,而

$$\lim_{x\to+\infty}\frac{1}{x}\ln(x+\sqrt{1+x^2})=\lim_{x\to+\infty}\frac{\ln(x+\sqrt{1+x^2})}{x}=\lim_{x\to+\infty}\frac{1+\dfrac{2x}{2\sqrt{1+x^2}}}{x+\sqrt{1+x^2}}$$

$$=\lim_{x\to+\infty}\frac{\sqrt{1+x^2}+x}{(x+\sqrt{1+x^2})\sqrt{1+x^2}}=\lim_{x\to+\infty}\frac{1}{\sqrt{1+x^2}}=0,$$

因此原极限 $=\mathrm{e}^0=1$.

4. 方程两边分别取对数,得

$$\ln y=\sin x\cdot(\ln b-\ln a)+a[\ln b-\ln(x+1)]+b[\ln(x+2)-\ln a],$$

方程两边关于 x 求导,并将 y 视为 x 的函数,得

$$\frac{1}{y}y'=\cos x\cdot(\ln b-\ln a)-a\cdot\frac{1}{x+1}+b\cdot\frac{1}{x+2},$$

所以

$$y'=\left(\frac{b}{a}\right)^{\sin x}\left(\frac{b}{x+1}\right)^{a}\left(\frac{x+2}{a}\right)^{b}\left[\cos x\cdot(\ln b-\ln a)-\frac{a}{x+1}+\frac{b}{x+2}\right].$$

5. 由题意,切点横坐标满足如下方程组:

$$\begin{cases}kx^2=\ln x-\dfrac{1}{2}\\ 2kx=\dfrac{1}{x}\end{cases},$$

解得 $x=\mathrm{e}$,$k=\dfrac{1}{2\mathrm{e}^2}$.

6. 等式两边同时对 x 求导数,得

$$y'=f'(\mathrm{e}^x+y)\cdot(\mathrm{e}^x+y'),$$

上式两边同时再对 x 求导数,得

$$y''=f''(\mathrm{e}^x+y)\cdot(\mathrm{e}^x+y')^2+f'(\mathrm{e}^x+y)\cdot(\mathrm{e}^x+y'').$$

为表述方便,记 $f'=f'(\mathrm{e}^x+y)$,$f''=f''(\mathrm{e}^x+y)$,则整理得

$$y'=\frac{\mathrm{e}^xf'}{1-f'},y''=\frac{(\mathrm{e}^x+y')^2\cdot f''+\mathrm{e}^xf'}{1-f'}=\frac{\mathrm{e}^{2x}f''+\mathrm{e}^x(1-f')^2f'}{(1-f')^3}.$$

7. 原式$\int\frac{1}{\sqrt{x}\ \sqrt{1-x}}\mathrm{d}x=2\int\frac{1}{\sqrt{1-x}}\mathrm{d}\sqrt{x}=2\arcsin\sqrt{x}+C$.

8. 原式$=\int\frac{x\cos^4\frac{x}{2}}{2^3\sin^3\frac{x}{2}\cos^3\frac{x}{2}}\mathrm{d}x=\int\frac{x\cos\frac{x}{2}}{2^3\sin^3\frac{x}{2}}\mathrm{d}x$

$$\xlongequal{t=\frac{x}{2}}\frac{1}{2}\int\frac{t\cos t}{\sin^3 t}\mathrm{d}t=\frac{1}{2}\int\frac{t}{\sin^3 t}\mathrm{d}(\sin t)$$

$$=-\frac{1}{4}\int t\mathrm{d}(\sin t)^{-2}=-\frac{1}{4}t\sin^{-2}t+\frac{1}{4}\int\sin^{-2}t\mathrm{d}t=-\frac{1}{4}t\sin^{-2}t+\frac{1}{4}\int\csc^2 t\mathrm{d}t$$

$$=-\frac{1}{4}t\sin^{-2}t-\frac{1}{4}\cot t+C=-\frac{1}{8}x\sin^{-2}\frac{x}{2}-\frac{1}{4}\cot\frac{x}{2}+C.$$

四、应用题

1. 由题意,$C(x)=10x+10$,因此利润函数为

$$L(x)=R(x)-C(x)=\begin{cases}-\frac{1}{2}x^2+60x-10, & 0\leqslant x\leqslant 1000\\ 1990-10x, & x>1000\end{cases}.$$

当$0<x<1000$时,$L'(x)=-x+60$,令$L'(x)=0$,解得唯一驻点$x=60$,且$L''(x)=-1<0$,因此当产量为60百件时,利润最大,最大利润为1790万元.

2. 函数的定义域为$(-\infty,+\infty)$.由于函数$f(x)$为奇函数,因此图像关于原点对称.故只讨论$x\in[0,+\infty)$的情形.当$x>0$时,函数的一阶、二阶导数为

$$y'=\frac{2(1-x^2)}{(x^2+1)^2},\quad y''=\frac{4x(x^2-3)}{(x^2+1)^3},$$

令$y'=0$,解得驻点$x_1=1$,令$y''=0$,解得$x_2=\sqrt{3}$.列表讨论函数的性态,见表2.1.

表 2.1

x	$(0,1)$	1	$(1,\sqrt{3})$	$\sqrt{3}$	$(\sqrt{3},+\infty)$
y'	$+$	0	$-$	$-$	$-$
y''	$-$	$-$	$-$	0	$+$
y	↗上凸	极大值$\frac{1}{2}$	↘上凸	拐点$\left(\sqrt{3},\frac{\sqrt{3}}{2}\right)$	↘下凸

因为$\lim\limits_{x\to\infty}\frac{2x}{x^2+1}=0$,因此曲线有一条水平渐近线$y=0$.曲线不存在垂直渐近线和斜渐近线.按照表2.1列出的函数的单调性和凹凸性作出函数的图像,如图2.1所示.

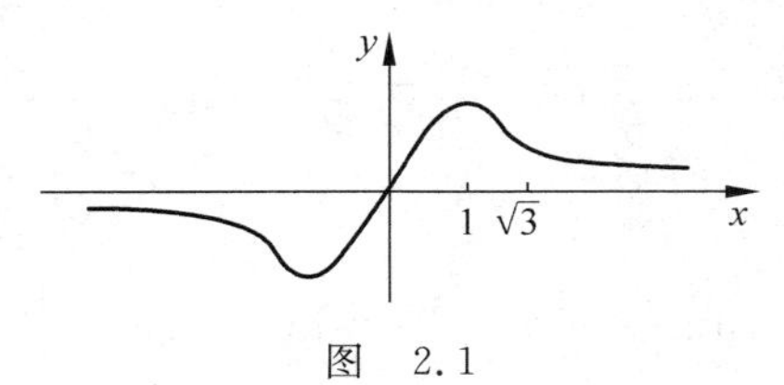

图 2.1

五、证明题

设构造辅助函数

$$f(x)=1+x\ln(x+\sqrt{1+x^2})-\sqrt{1+x^2}.$$

令 $f'(x)=\ln(x+\sqrt{1+x^2})=0$，得到唯一驻点 $x=0$，又因为

$$f''(0)=\left.\frac{1}{\sqrt{1+x^2}}\right|_{x=0}=1>0,$$

因此函数在 $x=0$ 处取得最小值，最小值为 $f(0)=0$. 从而对 $\forall x\in(-\infty,+\infty)$，$f(x)\geqslant f(0)=0$，即对 $\forall x\in(-\infty,+\infty)$，有 $1+x\ln(x+\sqrt{1+x^2})\geqslant\sqrt{1+x^2}$.

模拟试题三详解

一、填空题

(1) $(\mathrm{e},\mathrm{e}^2)$. (2) $y=\frac{1}{2}(\sqrt{x}-1)$，其中 $x\geqslant1$. (3) $-\frac{3}{2}$. (4) 4.

(5) 0.

提示 因为 $\lim\limits_{x\to0^+}\mathrm{e}^{\frac{1}{x}}=+\infty$，$\lim\limits_{x\to0^-}\mathrm{e}^{\frac{1}{x}}=0$，因此

$$\lim_{x\to0^+}\frac{x}{1+\mathrm{e}^{\frac{1}{x}}}=\lim_{x\to0^+}x\lim_{x\to0^+}\frac{1}{1+\mathrm{e}^{\frac{1}{x}}}=0,\ \lim_{x\to0^-}\frac{x}{1+\mathrm{e}^{\frac{1}{x}}}=\frac{0}{1+0}=0,$$

因此 $\lim\limits_{x\to0}\frac{x}{1+\mathrm{e}^{\frac{1}{x}}}=0$，所以当 $k=0$ 时，函数 $f(x)$ 在 $x=0$ 处连续.

(6) -2. (7) $2f'(x^2+a)+4x^2f''(x^2+a)$.

(8) $f(x)=1+\frac{1}{2}(x-1)-\frac{1}{8}(x-1)^2+\frac{1}{16}(x-1)^3+o[(x-1)^3]$，$x\to1$.

(9) $y=1$ 和 $y=-1$. (10) $\frac{2}{3}x^3+C$.

二、单项选择题

(1) B. (2) D. (3) B. (4) B. (5) A.

三、计算题

1. 原式 $=\lim\limits_{x\to0}\frac{\sqrt{1+x\sin x}-1}{x\ln(1+2x)}=\lim\limits_{x\to0}\frac{\frac{1}{2}x\sin x}{x\cdot2x}=\frac{1}{4}$.

2. 原式 $=\lim\limits_{x\to0}\left(1+\frac{\tan x}{x}-1\right)^{\frac{x}{\tan x-x}\cdot\frac{\tan x-x}{x^3}}$，而

$$\lim_{x\to0}\frac{\tan x-x}{x^3}=\lim_{x\to0}\frac{\sec^2x-1}{3x^2}=\lim_{x\to0}\frac{\tan^2x}{3x^2}=\frac{1}{3},$$

所以原式 $=\mathrm{e}^{\frac{1}{3}}$.

3. 当 $\alpha>1$ 时，$f'(0)=\lim\limits_{x\to0}\frac{f(x)-f(0)}{x}=\lim\limits_{x\to0}x^{\alpha-1}\cos\frac{1}{x}=0$，当 $x\neq0$ 时，$f'(x)=$

$\alpha x^{\alpha-1}\cos\dfrac{1}{x}+x^{\alpha-2}\sin\dfrac{1}{x}$,从而当 $\alpha>2$ 时,有 $\lim\limits_{x\to 0}f'(x)=f'(0)=0$. 综上,当 $\alpha>2$ 时,$f'(x)$ 在 $x=0$ 处连续.

4.
$$\begin{aligned}y'&=\frac{1}{2}\sqrt{x^2+a^2}+\frac{x}{2}\cdot\frac{2x}{2\sqrt{x^2+a^2}}+\frac{a^2}{2}\cdot\frac{1}{x+\sqrt{x^2+a^2}}(x+\sqrt{x^2+a^2})\\&=\frac{1}{2}\sqrt{x^2+a^2}+\frac{x^2}{2\sqrt{x^2+a^2}}+\frac{a^2}{2}\cdot\frac{1}{x+\sqrt{x^2+a^2}}\left(1+\frac{2x}{2\sqrt{x^2+a^2}}\right)\\&=\frac{2x^2+a^2}{2\sqrt{x^2+a^2}}+\frac{a^2}{2}\cdot\frac{1}{x+\sqrt{x^2+a^2}}\cdot\frac{\sqrt{x^2+a^2}+x}{\sqrt{x^2+a^2}}\\&=\frac{2x^2+a^2}{2\sqrt{x^2+a^2}}+\frac{a^2}{2\sqrt{x^2+a^2}}=\sqrt{x^2+a^2},\end{aligned}$$

因此

$$y''=\frac{2x}{2\sqrt{x^2+a^2}}=\frac{x}{\sqrt{x^2+a^2}}.$$

5. 方程两边同时对 x 求导数,则

$$2\mathrm{e}^{2xy}(y+xy')+2\mathrm{e}^y+2x\mathrm{e}^y\cdot y'-\frac{3}{x}=0,$$

因此

$$y'=\frac{\dfrac{3}{x}-2\mathrm{e}^y-2y\mathrm{e}^{2xy}}{2x\mathrm{e}^y+2x\mathrm{e}^{2xy}}.$$

6. (1) 由题意,有

$$\begin{cases}xf'(x)=f'(-x)+1\\-xf'(-x)=f'(x)+1\end{cases},$$

解得 $f'(x)=\dfrac{x-1}{x^2+1}$.

(2) 令 $f'(x)=0$,解得唯一驻点 $x=1$. 当 $x>1$ 时,$f'(x)>0$,当 $x<1$ 时,$f'(x)<0$,因此函数 $f(x)$ 在 $x=1$ 处取得极小值. 又因为

$$\begin{aligned}f(x)&=\int f'(x)\mathrm{d}x=\int\frac{x-1}{x^2+1}\mathrm{d}x=\int\frac{x}{x^2+1}\mathrm{d}x-\int\frac{1}{x^2+1}\mathrm{d}x\\&=\frac{1}{2}\ln(x^2+1)-\arctan x+C,\end{aligned}$$

由 $f(0)=0$ 知,$C=0$,故 $f(x)=\dfrac{1}{2}\ln(x^2+1)-\arctan x$. 函数 $f(x)$ 的极小值为 $f(1)=\dfrac{1}{2}\ln 2-\dfrac{\pi}{4}$.

7. 令 $\ln x=t$,则

$$\begin{aligned}\text{原式}&=\int\frac{\ln x}{\sqrt{1+\ln x}}\mathrm{d}\ln x=\int\frac{t}{\sqrt{1+t}}\mathrm{d}t\\&=\int\frac{t+1-1}{\sqrt{1+t}}\mathrm{d}t=\int\sqrt{1+t}\,\mathrm{d}(1+t)-\int\frac{1}{\sqrt{1+t}}\mathrm{d}(1+t)\\&=\frac{2}{3}(1+t)^{\frac{3}{2}}-2(1+t)^{\frac{1}{2}}+C=\frac{2}{3}(1+\ln x)^{\frac{3}{2}}-2(1+\ln x)^{\frac{1}{2}}+C.\end{aligned}$$

8. 原式 $=\int \frac{\ln\tan x}{\tan x}\cdot\sec^2 x\mathrm{d}x=\int\frac{\ln\tan x}{\tan x}\mathrm{d}\tan x=\int\ln(\tan x)\mathrm{d}\ln(\tan x)$

$$=\frac{1}{2}[\ln(\tan x)]^2+C.$$

四、应用题

1. 由题意，利润函数为

$$L(x)=xP-C(x)-2x=20x-4x^2-2x-2x=16x-4x^2,$$

而 $L'(x)=16-8x$，令 $L'(x)=0$，得到唯一的驻点 $x=2$，$L''(x)=-8<0$，所以当 $x=2$ 时取得唯一的极大值，从而当销售量为 2 吨时，企业获得最大利润，最大利润为 $L(2)=16$ 万元.

2. (1) $x=-2,x=0,x=2$；　(2) $(-\infty,-2],[2,+\infty)$；　(3) $[2,2]$；

(4) $x=-2$；　(5) $x=2$；　(6) $(-\infty,-1),(0,1)$；　(7) $(-1,0),(1,+\infty)$；

(8) $[-1,f(-1)],[0,f(0)],[1,f(1)]$.

五、证明题

由题设可知，$f(1)$ 与 $f(2)$ 异号，$f(2)$ 与 $f(3)$ 异号，因此由连续函数的零点定理可知，至少存在两点 $\xi_1\in(1,2),\xi_2\in(2,3)$，使得 $f(\xi_1)=f(\xi_2)=0$. 构造辅助函数

$$F(x)=\mathrm{e}^{-x}f(x),$$

则 $F(x)$ 在 $[\xi_1,\xi_2]$ 上连续，在 (ξ_1,ξ_2) 内可导，且 $F(\xi_1)=F(\xi_2)=0$，因此由罗尔定理可知，至少存在一点 $\xi\in(\xi_1,\xi_2)\subset(1,3)$，使得 $F'(\xi)=0$. 又因为

$$F'(x)=\mathrm{e}^{-x}f'(x)-\mathrm{e}^{-x}f(x)=\mathrm{e}^{-x}[f'(x)-f(x)],$$

因此有 $\mathrm{e}^{-\xi}[f'(\xi)-f(\xi)]=0$，即 $f'(\xi)-f(\xi)=0$.

模拟试题四详解

一、填空题

(1) 1.　(2) $a=2,\ b=-1$.　(3) 1.　(4) $\frac{5}{3}$.　(5) $3a$.　(6) $\frac{8!}{x^9}$.

(7) $\ln2+\frac{1}{2}(x-2)-\frac{1}{8}(x-2)^2+\frac{1}{24}(x-2)^3+o[(x-2)^3],x\to2$.

(8) 4.

提示　因为

$$\lim_{x\to+\infty}\frac{x}{\sqrt{x^2-4}}=1,\lim_{x\to-\infty}\frac{x}{\sqrt{x^2-4}}=\lim_{t\to+\infty}\frac{-t}{\sqrt{t^2-4}}=-1,$$

所以 $y=1$ 和 $y=-1$ 均为函数的 2 条水平渐近线. 又因为 $\lim\limits_{x\to2^+}\frac{x}{\sqrt{x^2-4}}=\infty$，$\lim\limits_{x\to-2^-}\frac{x}{\sqrt{x^2-4}}=\infty$，所以 $x=2$ 和 $x=-2$ 均为函数的 2 条垂直渐近线.

(9) $\mathrm{e}^{-x}-4\sin(2x)$.　(10) $\frac{1}{3}x^3+x+C$.

二、单项选择题

(1) D.　(2) C.　(3) C.　(4) B.　(5) A.

提示　由题意，$F(x)=\ln x$，则 $F(x)$ 为 $f(x)$ 的一个原函数，则

$$\text{原式}=\frac{1}{6}\int f(1+3x^2)\mathrm{d}(1+3x^2)=\frac{1}{6}\int f(u)\mathrm{d}u=\frac{1}{6}F(u)+C=\frac{1}{6}\ln(1+3x^2)+C.$$

三、计算题

1. $\text{原式}=\lim\limits_{x\to+\infty}\dfrac{x+\sqrt{x}-x}{\sqrt{x+\sqrt{x}}+\sqrt{x}}=\lim\limits_{x\to+\infty}\dfrac{\sqrt{x}}{\sqrt{x+\sqrt{x}}+\sqrt{x}}=\dfrac{1}{2}.$

2. $\text{原式}=\lim\limits_{x\to\infty}x\cdot\left(1+\sqrt[3]{\dfrac{1}{x^3}-1}\right)=\lim\limits_{t\to0}\dfrac{1-\sqrt[3]{1-t^3}}{t}=\lim\limits_{t\to0}\dfrac{\frac{1}{3}t^3}{t}=0.$

3. $\text{原式}=\lim\limits_{x\to-\infty}\dfrac{\frac{\pi}{2}+\arctan x}{\frac{1}{x}}=\lim\limits_{x\to-\infty}\dfrac{\frac{1}{1+x^2}}{-\frac{1}{x^2}}=\lim\limits_{x\to-\infty}\dfrac{-x^2}{1+x^2}=-1.$

4. $y'=2xf'(x^2)+\sec^2[f(x)]\cdot f'(x)$，

$y''=2f'(x^2)+4x^2f''(x^2)+\sec^2[f(x)]\cdot f''(x)+$
$\quad 2\sec^2[f(x)]\tan[f(x)]\cdot[f'(x)]^2.$

5. (1) 当 $x\neq0$ 时，$f'(x)=\dfrac{x\cos x-\sin x}{x^2}-1$. 在 $x=0$ 处，

$$f'(0)=\lim_{x\to0}\frac{f(x)-f(0)}{x}=\lim_{x\to0}\frac{\frac{\sin x}{x}-x-1}{x}=\lim_{x\to0}\frac{\sin x-x^2-x}{x^2}$$

$$=\lim_{x\to0}\frac{\cos x-2x-1}{2x}=-1+\lim_{x\to0}\frac{\cos x-1}{2x}=-1+\lim_{x\to0}\frac{\frac{1}{2}x^2}{2x}=-1.$$

由于

$$\lim_{x\to0}f'(x)=\lim_{x\to0}\left(\frac{x\cos x-\sin x}{x^2}-1\right)=\lim_{x\to0}\frac{x\cos x-\sin x-x^2}{x^2}$$

$$=\lim_{x\to0}\frac{\cos x-x\sin x-\cos x-2x}{2x}=\lim_{x\to0}\frac{-x\sin x-2x}{2x}$$

$$=-1+\lim_{x\to0}\frac{-x\sin x}{2x}=-1=f'(0),$$

所以 $f'(x)$ 在 $x=0$ 处连续.

(2) 由于

$$\lim_{x\to0}\frac{f'(x)-f'(0)}{x}=\lim_{x\to0}\frac{\frac{x\cos x-\sin x}{x^2}-1-(-1)}{x}=\lim_{x\to0}\frac{x\cos x-\sin x}{x^3}$$

$$=\lim_{x\to0}\frac{\cos x-x\sin x-\cos x}{3x^2}=\lim_{x\to0}\frac{-x\sin x}{3x^2}$$

$$=\lim_{x\to0}\frac{-x^2}{3x^2}=-\frac{1}{3}.$$

所以 $f'(x)$在 $x=0$ 处可导.

6. 当 $x=0$ 时，$y=2$. 方程两边关于 x 求导，得

$$2^y \times \ln 2 \cdot y' + y + x \cdot y' = 0,$$

将 $x=0, y=2$ 代入上式可得 $y'(0)=-\dfrac{1}{2\ln 2}$. 因此 $y=f(x)$在 $x=0$ 处的切线方程为

$$y-2=-\frac{x}{2\ln 2},\quad 即\ y=-\frac{x}{2\ln 2}+2.$$

7. 原式 $=\displaystyle\int \frac{1}{e^x+1}dx=\int \frac{e^x}{e^x(e^x+1)}dx=\int \frac{1}{e^x(e^x+1)}de^x \xlongequal{t=e^x} \int \frac{1}{t(t+1)}dt$

$$=\int\left(\frac{1}{t}-\frac{1}{t+1}\right)dt=\ln t-\ln(t+1)+C$$

$$=x-\ln(e^x+1)+C.$$

8. 设$\sqrt{x}=t$，则 $x=t^2$，$dx=2tdt$，则

原式 $=\displaystyle 2\int \frac{(\arcsin t)^2}{\sqrt{t^2-t^4}}tdt=2\int \frac{(\arcsin t)^2}{\sqrt{1-t^2}}dt=2\int (\arcsin t)^2 d(\arcsin t)$

$$=\frac{2}{3}(\arcsin t)^3+C=\frac{2}{3}(\arcsin\sqrt{x})^3+C.$$

四、应用题

1. 如图 4.1 所示，设矩形的一条边的长度为 x，另外一条边的长度为 $2\sqrt{a^2-x^2}$，因此

内接矩形的周长为

$$L(x)=2x+4\sqrt{a^2-x^2},\quad x\in(0,a).$$

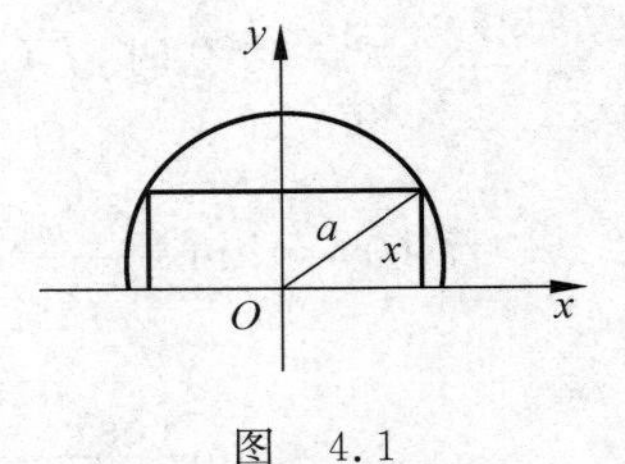

图 4.1

令 $L'(x)=2-\dfrac{4x}{\sqrt{a^2-x^2}}=0$，解得唯一的驻点 $x=\dfrac{\sqrt{5}}{5}a$. 又因为 $L''(x)=\dfrac{-4(a^2-2x^2)}{\sqrt{a^2-x^2}}$，$L''\left(\dfrac{\sqrt{5}}{5}\right)<0$，因此当 $x=\dfrac{\sqrt{5}}{5}a$ 时，$L(x)$达到最大，此时矩形的另外一条边长为$\dfrac{4\sqrt{5}}{5}a$.

2. 函数的定义域为$(-\infty,+\infty)$. 函数的一阶、二阶导数为

$$y'=3x^2-6x=3x(x-2),\ y''=6x-6.$$

令 $y'=0$，解得驻点 $x_1=0, x_2=2$. 令 $y''=0$，解得 $x_3=1$. 列表讨论函数的性态，见表 4.1.

表 4.1

x	$(-\infty,0)$	0	$(0,1)$	1	$(1,2)$	2	$(2,+\infty)$
y'	+		−		−		+
y''	−		−		+		+
y	↗上凸	极大值 2	↘上凸	拐点(1,0)	↘下凸	极小值−2	↗下凸

曲线不存在水平渐近线、垂直渐近线和斜渐近线. 补充辅助点 $f(-1)=-2, f(-2)=-18, f(3)=2$. 按照表 4.1 列出的函数的单调性和凹凸性作出函数的图像,如图 4.2 所示.

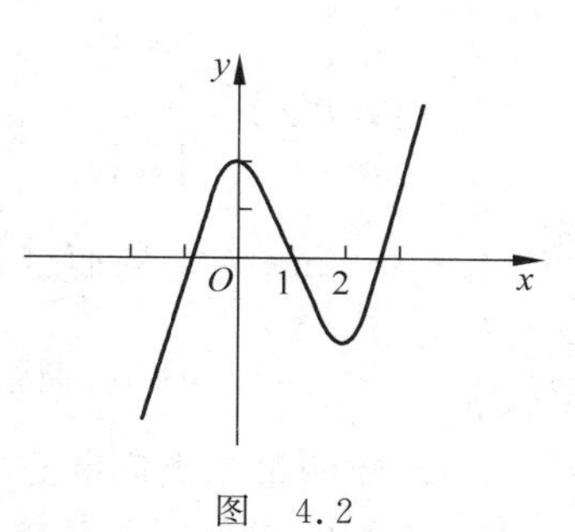

图 4.2

五、证明题

设

$$f(x)=1-x+\frac{x^2}{2}-\frac{x^3}{3}+\frac{x^4}{4},$$

则 $f'(x)=(x-1)(x^2+1)$,解得唯一驻点 $x=1$,又因为

$$f''(x)=1-2x+3x^2=(x-1)^2+2x^2>0,$$

从而 $f''(1)>0$,所以 $f(x)$ 在 $x=1$ 处取得最小值,而 $f(1)>0$,从而 $f(x)=0$ 无实根.

模拟试题五详解

一、填空题

(1) 1. (2) $(1,2]$. (3) $\frac{\pi}{4}$. (4) 0. (5) $-\frac{3}{2}$. (6) $4x$.

(7) $2(x^2+\ln x)$. (8) $x=0$. (9) $2x-\frac{4}{3}x^3+o(x^3), x\to 0$.

(10) $\frac{1}{2}\arctan\frac{\tan x}{2}+C$.

提示 原式 $=\int\frac{1}{4+\tan^2 x}\mathrm{d}(\tan x)=\frac{1}{2}\arctan\frac{\tan x}{2}+C$.

二、单项选择题

(1) C.

提示 显然 $a\neq 0$. 又因为 $\lim\limits_{x\to 0}\frac{f(ax)}{x}=a\cdot\lim\limits_{x\to 0}\frac{f(ax)}{ax}=a\cdot\lim\limits_{t\to 0}\frac{f(t)}{t}=k$,所以 $\lim\limits_{t\to 0}\frac{f(t)}{t}=\frac{k}{a}$,从而 $\lim\limits_{x\to 0}\frac{f(bx)}{x}=b\cdot\lim\limits_{x\to 0}\frac{f(bx)}{bx}=\frac{kb}{a}$.

(2) C. (3) B. (4) B. (5) B.

三、计算题

1. $y'=(\mathrm{e}^{\sin x\ln x})'+2\sin x\cos x=\mathrm{e}^{\sin x\ln x}\cdot(\sin x\ln x)'+\sin(2x)$

$$=x^{\sin x}\cdot\left(\cos x\ln x+\frac{\sin x}{x}\right)+\sin(2x).$$

2. 原式 $=\lim\limits_{x\to 0}\frac{\arctan x-x}{2x^3}=\lim\limits_{x\to 0}\frac{\frac{1}{1+x^2}-1}{6x^2}=\lim\limits_{x\to 0}\frac{-x^2}{6x^2(1+x^2)}=-\frac{1}{6}$.

3. 原式 $=\lim\limits_{x\to 0}\frac{x-(1-x^2)\ln(1+x)}{x^2}=\lim\limits_{x\to 0}\frac{1+2x\ln(1+x)-(1-x^2)\cdot\frac{1}{1+x}}{2x}$

$$=\lim_{x\to 0}\frac{1+2x\ln(1+x)-(1-x)}{2x}=\lim_{x\to 0}\frac{2\ln(1+x)+1}{2}=\frac{1}{2}.$$

4. (1) $f(x)=\begin{cases}0 & x=0\\ \dfrac{x}{\sin x} & x\neq k\pi,k\in\mathbf{Z}\end{cases}$;

(2) 令 $\sin x=0$,从而函数的间断点为 $x=k\pi,k\in\mathbf{Z}$. 因为$\lim\limits_{x\to 0}\dfrac{x}{\sin x}=1$,当 $k\neq 0$ 时,$\lim\limits_{x\to k\pi}\dfrac{x}{\sin x}=\infty$,所以 $x=0$ 为函数 $f(x)$的第一类间断点中的可去间断点,$x=k\pi,k\in\mathbf{Z}$,且 $k\neq 0$ 为函数的第二类间断点中无穷间断点。

5. 方程两边分别取对数,得

$$y\ln x = x\ln y,$$

方程两边同时取微分,得

$$\ln x\mathrm{d}y+\frac{y}{x}\mathrm{d}x=\ln y\mathrm{d}x+\frac{x}{y}\mathrm{d}y,$$

因此

$$\mathrm{d}y=\frac{\ln y-\dfrac{y}{x}}{\ln x-\dfrac{x}{y}}\mathrm{d}x=\frac{xy\ln y-y^2}{xy\ln x-x^2}\mathrm{d}x.$$

6. 当 $x>0$ 时,

$$f'(x)=-\frac{1}{2\sqrt{x^3}}\arcsin(x^2)+\frac{1}{\sqrt{x}}\cdot\frac{2x}{\sqrt{1-x^4}}=-\frac{1}{2\sqrt{x^3}}\arcsin(x^2)+2\sqrt{\frac{x}{1-x^4}},$$

当 $x<0$ 时,$f'(x)=6x+2x\cos(x^2)$. 在 $x=0$ 处,

$$f'_-(0)=\lim_{x\to 0^-}\frac{f(x)-f(0)}{x}=\lim_{x\to 0^-}\frac{3x^2+\sin(x^2)}{x}=0,$$

$$f'_+(0)=\lim_{x\to 0^+}\frac{f(x)-f(0)}{x}=\lim_{x\to 0^+}\frac{\arcsin(x^2)}{x\sqrt{x}}=\lim_{x\to 0^+}\frac{x^2}{x\sqrt{x}}=0,$$

所以 $f'(0)=0$. 综上

$$f'(x)=\begin{cases}6x+2x\cos(x^2), & x\leqslant 0\\ -\dfrac{1}{2\sqrt{x^3}}\arcsin(x^2)+2\sqrt{\dfrac{x}{1-x^4}}, & x>0\end{cases}.$$

7. 原式$=\displaystyle\int\frac{x^2\cdot x}{\sqrt{1-x^2}}\mathrm{d}x=-\frac{1}{2}\int\frac{x^2}{\sqrt{1-x^2}}\mathrm{d}(1-x^2)=-\frac{1}{2}\int\frac{x^2-1+1}{\sqrt{1-x^2}}\mathrm{d}(1-x^2)$

$$=-\frac{1}{2}\int\left(-\sqrt{1-x^2}+\frac{1}{\sqrt{1-x^2}}\right)\mathrm{d}(1-x^2)$$

$$=-\frac{1}{2}\left(-\frac{2}{3}(1-x^2)^{\frac{3}{2}}+2(1-x^2)^{\frac{1}{2}}\right)+C$$

$$=\frac{1}{3}(1-x^2)^{\frac{3}{2}}-(1-x^2)^{\frac{1}{2}}+C.$$

8. 原式$=\displaystyle\int\frac{x^2\arctan x}{1+x^2}\mathrm{d}x=\int\frac{(x^2+1-1)\arctan x}{1+x^2}\mathrm{d}x=\int\arctan x\mathrm{d}x-\int\frac{\arctan x}{1+x^2}\mathrm{d}x$

$$=x\arctan x-\int\frac{x}{1+x^2}\mathrm{d}x-\int\arctan x\mathrm{d}(\arctan x)$$

$$= x\arctan x - \frac{1}{2}\int \frac{1}{1+x^2}\mathrm{d}(1+x^2) - \frac{1}{2}\arctan^2 x$$

$$= x\arctan x - \frac{1}{2}\ln(1+x^2) - \frac{1}{2}\arctan^2 x + C.$$

四、应用题

1. 由题意，$p=6-\frac{1}{4}Q$，成本函数为 $C(Q)=2Q+3$，因此利润函数为

$$L(Q) = R(Q) - C(Q) = Q\left(6 - \frac{1}{4}Q\right) - 2Q - 3 = 4Q - \frac{1}{4}Q^2 - 3,$$

令 $L'(Q)=4-\frac{1}{2}Q=0$，解得唯一的驻点 $Q=8$. 又因为 $L''(Q)=-\frac{1}{2}<0$，因此 $L''(8)<0$，因此当销售量 $Q=8$(吨)时，利润达到最大，最大利润为 $L(8)=13$(万元).

2. 设(x_0,y_0)为曲线上的任意一点. 等式$\sqrt{x}+\sqrt{y}=a$ 两边关于 x 求导数，得

$$\frac{1}{2\sqrt{x}} + \frac{1}{2\sqrt{y}} \cdot y' = 0,$$

解得 $y'=-\sqrt{\frac{y}{x}}$. 因此曲线在点(x_0,y_0)处的切线方程为

$$y - y_0 = -\sqrt{\frac{y_0}{x_0}}(x - x_0).$$

令 $y=0$，则切线在 x 轴上的截距为 $x_0+\sqrt{x_0y_0}$；令 $x=0$，则切线在 y 轴上的截距为 $y_0+\sqrt{x_0y_0}$. 故切线在 x 轴、y 轴上的截距之和为

$$x_0 + \sqrt{x_0y_0} + y_0 + \sqrt{x_0y_0} = (\sqrt{x_0} + \sqrt{y_0})^2 = a^2.$$

五、证明题

构造辅助函数 $F(x)=xf(x)$，显然 $F(x)$在$[0,1]$上连续，在$(0,1)$内可导，且 $F(0)=F(1)=0$，因此由罗尔定理可得，至少存在一点 $\xi\in(0,1)$，使得 $F'(\xi)=0$. 又因为 $F'(x)=xf'(x)+f(x)$，因此 $\xi f'(\xi)+f(\xi)=0$，即有 $f'(\xi)=-\frac{f(\xi)}{\xi}$，结论得证.

模拟试题六详解

一、填空题

(1) $(-\infty,1)$.　(2) 1.　(3) $x=-1$.　(4) $\frac{1}{2}$.　(5) 2.　(6) $-\frac{1}{2}$.

(7) 由于$\lim\limits_{x\to\infty}\frac{x}{2x+1}=\frac{1}{2}$，因此函数有一条水平渐近线 $y=\frac{1}{2}$，且不存在斜渐近线. 又因为 $\lim\limits_{x\to\left(-\frac{1}{2}\right)}\frac{x}{2x+1}=\infty$，因此函数有一条铅垂渐近线 $x=-\frac{1}{2}$，因此答案为 $y=\frac{1}{2}$和 $x=-\frac{1}{2}$.

(8) 总收益 $R=R(P)=PQ=kP\mathrm{e}^{-aP}$. 由于

$$R'(P)=k\mathrm{e}^{-aP}-akP\mathrm{e}^{-aP},$$

因此总收益对价格的弹性为

$$\frac{ER}{EP}=P\frac{R'(P)}{R}=P\cdot\frac{k\mathrm{e}^{-aP}-akP\mathrm{e}^{-aP}}{kP\mathrm{e}^{-aP}}=1-aP.$$

(9) $-\sin(\cos x)\sin x\mathrm{d}x$.

(10) 原式 $=\int\frac{1-\sin x}{1-\sin^2 x}\mathrm{d}x=\int\frac{1-\sin x}{\cos^2 x}\mathrm{d}x=\int\sec^2 x-\sec x\tan x\mathrm{d}x=\tan x-\sec x+C$.

二、单项选择题

(1) C. (2) D. (3) B.

(4) D.

提示 由于

$$f'''(x_0)=\lim_{x\to x_0}\frac{f''(x)-f''(x_0)}{x-x_0}=\lim_{x\to x_0}\frac{f''(x)}{x-x_0}>0,$$

由极限的保号性可知，在 $x=x_0$ 的某个去心邻域内有 $\frac{f''(x)}{x-x_0}>0$，从而当 $x<x_0$ 时，$f''(x)<0$，当 $x>x_0$ 时，$f''(x)>0$，因此 $(x_0,f(x_0))$ 是曲线 $y=f(x)$ 的拐点.

(5) C.

三、计算题

1. 原式 $=\lim\limits_{x\to-\infty}\frac{2x}{\sqrt{x^2+x}+\sqrt{x^2-x}}=\lim\limits_{x\to-\infty}\frac{-2}{\sqrt{1+\frac{1}{x}}+\sqrt{1-\frac{1}{x}}}=-1$.

2. 原式 $=\lim\limits_{x\to-1}\frac{\ln(x+2)-(x+1)}{(x+1)\ln(x+2)}=\lim\limits_{t\to0}\frac{\ln(t+1)-t}{t\ln(t+1)}=\lim\limits_{t\to0}\frac{\ln(t+1)-t}{t^2}$

$$=\lim_{t\to0}\frac{\frac{1}{t+1}-1}{2t}=\lim_{t\to0}\frac{1-(t+1)}{2t(t+1)}=\lim_{t\to0}\frac{-1}{2(t+1)}=-\frac{1}{2}.$$

3. 等式两边同时取对数得

$$\ln|y|=\frac{1}{2}\ln|1-x|+2\ln|x+2|-\frac{1}{2}\ln|1+x|-3\ln|x+3|,$$

上式两边同时对 x 求导数，有

$$\frac{1}{y}\cdot y'=-\frac{1}{2(1-x)}+\frac{2}{x+2}-\frac{1}{2(x+1)}-\frac{3}{x+3},$$

因此

$$y'=\frac{\sqrt{1-x}\,(x+2)^2}{\sqrt{1+x}\,(x+3)^3}\left[\frac{1}{2(x-1)}+\frac{2}{x+2}-\frac{1}{2(x+1)}-\frac{3}{x+3}\right].$$

4. $\mathrm{d}y=\mathrm{e}^{f(x)}\mathrm{d}f(\mathrm{e}^x)+f(\mathrm{e}^x)\mathrm{d}\mathrm{e}^{f(x)}=\mathrm{e}^{f(x)}f'(\mathrm{e}^x)\mathrm{d}\mathrm{e}^x+f(\mathrm{e}^x)\mathrm{e}^{f(x)}\mathrm{d}f(x)$

$=\mathrm{e}^{f(x)}f'(\mathrm{e}^x)\mathrm{e}^x\mathrm{d}x+f(\mathrm{e}^x)\mathrm{e}^{f(x)}f'(x)\mathrm{d}x$

$=\mathrm{e}^{f(x)}[f'(\mathrm{e}^x)\mathrm{e}^x+f(\mathrm{e}^x)f'(x)]\mathrm{d}x$.

5. 当 $x\neq0$ 时，$f'(x)=\arctan\frac{1}{x^2}+x\frac{1}{1+x^{-4}}\cdot\left(-\frac{2}{x^3}\right)=\arctan\frac{1}{x^2}-\frac{2x^2}{x^4+1}$.

在 $x=0$ 处，$f'(0)=\lim\limits_{x\to 0}\dfrac{f(x)-f(0)}{x}=\lim\limits_{x\to 0}\arctan\dfrac{1}{x^2}=\dfrac{\pi}{2}$. 因为

$$\lim_{x\to 0}f'(x)=\lim_{x\to 0}\left(\arctan\frac{1}{x^2}-\frac{2x^2}{x^4+1}\right)=\frac{\pi}{2}=f'(0),$$

因此 $f'(x)$ 在 $x=0$ 处连续.

6. $y'=2\sin x\cos x=\sin(2x)$,

$$y''=2\cos(2x)=2\sin\left(2x+\frac{\pi}{2}\right),$$

$$y'''=2^2\cos\left(2x+\frac{\pi}{2}\right)=2^2\sin\left(2x+\frac{2\pi}{2}\right),$$

$$y^{(4)}=2^3\cos\left(2x+\frac{2\pi}{2}\right)=2^3\sin\left(2x+\frac{3\pi}{2}\right),$$

一般地，

$$y^{(n)}=2^{n-1}\sin\left(2x+\frac{(n-1)\pi}{2}\right).$$

7. 令 $x=2\sin t,t\in\left(-\dfrac{\pi}{2},\dfrac{\pi}{2}\right)$，$\sqrt{4-x^2}=2\cos t$，$\mathrm{d}x=2\cos t\mathrm{d}t$，因此

$$原式=\int\frac{2\cos t}{4\sin^2 t\cdot 2\cos t}\mathrm{d}t=\frac{1}{4}\int\csc^2 t\mathrm{d}t=-\frac{1}{4}\cot t+C=-\frac{\sqrt{4-x^2}}{4x}+C.$$

8. $$原式=\int\frac{x}{(2+\mathrm{e}^x)^2}\mathrm{d}(2+\mathrm{e}^x)=-\int x\mathrm{d}(2+\mathrm{e}^x)^{-1}=-x(2+\mathrm{e}^x)^{-1}+\int\frac{1}{2+\mathrm{e}^x}\mathrm{d}x$$

$$=-\frac{x}{2+\mathrm{e}^x}+\frac{1}{2}\int\frac{(2+\mathrm{e}^x)-\mathrm{e}^x}{2+\mathrm{e}^x}\mathrm{d}x=-\frac{x}{2+\mathrm{e}^x}+\frac{1}{2}x-\frac{1}{2}\int\frac{\mathrm{e}^x}{2+\mathrm{e}^x}\mathrm{d}x$$

$$=-\frac{x}{2+\mathrm{e}^x}+\frac{1}{2}x-\frac{1}{2}\int\frac{1}{2+\mathrm{e}^x}\mathrm{d}(2+\mathrm{e}^x)$$

$$=-\frac{x}{2+\mathrm{e}^x}+\frac{1}{2}x-\frac{1}{2}\ln(2+\mathrm{e}^x)+C.$$

四、应用题

1. (1) 由题意，利润函数为

$$L(x)=xP-[\overline{C}(x)+t]x=20x-4x^2-2x-tx=-4x^2+(18-t)x,$$

而 $L'(x)=-8x+18-t$，令 $L'(x)=0$，得到唯一的驻点 $x_0=\dfrac{18-t}{8}$，$L''(x)=-8<0$，所以 $x_0=\dfrac{18-t}{8}$ 为 $L(x)$ 的极大值点，也为最大值点. 此时的政府税收为

$$F(t)=xt=\frac{18-t}{8}t=-\frac{1}{8}(t^2-18t)=-\frac{1}{8}(t-9)^2+\frac{81}{8},$$

因此当 $t=9$(万元)时，政府的税额达到最大.

(2) 由 $P=20-4x$，可知 $x=-\dfrac{1}{4}P+5$，因此需求价格弹性为

$$\varepsilon_P=P\frac{x'}{x}=P\frac{-\frac{1}{4}}{-\frac{1}{4}P+5}=\frac{-P}{-P+20},$$

所以 $\varepsilon_P|_{P=4}=-0.25$.其经济意义为：当价格 $P=4$ 时，若价格上涨(或下跌)1%，则需求量将减少(或增加)0.25%.

2. 设 $f(x)=e^x-x-2$，则 $f(x)$在$(-\infty,+\infty)$内连续，且

$$f(-2)=e^{-2}>0,\quad f(0)=-1<0,\quad f(-2)=e^2>0,$$

因此由连续函数的零点定理可知，至少存在两点 $\xi_1\in(-2,0)$和 $\xi_2\in(0,2)$，使得 $f(\xi_1)=f(\xi_2)=0$，故方程 $e^x=x+2$ 在$(-\infty,+\infty)$内至少有两个实根.

又因为当 $x<0$ 时，$f'(x)=e^x-1<0$，当 $x>0$ 时，$f'(x)=e^x-1>0$，所以 $f(x)$在$(-\infty,0]$上单调递减，在$[0,+\infty)$上单调递增，因此 $f(x)=0$ 在$(-\infty,+\infty)$内至多有两个实根.

综上，方程 $e^x=x+2$ 在$(-\infty,+\infty)$内有且仅有两个实根.

五、证明题

构造辅助函数 $F(x)=\dfrac{f(x)}{x^2}$，由题意，$F(x)$在$[a,b]$上连续，在(a,b)内可导，且满足 $F(a)=0,F(b)=0$. 由罗尔定理可知，至少存在一点 $\xi\in(a,b)$，使得 $F'(\xi)=0$. 又因为 $F'(x)=\dfrac{xf'(x)-2f(x)}{x^3}$，从而得 $\xi f'(\xi)-2f(\xi)=0$，结论得证.

模拟试题七详解

一、填空题

(1) 9.　(2) 必要，必要.　(3) 3.　(4)0.　(5) $\pm\sqrt{2}$.　(6) -1.　(7) $\dfrac{1}{2e}$.

(8) 增加 0.25%.　(9) $e^{2x}+C$.　(10) $-\sin x+2x+C$.

二、单项选择题

(1) C；　(2) B；　(3) A；　(4) C；　(5)B.

三、计算题

1. 原式$=\lim\limits_{x\to+\infty}\dfrac{\sqrt{x}}{x}\sin x=\lim\limits_{x\to+\infty}\dfrac{1}{\sqrt{x}}\sin x=0$.

2. $\lim\limits_{x\to+\infty}f(x)=\lim\limits_{x\to+\infty}\dfrac{1-\cos x}{x^2}=0$；

$\lim\limits_{x\to-\infty}f(x)=\lim\limits_{x\to-\infty}\dfrac{e^x-1}{x}=0$；

$$f'_+(0)=\lim_{x\to0^+}\frac{\frac{1-\cos x}{x^2}-1}{x}=\lim_{x\to0^+}\frac{1-\cos x-x^2}{x^3}=\lim_{x\to0^+}\frac{\sin x-2x}{3x^2}$$

$$=\lim_{x\to0^+}\frac{\cos x-2}{6x}=\infty,$$

$$f'_-(0)=\lim_{x\to0^-}\frac{\frac{e^x-1}{x}-1}{x}=\lim_{x\to0^-}\frac{e^x-1-x}{x^2}=\lim_{x\to0^-}\frac{e^x-1}{2x}=\frac{1}{2},$$

所以 $f'(0)$不存在.

3. $\lim\limits_{x\to 0}\dfrac{f(x)-x}{x^2}=\lim\limits_{x\to 0}\dfrac{f'(x)-1}{2x}=\dfrac{1}{2}\lim\limits_{x\to 0}\dfrac{f'(x)-f'(0)}{x}=\dfrac{1}{2}f''(0)=1.$

4. 令 $\dfrac{1}{x}=t$,则

$$\lim_{x\to+\infty}\left[x-x^2\ln\left(1+\frac{1}{x}\right)\right]=\lim_{t\to 0^+}\left[\frac{1}{t}-\frac{1}{t^2}\ln(1+t)\right]=\lim_{t\to 0^+}\frac{t-\ln(1+t)}{t^2}$$

$$=\lim_{t\to 0^+}\frac{1-\dfrac{1}{1+t}}{2t}=\lim_{t\to 0^+}\frac{t}{2t(1+t)}=\frac{1}{2}.$$

5. 当 $x=0$ 时,$y=1$. 等式两边同时对 x 求导数,并将 y 视为 x 的函数,有

$$y'\mathrm{e}^x+y\mathrm{e}^x+\mathrm{e}^y+x\mathrm{e}^y\cdot y'=0,$$

因此

$$y'=-\frac{\mathrm{e}^y+y\mathrm{e}^x}{\mathrm{e}^x+x\mathrm{e}^y},\quad y'\big|_{x=0}=-\frac{\mathrm{e}^y+y\mathrm{e}^x}{\mathrm{e}^x+x\mathrm{e}^y}\bigg|_{\substack{x=0\\y=1}}=-(\mathrm{e}+1).$$

6. 由题意知,$f(0)=1$,$y'\big|_{x=-1}=0$,$y''\big|_{x=0}=0$. 又因为

$$f'(x)=3x^2+6ax+3b,\quad f''(x)=6x+6a,$$

因此有 $c=1$,$3-6a+3b=0$,$6a=0$,解得:$a=0$,$b=-1$,$c=1$.

7. 原式$=\displaystyle\int(x^2+3x-2)\mathrm{d}(\sin x)=(x^2+3x-2)\sin x-\int\sin x\cdot(2x+3)\mathrm{d}x$

$$=(x^2+3x-2)\sin x+\int(2x+3)\mathrm{d}(\cos x)$$

$$=(x^2+3x-2)\sin x+(2x+3)\cos x-2\int\cos x\mathrm{d}x$$

$$=(x^2+3x-2)\sin x+(2x+3)\cos x-2\sin x+C$$

$$=(x^2+3x-4)\sin x+(2x+3)\cos x+C.$$

8. 令 $t=\sqrt{1-x}$,则 $x=1-t^2$,$\mathrm{d}x=-2t\mathrm{d}t$,因此

原式$=\displaystyle -2\int t\cdot\cos t\mathrm{d}t=-2\int t\mathrm{d}(\sin t)=-2t\sin t+2\int\sin t\mathrm{d}t=-2t\sin t-2\cos t+C$

$$=-2\sqrt{1-x}\sin\sqrt{1-x}-2\cos\sqrt{1-x}+C.$$

四、应用题

1. (1) $R=xp=x\cdot\dfrac{1}{5}(125-x)=-\dfrac{1}{5}x^2+25x$,

$$L=R-C=-\frac{1}{5}x^2+25x-100-x-x^2=-\frac{6}{5}x^2+24x-100,$$

求导数 $L'=-\dfrac{12}{5}x+24$,令 $L'=0$,得到唯一的驻点 $x=10$,而 $L''=-\dfrac{12}{5}<0$,所以 $x=10$ 为最大值点.

(2) $\varepsilon_p=f'(p)\dfrac{p}{f(p)}=\dfrac{-5p}{125-5p}$,$\varepsilon_p\big|_{p=20}=-4$.

其经济意义为:当价格 $p=20$ 时,当价格上涨(或下跌)1%,需求量增加(或减少)4%.

2. 函数的定义域为$(-\infty,1)\cup(1+\infty)$. $x=1$为无穷间断点.函数的一阶、二阶导数为

$$y'=\frac{x^2(x-3)}{3(x-1)^3},\quad y''=\frac{2x}{(x-1)^4}.$$

令$y'=0$,解得驻点$x_1=0,x_2=3$.令$y''=0$,解得$x_3=0$.列表讨论函数的性态,见表7.1.

表 7.1

x	$(-\infty,0)$	0	$(0,1)$	$(1,3)$	3	$(3,+\infty)$
y'	+	0	+	−	0	+
y''	−	0	+	+	+	+
y	↗上凸	拐点$(0,0)$	↗下凸	↘下凸	极小值$\frac{9}{4}$	↗下凸

因为$\lim\limits_{x\to\infty}\frac{x^3}{3(x-1)^2}=\infty$,因此曲线不存在水平渐近线.因为$\lim\limits_{x\to1}\frac{x^3}{3(x-1)^2}=\infty$,因此曲线有一条垂直渐近线$x=1$.又因为

$$a=\lim_{x\to\infty}\frac{f(x)}{x}=\lim_{x\to\infty}\frac{x^3}{3x(x-1)^2}=\frac{1}{3},$$

$$b=\lim_{x\to\infty}[f(x)-ax]=\lim_{x\to\infty}\left[\frac{x^3}{3(x-1)^2}-\frac{1}{3}x\right]=\lim_{x\to\infty}\frac{2x^2-x}{3(x-1)^2}=\frac{2}{3},$$

因此曲线有一条斜渐近线$y=\frac{1}{3}x+\frac{2}{3}$.

补充辅助点$f(-1)=-\frac{1}{12},f(-2)=-\frac{8}{27}$,$f(2)=\frac{8}{3}$.按照表7.1列出的函数的单调性和凹凸性作出函数的图像,如图7.1所示.

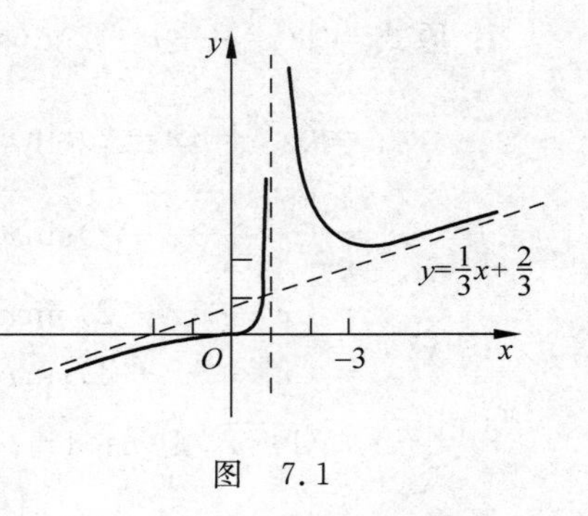

图 7.1

五、证明题

构造辅助函数$f(x)=\sin x-x+\frac{1}{3!}x^3$,则$f(x)$在$[0,+\infty)$上连续,求导数得

$$f'(x)=\cos x-1+\frac{1}{2}x^2,$$

显然,$f'(x)$在$[0,+\infty)$上连续,且$f''(x)=\sin x+x$,当$x>0$时,$|\sin x|<x$,所以$f''(x)>0$,$f'(x)$在$[0,+\infty)$上单调递增.因此当$x>0$时,$f'(x)>f'(0)=0$,所以$f(x)$在$[0,+\infty)$上单调递增,当$x>0$时,$f(x)>f(0)=0$,因此有$\sin x>x-\frac{x^3}{3!}$.

模拟试题八详解

一、填空题

(1) $\sin x$. (2) $2x$. (3) e^{-6}.

(4) $\frac{1}{2}$.

提示 记$a_n=\frac{1}{n^2+1}+\frac{2}{n^2+2}+\cdots+\frac{n}{n^2+n}$,则有

$$\frac{n(n+1)}{2(n^2+n)}=\frac{1}{n^2+n}+\frac{2}{n^2+n}+\cdots+\frac{n}{n^2+n}<a_n<\frac{1}{n^2}+\frac{2}{n^2}+\cdots+\frac{n}{n^2}=\frac{n(n+1)}{2n^2},$$

而$\lim\limits_{n\to\infty}\frac{n(n+1)}{2n^2}=\frac{1}{2}$，$\lim\limits_{n\to\infty}\frac{n(n+1)}{2(n^2+n)}=\frac{1}{2}$，由夹逼定理可知.

(5) 1. (6) 0.

(7) $e^x=e+e(x-1)+\frac{e}{2!}(x-1)^2+\cdots+\frac{e}{n!}(x-1)^n+\frac{e^{\xi}}{(n+1)!}(x-1)^{n+1}$，其中$\xi$介于1和$x$之间.

(8) 10. (9) $-\frac{1}{2}\ln(1-x^2)+C$. (10) $x^2e^{x^2}$.

二、单项选择题

(1) D. (2) A. (3) C. (4) C.

(5) B.

提示 由$\lim\limits_{x\to0}\frac{f''(x)}{|x|}=1$及极限的保号性可知，存在$\delta>0$，使得当$x\in(-\delta,0)\cup(0,\delta)$时，有$f''(x)>0$. 因此$f'(x)$在$(-\delta,0)$和$(0,\delta)$内单调递增，故当$x\in(-\delta,0)$时，$f'(x)<f'(0)=0$，当$x\in(0,\delta)$时，$f'(x)>f'(0)=0$，所以$x=0$为函数$f(x)$的极小值点.

三、计算题

1. 原式$=\lim\limits_{n\to\infty}\frac{\sqrt{n+3\sqrt{n}}-\sqrt{n-\sqrt{n}}}{1}=\lim\limits_{n\to\infty}\frac{n+3\sqrt{n}-(n-\sqrt{n})}{\sqrt{n+3\sqrt{n}}+\sqrt{n-\sqrt{n}}}$

$$=\lim_{n\to\infty}\frac{4\sqrt{n}}{\sqrt{n+3\sqrt{n}}+\sqrt{n-\sqrt{n}}}=2.$$

2. 原式$=\lim\limits_{x\to0}e^{\frac{\ln(2^x+3^x)-\ln2}{x}}=\lim\limits_{x\to0}e^{\frac{2^x\ln2+3^x\ln3}{2^x+3^x}}=e^{\frac{\ln6}{2}}=\sqrt{6}$.

3. $dy=\sqrt{9-x^2}\,dx$.

4. $y'=f(\ln x)+xf'(\ln x)\cdot\frac{1}{x}=f(\ln x)+f'(\ln x)$,

$$y''=\frac{1}{x}f'(\ln x)+\frac{1}{x}f''(\ln x)=\frac{1}{x}[f'(\ln x)+f''(\ln x)].$$

5. 原式$=\lim\limits_{x\to0}[(1+x)^{\frac{1}{x}}-e]'=\lim\limits_{x\to0}[e^{\frac{\ln(1+x)}{x}}]'=\lim\limits_{x\to0}\left(e^{\frac{\ln(1+x)}{x}}\cdot\frac{\frac{x}{1+x}-\ln(1+x)}{x^2}\right)$

$$=e\cdot\lim_{x\to0}\frac{x-(1+x)\ln(1+x)}{x^2(1+x)}=e\cdot\lim_{x\to0}\frac{-\ln(1+x)}{2x+3x^2}$$

$$=e\cdot\lim_{x\to0}\frac{-x}{x(2+3x)}=-\frac{e}{2}.$$

6. 由题意，当$x=0$时，$y=1$. 方程两边同时对x求导数，得

$$y'=2e^{2x}+e^y+xe^y\cdot y',$$

将$x=0$，$y=1$代入上式，得$f'(0)=e+2$. 上述方程两边同时再对x求导数，得

$$y''=4e^{2x}+e^yy'+e^yy'+xe^y(y')^2+xe^y\cdot y'',$$

将$x=0$，$y=1$及$f'(0)=e+2$代入上式，得$f''(0)=2(e^2+2e+2)$.

7. 令 $t=\sqrt{x}$，则 $x=t^2$，$\mathrm{d}x=2t\mathrm{d}t$，因此

原式 $=\int\sqrt{\frac{t^2}{1-t^3}}2t\mathrm{d}t=2\int\frac{t^2}{\sqrt{1-t^3}}\mathrm{d}t=-\frac{2}{3}\int\frac{1}{\sqrt{1-t^3}}\mathrm{d}(1-t^3)=-\frac{4}{3}\sqrt{1-t^3}+C$

$=-\frac{4}{3}\sqrt{1-x\sqrt{x}}+C.$

8. 令 $x=\sin t$，$t\in\left(-\frac{\pi}{2},\frac{\pi}{2}\right)$，则 $t=\arcsin x$，$\sqrt{1-x^2}=\cos t$，$\mathrm{d}x=\cos t\mathrm{d}t$，因此

原式 $=\int\frac{t}{\cos^3 t}\cos t\mathrm{d}t=\int t\sec^2 t\mathrm{d}t=\int t\mathrm{d}(\tan t)=t\tan t-\int\tan t\mathrm{d}t$

$=t\tan t+\ln|\cos t|+C=\frac{x}{\sqrt{1-x^2}}\sin x+\ln\sqrt{1-x^2}+C.$

四、应用题

1. 设每次订货 x 吨，则成本函数为

$$C=C(x)=\frac{x}{2}\times 40+\frac{1000}{x}(32+20x)=20x+\frac{32\,000}{x}+20\,000,$$

而 $C'(x)=20-\frac{32\,000}{x^2}$，令 $C'(x)=0$，得到唯一驻点 $x=40$，$C''(x)=\frac{32000}{x^3}\times 2>0$，从而 $C''(40)>0$，故每批订货 40 吨时，可使总费用达到最小.

2. 函数的定义域为 $(-\infty,0)\cup(0+\infty)$. 函数的一阶、二阶导数为

$$y'=\frac{1}{x^2}\mathrm{e}^{-\frac{1}{x}},\quad y''=\frac{1-2x}{x^4}\mathrm{e}^{-\frac{1}{x}}.$$

令 $y''=0$，解得 $x=\frac{1}{2}$. 列表讨论函数的性态，见表 8.1.

表 8.1

x	$(-\infty,0)$	$\left(0,\frac{1}{2}\right)$	$\frac{1}{2}$	$\left(\frac{1}{2},+\infty\right)$
y'	+	+	+	+
y''	+	+	0	−
y	↗下凸	↗下凸	拐点 $\left(\frac{1}{2},\mathrm{e}^{-2}\right)$	↗上凸

因为 $\lim\limits_{x\to\infty}\mathrm{e}^{-\frac{1}{x}}=1$，因此曲线有一条水平渐近线 $y=1$. $\lim\limits_{x\to 0^+}\mathrm{e}^{-\frac{1}{x}}=0$，$\lim\limits_{x\to 0^-}\mathrm{e}^{-\frac{1}{x}}=+\infty$，因此曲线有一条垂直渐近线 $x=0$（注意在直线 $x=0$ 的左侧存在垂直渐近线）. 按照表 8.1 列出的函数的单调性和凹凸性作出函数的图像，如图 8.1 所示.

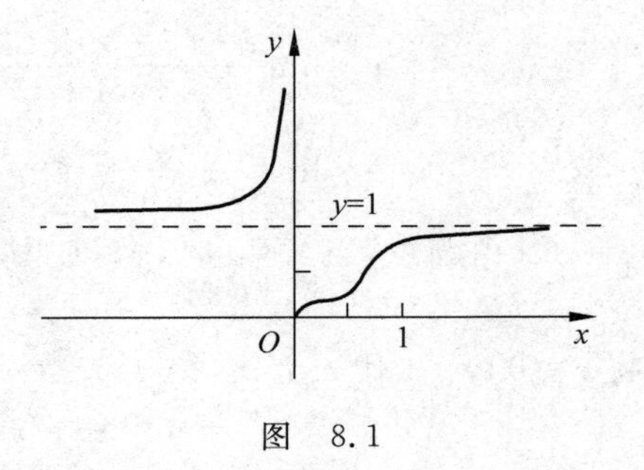

图 8.1

五、证明题

构造辅助函数 $F(x)=\mathrm{e}^x[f(x)-2x]$，则有

$$F(1)=\mathrm{e}[f(1)-2]>0,\quad F(5)=\mathrm{e}^5[f(5)-10]<0,$$

显然 $F(x)$ 在 $[1,5]$ 上连续，由零点定理可知，至少存在一点 $\eta\in(1,5)$，使得 $F(\eta)=0$. 又因为 $F(x)$ 在 $[\eta,6]$ 上连续，在 $(\eta,6)$ 内可导，且 $F(6)=\mathrm{e}^6[f(6)-12]=0=F(\eta)$，因此由罗尔定理可知，至少存在一点 $\xi\in(\eta,6)\subset(1,6)$，使得 $F'(\xi)=0$. 而

$$F'(x)=\mathrm{e}^x[f(x)-2x]+\mathrm{e}^x[f'(x)-2]=\mathrm{e}^x[f(x)-2x+f'(x)-2],$$

因此有 $f'(\xi)-2\xi+f(\xi)-2=0$，从而结论得证.

模拟试题九详解

一、填空题

(1) $\varphi(x)$.　(2) $\frac{\pi}{2}$.　(3) $\frac{1}{2}$.

(4) $\frac{1}{2}$.

提示　$\lim\limits_{x\to1}\frac{f(x)-f(1)}{x^2-1}=\lim\limits_{x\to1}\frac{f(x)-f(1)}{x-1}\cdot\frac{1}{x+1}=\frac{1}{2}f'(1)=\frac{1}{2}$.

(5) $-x^{-2}\mathrm{e}^{\frac{1}{x}}f'(\mathrm{e}^{\frac{1}{x}})\mathrm{d}x$.　(6) e^{-2}.　(7) $f'(0)<f(1)-f(0)<f'(1)$.

(8) $x=150$.　(9) $\ln|x+1|+1$.　(10) $-\frac{1}{x^2}$.

二、单项选择题

(1) B.　(2) D.　(3) C.　(4) C.　(5) D.

三、计算题

1. 原式 $=\lim\limits_{x\to+\infty}\frac{\sqrt{(x-3)(x-5)}-x}{1}=\lim\limits_{x\to+\infty}\frac{(x-3)(x-5)-x^2}{\sqrt{(x-3)(x-5)}+x}$

$$=\lim_{x\to+\infty}\frac{-8x+15}{\sqrt{(x-3)(x-5)}+x}=\lim_{x\to+\infty}\frac{-8+\frac{15}{x}}{\sqrt{\left(1-\frac{3}{x}\right)\left(1-\frac{5}{x}\right)}+1}=-4.$$

2. 原式 $=\lim\limits_{x\to0}(1-2x)^{\frac{-1}{2x}\cdot\frac{-2x}{\arcsin x}}$，由于 $\lim\limits_{x\to0}\frac{-2x}{\arcsin x}=-2$，因此原极限 $=\mathrm{e}^{-2}$.

3. 根据对数恒等式以及函数的连续性，有

原式 $=\lim\limits_{x\to+\infty}\mathrm{e}^{\frac{1}{x}\ln(x+\sqrt{x^2+2x})}=\mathrm{e}^{\lim\limits_{x\to+\infty}\frac{1}{x}\ln(x+\sqrt{x^2+2x})}$.

而

$$\lim_{x\to+\infty}\frac{\ln(x+\sqrt{x^2+2x})}{x}=\lim_{x\to+\infty}\frac{1+\frac{2x+2}{2\sqrt{x^2+2x}}}{x+\sqrt{x^2+2x}}=\lim_{x\to+\infty}\frac{1+\frac{x+1}{\sqrt{x^2+2x}}}{x+\sqrt{x^2+2x}}=0,$$

因此原极限 $=\mathrm{e}^0=1$.

4. $y'=\mathrm{e}^x\cos[f(\mathrm{e}^x)]f'(\mathrm{e}^x)$,

$y''=\mathrm{e}^x\cos[f(\mathrm{e}^x)]f'(\mathrm{e}^x)-\mathrm{e}^{2x}\sin[f(\mathrm{e}^x)][f'(\mathrm{e}^x)]^2+\mathrm{e}^{2x}\cos[f(\mathrm{e}^x)]f''(\mathrm{e}^x)$.

5. 由题意可知 $f(0)=f'(0)=0$. 又因为

$$\lim_{x\to 0}\left[1+\frac{f(x)}{x}\right]^{\frac{1}{x}}=\lim_{x\to 0}\left[1+\frac{f(x)}{x}\right]^{\frac{x}{f(x)}\cdot\frac{f(x)}{x^2}},$$

而

$$\lim_{x\to 0}\frac{f(x)}{x^2}=\lim_{x\to 0}\frac{f'(x)}{2x}=\frac{1}{2}\lim_{x\to 0}\frac{f'(x)-f'(0)}{x-0}=\frac{1}{2}f''(0)=2,$$

因此原极限$=e^2$.

6. 方程两边关于 x 求导,得

$$e^y\cdot y'-y-xy'=0;$$

方程两边关于 x 再求导数,得

$$e^y(y')^2+e^y\cdot y''-2y'-xy''=0,$$

当 $x=0$ 时,$y=1$,代入上述等式,从而 $f'(0)=\frac{1}{e}$,$f''(0)=\frac{1}{e^2}$.

7. **提示** 由于

$$\int f(x)F(x)\mathrm{d}x=\int\sin^2(2x)\mathrm{d}x=\frac{1}{2}\int(1-\cos 4x)\mathrm{d}x,$$

而

$$\int f(x)F(x)\mathrm{d}x=\int F(x)\mathrm{d}F(x)=\frac{1}{2}F^2(x)+C,$$

所以

$$\frac{1}{2}F^2(x)=\frac{1}{2}\left[x-\frac{1}{4}\sin 4x\right]+C.$$

8. 原式$=\int\frac{x+2}{(x+1)^2+4}\mathrm{d}x\xlongequal{t=x+1}\int\frac{t+1}{t^2+4}\mathrm{d}t=\int\frac{t}{t^2+4}\mathrm{d}t+\int\frac{1}{t^2+4}\mathrm{d}t$

$$=\frac{1}{2}\int\frac{1}{t^2+4}\mathrm{d}(t^2+4)+\frac{1}{2}\arctan\frac{t}{2}=\frac{1}{2}\ln(t^2+4)+\frac{1}{2}\arctan\frac{t}{2}+C$$

$$=\frac{1}{2}\ln[(x+1)^2+4]+\frac{1}{2}\arctan\frac{x+1}{2}+C.$$

四、应用题

1. 由题意,$p=7-\frac{1}{5}Q$. 成本函数为

$$C(Q)=\int 3\mathrm{d}x=3Q+C_1,$$

又因为 $C(0)=1$,因此 $C_1=1$,故 $C(Q)=3Q+1$. 从而利润函数为

$$L(Q)=R(Q)-C(Q)=Q(7-\frac{1}{5}Q)-3Q-1=4Q-\frac{1}{5}Q^2-1,$$

令 $L'(Q)=4-\frac{2}{5}Q=0$,解得 $Q=10$,又因为 $L''(10)=-\frac{2}{5}<0$,所以当 $Q=10$ 吨时,利润函数达到最大,最大利润为 $L(10)=19$(万元).

2. 函数的定义域为 $x\in(-\infty,+\infty)$. $y'=e^{-x}(1-x)$,$y''=e^{-x}(x-2)$.

令 $y'=0$,解得 $x=1$,令 $y''=0$,解得 $x=2$,列表讨论函数的性态,见表 9.1.

表 9.1

x	$(-\infty,1)$	1	$(1,2)$	2	$(2,+\infty)$
y'	+	0	−	0	−
y''	−	−	−	0	+
y	↗(上凸)	极大值	↘(上凸)	拐点	↘(下凸)

因此 $y=f(x)$ 的单调递增区间为 $(-\infty,1]$，单调递减区间为 $[1,+\infty)$；函数在 $x=1$ 处取得极大值，极大值为 $f(1)=\mathrm{e}^{-1}$. 函数的上凸区间为 $(-\infty,2)$，下凸区间为 $(2,+\infty)$，函数的拐点为 $(2,2\mathrm{e}^{-2})$. 又因为

$$\lim_{x\to+\infty} x\mathrm{e}^{-x}=\lim_{x\to+\infty}\frac{x}{\mathrm{e}^{x}}=\lim_{x\to+\infty}\frac{1}{\mathrm{e}^{x}}=0,$$

所以函数有一条水平渐近线 $y=0$，且不存在垂直渐近线和斜渐近线.

五、证明题

要证明结论 $af'(\xi)+bf'(\eta)=a+b$ 成立，只需证明 $\dfrac{a}{a+b}f'(\xi)+\dfrac{b}{a+b}f'(\eta)=1$ 成立即可. 令 $c=\dfrac{a}{a+b}$，分别在 $[0,c]$ 和 $[c,1]$ 上利用拉格朗日中值定理得

$\exists\,\xi\in(0,c)$，使得 $f(c)-f(0)=f'(\xi)(c-0)$；

$\exists\,\eta\in(c,1)$，使得 $f(1)-f(c)=f'(\eta)(1-c)$.

上述两式相加即可得到结论.

模拟试题十详解

一、填空题

(1) $[-3,1]$. (2) $\begin{cases}2x+4, & x\leqslant -1\\ x+5, & x>-1\end{cases}$. (3) $y=\ln\dfrac{x}{1-x}, x\in(0,1)$.

(4) -1, 1. (5) e^2. (6) $-8\ln 2$. (7) $y=6x-4$ 或 $y=6x+4$.

(8) 0. (9) $(-\infty,+\infty)$. (10) $x+\dfrac{1}{2}\ln x+C$.

二、单项选择题

(1) C. (2) A. (3) C. (4) B.

(5) B.

提示 由于 $[f(\cos x)]'=f'(\cos x)\cdot(-\sin x)=-\sin^2 x$，因此

$$f(\cos x)=-\int\sin^2 x\mathrm{d}x=-\int\frac{1-\cos(2x)}{2}\mathrm{d}x=-\frac{1}{2}x+\frac{1}{2}\int\cos(2x)\mathrm{d}x$$

$$=-\frac{1}{2}x+\frac{1}{4}\sin(2x)+C.$$

三、计算题

1. 原式$=\lim\limits_{n\to\infty}\dfrac{\sqrt{n+2\sqrt{n}}-\sqrt{n-3\sqrt{n}}}{1}=\lim\limits_{n\to\infty}\dfrac{5\sqrt{n}}{\sqrt{n+2\sqrt{n}}-\sqrt{n-3\sqrt{n}}}$

$$=\lim_{n\to\infty}\frac{5}{\sqrt{1+\frac{2}{\sqrt{n}}}-\sqrt{1-\frac{3}{\sqrt{n}}}}=\frac{5}{2}.$$

2. 由题意,原式$=\lim\limits_{x\to0}\mathrm{e}^{\frac{1}{x}\ln(\sin x+\mathrm{e}^x)}=\mathrm{e}^{\lim\limits_{x\to0}\frac{1}{x}\ln(\sin x+\mathrm{e}^x)}$,而

$$\lim_{x\to0}\frac{1}{x}\ln(\sin x+\mathrm{e}^x)=\lim_{x\to0}\frac{\ln(\sin x+\mathrm{e}^x)}{x}=\lim_{x\to0}\frac{\cos x+\mathrm{e}^x}{\sin x+\mathrm{e}^x}=2,$$

因此原极限$=\mathrm{e}^2$.

3. 由于 $y'=\dfrac{1}{2\sqrt{2x+\sqrt{1-4x}}}(2x+\sqrt{1-4x})'=\dfrac{1}{2\sqrt{2x+\sqrt{1-4x}}}\left(2+\dfrac{-4}{2\sqrt{1-4x}}\right)$

$$=\frac{1}{\sqrt{2x+\sqrt{1-4x}}}\left(1-\frac{1}{\sqrt{1-4x}}\right),$$

因此 $\mathrm{d}y=\dfrac{1}{\sqrt{2x+\sqrt{1-4x}}}\left(1-\dfrac{1}{\sqrt{1-4x}}\right)\mathrm{d}x$.

4. 由题意,$f(x)$在 $x=0$ 处连续,且可导,因此有

$$\lim_{x\to0^-}f(x)=\lim_{x\to0^+}f(x),f'_-(0)=f'_+(0).$$

而$\lim\limits_{x\to0^-}f(x)=a$,$\lim\limits_{x\to0^+}f(x)=-b$,因此 $a=-b$. 又因为

$$f'_-(0)=\lim_{x\to0^-}\frac{f(x)-f(0)}{x}=\lim_{x\to0^-}\frac{a\mathrm{e}^x+b}{x}=\lim_{x\to0^-}\frac{a(\mathrm{e}^x-1)}{x}=a,$$

$$f'_+(0)=\lim_{x\to0^+}\frac{f(x)-f(0)}{x}=\lim_{x\to0^-}\frac{3\sin x-b+b}{x}\lim_{x\to0^-}\frac{3\sin x}{x}=3,$$

因此 $a=3,b=-3$.

5. 由于 $f'(x)=\dfrac{3}{1+9x^2}$,$g'(x)=2\mathrm{e}^{2x}$,因此

$$f'[g(x)]=\frac{3}{1+9g^2(x)}=\frac{3}{1+9\mathrm{e}^{4x}},$$

$$\{f[g(x)]\}'=f'[g(x)]\cdot g'(x)=\frac{3}{1+9\mathrm{e}^{4x}}\cdot2\mathrm{e}^{2x}=\frac{6\mathrm{e}^{2x}}{1+9\mathrm{e}^{4x}}.$$

6. 方程两边关于 x 求导,并将 y 视为 x 的函数,得

$$2x-y-xy'+2yy'=0,$$

方程两边关于 x 再求导数,得

$$2-y'-y'-xy''+2(y')^2+2yy''=0,$$

将 $x=1$ 和 $y=1$ 分别代入上述两个方程得 $y'|_{(1,1)}=-1$,$y''|_{(1,1)}=-6$.

7. 原式 $=\displaystyle\int\frac{1-\sin x}{\cos^2x}\mathrm{d}x=\int\sec^2x\mathrm{d}x-\int\sec x\cdot\tan x\mathrm{d}x=\tan x-\sec x+C.$

8. 原式 $=-\int \ln x \mathrm{d}(x+1)^{-1}=-\frac{\ln x}{x+1}+\int \frac{1}{x+1}\cdot\frac{1}{x}\mathrm{d}x=-\frac{\ln x}{x+1}+\int\left(\frac{1}{x}-\frac{1}{x+1}\right)\mathrm{d}x$

$=-\frac{\ln x}{x+1}+\ln x-\ln(x+1)+C.$

四、应用题

1. 设需要分 x 批进货，总费用为

$$y=1000x+\frac{1}{2}\times\frac{1\,000\,000}{x}\times 0.05=1000x+\frac{25\,000}{x},$$

而 $y'=1000-\frac{25\,000}{x^2}$，令 $y'=0$，得唯一的驻点 $x=5$，而 $y''=\frac{50\,000}{x^3}$，$y''(5)>0$，所以当 $x=5$ 时，总费用达到最小.

2. (1) $x=-1,x=1,x=4$. (2) $[-1,1],[4,+\infty)$. (3) $(-\infty,-1],[1,4]$.
(4) $x=1$. (5) $x=-1,x=4$. (6) $(0,2)$. (7) $(-\infty,0),(2,+\infty)$.
(8) $[0,f(0)],[2,f(2)]$.

五、证明题

要证明 $\mathrm{e}^{\pi}>\pi^{\mathrm{e}}$，只需证明 $\pi\ln\mathrm{e}>\mathrm{e}\ln\pi$，即证明 $\pi-\mathrm{e}\ln\pi>0$ 即可. 构造辅助函数

$$f(x)=x-\mathrm{e}\ln x,$$

求导数得 $f'(x)=1-\frac{\mathrm{e}}{x}$，令 $f'(x)=0$，得到唯一的驻点 $x=\mathrm{e}$，又因为 $f''(x)=\frac{\mathrm{e}}{x^2}>0$，从而 $f''(\mathrm{e})>0$，所以 $x=\mathrm{e}$ 为函数 $f(x)$ 的极小值点，也是最小值点. 因此有 $f(\pi)>f(\mathrm{e})=0$，所以 $\pi-\mathrm{e}\ln\pi>0$，从而结论得证.

模拟试题十一详解

一、填空题

(1) $-2x\cos(x^2+1)$.

提示 令 $u=t-x$，$\int_0^x f(t-x)\mathrm{d}t=\int_{-x}^0 f(u)\mathrm{d}u$，即 $\int_{-x}^0 f(u)\mathrm{d}u=\sin(x^2+1)$，$-\int_0^{-x} f(u)\mathrm{d}u=\sin(x^2+1)$，求导得 $f(-x)=2x\cos(x^2+1)$.

(2) $f\left(\frac{\pi}{6}\right)-f(0)$.

提示 $\int_0^{\frac{1}{2}}\frac{f'(\arcsin x)}{\sqrt{1-x^2}}\mathrm{d}x=\int_0^{\frac{1}{2}} f'(\arcsin x)\mathrm{d}\arcsin x$.

(3) 1.

提示 $\int_0^b x^2\mathrm{d}x=\int_b^{\sqrt[3]{2}} x^2\mathrm{d}x$，$\frac{1}{3}b^3=\frac{1}{3}(2-b^3)$.

(4) 发散.

提示 $\frac{1}{an+b}>\frac{1}{an+bn}=\frac{1}{a+b}\cdot\frac{1}{n}$，而调和级数 $\sum\limits_{n=1}^{\infty}\frac{1}{n}$ 发散所以 $\sum\limits_{n=1}^{\infty}\frac{1}{a+b}\cdot\frac{1}{n}$

发散.

(5) $yf_1'+\frac{1}{y}f_2'$.

(6) $-6<a<6$.

提示 $AC-B^2=36-a^2>0$.

(7) $-\frac{1}{3}$.

提示 $\sum\limits_{n=1}^{\infty}(-1)^n\frac{1}{2^n}=\frac{-\frac{1}{2}}{1+\frac{1}{2}}$.

(8) $[2,4]$. (9) $\int_0^4 \mathrm{d}x\int_{\frac{1}{2}x}^{\sqrt{x}}f(x,y)\mathrm{d}y$.

(10) $y=2x$.

提示 因为$\int\frac{\mathrm{d}y}{y}=\int\frac{\mathrm{d}x}{x}$,积分得$\ln|y|=\ln|x|+\ln|C|$,$y=Cx$,当$y(1)=2$时,得$C=2$.

二、单项选择题

(1) B.

(2) C.

提示 由于$F'(x)=\mathrm{e}^{\sin^2(x+2\pi)}\sin(x+2\pi)-\mathrm{e}^{\sin^2 x}\sin x=0$,所以$F(x)$恒为常数.又因为$F(x)=F(-\pi)=\int_{-\pi}^{\pi}\mathrm{e}^{\sin^2 t}\sin t\mathrm{d}t$,积分区间关于原点对称,被积函数为奇函数,因此$F(x)=F(-\pi)=0$.故答案选C.

(3) C.

提示 因为设$S_n=\sum\limits_{k=1}^{n}u_k$且$\lim\limits_{n\to\infty}S_n=S$,则

$\sum\limits_{k=2}^{n}(u_k+u_{k-1})=(u_2+u_1)+(u_3+u_2)+(u_4+u_3)+\cdots+(u_n+u_{n-1})=2S_n-u_1-u_n$,
而

$$\lim_{n\to\infty}\sum_{k=2}^{n}(u_k+u_{k-1})=\lim_{n\to\infty}(2S_n-u_1-u_n).$$

(4) B.

提示 由于

$$\lim_{n\to\infty}\frac{u_{n+1}}{u_n}=\lim_{n\to\infty}\frac{5^{n+1}+4^{n+1}}{7^{n+1}-4^{n+1}}\cdot\frac{7^n-4^n}{5^n+4^n}=\lim_{n\to\infty}\frac{5}{7}\cdot\frac{1+\left(\frac{4}{5}\right)^{n+1}}{1-\left(\frac{4}{7}\right)^{n+1}}\cdot\frac{1-\left(\frac{4}{7}\right)^{n}}{1+\left(\frac{4}{5}\right)^{n}}=\frac{5}{7}<1,$$

所以正项级数$\sum\limits_{n=1}^{\infty}\frac{5^n+4^n}{7^n-4^n}$收敛(绝对收敛),故选项A错误;

考察正项级数$\sum\limits_{n=1}^{\infty}\frac{1}{\ln(n+1)}$,因为$\ln(n+1)<n$,$\frac{1}{\ln(n+1)}>\frac{1}{n}$,调和$\sum\limits_{n=1}^{\infty}\frac{1}{n}$发散,所

以$\sum\limits_{n=1}^{\infty}\dfrac{1}{\ln(n+1)}$发散，而$\sum\limits_{n=1}^{\infty}(-1)^n\dfrac{1}{\ln(n+1)}$符合交错级数收敛条件，所以选项 B 正确；

由于$\lim\limits_{n\to\infty}\dfrac{\mathrm{e}^{-n^2}}{\dfrac{1}{n^2}}=\lim\limits_{n\to\infty}\dfrac{n^2}{\mathrm{e}^{n^2}}=0$，而$p$级数$\sum\limits_{n=1}^{\infty}\dfrac{1}{n^2}$收敛，所以正项级数$\sum\limits_{n=1}^{\infty}\mathrm{e}^{-n^2}$收敛（绝对收敛），故选项 C 错误；

考察正项级数$\sum\limits_{n=1}^{\infty}\dfrac{\sqrt{n+1}-\sqrt{n}}{n}$，由于$u_n=\dfrac{\sqrt{n+1}-\sqrt{n}}{n}=\dfrac{1}{n(\sqrt{n+1}+\sqrt{n})}$，由正项级数的比较判别法可知，级数$\sum\limits_{n=1}^{\infty}\dfrac{\sqrt{n+1}-\sqrt{n}}{n}$收敛，因此$\sum\limits_{n=1}^{\infty}(-1)^n\left(\dfrac{\sqrt{n+1}-\sqrt{n}}{n}\right)$绝对收敛，因此选项 D 错误.

(5) A.

三、计算题

1. $t=\sqrt{2x-1}$，$x=\dfrac{1}{2}(t^2+1)$，$\mathrm{d}x=t\mathrm{d}t$，$\int_{\frac{1}{2}}^{1}\mathrm{e}^{\sqrt{2x-1}}\mathrm{d}x=\int_0^1 t\mathrm{e}^t\mathrm{d}t=(t-1)\mathrm{e}^t\big|_0^1=1$.

2. 因为$\int_{-\infty}^{+\infty}f(x)\mathrm{d}x=1$，所以$\int_{-\infty}^{+\infty}f(x)\mathrm{d}x=k\int_{-1}^{1}\dfrac{1}{\sqrt{1-x^2}}\mathrm{d}x=k\arcsin x\big|_{-1}^{1}=k\pi$，$k=\dfrac{1}{\pi}$.

3. 令$F(x,y,z)=xyz+z\mathrm{e}^x+\dfrac{1}{2}z^2-1$，由于

$$\frac{\partial F}{\partial x}=yz+z\mathrm{e}^x,\quad \frac{\partial F}{\partial y}=xz,\quad \frac{\partial F}{\partial z}=xy+\mathrm{e}^x+z,$$

因此

$$\frac{\partial z}{\partial x}=-\frac{\dfrac{\partial F}{\partial x}}{\dfrac{\partial F}{\partial z}}=-\frac{yz+z\mathrm{e}^x}{xy+\mathrm{e}^x+z},\quad \frac{\partial z}{\partial y}=-\frac{\dfrac{\partial F}{\partial y}}{\dfrac{\partial F}{\partial z}}=-\frac{xz}{xy+\mathrm{e}^x+z},$$

故

$$\mathrm{d}z=\frac{\partial z}{\partial x}\mathrm{d}x+\frac{\partial z}{\partial y}\mathrm{d}y=-\frac{yz+z\mathrm{e}^x}{xy+\mathrm{e}^x+z}\mathrm{d}x-\frac{xz}{xy+\mathrm{e}^x+z}\mathrm{d}y.$$

4. 由于$\dfrac{\partial z}{\partial x}=-\dfrac{y}{x^2}+y^2f'(xy)$，$\dfrac{\partial^2 z}{\partial x^2}=\dfrac{2y}{x^3}+y^3f''(xy)$，$\dfrac{\partial z}{\partial y}=\dfrac{1}{x}+xyf'(xy)+f(xy)$，

$$\frac{\partial^2 z}{\partial y^2}=xf'(xy)+x^2yf''(xy)+xf'(xy)=2xf'(xy)+x^2yf''(xy),$$

所以

$$\begin{aligned}x^3\frac{\partial^2 z}{\partial x^2}-xy^2\frac{\partial^2 z}{\partial y^2}&=2y+x^3y^3f''(xy)-2x^2y^2f'(xy)+x^3y^3f''(xy)\\&=2y-2x^2y^2f'(xy).\end{aligned}$$

5. $$\begin{aligned}\iint\limits_D\mathrm{e}^{x^2}\mathrm{d}\sigma&=\int_0^1\mathrm{e}^{x^2}\mathrm{d}x\int_{x^3}^{x}\mathrm{d}y=\int_0^1(x-x^3)\mathrm{e}^{x^2}\mathrm{d}x=\int_0^1 x\mathrm{e}^{x^2}\mathrm{d}x-\int_0^1x^3\mathrm{e}^{x^2}\mathrm{d}x\\&=\frac{1}{2}\int_0^1\mathrm{e}^{x^2}\mathrm{d}x^2-\frac{1}{2}\int_0^1x^2\mathrm{e}^{x^2}\mathrm{d}x^2=\left[\frac{1}{2}\mathrm{e}^{x^2}-\frac{1}{2}(x^2-1)\mathrm{e}^{x^2}\right]_0^1=\frac{1}{2}\mathrm{e}-1.\end{aligned}$$

6. $$\lim_{n\to\infty}\frac{u_{n+1}}{u_n}=\lim_{n\to\infty}\frac{\frac{(n+1)!}{(n+1)^{n+1}}}{\frac{n!}{n^n}}=\lim_{n\to\infty}\frac{(n+1)!}{(n+1)^{n+1}}\cdot\frac{n^n}{n!}=\lim_{n\to\infty}\frac{n^n}{(n+1)^n}$$

$$=\lim_{n\to\infty}\frac{1}{\left(\frac{n+1}{n}\right)^n}=\lim_{n\to\infty}\frac{1}{\left(1+\frac{1}{n}\right)^n}=\frac{1}{\mathrm{e}}<1,$$

故由比值判别法知，$\sum\limits_{n=1}^{\infty}\frac{n!}{n^n}$ 收敛.

7. 设$S(x)=\sum\limits_{n=0}^{\infty}\frac{x^n}{n+1}$，$S(0)=1$，则

$$xS(x)=\sum_{n=0}^{\infty}\frac{x^{n+1}}{n+1},[xS(x)]'=\sum_{n=0}^{\infty}x^n=\frac{1}{1-x},$$

$$xS(x)=\int_0^x\frac{1}{1-x}\mathrm{d}x=-\ln(1-x),$$

$$S(x)=\begin{cases}-\dfrac{\ln(1-x)}{x}, & 0<|x|<1\\ 1, & x=0\end{cases}.$$

8. $\frac{\mathrm{d}x}{\mathrm{d}y}-\frac{1}{y}x=-y\mathrm{e}^y$，此方程是以 y 为自变量的一阶线性微分方程，因此

$$x=\left[\int Q(y)\mathrm{e}^{\int P(y)\mathrm{d}y}\mathrm{d}y+C\right]\mathrm{e}^{-\int P(y)\mathrm{d}y}=\left(-\int y\mathrm{e}^y\mathrm{e}^{-\int\frac{1}{y}\mathrm{d}y}\mathrm{d}y+C\right)\mathrm{e}^{\int\frac{1}{y}\mathrm{d}y}$$

$$=\left(-\int\mathrm{e}^y\mathrm{d}y+C\right)y=Cy-y\mathrm{e}^y.$$

四、应用题

1. (1) $$A=\int_0^1(1-2x+x^2)\mathrm{d}x=\left(x-x^2+\frac{1}{3}x^3\right)\Big|_0^1=\frac{1}{3};$$

(2) $$V_x=\pi\int_0^1 1\mathrm{d}x-\pi\int_0^1(2x-x^2)^2\mathrm{d}x=\pi-\pi\int_0^1(4x^2-4x^3+x^4)\mathrm{d}x$$

$$=\pi-\pi\left(\frac{4}{3}x^3-x^4+\frac{1}{5}x^5\right)\Big|_0^1=\frac{7}{15}\pi.$$

2. (1) 考虑无条件极值问题，$L'_x=-2x+8=0$，$L'_y=-8y+24=0$，得到唯一驻点 $x=4,y=3$，$L''_{xx}=-2$，$L''_{xy}=0$，$L''_{yy}=-8$，在驻点处 $AC-B^2=16>0$，$A=-2<0$，此驻点为极大值点，也是最大值点，原料用量 $4\times2000+3\times2000=14\,000<15\,000$，符合要求. 最大利润为 $L(4,3)=37$.

(2) 约束条件为 $2000x+2000y=12\,000$，即 $x+y=6$，构造拉格朗日函数

$$F(x,y,\lambda)=-x^2-4y^2+8x+24y-15+\lambda(x+y-6),$$

令

$$F'_x=-2x+8+\lambda=0,\quad F'_y=-8y+24+\lambda=0,\quad F'_\lambda=x+y-6=0,$$

得到唯一驻点 $x=3.2$，$y=2.8$，由实际意义可知，该驻点即为最大值点，最大利润为 $L(3.2,2.8)=36.2$.

五、证明题

由于数列$\{v_n\}$有界，因此存在一个正数M，使得$|v_n|\leqslant M$，从而$|u_nv_n|\leqslant Mu_n$，而正项级数$\sum\limits_{n=1}^{\infty}u_n$收敛，根据比较判别法可知，正项级数$\sum\limits_{n=1}^{\infty}|u_nv_n|$收敛，即$\sum\limits_{n=1}^{\infty}u_nv_n$绝对收敛.

模拟试题十二详解

一、填空题

(1) $x^2\dfrac{y-1}{y+1}$.

提示 令$u=x+y,v=\dfrac{x}{y}$，则

$$x=yv,\quad u=yv+y,\quad y=\frac{u}{v+1},\quad x=u-y=u-\frac{u}{v+1},$$

$$x=\frac{uv}{v+1},\quad f(u,v)=\left(\frac{uv}{v+1}\right)^2-\left(\frac{u}{v+1}\right)^2,\quad f(u,v)=u^2\frac{v^2-1}{(v+1)^2}=u^2\frac{v-1}{v+1}.$$

(2) $4x\ln x^2$.

提示 $F(x)=2\int_0^{x^2}\ln t\mathrm{d}t,F'(x)=4x\ln x^2$.

(3) 1.

提示 $\int_0^{+\infty}\mathrm{e}^{-x}\mathrm{d}x=-\mathrm{e}^{-x}\big|_0^{+\infty}=1$.

(4) 4，1.

提示 $\lim\limits_{x\to0}\dfrac{\int_0^x\dfrac{t^2}{\sqrt{a+t^2}}\mathrm{d}t}{bx-\sin x}=\lim\limits_{x\to0}\dfrac{\dfrac{x^2}{\sqrt{a+x^2}}}{b-\cos x}=1$，则$b=1$，$\lim\limits_{x\to0}\dfrac{\dfrac{x^2}{\sqrt{a+x^2}}}{1-\cos x}=1$，

$$\lim_{x\to0}\frac{\dfrac{x^2}{\sqrt{a+x^2}}}{\dfrac{x^2}{2}}=1,\lim_{x\to0}\frac{2}{\sqrt{a+x^2}}=1.$$

(5) u_1-a.

提示 $S_n=(u_1-u_2)+(u_2-u_3)+\cdots+(u_n-u_{n+1})$，即$S_n=u_1-u_{n+1}$.

(6) $(2,-2)$.

提示 $\dfrac{\partial z}{\partial x}=4-2x=0,\dfrac{\partial z}{\partial y}=-4-2y=0$，得到唯一驻点，且$\dfrac{\partial^2 z}{\partial x^2}=-2,\dfrac{\partial^2 z}{\partial y^2}=-2,$ $\dfrac{\partial^2 z}{\partial x\partial y}=0$，即$AC-B^2>0$.

(7) $\dfrac{1}{1+x^2y^2}(y\mathrm{d}x+x\mathrm{d}y)$.

提示 $\mathrm{d}z=\dfrac{\partial z}{\partial x}\mathrm{d}x+\dfrac{\partial z}{\partial y}\mathrm{d}y=\dfrac{y}{1+x^2y^2}\mathrm{d}x+\dfrac{x}{1+x^2y^2}\mathrm{d}y$.

(8) $\int_0^1\mathrm{d}y\int_y^1f(x,y)\mathrm{d}x$.

提示 x 型区域为 $D=\{(x,y)\mid 0<x<1,0<y<x\}$，则 y 型区域为 $D=\{(x,y)\mid y<x<1,0<y<1\}$.

(9) π.

提示 $\iint\limits_D f(x^2+y^2)\mathrm{d}\sigma=\int_0^{2\pi}\mathrm{d}\theta\int_0^1 f(r^2)r\mathrm{d}r$.

(10) $\cot\dfrac{x-y}{2}=-(x+C)$.

提示 令 $u=x-y,u'=1-y',y'=1-u'$，代入方程得

$$1-u'=\cos u,\quad u'=1-\cos u,\quad \int\frac{1}{1-\cos u}\mathrm{d}u=\int\mathrm{d}x,$$

$$\frac{1}{2}\int\frac{1}{\frac{1-\cos u}{2}}\mathrm{d}u=\int\mathrm{d}x,\quad \frac{1}{2}\int\frac{1}{\sin^2\frac{u}{2}}\mathrm{d}u=\int\mathrm{d}x,-\cot\frac{u}{2}=x+C.$$

二、单项选择题

(1) C.

提示 $\int_{-\frac{\pi}{2}}^{\frac{\pi}{2}}\sqrt{\sin^2 x}\,\mathrm{d}x=\int_{-\frac{\pi}{2}}^{\frac{\pi}{2}}\mid\sin x\mid\mathrm{d}x=2\int_0^{\frac{\pi}{2}}\sin x\mathrm{d}x$.

(2) B.

提示 $\sum\limits_{n=1}^{\infty}\dfrac{1}{n}$ 发散，而 $\sum\limits_{n=1}^{\infty}\left(\dfrac{1}{n}\right)^2$ 收敛，所以 A 不成立；$\lim\limits_{n\to\infty}\dfrac{1}{n}=0$，所以 D 不成立；级数 $\sum\limits_{n=1}^{\infty}n^2$ 发散，而 $\sum\limits_{n=1}^{\infty}\dfrac{1}{n^2}$ 收敛，所以 C 不成立.

(3) C.

(4) D.

提示 区域边界的极坐标方程为 $r=\cos\theta,r^2=r\cos\theta$，换成直角坐标方程为 $x^2+y^2=x$.

(5) A.

三、计算题

1. $\int_0^1\dfrac{2x+3}{1+x^2}\mathrm{d}x=\int_0^1\dfrac{2x}{1+x^2}\mathrm{d}x+\int_0^1\dfrac{3}{1+x^2}\mathrm{d}x=[\ln(1+x^2)+3\arctan x]_0^1=\ln 2+\dfrac{3}{4}\pi$.

2. 原式 $=\int_{-1}^1\ln(2-x)\mathrm{d}x=x\ln(2-x)\mid_{-1}^1+\int_{-1}^1\dfrac{x}{2-x}\mathrm{d}x$

$$=\ln 3+\int_{-1}^1\frac{x-2+2}{2-x}\mathrm{d}x=\ln 3+\int_{-1}^1\left(\frac{2}{2-x}-1\right)\mathrm{d}x$$

$$=\ln 3-2\ln(2-x)\mid_{-1}^1-x\mid_{-1}^1=3\ln 3-2.$$

3. $\int_0^{+\infty}\mathrm{e}^{ax}\mathrm{d}x=\dfrac{1}{a}\mathrm{e}^{ax}\Big|_0^{+\infty}=\begin{cases}+\infty, & a\geqslant 0\\ -\dfrac{1}{a}, & a<0\end{cases}$.

4. 设 $F(x,y,z)=\mathrm{e}^{xyz}+z-\sin(xy)-6$，则

$$F'_x=yz\mathrm{e}^{xyz}-y\cos(xy),\quad F'_y=xz\mathrm{e}^{xyz}-x\cos(xy),\quad F'_z=xy\mathrm{e}^{xyz}+1,$$

因此

$$\frac{\partial z}{\partial x}=-\frac{F'_x}{F'_z}=-\frac{yz\mathrm{e}^{xyz}-y\cos(xy)}{xy\mathrm{e}^{xyz}+1},\quad \frac{\partial z}{\partial y}=-\frac{F'_y}{F'_z}=-\frac{xz\mathrm{e}^{xyz}-x\cos(xy)}{xy\mathrm{e}^{xyz}+1},$$

所以

$$\mathrm{d}z=-\frac{yz\mathrm{e}^{xyz}-y\cos(xy)}{xy\mathrm{e}^{xyz}+1}\mathrm{d}x-\frac{xz\mathrm{e}^{xyz}-x\cos(xy)}{xy\mathrm{e}^{xyz}+1}\mathrm{d}y.$$

5. $$\iint_D\sqrt{1-x^2-y^2}\,\mathrm{d}\sigma=\int_0^{\frac{\pi}{2}}\mathrm{d}\theta\int_0^{\cos\theta}r\sqrt{1-r^2}\,\mathrm{d}r=\int_0^{\frac{\pi}{2}}\left[-\frac{1}{3}(1-r^2)^{\frac{3}{2}}\right]_0^{\cos\theta}\mathrm{d}\theta$$

$$=\frac{1}{3}\int_0^{\frac{\pi}{2}}(1-\sin^3x)\mathrm{d}\theta=\frac{1}{3}\cdot\frac{\pi}{2}+\frac{1}{3}\int_0^{\frac{\pi}{2}}(1-\cos^2\theta)\mathrm{d}\cos\theta$$

$$=\frac{\pi}{6}+\frac{1}{3}\left(\cos\theta-\frac{1}{3}\cos^3\theta\right)\Big|_0^{\frac{\pi}{2}}=\frac{\pi}{6}-\frac{2}{9}.$$

6. 考察正项级数 $\sum\limits_{n=1}^{\infty}\frac{1}{3^n+n}$，这里 $\frac{1}{3^n+n}<\frac{1}{3^n}$，而几何级数 $\sum\limits_{n=1}^{\infty}\frac{1}{3^n}$ 收敛，所以 $\sum\limits_{n=1}^{\infty}\frac{1}{3^n+n}$ 收敛，即 $\sum\limits_{n=1}^{\infty}\frac{(-1)^{n-1}}{3^n+n}$ 绝对收敛.

7. 设 $S(x)=\sum\limits_{n=1}^{\infty}\frac{x^{4n+1}}{4n+1}$，$x\in(-1,1)$，求导得 $S'(x)=\sum\limits_{n=1}^{\infty}x^{4n}=\frac{x^4}{1-x^4}$，因此

$$S(x)=\int_0^x\frac{x^4}{1-x^4}\mathrm{d}x=\int_0^x\left(-1+\frac{1}{1-x^4}\right)\mathrm{d}x$$

$$=-x+\int_0^x\frac{1}{(1-x^2)(1+x^2)}\mathrm{d}x$$

$$=-x+\frac{1}{2}\int_0^x\left[\frac{1}{1-x^2}+\frac{1}{1+x^2}\right]\mathrm{d}x$$

$$=-x+\frac{1}{2}\int_0^x\left[\frac{1}{2}\left(\frac{1}{1-x}+\frac{1}{1+x}\right)+\frac{1}{1+x^2}\right]\mathrm{d}x$$

$$=-x-\frac{1}{4}\ln(1-x)+\frac{1}{4}\ln(1+x)+\frac{1}{2}\arctan x$$

$$=-x+\frac{1}{4}\ln\frac{1+x}{1-x}+\frac{1}{2}\arctan x.$$

8. 整理得 $\frac{\mathrm{d}x}{\mathrm{d}y}-\frac{1}{y}x=-y\mathrm{e}^y$，此方程是以 y 为自变量的一阶线性微分方程

$$x=\mathrm{e}^{\int\frac{1}{y}\mathrm{d}y}\left(-\int y\mathrm{e}^y\mathrm{e}^{-\int\frac{1}{y}\mathrm{d}y}\mathrm{d}y+C\right)=y\left(-\int\mathrm{e}^y\mathrm{d}y+C\right)=y(-\mathrm{e}^y+C),$$

当 $y(\mathrm{e})=1$ 时，得到 $C=2\mathrm{e}$，特解为 $x=y(2\mathrm{e}-\mathrm{e}^y)$.

四、应用题

1. (1) 积分区域如图 12.1 所示.

$$A=\int_1^2(x^2-1)\mathrm{d}x=\left(\frac{1}{3}x^3-x\right)\Big|_1^2=\frac{4}{3};$$

(2) $$V_x=\pi\int_1^2x^4\mathrm{d}x-\pi\int_1^2\mathrm{d}x=\pi\cdot\frac{1}{5}x^5\Big|_1^2-\pi=\frac{26}{5}\pi.$$

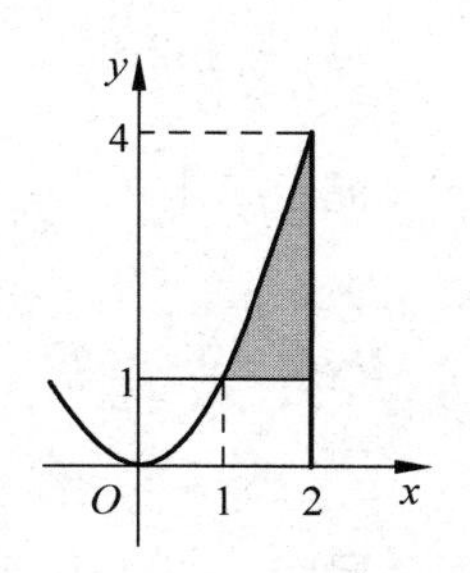

图 12.1

2. 设三次的用水量分别为 x_1,x_2,x_3，则目标函数为 $u=$

$x_1x_2x_3$，且满足约束方程 $x_1+x_2+x_3=1$，构造拉格朗日函数

$$F(x_1,x_2,x_3,\lambda)=x_1x_2x_3+\lambda(x_1+x_2+x_3-1),$$

令

$$\begin{cases}F'_{x_1}=x_2x_3+\lambda=0\\F'_{x_2}=x_1x_3+\lambda=0\\F'_{x_3}=x_1x_2+\lambda=0\\F'_{\lambda}=x_1+x_2+x_3-1=0\end{cases},$$

解得 $x_1=x_2=x_3=\frac{1}{3}$，由实际情况可知，每次用水量为 1/3 时，漂洗衣物最干净.

五、证明题

由于$\frac{\partial z}{\partial x}=\frac{e^x}{e^x+e^y}$，$\frac{\partial z}{\partial y}=\frac{e^y}{e^x+e^y}$，二阶偏导数为

$$\frac{\partial^2 z}{\partial x^2}=\frac{e^x(e^x+e^y)-e^xe^x}{(e^x+e^y)^2}=\frac{e^xe^y}{(e^x+e^y)^2},\frac{\partial^2 z}{\partial x\partial y}=-\frac{e^xe^y}{(e^x+e^y)^2},\quad\frac{\partial^2 z}{\partial y^2}=\frac{e^xe^y}{(e^x+e^y)^2},$$

因此

$$\frac{\partial^2 z}{\partial x^2}\cdot\frac{\partial^2 z}{\partial y^2}=\frac{e^{2x}e^{2y}}{(e^x+e^y)^4}=\left(\frac{\partial^2 z}{\partial x\partial y}\right)^2.$$

模拟试题十三详解

一、填空题

(1) $x^2\left(\frac{1-y}{1+y}\right)$.

提示 令 $u=x+y,v=\frac{y}{x}$，则

$$x=\frac{u}{1+v},y=\frac{uv}{1+v},f(u,v)=\left(\frac{u}{1+v}\right)^2-\left(\frac{uv}{1+v}\right)^2.$$

(2) $xf(x^2)$.

提示 令 $u=x^2-t^2$，$du=-2tdt$，$tdt=-\frac{1}{2}du$，当 $t=0$ 时，$u=x^2$，当 $t=x$ 时，$u=0$，则 $F(x)=\int_0^x tf(x^2-t^2)dt=-\frac{1}{2}\int_{x^2}^0 f(u)du$.

(3) $\frac{1}{2}\ln 2$.

提示
$$\int_1^{+\infty}\frac{1}{x(1+x^2)}dx=\int_1^{+\infty}\frac{1+x^2-x^2}{x(1+x^2)}dx=\int_1^{+\infty}\left(\frac{1}{x}-\frac{x}{1+x^2}\right)dx$$
$$=\left[\ln x-\frac{1}{2}\ln(1+x^2)\right]_1^{+\infty}=\ln\frac{x}{\sqrt{1+x^2}}\Big|_1^{+\infty}=-\ln\frac{1}{\sqrt{2}}.$$

(4) π.

提示 $\int_{-\frac{\pi}{2}}^{\frac{\pi}{2}}\left(x+\frac{\pi}{2}\right)\cos x dx=\frac{\pi}{2}\int_{-\frac{\pi}{2}}^{\frac{\pi}{2}}\cos x dx=\pi\int_0^{\frac{\pi}{2}}\cos x dx$.

(5) -1.

提示 $\lim\limits_{n\to\infty}(1+u_n)=0$.

(6) 0.

提示 $f'_x(0,0)=\lim\limits_{\Delta x\to 0}\dfrac{\dfrac{\Delta x\cdot 0}{\sqrt{(\Delta x)^2+0^2}}-0}{\Delta x}$.

(7) $f'_1+2^{2x+1}\ln 2 f'_2$.

(8) $\int_0^1 dx\int_0^{x^2} f(x,y)dx+\int_1^{\sqrt{2}} dx\int_0^{\sqrt{2-x^2}} f(x,y)dy$.

(9) $\sum\limits_{n=0}^{\infty}(-1)^n\dfrac{1}{2^{n+1}}x^n$，　$x\in(-2,2)$.

提示 $f(x)=\dfrac{1}{2+x}=\dfrac{1}{2}\dfrac{1}{1+\dfrac{x}{2}}=\dfrac{1}{2}\sum\limits_{n=0}^{\infty}(-1)^n\dfrac{1}{2^n}x^n$.

(10) $x^2+y^2=C$.

提示 $\int y dy=-\int x dx,\dfrac{1}{2}y^2=-\dfrac{1}{2}x^2+\dfrac{1}{2}C$.

二、单项选择题

(1) A.

(2) D.

提示 因为 $f'_y(x,y)$相当于函数 $f''_{xy}(x,y)=k$ 对 x 积分.

(3) A.

提示 因为$\dfrac{\partial z}{\partial x}=2x^2+6x-9=0,\dfrac{\partial z}{\partial y}=-3y^2+6y=0$,驻点有$(1,0),(1,2),(-3,0)$,$(-3,2)$,而$\dfrac{\partial^2 z}{\partial x^2}=4x+6,\dfrac{\partial^2 z}{\partial x\partial y}=0,\dfrac{\partial^2 z}{\partial y^2}=-6y+6$,在$(1,0)$时,$A=\dfrac{\partial^2 z}{\partial x^2}=10>0,AC-B^2=60>0$.

(4) A.

提示 由于级数$\sum\limits_{n=1}^{\infty}a_n$收敛,则$\sum\limits_{n=1}^{\infty}a_{n+1}$也收敛,因此级数$\sum\limits_{n=1}^{\infty}(a_n+a_{n+1})$收敛,因而选项 A 正确.

若取$\sum\limits_{n=1}^{\infty}a_n=\sum\limits_{n=1}^{\infty}\dfrac{(-1)^n}{\sqrt{n}}$,则级数收敛,而$\sum\limits_{n=1}^{\infty}a_{2n}=\sum\limits_{n=1}^{\infty}\dfrac{1}{\sqrt{2n}}$发散,级数$\sum\limits_{n=1}^{\infty}(a_n\cdot a_{n+1})=-\sum\limits_{n=1}^{\infty}\dfrac{1}{\sqrt{n}\ \sqrt{n+1}}$发散,$\sum\limits_{n=1}^{\infty}(-1)^n a_n=\sum\limits_{n=1}^{\infty}\dfrac{1}{\sqrt{n}}$发散,因此选项 B,C,D 均错误.

(5) B.

提示 因为$\int\dfrac{dy}{y}=-5\int dx,\ln y=-5x+C_1,y=Ce^{-5x}$.

三、计算题

1. $\int_1^e \sin(\ln x)\mathrm{d}x = x\sin(\ln x)\Big|_1^e - \int_1^e \cos(\ln x)\mathrm{d}x$

$$= e\sin 1 - x\cos(\ln x)\Big|_1^e - \int_1^e \sin(\ln x)\mathrm{d}x$$

$$= e\sin 1 - e\cos 1 + 1 - \int_1^e \sin(\ln x)\mathrm{d}x,$$

因此

$$\int_1^e \sin(\ln x)\mathrm{d}x = \frac{1}{2}[e(\sin 1 - \cos 1) + 1].$$

2. 令 $t=x-2, x=t+2, \mathrm{d}t=\mathrm{d}x$,则

$$\int_0^4 x(x-1)(x-2)(x-3)(x-4)\mathrm{d}x = \int_{-2}^2 (t+2)(t+1)t(t-1)(t-2)\mathrm{d}t$$

$$= \int_{-2}^2 t(t^2-1)(t^2-4)\mathrm{d}t = 0.$$

3. $\frac{\partial z}{\partial x} = y e^{xy}\sin(x+y) + e^{xy}\cos(x+y) = [y\sin(x+y)+\cos(x+y)]e^{xy}$,

$\frac{\partial z}{\partial y} = x e^{xy}\sin(x+y) + e^{xy}\cos(x+y) = [x\sin(x+y)+\cos(x+y)]e^{xy}$.

4. 设 $F(x,y,z)=xy+yz+xz-1$,则

$$\frac{\partial F}{\partial x} = y+z, \quad \frac{\partial F}{\partial y} = x+z, \quad \frac{\partial F}{\partial z} = x+y,$$

因此

$$\frac{\partial z}{\partial x} = -\frac{\frac{\partial F}{\partial x}}{\frac{\partial F}{\partial z}} = -\frac{y+z}{x+y}, \quad \frac{\partial z}{\partial y} = -\frac{\frac{\partial F}{\partial y}}{\frac{\partial F}{\partial z}} = -\frac{x+z}{x+y},$$

$$\frac{\partial^2 z}{\partial y \partial x} = \frac{\partial}{\partial x}\left(-\frac{x+z}{x+y}\right) = -\frac{\left(1+\frac{\partial z}{\partial x}\right)(x+y)-(x+z)}{(x+y)^2}$$

$$= -\frac{\left(1-\frac{y+z}{x+y}\right)(x+y)-(x+z)}{(x+y)^2} = -\frac{2z}{(x+y)^2}.$$

5. 使用极坐标,则

$$\iint_D \sin\sqrt{x^2+y^2}\,\mathrm{d}\sigma = \int_0^{\frac{\pi}{4}}\mathrm{d}\theta\int_{\frac{\pi}{2}}^{\pi} r\sin r\mathrm{d}r = -\frac{\pi}{4}\int_{\frac{\pi}{2}}^{\pi} r\mathrm{d}\cos r$$

$$= -\frac{\pi}{4}\left(r\cos r\Big|_{\frac{\pi}{2}}^{\pi} - \int_{\frac{\pi}{2}}^{\pi}\cos r\mathrm{d}r\right)$$

$$= -\frac{\pi}{4}\left(r\cos r\Big|_{\frac{\pi}{2}}^{\pi} - \sin r\Big|_{\frac{\pi}{2}}^{\pi}\right) = \frac{\pi}{4}(\pi-1).$$

6. 设

$$S(x) = x + \frac{x^3}{3} + \frac{x^5}{5} + \cdots + \frac{x^{2n-1}}{2n-1} + \cdots,$$

求导得

$$S'(x)=1+x^2+x^4+\cdots+x^{2n}+\cdots=\frac{1}{1-x^2},\quad x\in(-1,1),$$

积分得

$$S(x)=\int_0^x\frac{1}{1-x^2}\mathrm{d}x=\frac{1}{2}\ln\frac{1+x}{1-x},\quad x\in(-1,1).$$

7. $\frac{\mathrm{d}x}{\mathrm{d}y}-2yx=4y\mathrm{e}^{-y^2}$，这是以 y 为自变量的一阶线性微分方程.因此

$$\begin{aligned}x&=\left(\int Q(y)\mathrm{e}^{\int P(y)\mathrm{d}y}\mathrm{d}y+C\right)\mathrm{e}^{-\int P(y)\mathrm{d}y}=\left(\int 4y\mathrm{e}^{-y^2}\mathrm{e}^{-\int 2y\mathrm{d}y}\mathrm{d}y+C\right)\mathrm{e}^{\int 2y\mathrm{d}y}\\&=\left(\int 4y\mathrm{e}^{-2y^2}\mathrm{d}y+C\right)\mathrm{e}^{y^2}=(-\mathrm{e}^{-2y^2}+C)\mathrm{e}^{y^2},\end{aligned}$$

初始条件为 $y(-1)=0$，$C=0$，特解为 $x=-\mathrm{e}^{-y^2}$.

四、应用题

1. 先求切线方程 $y'=\frac{1}{x}$，$y'|_{x=\mathrm{e}}=\frac{1}{\mathrm{e}}$，则切线方程为 $y=\frac{1}{\mathrm{e}}(x-\mathrm{e})+1$，即 $y=\frac{1}{\mathrm{e}}x$，如图 13.1 所示。

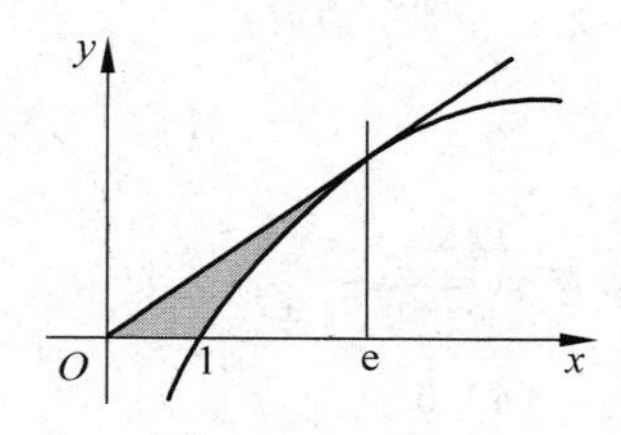

图 13.1

(1) $A=\frac{1}{2}\mathrm{e}-\int_1^{\mathrm{e}}\ln x\mathrm{d}x=\frac{1}{2}\mathrm{e}-x\ln x\Big|_1^{\mathrm{e}}+\int_1^{\mathrm{e}}\mathrm{d}x=\frac{1}{2}\mathrm{e}-1$；

(2) $$\begin{aligned}V_x&=\pi\int_0^{\mathrm{e}}\left(\frac{x^2}{\mathrm{e}^2}\right)\mathrm{d}x-\pi\int_1^{\mathrm{e}}\ln^2x\mathrm{d}x=\pi\frac{x^3}{3\mathrm{e}^2}\Big|_0^{\mathrm{e}}-\pi\left(x\ln^2x\Big|_1^{\mathrm{e}}-2\int_1^{\mathrm{e}}\ln x\mathrm{d}x\right)\\&=\pi\frac{\mathrm{e}}{3}-\pi\left(x\ln^2x\Big|_1^{\mathrm{e}}-2x\ln x\Big|_1^{\mathrm{e}}+2x\Big|_1^{\mathrm{e}}\right)=\pi\frac{\mathrm{e}}{3}-\pi(\mathrm{e}-2)=\pi\left(2-\frac{2}{3}\mathrm{e}\right).\end{aligned}$$

2. 由题意得在满足 $x+y=8$ 条件下使得 C_1+C_2 最小，构造拉格朗日函数

$$F(x,y,\lambda)=x^2-x+5+y^2+2y+3+\lambda(x+y-8),$$

令

$$\begin{cases}F'_x=2x-1+\lambda=0\\F'_y=2y+2+\lambda=0,\\F'_\lambda=x+y-8=0\end{cases}$$

解得唯一驻点 $x=\frac{19}{4}$(千件)，$y=\frac{13}{4}$(千件)，由实际意义可知，在该驻点处总成本达到最小，最小成本分别为 $C_1=22.8125$(千元)$=22\,812.5$(元)，$C_2=20.0625$(千元)$=20\,062.5$(元).

五、证明题

$$\frac{\partial z}{\partial x}=nx^{n-1}f\left(\frac{y}{x^2}\right)+x^nf'\left(\frac{y}{x^2}\right)\left(-\frac{2y}{x^3}\right)=nx^{n-1}f\left(\frac{y}{x^2}\right)-2x^{n-3}yf'\left(\frac{y}{x^2}\right),$$

$$\frac{\partial z}{\partial y}=x^nf'\left(\frac{y}{x^2}\right)\left(\frac{1}{x^2}\right)=x^{n-2}f'\left(\frac{y}{x^2}\right),$$

$$x\frac{\partial z}{\partial x}+2y\frac{\partial z}{\partial y}=nx^nf\left(\frac{y}{x^2}\right)-2x^{n-2}yf'\left(\frac{y}{x^2}\right)+2yx^{n-2}f'\left(\frac{y}{x^2}\right)=nx^nf\left(\frac{y}{x^2}\right)=nz.$$

模拟试题十四详解

一、填空题

(1) $D=\{(x,y)\mid y\geqslant x, x^2+y^2>1, x^2+y^2\neq 2\}$.

(2) $2f(2x)$.

(3) $\frac{\pi}{4-\pi}$.

提示 记 $A=\int_0^1 f(x)\mathrm{d}x$，则 $f(x)=\frac{1}{1+x^2}+A\sqrt{1-x^2}$，对等式两端积分得 $A=\int_0^1\frac{1}{1+x^2}\mathrm{d}x+A\int_0^1\sqrt{1-x^2}\,\mathrm{d}x$，因此

$$A=\arctan x\mid_0^1+A\left(\frac{1}{2}x\sqrt{1-x^2}+\frac{1}{2}\arcsin x\right)\Big|_0^1,$$

即有 $A=\frac{\pi}{4}+\frac{\pi}{4}A$.

(4) 6.

提示
$$\begin{aligned}\int_0^{+\infty}x^3\mathrm{e}^{-x}\mathrm{d}x&=-\int_0^{+\infty}x^3\mathrm{d}\mathrm{e}^{-x}=-x^3\mathrm{e}^{-x}\mid_0^{+\infty}+3\int_0^{+\infty}x^2\mathrm{e}^{-x}\mathrm{d}x\\&=-2x^2\mathrm{e}^{-x}\mid_0^{+\infty}+6\int_0^{+\infty}x\mathrm{e}^{-x}\mathrm{d}x\\&=-6x\mathrm{e}^{-x}\mid_0^{+\infty}+6\int_0^{+\infty}\mathrm{e}^{-x}\mathrm{d}x=-6\mathrm{e}^{-x}\mid_0^{+\infty}=6.\end{aligned}$$

(5) <-1.

提示 $AC-B^2>0$，即 $-a-1>0$.

(6) $\frac{2}{n(n+1)}$， 2.

提示 $u_n=\frac{2n}{n+1}-\frac{2(n-1)}{n}=\frac{2}{n(n+1)}$.

(7) $\frac{1}{(x^2+y^2)}(x\mathrm{d}x+y\mathrm{d}y)$.

提示 $z=\frac{1}{2}\ln(x^2+y^2)$，$\mathrm{d}z=\frac{\partial z}{\partial x}\mathrm{d}x+\frac{\partial z}{\partial y}\mathrm{d}y=\frac{2x}{2(x^2+y^2)}\mathrm{d}x+\frac{2y}{2(x^2+y^2)}\mathrm{d}y$.

(8) $\frac{1}{x^2+y^2}(y\mathrm{d}x-x\mathrm{d}y)$.

提示 $\mathrm{d}z=\frac{1}{1+\frac{x^2}{y^2}}\cdot\frac{1}{y}\mathrm{d}x+\frac{1}{1+\frac{x^2}{y^2}}\left(-\frac{x}{y^2}\right)\mathrm{d}y$.

(9) $\mathrm{e}^4-\mathrm{e}$.

提示 $\iint\limits_D\mathrm{d}\sigma=D$ 的面积 $=\int_1^4\mathrm{e}^y\mathrm{d}y$.

(10) $\sum_{n=0}^{\infty}(-1)^n\frac{1}{2^{n+1}}(x-2)^n,\quad 0<x<4.$

提示 $f(x)=\frac{1}{x}=\frac{1}{2+x-2}=\frac{1}{2}\left(\frac{1}{1+\frac{x-2}{2}}\right)=\frac{1}{2}\sum_{n=0}^{\infty}(-1)^n\frac{1}{2^n}(x-2)^n.$

二、单项选择题

(1) A. (2) D.

(3) C.

提示 考察积分$\int_0^a f(-x)\mathrm{d}x$,令 $t=-x$,则

$$\int_0^a f(-x)\mathrm{d}x=-\int_0^{-a}f(t)\mathrm{d}t=\int_{-a}^0 f(t)\mathrm{d}t=\int_{-a}^0 f(x)\mathrm{d}x.$$

(4) D.

提示 当$0<p-2\leqslant 1$时,交错级数收敛,当$p-2>1$时,级数绝对收敛.综上,故$p>2$.

(5) B.

提示 $x^2y\mathrm{d}x=(1-y^2)(1+x^2)\mathrm{d}y$.

三、计算题

1. $\int_0^{\frac{\pi}{2}}|\sin x-\cos x|\mathrm{d}x=\int_0^{\frac{\pi}{4}}(\sin x-\cos x)\mathrm{d}x+\int_{\frac{\pi}{4}}^{\frac{\pi}{2}}(\cos x-\sin x)\mathrm{d}x$

$$=2\int_0^{\frac{\pi}{4}}(\sin x-\cos x)\mathrm{d}x=2(\sqrt{2}-1).$$

2. 令$x=\sec t$,则$\mathrm{d}x=\sec t\tan t\mathrm{d}t$,当$x=-2$时,$t=\frac{2}{3}\pi$,当$x=-1$时,$t=\pi$,则

$$\int_{-2}^{-1}\frac{\sqrt{x^2-1}}{x}\mathrm{d}x=\int_{\frac{2}{3}\pi}^{\pi}(-\tan^2 t)\mathrm{d}t=\int_{\frac{2}{3}\pi}^{\pi}(1-\sec^2 t)\mathrm{d}t=\frac{\pi}{3}-\tan t\Big|_{\frac{2}{3}\pi}^{\pi}=\frac{\pi}{3}-\sqrt{3}.$$

3. 设$F(x,y,z)=\ln z-\ln x-yz$,则

$$F'_x=-\frac{1}{x},\quad F'_y=-z,\quad F'_z=\frac{1}{z}-y,$$

因此

$$\frac{\partial z}{\partial x}=-\frac{F'_x}{F'_z}=\frac{\frac{1}{x}}{\frac{1}{z}-y}=\frac{z}{x-xyz},\quad \frac{\partial z}{\partial y}=-\frac{F'_y}{F'_z}=\frac{z}{\frac{1}{z}-y}=\frac{z^2}{1-yz},$$

所以

$$\mathrm{d}z=\frac{\partial z}{\partial x}\mathrm{d}x+\frac{\partial z}{\partial y}\mathrm{d}y=\frac{z}{x-xyz}\mathrm{d}x+\frac{z^2}{1-yz}\mathrm{d}y.$$

4. 考察正项级数$\sum_{n=2}^{\infty}\frac{\ln n}{n}$,当$n>3$时,$\frac{\ln n}{n}>\frac{1}{n}$,而$\sum_{n=2}^{\infty}\frac{1}{n}$发散,所以$\sum_{n=2}^{\infty}\frac{\ln n}{n}$发散.

考察交错级数$\sum_{n=2}^{\infty}(-1)^n\frac{\ln n}{n}$,设$f(x)=\frac{\ln x}{x}$,显然$\lim\limits_{x\to+\infty}\frac{\ln x}{x}=0$,$f'(x)=\frac{1-\ln x}{x^2}$,当$x>\mathrm{e}$时,$f'(x)=\frac{1-\ln x}{x^2}<0$,$f(x)=\frac{\ln x}{x}$单调递减,所以有$\lim\limits_{n\to\infty}\frac{\ln n}{n}=0$,且$u_n=\frac{\ln n}{n}>$

$\dfrac{\ln(1+n)}{1+n}=u_{n+1}$. 所以 $\sum\limits_{n=2}^{\infty}(-1)^n\dfrac{\ln n}{n}$ 收敛，因此原级数条件收敛.

5. 由于 $\lim\limits_{n\to\infty}\left|\dfrac{a_{n+1}}{a_n}\right|=\lim\limits_{n\to\infty}\dfrac{n\cdot 4^n}{(n+1)\cdot 4^{n+1}}=\dfrac{1}{4}$，则收敛半径 $R=4$，当 $x=4$ 时，$\sum\limits_{n=1}^{\infty}\dfrac{1}{n}$ 发散，当 $x=-4$ 时，$\sum\limits_{n=1}^{\infty}\dfrac{(-1)^n}{n}$ 收敛，则级数的收敛域为 $[-4,4)$.

6. $$\iint\limits_D xy\,dx\,dy=\int_0^{\frac{1}{2}}dx\int_0^{\sqrt{2x-x^2}}xy\,dy+\int_{\frac{1}{2}}^1 dx\int_0^{\sqrt{1-x^2}}xy\,dy$$
$$=\frac{1}{2}\int_0^{\frac{1}{2}}(xy^2)_0^{\sqrt{2x-x^2}}dx+\frac{1}{2}\int_{\frac{1}{2}}^1(xy^2)_0^{\sqrt{1-x^2}}dx$$
$$=\frac{1}{2}\int_0^{\frac{1}{2}}(2x^2-x^3)dx+\frac{1}{2}\int_{\frac{1}{2}}^1(x-x^3)dx=\frac{5}{48}.$$

7. $y'+\dfrac{1}{x}y=e^x$，根据一阶线性非齐次微分方程的求解公式有
$$y=e^{-\int\frac{1}{x}dx}\left(\int e^x e^{\int\frac{1}{x}dx}dx+C\right)=e^{-\ln x}\left(\int e^x e^{\ln x}dx+C\right)=\frac{1}{x}\left(\int xe^x dx+C\right)$$
$$=\frac{1}{x}[(x-1)e^x+C],$$
当 $y(1)=1$ 时，$C=1$，特解为 $y=\dfrac{1}{x}[(x-1)e^x+1]$.

四、应用题

1. 曲线方程为 $(x-1)^2=1-y$，$x=1\pm\sqrt{1-y}$，因此
$$V_y=\pi\int_0^1(1+\sqrt{1-y})^2dy-\pi\int_0^1(1-\sqrt{1-y})^2dy$$
$$=4\pi\int_0^1\sqrt{1-y}\,dy=-4\pi\cdot\frac{2}{3}(1-y)^{\frac{3}{2}}\Big|_0^1=\frac{8}{3}\pi.$$

2. 目标函数为 $L(x,y)=\dfrac{1}{3}\left(\dfrac{240x}{x+10}+\dfrac{400y}{y+13.5}\right)$，且满足条件 $x+y=16.5$，构造拉格朗日函数
$$F(x,y,\lambda)=\frac{1}{3}\left(\frac{240x}{x+10}+\frac{400y}{y+13.5}\right)+\lambda(x+y-16.5),$$
令
$$F'_x=\frac{800}{(x+10)^2}+\lambda=0,\quad F'_y=\frac{1800}{(y+13.5)^2}+\lambda=0,\quad F'_\lambda=x+y-16.5=0,$$
得到唯一驻点 $(6,10.5)$，由实际问题可知，当 $x=6$，$y=10.5$ 时利润最大.

五、证明题

令 $u=\dfrac{1}{t}$，$t=\dfrac{1}{u}$，$dt=-\dfrac{1}{u^2}du$，因此
$$f\left(\frac{1}{x}\right)=\int_1^{\frac{1}{x}}\frac{\ln(1+t)}{t}dt=-\int_1^x\frac{\ln\left(1+\frac{1}{u}\right)}{\frac{1}{u}}\cdot\frac{1}{u^2}du=-\int_1^x\frac{\ln\left(1+\frac{1}{u}\right)}{u}du=-\int_1^x\frac{\ln\left(1+\frac{1}{t}\right)}{t}dt$$

$$f(x)+f\left(\frac{1}{x}\right)=\int_1^x \frac{\ln(1+t)}{t}\mathrm{d}t-\int_1^x \frac{\ln\left(1+\frac{1}{t}\right)}{t}\mathrm{d}t=\int_1^x \frac{\ln t}{t}\mathrm{d}t=\frac{1}{2}\ln^2 t\Big|_0^x=\frac{1}{2}\ln^2 x.$$

模拟试题十五详解

一、填空题

(1) $\dfrac{1}{1+x}$.

提示 因为两端求导得 $2xf(x^2)=\dfrac{2x}{1+x^2}, f(x^2)=\dfrac{1}{1+x^2}$.

(2) 4.

提示 $\int_0^{2\pi}|\sin x|\mathrm{d}x=2\int_0^{\pi}\sin x\mathrm{d}x$.

(3) $p>0$.

提示 当 $0<2p\leqslant 1$ 时，级数条件收敛；当 $2p>1$ 时，级数绝对收敛.

(4) $\dfrac{1}{2}$.

提示

$$\begin{aligned}S_n&=\frac{1}{1\cdot 3}+\frac{1}{3\cdot 5}+\cdots+\frac{1}{(2n+1)(2n-1)}\\&=\frac{1}{2}\left(1-\frac{1}{3}\right)+\frac{1}{2}\left(\frac{1}{3}-\frac{1}{5}\right)+\cdots+\frac{1}{2}\left(\frac{1}{2n-1}-\frac{1}{2n+1}\right)=\frac{1}{2}\left(1-\frac{1}{2n+1}\right).\end{aligned}$$

(5) 0.

提示 因为 $\dfrac{\partial u}{\partial x}=f_1'-f_3', \dfrac{\partial u}{\partial y}=f_2'-f_1', \dfrac{\partial u}{\partial z}=f_3'-f_2'$.

(6) $\dfrac{3}{64}\pi^2$.

提示 $\iint\limits_D \arctan\dfrac{y}{x}\mathrm{d}\sigma=\int_0^{\frac{\pi}{4}}\theta\mathrm{d}\theta\int_1^2 r\mathrm{d}r$.

(7) 0.075.

提示 $\mathrm{d}z=\dfrac{\partial z}{\partial x}\mathrm{d}x+\dfrac{\partial z}{\partial y}\mathrm{d}y=-\dfrac{y}{x^2}\mathrm{d}x+\dfrac{1}{x}\mathrm{d}y=-\dfrac{1}{4}\times 0.1+\dfrac{1}{2}\times 0.2=0.075$.

(8) $\int_0^1\mathrm{d}y\int_{\sqrt{y}}^{2-y}f(x,y)\mathrm{d}x$.

(9) $\sum\limits_{n=0}^{\infty}\dfrac{1}{(2n+1)!}x^{2n+1},\quad x\in(-\infty,+\infty)$.

提示 $\mathrm{e}^x=\sum\limits_{n=0}^{\infty}\dfrac{1}{n!}x^n, \mathrm{e}^{-x}=\sum\limits_{n=0}^{\infty}(-1)^n\dfrac{1}{n!}x^n$.

(10) -1.

二、单项选择题

(1) D.

提示 因为定积分为一个常数.

(2) D.

提示 设 $I_n=\int_0^{+\infty}x^n e^{-x}dx, I_0=\int_0^{+\infty}e^{-x}dx=1$,且

$$I_n=-\int_0^{+\infty}x^n de^{-x}=-x^n e^{-x}\Big|_0^{+\infty}+n\int_0^{+\infty}x^{n-1}e^{-x}dx=nI_{n-1}.$$

(3) A.

提示 $z=\ln\left(xy+\frac{x}{y}\right)=\ln x+\ln\left(y+\frac{1}{y}\right)$.

(4) A. (5) C.

三、计算题

1. 令 $x=\sin t, dx=\cos t dt$,当 $x=0$ 时,$t=0$,当 $x=\frac{1}{\sqrt{2}}$时,$t=\frac{\pi}{4}$,则

$$\int_0^{\frac{1}{\sqrt{2}}}(1-x^2)^{-\frac{3}{2}}dx=\int_0^{\frac{\pi}{4}}\cos^{-3}t\cos t dt=\int_0^{\frac{\pi}{4}}\frac{1}{\cos^2 t}dt=\tan t\Big|_0^{\frac{\pi}{4}}=1.$$

2. 令 $F(x,y,z)=xy+e^{xz}-1-z\ln y$,由于

$$\frac{\partial F}{\partial x}=y+ze^{xz},\quad \frac{\partial F}{\partial y}=x-\frac{z}{y},\quad \frac{\partial F}{\partial z}=xe^{xz}-\ln y,$$

因此

$$\frac{\partial z}{\partial x}=-\frac{\frac{\partial F}{\partial x}}{\frac{\partial F}{\partial z}}=-\frac{y+ze^{xz}}{xe^{xz}-\ln y},\quad \frac{\partial z}{\partial y}=-\frac{\frac{\partial F}{\partial y}}{\frac{\partial F}{\partial z}}=-\frac{x-\frac{z}{y}}{xe^{xz}-\ln y}=-\frac{xy-z}{xye^{xz}-y\ln y},$$

故

$$dz=\frac{\partial z}{\partial x}dx+\frac{\partial z}{\partial y}dy=\frac{y+ze^{xz}}{\ln y-xe^{xz}}dx+\frac{xy-z}{y\ln y-xye^{xz}}dy.$$

3. $\iint\limits_D\frac{\sin x}{x}d\sigma=\int_0^2\frac{\sin x}{x}dx\int_{\frac{x}{2}}^{x}dy=\int_0^2\frac{\sin x}{x}\left(x-\frac{x}{2}\right)dx=\frac{1}{2}\int_0^2\sin x dx=\frac{1}{2}(1-\cos 2)$.

4. $\iint\limits_D e^{-(x^2+y^2)}dxdy=\int_0^{2\pi}d\theta\int_0^R re^{-r^2}dr=\pi(-e^{-r^2})_0^R=\pi(1-e^{-R^2})$.

5. $\sum\limits_{n=2}^{\infty}\frac{n\cos(n\pi)}{\sqrt{n^3-2n+1}}=\sum\limits_{n=2}^{\infty}(-1)^n\frac{n}{\sqrt{n^3-2n+1}}$,考虑正项级数$\sum\limits_{n=2}^{\infty}\frac{n}{\sqrt{n^3-2n+1}}$,

由于$\lim\limits_{n\to\infty}\frac{\frac{n}{\sqrt{n^3-2n+1}}}{\frac{1}{\sqrt{n}}}=1$,而 p 级数$\sum\limits_{n=2}^{\infty}\frac{1}{\sqrt{n}}$发散,所以$\sum\limits_{n=2}^{\infty}\frac{n}{\sqrt{n^3-2n+1}}$发散.

下面考虑交错级数$\sum\limits_{n=2}^{\infty}(-1)^n\frac{n}{\sqrt{n^3-2n+1}}$的敛散性. 设 $f(x)=\frac{x}{\sqrt{x^3-2x+1}}$,

由于

$$f'(x)=\frac{\sqrt{x^3-2x+1}-\dfrac{3x^3-2x}{2\sqrt{x^3-2x+1}}}{x^3-2x+1}=\frac{-x^3-2x^2+2}{2(x^3-2x+1)^{\frac{3}{2}}}<0,$$

所以 $f(x)$ 是单调减少的，因此 $u_n>u_{n+1}$，即 $\left\{u_n=\dfrac{n}{\sqrt{n^3-2n+1}}\right\}$ 单调递减，而 $\lim\limits_{n\to\infty}\dfrac{n}{\sqrt{n^3-2n+1}}=0$，根据莱布尼茨判别法可知，交错级数 $\sum\limits_{n=2}^{\infty}\dfrac{n\cos n\pi}{\sqrt{n^3-2n+1}}$ 收敛，因此原级数条件收敛.

6. 由于 $\lim\limits_{n\to\infty}\dfrac{|a_{n+1}|}{|a_n|}=\lim\limits_{n\to\infty}\dfrac{\dfrac{1}{(n+1)\cdot 3^{n+1}}}{\dfrac{1}{n\cdot 3^n}}=\lim\limits_{n\to\infty}\dfrac{n}{3(n+1)}=\dfrac{1}{3}$，因此级数的收敛半径为 $R=3$.

当 $x=3$ 时，调和级数 $\sum\limits_{n=1}^{\infty}\dfrac{1}{n}$ 发散，当 $x=-3$ 时，交错级数 $\sum\limits_{n=1}^{\infty}(-1)^n\dfrac{1}{n}$ 收敛，综上级数的收敛域为 $[-3,3)$.

7. 求导得 $f'(x)=f(x)+e^x$，且 $f(0)=1$，一阶线性微分方程的解为 $f(x)=(x+1)e^x$.

四、应用题

1. (1)联立方程 $\begin{cases}y=\dfrac{3}{x},\\ x+y=4,\end{cases}$ 交点坐标为(1,3)，(3,1)，两条曲线围成区域的面积为

$$A=\int_1^3\left[(4-x)-\frac{3}{x}\right]dx=\left(4x-\frac{1}{2}x^2-3\ln x\right)\Big|_1^3=4-3\ln 3.$$

(2) 此图形绕 x 轴旋转所生成的旋转体的体积

$$V_x=\pi\int_1^3(4-x)^2dx-\pi\int_1^3\left(\frac{3}{x}\right)^2dx=\pi\left(\frac{9}{x}\right)\Big|_1^3-\frac{\pi}{3}(4-x)^3\Big|_1^3=\frac{8}{3}\pi.$$

2. 目标函数为 $L(x,y)=0.6x+0.4y$，约束条件为 $x+\dfrac{x^2}{6000}+y=10\,000$ 构造拉格朗日函数为 $F(x,y,\lambda)=0.6x+0.4y+\lambda\left(x+\dfrac{x^2}{6000}+y-10\,000\right)$，令

$$F'_x=0.6+\lambda+\frac{x}{3000}\lambda=0,F'_y=0.4+\lambda=0,F'_\lambda=x+\frac{x^2}{6000}+y-10\,000=0,$$

得到唯一驻点 $x=1500,y=8125$，由实际意义可知，当 $x=1500,y=8125$ 时，利润达到最大.

五、证明题

反设 $A\neq0$，由 $\lim\limits_{n\to\infty}na_n=A$ 得 $\lim\limits_{n\to\infty}\dfrac{a_n}{\dfrac{1}{n}}=A$，而调和级数发散，所以 $\sum\limits_{n=1}^{\infty}a_n$ 发散(矛盾). 因此 $A=0$.

模拟试题十六详解

一、填空题

(1) $\dfrac{2}{3}$.

提示 $\lim\limits_{x\to 0}\dfrac{\int_0^x t\sin 2t\mathrm{d}t}{x^3}=\lim\limits_{x\to 0}\dfrac{x\sin 2x}{3x^2}=\lim\limits_{x\to 0}\dfrac{\sin 2x}{3x}=\dfrac{2}{3}$.

(2) 4.

提示 $\int_0^1\dfrac{kx}{(1+x^2)^2}\mathrm{d}x=-\dfrac{k}{2(1+x^2)}\Big|_0^1=\dfrac{k}{2}\left(1-\dfrac{1}{2}\right)=\dfrac{1}{4}k$.

(3) x^2. (4) $\int_0^1\sqrt{x}\,\mathrm{d}x$. (5) (0,0)，极小.

(6) $\dfrac{2}{n^2+n}$,2.

提示 $u_n=S_n-S_{n-1}=\dfrac{2n}{n+1}-\dfrac{2(n-1)}{n}=\dfrac{2}{n^2+n}$, $S=\lim\limits_{n\to\infty}S_n=2$.

(7) $(-\infty,1)\cup(1,+\infty)$.

提示 $\dfrac{1}{|x|}<1$.

(8) $\int_0^1\mathrm{d}y\int_{\mathrm{e}^y}^{\mathrm{e}}f(x,y)\mathrm{d}x$.

(9) $\sum\limits_{n=0}^{\infty}(-1)^n(x-1)^n$, $0<x<2$.

提示 因为 $f(x)=\dfrac{1}{1+x-1}$，而 $\dfrac{1}{1+x}=\sum\limits_{n=0}^{\infty}(-1)^nx^n$, $x\in(-1,1)$，所以 $\dfrac{1}{1+(x-1)}=\sum\limits_{n=0}^{\infty}(-1)^n(x-1)^n$, $x\in(0,2)$.

(10) $C_1\mathrm{e}^{-\frac{1}{2}x}+C_2\mathrm{e}^{-\frac{3}{2}x}$.

提示 特征方程为 $4r^2+8r+3=0$，特征根为 $r_1=-\dfrac{1}{2}$, $r_2=-\dfrac{3}{2}$.

二、单项选择题

(1) C.

提示 注意当 $p>1$ 时，$\int_{\mathrm{e}}^{+\infty}\dfrac{1}{x^p}\mathrm{d}x$ 收敛；当 $p\leqslant 1$ 时，$\int_{\mathrm{e}}^{+\infty}\dfrac{1}{x^p}\mathrm{d}x$ 发散.

(2) C.

(3) D.

提示 $\dfrac{\partial z}{\partial x}=2x+y-3=0$, $\dfrac{\partial z}{\partial y}=x+2y-6=0$，得到唯一驻点(0,3)，且 $\dfrac{\partial^2 z}{\partial x^2}=2$, $\dfrac{\partial^2 z}{\partial y^2}=2$, $\dfrac{\partial^2 z}{\partial x\partial y}=1$，在该点处 $AC-B^2=3>0$, $A=2>0$，该点为最小值点.

(4) C.

提示 设 $u=xy, v=x-y, \frac{\partial z}{\partial x}=yf'_u+f'_v, \frac{\partial z}{\partial y}=xf'_u-f'_v, \frac{\partial z}{\partial x}+\frac{\partial z}{\partial y}=(x+y)f'_u$.

(5) D.

提示 这里 $f'_x(0,0)=\lim\limits_{\Delta x\to 0}\frac{f(0+\Delta x,0)-f(0,0)}{\Delta x}=0, f'_y(0,0)=0$,则

$$\Delta z=f(0+\Delta x,0+\Delta y)-f(0,0)=f'_x(0,0)\Delta x+f'_y(0,0)\Delta y+\Delta x\Delta y\sin\frac{1}{(\Delta x)^2+(\Delta y)^2},$$

而

$$0\leqslant\left|\frac{\Delta x\Delta y\sin\frac{1}{(\Delta x)^2+(\Delta y)^2}}{\sqrt{(\Delta x)^2+(\Delta y)^2}}\right|\leqslant\left|\frac{\Delta x\Delta y}{\sqrt{(\Delta x)^2+(\Delta y)^2}}\right|\leqslant\frac{1}{2}\frac{(\Delta x)^2+(\Delta y)^2}{\sqrt{(\Delta x)^2+(\Delta y)^2}}$$

$$\leqslant\sqrt{(\Delta x)^2+(\Delta y)^2},$$

由夹逼定理可知 $\lim\limits_{\substack{\Delta x\to 0\\ \Delta y\to 0}}\frac{\Delta x\Delta y\sin\frac{1}{(\Delta x)^2+(\Delta y)^2}}{\sqrt{(\Delta x)^2+(\Delta y)^2}}=0$,因此有

$$\Delta z-f'_x(0,0)\Delta x-f'_y(0,0)\Delta y=o(\rho),\quad (\Delta x,\Delta y)\to(0,0).$$

其中 $\rho=\sqrt{(\Delta x)^2+(\Delta y)^2}$,所以 $f(x,y)$ 在点 $(0,0)$ 处可微.

三、计算题

1. $\int_0^1\frac{\arcsin\sqrt{x}}{\sqrt{x(1-x)}}dx=2\int_0^1\frac{\arcsin\sqrt{x}}{\sqrt{1-x}}d\sqrt{x}=2\int_0^1\arcsin\sqrt{x}\,d\arcsin\sqrt{x}$

$$=(\arcsin\sqrt{x})^2\Big|_0^1=\frac{\pi^2}{4}.$$

2. 因为

$$\int_0^{\frac{\pi}{2}}e^{\frac{x}{\pi}}\sin x dx=-\int_0^{\frac{\pi}{2}}e^{\frac{x}{\pi}}d\cos x=-e^{\frac{x}{\pi}}\cos x\Big|_0^{\frac{\pi}{2}}+\frac{1}{\pi}\int_0^{\frac{\pi}{2}}e^{\frac{x}{\pi}}\cos x dx$$

$$=1+\frac{1}{\pi}\int_0^{\frac{\pi}{2}}e^{\frac{x}{\pi}}d\sin x=1+\frac{1}{\pi}e^{\frac{x}{\pi}}\sin x\Big|_0^{\frac{\pi}{2}}-\frac{1}{\pi^2}\int_0^{\frac{\pi}{2}}e^{\frac{x}{\pi}}\sin x dx$$

$$=1+\frac{1}{\pi}e^{\frac{1}{2}}-\frac{1}{\pi^2}\int_0^{\frac{\pi}{2}}e^{\frac{x}{\pi}}\sin x dx.$$

所以 $\left(1+\frac{1}{\pi^2}\right)\int_0^{\frac{\pi}{2}}e^{\frac{x}{\pi}}\sin x dx=1+\frac{1}{\pi}e^{\frac{1}{2}}$,从而 $\int_0^{\frac{\pi}{2}}e^{\frac{x}{\pi}}\sin x dx=\left(1+\frac{1}{\pi}e^{\frac{1}{2}}\right)\left(\frac{\pi^2}{\pi^2+1}\right)$.

3. $z\ln x=y\ln z$,设 $F(x,y,z)=z\ln x-y\ln z$,由于

$$F'_x=\frac{z}{x},\quad F'_y=-\ln z,\quad F'_z=\ln x-\frac{y}{z},$$

因此

$$\frac{\partial z}{\partial x}=-\frac{F'_x}{F'_z}=-\frac{\frac{z}{x}}{\ln x-\frac{y}{z}}=-\frac{z^2}{xz\ln x-xy},\quad \frac{\partial z}{\partial y}=-\frac{F'_y}{F'_z}=\frac{\ln z}{\ln x-\frac{y}{z}}=\frac{z\ln z}{z\ln x-y},$$

故

$$dz=\frac{z^2}{x(y-z\ln x)}dx+\frac{z\ln z}{z\ln x-y}dy.$$

4. $\frac{\partial z}{\partial x}=f'_u+yf'_v,\frac{\partial^2 z}{\partial x\partial y}=f''_{uu}+xf''_{uv}+yf''_{vu}+xyf''_{vv}+f'_v=f''_{uu}+(x+y)f''_{uv}+xyf''_{vv}+f'_v.$

5. $\iint\limits_D\sqrt{1-x^2-y^2}\,d\sigma=\int_0^{2\pi}d\theta\int_0^1\sqrt{1-r^2}\,rdr=-\frac{1}{2}\int_0^{2\pi}d\theta\int_0^1\sqrt{1-r^2}\,d(1-r^2)$

$$=-\frac{1}{2}\cdot 2\pi\cdot\frac{2}{3}(1-r^2)^{\frac{3}{2}}\bigg|_0^1=\frac{2}{3}\cdot\pi.$$

6. $\iint\limits_D(1+x+y)dxdy=\int_0^1dx\int_0^2(1+x+y)dy=\int_0^1\left(y+xy+\frac{1}{2}y^2\right)\bigg|_0^2dx$

$$=\int_0^1(2x+4)dx=(x^2+4x)\bigg|_0^1=5.$$

7. 考察正项级数$\sum\limits_{n=1}^{\infty}\left(1-\cos\frac{1}{\sqrt{n}}\right)$,由于$\left(1-\cos\frac{1}{\sqrt{n}}\right)\sim\frac{1}{2n},n\to\infty$,调和级数$\sum\limits_{n=1}^{\infty}\frac{1}{n}$发散,所以$\sum\limits_{n=1}^{\infty}\left(1-\cos\frac{1}{\sqrt{n}}\right)$发散.

再讨论交错级数$\sum\limits_{n=1}^{\infty}(-1)^n\left(1-\cos\frac{1}{\sqrt{n}}\right)$,由于$\lim\limits_{n\to\infty}u_n=\lim\limits_{n\to\infty}\left(1-\cos\frac{1}{\sqrt{n}}\right)=0$,且$u_n=\left(1-\cos\frac{1}{\sqrt{n}}\right)>\left(1-\cos\frac{1}{\sqrt{n+1}}\right)=u_{n+1}$,根据莱布尼茨判别法可知,交错级数$\sum\limits_{n=1}^{\infty}(-1)^n\left(1-\cos\frac{1}{\sqrt{n}}\right)$收敛,因此$\sum\limits_{n=1}^{\infty}(-1)^n\left(1-\cos\frac{1}{\sqrt{n}}\right)$条件收敛.

8. 一阶线性微分方程$y=e^{-\int dx}\left(\int e^{\int dx}e^{-x}dx+C\right)=e^{-x}(x+C)$.

四、应用题

1. $V_x=2\pi\int_0^{\frac{\pi}{2}}\cos^2 x dx=\pi\int_0^{\frac{\pi}{2}}(1+\cos 2x)dx=\pi\left(x+\frac{1}{2}\sin 2x\right)\bigg|_0^{\frac{\pi}{2}}=\frac{\pi^2}{2}.$

2. 求在$2x^my^n=12$的条件下总费用$C(x,y)=px+qy$的最小值,先将条件取对数得$m\ln x+n\ln y-\ln 6=0$,构造拉格朗日函数

$$F(x,y,\lambda)=px+qy+\lambda(m\ln x+n\ln y-\ln 6),$$

则

$$\begin{cases}\frac{\partial F}{\partial x}=p+\frac{m\lambda}{x}=0\\ \frac{\partial F}{\partial y}=q+\frac{n\lambda}{y}=0\\ \frac{\partial F}{\partial \lambda}=m\ln x+n\ln y-\ln 6=0\end{cases},$$

解得唯一驻点$\left[6\left(\frac{qm}{pn}\right)^n,6\left(\frac{pn}{qm}\right)^m\right]$,由实际意义可知,当$x=6\left(\frac{qm}{pn}\right)^n,y=6\left(\frac{pn}{qm}\right)^m$时,费用最省.

五、证明题

因为 $|u_nv_n|\leqslant\frac{1}{2}(u_n^2+v_n^2)$ 且 $\sum\limits_{n=1}^{\infty}u_n^2,\sum\limits_{n=1}^{\infty}v_n^2$ 均收敛，所以 $\sum\limits_{n=1}^{\infty}\frac{1}{2}(u_n^2+v_n^2)$ 收敛，所以 $\sum\limits_{n=1}^{\infty}u_nv_n$ 绝对收敛.

模拟试题十七详解

一、填空题

(1) $\int_0^x e^{t^2}dt+xe^{x^2}$.

提示 因为 $f(x)=x\int_0^x e^{t^2}dt$，求导得 $f'(x)=\int_0^x e^{t^2}dt+xe^{x^2}$.

(2) 2.

提示 $\int_{-1}^{1}(x+\sqrt{1-x^2})^2dx=\int_{-1}^{1}(1+2x\sqrt{1-x^2})dx=\int_{-1}^{1}1dx$.

(3) $\alpha<-1$.

提示 因为 $\int_1^{+\infty}x^{2\alpha+1}dx=\frac{1}{2\alpha+2}x^{2\alpha+2}\Big|_1^{+\infty}$，当 $2\alpha+2<0$ 时该广义积分收敛.

(4) 发散.

提示 因为 $\lim\limits_{n\to\infty}\frac{1}{u_n}=\infty$.

(5) 0.

提示 积分区域如图 17.1 所示，$\iint\limits_D x^2y\,dxdy=\int_{-1}^{0}x^2dx\int_{-1-x}^{1+x}ydy+\int_0^1x^2dx\int_{x-1}^{1-x}ydy$.

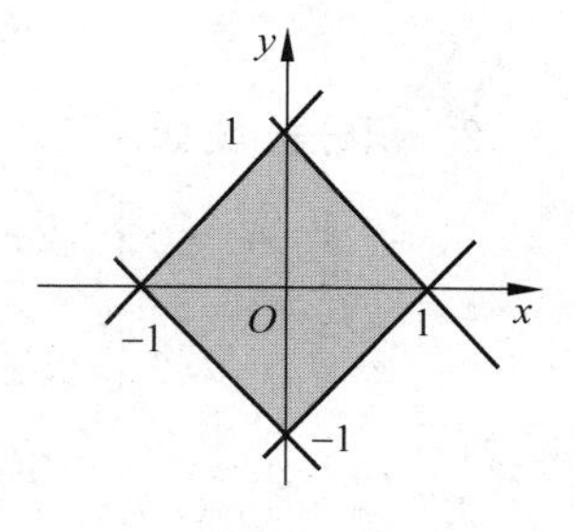

图 17.1

(6) $\frac{3(x^2+y^2+z^2-xy-yz-xz)}{x^3+y^3+z^3-3xyz}$.

(7) $e^{-\frac{1}{2}}$.

提示 $e^x=\sum\limits_{n=0}^{\infty}\frac{1}{n!}x^n$.

(8) $\sum\limits_{n=0}^{\infty}\frac{(-1)^n2^n}{(2n)!}x^n,x\in[0,+\infty)$.

提示 因为 $\cos x=\sum\limits_{n=0}^{\infty}\frac{(-1)^n}{(2n)!}x^{2n},x\in(-\infty,+\infty)$.

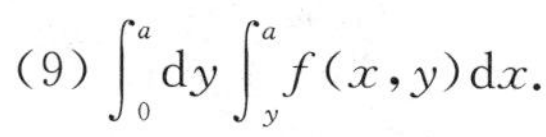

(9) $\int_0^a dy\int_y^a f(x,y)dx$.

(10) $C_1\sin x+C_2\cos x$.

提示 特征方程为 $r^2+1=0$，特征根为 $r_{1,2}=\pm i$.

二、单项选择题

(1) A.

(2) D.

提示 $\lim\limits_{\substack{x\to 0\\ y\to 0}} f(x,y) \xlongequal{t=xy} \lim\limits_{t\to 0}\dfrac{2-\sqrt{t+4}}{t}=\lim\limits_{t\to 0}\dfrac{-t}{t(2+\sqrt{t+4})}=-\dfrac{1}{4}$.

(3) A.

提示 首先考察正项级数 $\sum\limits_{n=1}^{\infty}(\sqrt{n+1}-\sqrt{n})$，由于

$$\lim_{n\to\infty}\frac{\sqrt{n+1}-\sqrt{n}}{\frac{1}{\sqrt{n}}}=\lim_{n\to\infty}\sqrt{n}(\sqrt{n+1}-\sqrt{n})=\lim_{n\to\infty}\frac{\sqrt{n}}{\sqrt{n+1}+\sqrt{n}}=\lim_{n\to\infty}\frac{1}{\sqrt{1+\frac{1}{n}}+1}=\frac{1}{2},$$

又因为 p 级数 $\sum\limits_{n=1}^{\infty}\dfrac{1}{\sqrt{n}}$ 发散，所以 $\sum\limits_{n=1}^{\infty}(\sqrt{n+1}-\sqrt{n})$ 发散.

考察交错级数 $\sum\limits_{n=1}^{\infty}(-1)^n(\sqrt{n+1}-\sqrt{n})$，由于 $u_n=\sqrt{n+1}-\sqrt{n}=\dfrac{1}{\sqrt{n+1}+\sqrt{n}}$ 单调递减，且 $\lim\limits_{n\to\infty}u_n=\lim\limits_{n\to\infty}(\sqrt{n+1}-\sqrt{n})=\lim\limits_{n\to\infty}\dfrac{1}{\sqrt{n+1}+\sqrt{n}}=0$，所以交错级数收敛.

(4) D.

提示 因为 $\dfrac{\partial z}{\partial x}=\dfrac{1}{x}$.

(5) B.

三、计算题

1. 令 $t=x-2$，$\mathrm{d}t=\mathrm{d}x$，因此

$$\int_1^4 f(x-2)\mathrm{d}x=\int_{-1}^2 f(t)\mathrm{d}t=\int_{-1}^1 f(t)\mathrm{d}t+\int_1^2 f(t)\mathrm{d}t=\int_{-1}^1 t\mathrm{e}^{t^2}\mathrm{d}t+\int_1^2 t\ln t\mathrm{d}t$$
$$=\frac{1}{2}\int_1^2\ln t\mathrm{d}t^2=\frac{1}{2}t^2\ln t\Big|_1^2-\frac{1}{4}t^2\Big|_1^2=2\ln 2-\frac{3}{4}.$$

2. 积分区域如图 17.2 所示，

$$A=2\int_1^2\{2x-[(x-2)^2+1]\}\mathrm{d}x$$
$$=2\int_1^2(6x-x^2-5)\mathrm{d}x=\frac{10}{3}.$$

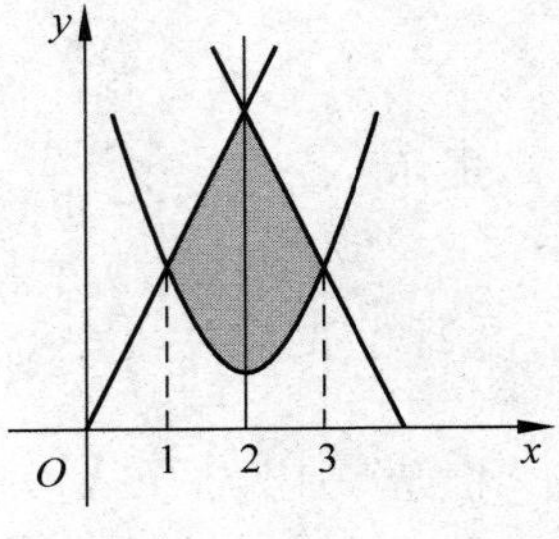

图 17.2

3. $\dfrac{\partial z}{\partial x}=\dfrac{1}{y}\varphi(u)-3\left(\dfrac{x}{y}\right)\varphi'(u)$，

$$\frac{\partial^2 z}{\partial x^2}=-3\,\frac{1}{y}\varphi'(u)-3\,\frac{1}{y}\varphi'(u)+9\left(\frac{x}{y}\right)\varphi''(u)$$
$$=-6\,\frac{1}{y}\varphi'(u)+9\left(\frac{x}{y}\right)\varphi''(u),$$

$$\frac{\partial^2 z}{\partial x\partial y}=-\frac{1}{y^2}\varphi(u)+2\,\frac{1}{y}\varphi'(u)+3\left(\frac{x}{y^2}\right)\varphi'(u)-6\left(\frac{x}{y}\right)\varphi''(u)$$
$$=-\frac{1}{y^2}\varphi(u)+\frac{1}{y^2}(2y+3x)\varphi'(u)-6\left(\frac{x}{y}\right)\varphi''(u).$$

4. **解法 1** $\frac{(n!)^2}{(2n)!}=\frac{1\cdot 2\cdot 3\cdots n\cdot 1\cdot 2\cdot 3\cdots n}{1\cdot 2\cdot 3\cdots n\cdot (n+1)(n+2)\cdots(2n)}$

$$=\frac{1\cdot 2\cdot 3\cdots n}{(n+1)(n+2)(n+3)\cdots(2n)}<\frac{1\cdot 2\cdot 3\cdots n}{(1+1)(2+2)(3+3)\cdots(2n)}=\frac{1}{2^n},$$

而几何级数 $\sum_{n=1}^{\infty}\frac{1}{2^n}$ 收敛,所以 $\sum_{n=1}^{\infty}\frac{(n!)^2}{(2n)!}$ 收敛.

解法 2 $\lim\limits_{n\to\infty}\frac{u_{n+1}}{u_n}=\lim\limits_{n\to\infty}\frac{\frac{[(n+1)!]^2}{(2n+2)!}}{\frac{(n!)^2}{(2n)!}}=\lim\limits_{n\to\infty}\frac{(n+1)^2}{(2n+1)(2n+2)}=\frac{1}{4}<1,$

所以级数收敛.

5. $\iint\limits_D xe^{xy}\,d\sigma=\int_0^1 dx\int_0^1 xe^{xy}\,dy=\int_0^1 (e^{xy})\big|_0^1 dx=\int_0^1(e^x-1)\,dx=(e^x-x)\big|_0^1=e-2.$

6. $\iint\limits_D \ln(1+x^2+y^2)\,d\sigma=\int_0^{\frac{\pi}{2}}d\theta\int_0^1 r\ln(1+r^2)\,dr=\frac{\pi}{2}\cdot\frac{1}{2}\int_0^1\ln(1+r^2)\,d(1+r^2)$

$$=\frac{\pi}{4}[\ln(1+r^2)(1+r^2)-(1+r^2)]_0^1=\frac{\pi}{4}(2\ln 2-1).$$

7. 由于

$$\rho=\lim_{n\to+\infty}\left|\frac{a_{n+1}}{a_n}\right|=\lim_{n\to+\infty}\frac{n+1}{n}=1,$$

所以级数的收敛半径 $R=\frac{1}{\rho}=1$. 当 $x=-1$ 时,幂级数化为 $\sum_{n=1}^{\infty}(-1)^n n$,级数的一般项的极限不为 0,故级数发散;同理当 $x=1$ 时,级数也发散,因此幂级数的收敛域为 $(-1,1)$.

设 $S(x)=\sum_{n=1}^{\infty}nx^{n-1}$,两端积分得 $\int_0^x S(x)\,dx=\sum_{n=1}^{\infty}x^n=\frac{x}{1-x}$,两端求导得 $S(x)=\frac{1}{(1-x)^2}$,因此幂级数的和函数为 $S(x)=\frac{1}{(1-x)^2}$, $-1<x<1$.

8. $f(x)=\frac{x}{x^2-x-2}=\frac{x}{(x+1)(x-2)}$

$$=\frac{1}{3}\left(\frac{2}{x-2}+\frac{1}{x+1}\right)=\frac{1}{3}\left(\frac{1}{1+x}-\frac{1}{1-\frac{x}{2}}\right)$$

$$=\frac{1}{3}\left[\sum_{n=0}^{\infty}(-1)^{n-1}x^n-\sum_{n=0}^{\infty}\frac{1}{2^n}x^n\right]$$

$$=\frac{1}{3}\sum_{n=0}^{\infty}\left[(-1)^{n-1}-\frac{1}{2^n}\right]x^n,\quad x\in(-1,1).$$

四、应用题

1. (1) 设 A 点的坐标为 (a,b),则 $b=a^2$,且 $y'(a)=2a$,则过点 $A(a,b)$ 的切线方程为 $y-b=2a(x-a)$, $y-a^2=2a(x-a)$, $x=\frac{1}{2a}y+\frac{a}{2}$,由已知条件得

$$S=\int_0^b\left[\left(\frac{1}{2a}y+\frac{a}{2}\right)-\sqrt{y}\right]dy=\frac{1}{12},\quad 即\quad \int_0^{a^2}\left[\left(\frac{1}{2a}y+\frac{a}{2}\right)-\sqrt{y}\right]dy=\frac{1}{12},$$

所以$\frac{1}{12}a^3=\frac{1}{12}$,解得 $a=1,b=1$,则 A 的坐标为$(1,1)$.

(2) 过切点 A 的切线方程为 $y-1=2(x-1)$,即 $y=2x-1$.

(3) 切线与 x 轴的交点坐标为 $\left(\frac{1}{2},0\right)$,因此 $V_x=\pi\int_0^1 x^4\,\mathrm{d}x-\pi\int_{\frac{1}{2}}^1(2x-1)^2\,\mathrm{d}x=\frac{\pi}{30}$.

2. 因为$\begin{cases}x=1-p+2q\\y=11+p-3q\end{cases}$,所以

$$\begin{cases}p=25-3x-2y\\q=12-x-y\end{cases},$$

则总利润函数

$$\begin{aligned}L(x,y)&=xp+yq-C(x,y)=x(25-3x-2y)+y(12-x-y)-(4x+y)\\&=21x-3x^2-3xy-y^2+11y,\end{aligned}$$

令

$$\begin{cases}L'_x=21-6x-3y=0\\L'_y=-3x-2y+11=0\end{cases},$$

得到唯一驻点$(3,1)$,且 $L''_{xx}=-6,L''_{xy}=-3,L''_{yy}=-2$,则在点$(3,1)$处 $AC-B^2>0$,且 $A<0$,则在点$(3,1)$处 $L(x,y)$取到最大值,此时相应价格为 $p=14,q=8$.

五、证明题

由于$\frac{\partial z}{\partial x}=2xf'(u)$,$\frac{\partial z}{\partial y}=2yf'(u)$,因此有

$$x\frac{\partial z}{\partial x}+y\frac{\partial z}{\partial y}=2x^2f'(u)+2y^2f'(u)=2(x^2+y^2)f'(u)=2uf'(u).$$

模拟试题十八详解

一、填空题

(1) 2.

提示 $\lim\limits_{x\to0}\frac{\int_0^{2x}\arcsin t\,\mathrm{d}t}{x^2}=\lim\limits_{x\to0}\frac{2\arcsin(2x)}{2x}=\lim\limits_{x\to0}\frac{4x}{2x}$.

(2) $\frac{1}{2}\mathrm{e}-1$.

提示 $S=\int_0^1(\mathrm{e}x-x\mathrm{e}^x)\,\mathrm{d}x=\left(\frac{1}{2}\mathrm{e}x^2-x\mathrm{e}^x+\mathrm{e}^x\right)\Big|_0^1$.

(3) 发散.

(4) $1-\frac{1}{n+1}$, 1.

提示 因为

$$\begin{aligned}S_n&=\frac{1}{1\cdot2}+\frac{1}{2\cdot3}+\frac{1}{3\cdot4}+\cdots+\frac{1}{n(n+1)}\\&=\left(1-\frac{1}{2}\right)+\left(\frac{1}{2}-\frac{1}{3}\right)+\left(\frac{1}{3}-\frac{1}{4}\right)+\cdots+\left(\frac{1}{n}-\frac{1}{n+1}\right)=1-\frac{1}{n+1},\end{aligned}$$

因此而 $S=\lim\limits_{n\to\infty}S_n=1$.

(5) $p>1$ 或 $p<-1$.　(6) $-\dfrac{y}{x^2}$.

(7) 0.

提示　令 $u=x+y, v=y-x, \dfrac{\partial z}{\partial x}=f'_u-f'_v, \dfrac{\partial z}{\partial y}=-f'_u+f'_v$.

(8) $\int_1^2 dx\int_{\frac{1}{x}}^{x} f(x,y)dy$.

(9) 1.

提示　$\iint\limits_D dxdy$ 等于积分区域的面积.

(10) $y=1+x^2$.

提示　整理得

$$2xy\,dx=(1+x^2)dy,$$

$$\int\frac{1}{y}dy=\int\frac{2x}{1+x^2}dy,$$

$$\ln|y|=\ln(1+x^2)+\ln|C|,$$

通解为 $y=C(1+x^2)$，当 $y(0)=1$ 时，得 $C=1$，特解为 $y=1+x^2$.

二、单项选择题

(1) C.

提示　因为 $\int_a^b f'(2x)dx=\dfrac{1}{2}\int_a^b f'(2x)d2x=\dfrac{1}{2}f(2x)\Big|_a^b$.

(2) A.

提示　$F'(x)=\dfrac{1}{x}f(\ln x)-2xf(x^2)$.

(3) B.

(4) B.

提示　因为 $\left|(-1)^n\dfrac{a_n}{n}\right|=\dfrac{|a_n|}{n}\leqslant\dfrac{1}{2}\left(a_n^2+\dfrac{1}{n^2}\right)$，这里 $\sum\limits_{n=1}^{\infty}a_n^2$ 与 $\sum\limits_{n=1}^{\infty}\dfrac{1}{n^2}$ 都收敛，所以 $\sum\limits_{n=1}^{\infty}\left|(-1)^n\dfrac{a_n}{n}\right|$ 收敛.

(5) D.

三、计算题

1. 令 $t=\sqrt{x}, x=t^2, dx=d(t^2)$，则

$$\int_0^1\ln(\sqrt{x}+1)dx=\int_0^1\ln(t+1)d(t^2)=t^2\ln(t+1)\Big|_0^1-\int_0^1\frac{t^2}{t+1}dt$$

$$=\ln2-\int_0^1\left(t-1+\frac{1}{t+1}\right)dt=\ln2-\left[\frac{1}{2}t^2-t+\ln(t+1)\right]_0^1=\frac{1}{2}.$$

2. $z'_x=f'_1\cdot e^y+f'_2, z''_{xy}=\dfrac{\partial(f'_1\cdot e^y+f'_2)}{\partial y}=e^yf'_1+e^y\cdot(f''_{11}\cdot xe^y+f''_{13})+(f''_{21}\cdot xe^y+f''_{23})$

$=e^yf'_1+xe^{2y}f''_{11}+e^yf''_{13}+xe^yf''_{21}+f''_{23}$.

3. 方程两端分别对 x,y 求偏导数得

$$\begin{cases}F'_1+yF'_2+\left(1+y+\dfrac{\partial z}{\partial x}\right)F'_3=0\\ xF'_2+\left(x+\dfrac{\partial z}{\partial y}\right)F'_3=0\end{cases},$$

整理得

$$\begin{cases}\dfrac{\partial z}{\partial x}=-\dfrac{F'_1+yF'_2+(1+y)F'_3}{F'_3}\\ \dfrac{\partial z}{\partial y}=-\dfrac{x(F'_2+F'_3)}{F'_3}\end{cases},$$

因此

$$\mathrm{d}z=-\frac{1}{F'_3}\{[F'_1+yF'_2+(1+y)F'_3]\mathrm{d}x+[x(F'_2+F'_3)]\mathrm{d}y\}.$$

4. $\iint\limits_D \mathrm{e}^{x+y}\mathrm{d}\sigma=\int_0^1\mathrm{e}^x\mathrm{d}x\int_1^3\mathrm{e}^y\mathrm{d}y=\mathrm{e}^x\Big|_0^1\cdot\mathrm{e}^y\Big|_1^3=(\mathrm{e}-1)(\mathrm{e}^3-\mathrm{e}).$

5. 积分区域如图 18.1 所示.

$$\begin{aligned}\iint\limits_D\frac{1}{\sqrt{4a^2-x^2-y^2}}\mathrm{d}\sigma&=\int_{-\frac{\pi}{4}}^0\mathrm{d}\theta\int_0^{-2a\sin\theta}\frac{1}{\sqrt{4a^2-r^2}}r\mathrm{d}r\\&=-\int_{-\frac{\pi}{4}}^0\sqrt{4a^2-r^2}\ \Big|_0^{-2a\sin\theta}\mathrm{d}\theta=-\int_{-\frac{\pi}{4}}^0\sqrt{4a^2-r^2}\ \Big|_0^{-2a\sin\theta}\mathrm{d}\theta\\&=-2a\int_{-\frac{\pi}{4}}^0(|\cos\theta|-1)\mathrm{d}\theta=-2a\int_{-\frac{\pi}{4}}^0(\cos\theta-1)\mathrm{d}\theta\\&=-2a(\sin\theta-\theta)\ \Big|_{-\frac{\pi}{4}}^0=\frac{a}{2}(\pi-2\sqrt{2}).\end{aligned}$$

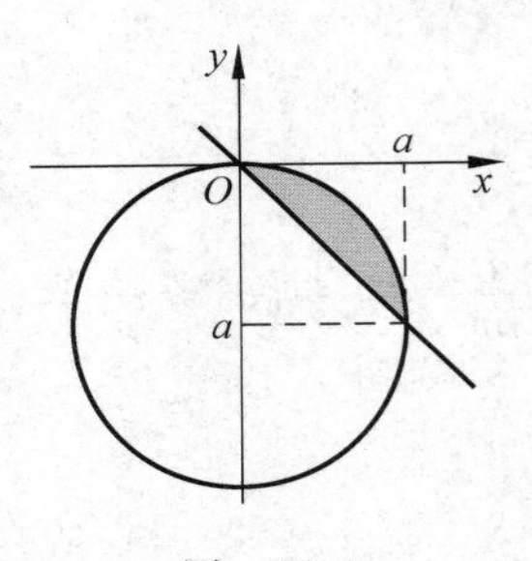

图 18.1

6. $\lim\limits_{n\to\infty}\left|\dfrac{(x-5)^{n+1}}{\sqrt{n+1}}\cdot\dfrac{\sqrt{n}}{(x-5)^n}\right|=\lim\limits_{n\to\infty}\left|\dfrac{\sqrt{n}}{\sqrt{n+1}}(x-5)\right|=|x-5|$，则当 $|x-5|<1$ 时，级数收敛. 即 $4<x<6$ 时，级数收敛；当 $x=4$ 时，交错级数 $\sum\limits_{n=1}^{\infty}\dfrac{(-1)^n}{\sqrt{n}}$ 收敛；当 $x=6$ 时，p 级数 $\sum\limits_{n=1}^{\infty}\dfrac{1}{\sqrt{n}}$ 发散，所以收敛域为[4,6).

7. 特征方程为 $r^2-4r+4=0$，特征值为 $r_1=r_2=2$，齐次方程的通解为 $(C_1+C_2x)\mathrm{e}^{2x}$；

设非齐次方程的特解为 $y^*=Ax^2e^{2x}$，代入方程得 $A=\frac{1}{2}$，有 $y^*=\frac{1}{2}x^2e^{2x}$，因此方程的通解为 $y=(C_1+C_2x)e^{2x}+\frac{1}{2}x^2e^{2x}$.

四、应用题

1. 由题意得

$$V_y=\pi\int_{-a}^{a}[(b+\sqrt{a^2-y^2})^2-(b-\sqrt{a^2-y^2})^2]dy=2\pi\int_0^a 4b\sqrt{a^2-y^2}dy$$

$$=8b\pi\cdot\frac{1}{4}\pi a^2=2a^2b\pi^2.$$

2. 由方程组 $\begin{cases}x=70-\frac{1}{4}p\\ y=120-\frac{1}{2}q\end{cases}$ 得到 $\begin{cases}p=4(70-x)\\ q=2(120-y)\end{cases}$. 建立利润函数

$$\begin{aligned}L(x,y)&=xp+yq-c(x,y)\\&=4x(70-x)+2y(120-y)-(x^2+y^2+4xy-10x+10y+500)\\&=-5x^2-3y^2-4xy+290x+230y-500.\end{aligned}$$

构造拉格朗日函数

$$F(x,y,\lambda)=-5x^2-3y^2-4xy+290x+230y-500+\lambda(x+2y-50),$$

令

$$\begin{cases}F'_x=-10x-4y+290+\lambda=0\\ F'_y=-6y-4x+230+2\lambda=0,\\ F'_\lambda=x+2y-50=0\end{cases}$$

解得唯一驻点(20, 15)，由实际意义可知，当 $x=20$，$y=15$ 时，利润达到最大. 代入 $\begin{cases}p=4(70-x)\\ q=2(120-y)\end{cases}$，解得(200, 210)为最大利润价格.

五、证明题

(1) $\int_{-a}^{a}f(x)g(x)dx=\int_{-a}^{0}f(x)g(x)dx+\int_0^a f(x)g(x)dx$,

考察积分 $\int_{-a}^{0}f(x)g(x)dx$，令 $x=-t$，则

$$\int_{-a}^{0}f(x)g(x)dx=-\int_a^0 f(-t)g(-t)dt=\int_0^a f(-t)g(t)dt,$$

因此

$$\int_{-a}^{a}f(x)g(x)dx=\int_0^a f(-x)g(x)dx+\int_0^a f(x)g(x)dx=\int_0^a[f(-x)+f(x)]g(x)dx$$

$$=A\int_0^a g(x)dx.$$

(2) 取 $f(x)=\arctan e^x$，$g(x)=|\sin x|$，这里 $f(x)+f(-x)=\arctan e^x+\arctan e^{-x}$，设 $F(x)=\arctan e^x+\arctan e^{-x}$，由于

$$F'(x)=\frac{e^x}{1+e^{2x}}-\frac{e^{-x}}{1+e^{-2x}}=\frac{e^x(1+e^{-2x})-e^{-x}(1+e^{2x})}{(1+e^{2x})(1+e^{-2x})}=0,$$

因此 $F(x)$ 恒为常数，而 $F(0)=\arctan e^0+\arctan e^0=\dfrac{\pi}{2}$，所以

$$f(x)+f(-x)=\arctan e^x+\arctan e^{-x}=\frac{\pi}{2}.$$

而 $g(x)=|\sin x|$ 为偶函数，由(1)得

$$\int_{-\frac{\pi}{2}}^{\frac{\pi}{2}}|\sin x|\arctan e^x\mathrm{d}x=\frac{\pi}{2}\int_0^{\frac{\pi}{2}}|\sin x|\mathrm{d}x=\frac{\pi}{2}\int_0^{\frac{\pi}{2}}\sin x\mathrm{d}x=\frac{\pi}{2}.$$

模拟试题十九详解

一、填空题

(1) $\dfrac{5}{2}$.

提示 因为令 $u=x-y,v=x+y$，则 $x=\dfrac{1}{2}(u+v),y=\dfrac{1}{2}(v-u),f(u,v)=\dfrac{1}{2}(u^2+v^2)$.

(2) $\dfrac{1}{6}$.

提示 $\lim\limits_{x\to 0}\dfrac{\int_0^x(1-\cos t)\mathrm{d}t}{x^3}=\lim\limits_{x\to 0}\dfrac{1-\cos x}{3x^3}=\lim\limits_{x\to 0}\dfrac{\sin x}{6x}$.

(3) $\pi-2$.

提示 原式 $=2\int_0^{\frac{\pi}{2}}x\cos x\mathrm{d}x=2\int_0^{\frac{\pi}{2}}x d\sin x=2x\sin x\,\Big|_0^{\frac{\pi}{2}}-2\int_0^{\frac{\pi}{2}}\sin x\mathrm{d}x$.

(4) $0<p<1$.

提示 因为当 $\dfrac{1}{p}>1$ 时，$\sum\limits_{n=1}^{\infty}\dfrac{(-1)^{n-1}}{\sqrt[p]{n}}$ 绝对收敛.

(5) $I=\int_0^1\mathrm{d}y\int_{y^2}^{y}f(x,y)\mathrm{d}x$.

(6) $[-1,1]$.

(7) $(\mathrm{e}-1)^2$.

提示 因为 $\int_0^1\mathrm{d}y\int_0^1\mathrm{e}^{x+y}\mathrm{d}x=\int_0^1\mathrm{e}^y\mathrm{d}y\int_0^1\mathrm{e}^x\mathrm{d}x$.

(8) 3π.

(9) $\sum\limits_{n=0}^{\infty}\dfrac{1}{n!}(\ln a)^n x^n,x\in(-\infty,+\infty)$.

提示 因为 $f(x)=a^x=\mathrm{e}^{x\ln a}$，而 $\mathrm{e}^x=\sum\limits_{n=0}^{\infty}\dfrac{1}{n!}x^n,x\in(-\infty,+\infty)$.

(10) $y=\dfrac{b}{a}+C\mathrm{e}^{-ax}$.

提示 $y'=b-ay,\int\dfrac{1}{b-ay}\mathrm{d}y=\int\mathrm{d}x,-\dfrac{1}{a}\ln(b-ay)=x+C_1$,

整理得

$$\ln(b-ay)=-ax+C_2, b-ay=C_3\mathrm{e}^{-ax}.$$

二、单项选择题

(1) D.

提示 因为

$$\int_{-1}^{0}\frac{1}{x^3}\mathrm{d}x=\lim_{\varepsilon\to0^+}\int_{-1}^{-\varepsilon}\frac{1}{x^3}\mathrm{d}x=\lim_{\varepsilon\to0^+}-\frac{1}{2x^2}\bigg|_{-1}^{-\varepsilon}=\lim_{\varepsilon\to0^+}\left(\frac{1}{2}-\frac{1}{2\varepsilon^2}\right)=-\infty,$$

因此$\int_{-1}^{1}\frac{1}{x^3}\mathrm{d}x$发散.

(2) A.

提示 $f'(x)=(x-1)\mathrm{e}^x$，得唯一驻点$x=1$，$f''(x)=x\mathrm{e}^x$，$f''(1)=\mathrm{e}>0$，则$x=1$为极小值点，极小值为$f(1)=\int_0^1(t-1)\mathrm{e}^t\mathrm{d}t$.

(3) D.

提示 因为$\frac{\partial z}{\partial x}=y^x\ln y$，$\frac{\partial z}{\partial y}=xy^{x-1}$，$y^x\ln y=xy^{x-1}$.

(4) C.

(5) A.

提示 等式两边求导数得，$f'(x)=2f(x)$，即有$y'=2y$，因此$\int\frac{1}{y}\mathrm{d}y=2\int\mathrm{d}x$，解得$\ln y=2x+C$，$y=f(x)=C_1\mathrm{e}^{2x}$，当$f(0)=1$时，$C_1=1$.

三、计算题

1. 令$t=\sqrt{\mathrm{e}^x-1}$，$\mathrm{e}^x=t^2+1$，$x=\ln(t^2+1)$，$\mathrm{d}x=\frac{2t}{t^2+1}\mathrm{d}t$，当$x=0$时，$t=0$，当$x=\ln5$时，$t=2$，则

$$\begin{aligned}原式&=\int_0^2\frac{(t^2+1)t}{t^2+4}\cdot\frac{2t}{t^2+1}\mathrm{d}t=2\int_0^2\frac{t^2}{t^2+4}\mathrm{d}t=2\int_0^2\frac{t^2+4-4}{t^2+4}\mathrm{d}t\\&=2\int_0^2\left(1-\frac{4}{t^2+4}\right)\mathrm{d}t=2\left(t-2\arctan\frac{t}{2}\right)\bigg|_0^2=4-\pi.\end{aligned}$$

2. 记$\int_0^1f(x)\mathrm{d}x=A$，则等式化为$2Ax+f(x)=\ln(1+x^2)$，等式两边同时取定积分得

$$\int_0^1 2Ax\,\mathrm{d}x+\int_0^1 f(x)\mathrm{d}x=\int_0^1\ln(1+x^2)\mathrm{d}x,$$

因此

$$\begin{aligned}2A&=\int_0^1\ln(1+x^2)\mathrm{d}x=x\ln(1+x^2)\big|_0^1-2\int_0^1\frac{x^2}{1+x^2}\mathrm{d}x\\&=\ln2-2\int_0^1\left(1-\frac{1}{1+x^2}\right)\mathrm{d}x=\ln2-2+\frac{\pi}{2},\end{aligned}$$

故

$$\int_0^1 f(x)\mathrm{d}x=\frac{1}{2}\ln2-1+\frac{\pi}{4}.$$

3. 设 $F(x,y)=x^2-xy+y^2-1$，则 $F'_x=2x-y,F'_y=2y-x$，因此

$$\frac{\mathrm{d}y}{\mathrm{d}x}=-\frac{F'_x}{F'_y}=-\frac{2x-y}{2y-x},$$

$$\left.\frac{\mathrm{d}z}{\mathrm{d}x}\right|_{\substack{x=1\\y=0}}=(2x+2yy')_{\substack{x=1\\y=0}}=\left.\left(2x-2y\frac{2x-y}{2y-x}\right)\right|_{\substack{x=1\\y=0}}=2.$$

4. $\dfrac{\partial z}{\partial y}=x^3\left(f'_1\cdot x+f'_2\cdot\dfrac{1}{x}\right)=x^4f'_1+x^2f'_2$，

$$\frac{\partial^2 z}{\partial y^2}=x^4\left(f''_{11}\cdot x+f''_{12}\cdot\frac{1}{x}\right)+x^2\left(f''_{21}\cdot x+f''_{22}\cdot\frac{1}{x}\right)=x^5f''_{11}+2x^3f''_{12}+xf''_{22},$$

$$\frac{\partial^2 z}{\partial x\partial y}=\frac{\partial^2 z}{\partial y\partial x}=\frac{\partial}{\partial x}(x^4f'_1+x^2f'_2)=4x^3f'_1+x^4\left[f''_{11}\cdot y+f''_{12}\cdot\left(-\frac{y}{x^2}\right)\right]+2xf'_2+$$

$$x^2\left[f''_{21}\cdot y+f''_{22}\cdot\left(-\frac{y}{x^2}\right)\right]$$

$$=4x^3f'_1+2xf'_2+x^4yf''_{11}-yf''_{22}.$$

5. 设 $S(x)=\sum\limits_{n=1}^{\infty}(-1)^n\dfrac{n}{2^n}x^{n-1}$，则 $S(1)=\sum\limits_{n=1}^{\infty}(-1)^n\dfrac{n}{2^n}$，由于

$$\int_0^x S(x)\mathrm{d}x=\sum_{n=1}^{\infty}(-1)^n\frac{n}{2^n}\int_0^x x^{n-1}\mathrm{d}x=\sum_{n=1}^{\infty}(-1)^n\frac{1}{2^n}x^n$$

$$=\sum_{n=1}^{\infty}\left(-\frac{1}{2}x\right)^n=\frac{\left(-\dfrac{x}{2}\right)}{1+\dfrac{x}{2}}=-\frac{x}{2+x},$$

其中 $\left|-\dfrac{x}{2}\right|<1$，即 $x\in(-2,2)$，因此

$$S(x)=\left(-\frac{x}{2+x}\right)'=-\frac{2}{(2+x)^2},$$

故 $S(1)=-\dfrac{2}{9}$，$\sum\limits_{n=1}^{\infty}(-1)^n\dfrac{n}{2^n}=-\dfrac{2}{9}$.

6. $\displaystyle\iint_D(x^2-y^2)\mathrm{d}\sigma=\int_0^{\pi}\mathrm{d}x\int_0^{\sin x}(x^2-y^2)\mathrm{d}y=\int_0^{\pi}\left(x^2y-\frac{1}{3}y^3\right)_0^{\sin x}\mathrm{d}x$

$$=\int_0^{\pi}\left(x^2\sin x-\frac{1}{3}\sin^3x\right)\mathrm{d}x=-\int_0^{\pi}x^2\mathrm{d}\cos x+\frac{1}{3}\int_0^{\pi}(1-\cos^2x)\mathrm{d}\cos x$$

$$=-x^2\cos x\,|_0^{\pi}+2\int_0^{\pi}x\cos x\mathrm{d}x+\frac{1}{3}\cos x\Big|_0^{\pi}-\frac{1}{9}\cos^3x\Big|_0^{\pi}$$

$$=\pi^2-\frac{2}{3}+\frac{2}{9}+2\int_0^{\pi}x\mathrm{d}\sin x$$

$$=\pi^2-\frac{4}{9}+2x\sin x\,|_0^{\pi}-2\int_0^{\pi}\sin x\mathrm{d}x$$

$$=\pi^2-\frac{4}{9}+2\cos x\,|_0^{\pi}=\pi^2-\frac{4}{9}-4=\pi^2-\frac{40}{9}.$$

7. 显然 $f(0)=1$. $f'(x)=2f(x)-1$，即 $f'(x)-2f(x)=-1$，利用一阶线性非齐次微分方程解的公式得

$$f(x)=\left(-\int\mathrm{e}^{-2\int\mathrm{d}x}\mathrm{d}x+C\right)\mathrm{e}^{2\int\mathrm{d}x}=\left(-\int\mathrm{e}^{-2x}\mathrm{d}x+C\right)\mathrm{e}^{2x}=\left(\frac{1}{2}\mathrm{e}^{-2x}+C\right)\mathrm{e}^{2x},$$

当 $f(0)=1$ 时，$C=\frac{1}{2}$，特解为 $f(x)=\frac{1}{2}(e^{-2x}+1)e^{2x}=\frac{1}{2}(e^{2x}+1)$.

四、应用题

1. (1) $A=\int_1^4\sqrt{y}\,dy=\frac{2}{3}y^{\frac{3}{2}}\Big|_1^4=\frac{14}{3}$；　(2) $V_y=\pi\int_1^4 y\,dy=\pi\cdot\frac{1}{2}y^2\Big|_1^4=\frac{15}{2}\pi$.

2. 利润函数为

$$L(P_1,P_2)=P_1Q_1+P_2Q_2-C=32P_1-0.2P_1^2+12P_2-0.05P_2^2-1360,$$

令 $L'_{P_1}=32-0.4P_1=0$，$L'_{P_2}=12-0.1P_1=0$，得到唯一的驻点(80,120)，由实际意义知该点为最大值点，最大利润为640.

五、证明题

设 $u=tx$，$x=\frac{u}{t}$，$dx=\frac{1}{t}du$，当 $x=0$ 时，$u=0$，当 $x=1$ 时，$u=t$，则

$$\int_0^1 f(tx)dx=\frac{1}{t}\int_0^t f(u)du=\sin t,$$

即 $\int_0^t f(u)du=t\sin t$，求导得 $f(t)=\sin t+t\cos t$，因此 $f(x)=\sin x+x\cos x$.

模拟试题二十详解

一、填空题

(1) $D=\{(x,y)\mid -1\leqslant x-y\leqslant 1\}$.

提示　因为 $z=\sqrt{1-|x-y|}$，解出不等式 $|x-y|\leqslant 1\Leftrightarrow x-y\leqslant 1$ 且 $x-y\geqslant -1$.

(2) $\frac{1}{4}$.

提示　$$\lim_{x\to 0}\frac{\int_0^{x^2}(1-\cos\sqrt{t})dt}{x^4}=\lim_{x\to 0}\frac{2x(1-\cos x)}{4x^3}=\lim_{x\to 0}\frac{2x\cdot\frac{1}{2}x^2}{4x^3}.$$

(3) 1.

提示　$$\int_0^{+\infty}xe^{-x}dx=-\int_0^{+\infty}x\,de^{-x}=-xe^{-x}\Big|_0^{+\infty}+\int_0^{+\infty}e^{-x}dx=-e^{-x}\Big|_0^{+\infty}=1.$$

(4) 2.

提示　$$\int_{-\frac{\pi}{2}}^{\frac{\pi}{2}}(x^3e^{x^2}+\cos x)dx=\int_{-\frac{\pi}{2}}^{\frac{\pi}{2}}\cos x\,dx=2\int_0^{\frac{\pi}{2}}\cos x\,dx.$$

(5) $p>\frac{1}{2}$，$0<p\leqslant\frac{1}{2}$.

(6) $(-1,1)$.

提示　因为

$$\lim_{n\to\infty}\frac{2^{n+1}}{n+1+2^{n+1}}\,\frac{n+2^n}{2^n}=2\lim_{n\to\infty}\frac{n+2^n}{n+1+2^{n+1}}=2\lim_{n\to\infty}\frac{\frac{n}{2^n}+1}{\frac{n+1}{2^n}+2}=1,$$

则收敛半径为 1,且当 $x=1$,或 $x=-1$ 时,通项不趋于零.

(7) $-\ln\left(1+\frac{x}{2}\right)$, $-2<x\leqslant 2$.

提示 令 $t=\frac{x}{2}$,$S(t)=\sum_{n=1}^{\infty}\frac{(-1)^n}{n}t^n$,求导得 $S'(t)=\sum_{n=1}^{\infty}(-1)^n t^{n-1}=-\frac{1}{1+t}$,积分得 $S(t)=-\ln(1+t)$.

(8) $-\frac{1}{\sqrt{6}}$.

提示 因为

$$\frac{\partial z}{\partial y}=\frac{\partial z}{\partial u}\frac{\partial u}{\partial y}+\frac{\partial z}{\partial v}\frac{\partial v}{\partial y}=\frac{1}{2\sqrt{u+2v}}x+\frac{1}{\sqrt{u+2v}}\left(-\frac{x}{y^2}\right)$$
$$=\frac{1}{2\sqrt{xy+2\frac{x}{y}}}x+\frac{1}{\sqrt{xy+2\frac{x}{y}}}\left(-\frac{x}{y^2}\right).$$

(9) $I=\int_a^b \mathrm{d}y\int_y^b f(x,y)\mathrm{d}x$.

提示 因为 X-型区域为 $D=\{(x,y)\mid a<x<b,a<y<x\}$,$Y$-型区域为 $D=\{(x,y)\mid y<x<b,a<y<b\}$.

(10) $y=\mathrm{e}^{\frac{3}{2}}\left(C_1\sin\frac{1}{2}x+C_2\cos\frac{1}{2}x\right)$.

提示 特征方程为 $2r^2-6r+5=0$,特征根为 $r_{1,2}=\frac{3}{2}\pm\frac{1}{2}\mathrm{i}$.

二、单项选择题

(1) C.

提示 $\int_0^4\frac{1}{\sqrt{x}}f(\sqrt{x})\mathrm{d}x=2\int_0^4 f(\sqrt{x})\mathrm{d}\sqrt{x}\xlongequal{t=\sqrt{x}}2\int_0^2 f(t)\mathrm{d}t$.

(2) D.

(3) A.

提示 因为 $\frac{\partial z}{\partial x}=3x^2-8x+2y=0$,$\frac{\partial z}{\partial y}=2x-2y=0$,得到两个驻点$(0,0)$,$(2,2)$,$\frac{\partial^2 z}{\partial x^2}=6x-8$,$\frac{\partial^2 z}{\partial x\partial y}=2$,$\frac{\partial^2 z}{\partial y^2}=-2$,在$(0,0)$点处 $A=-8$,$AC-B^2>0$.

(4) C.

提示 因为当 $x=1$ 时,考察正项级数为 $\sum_{n=1}^{\infty}\frac{1}{\ln(1+n)}$,这里 $\lim_{n\to\infty}\frac{\frac{1}{\ln(1+n)}}{\frac{1}{n}}=\lim_{n\to\infty}\frac{n}{\ln(1+n)}=\infty$,而调和级数 $\sum_{n=1}^{\infty}\frac{1}{n}$ 发散,所以 $\sum_{n=1}^{\infty}\frac{1}{\ln(1+n)}$ 发散,当 $x=-1$ 时,交错级数为 $\sum_{n=1}^{\infty}\frac{(-1)^n}{\ln(1+n)}$ 收敛.

(5) A.

提示 题设中没有假定 y_1, y_2 线性无关.

三、计算题

1. $\int_{-1}^{1} \frac{|x|+x}{1+x^2}\mathrm{d}x = 2\int_{0}^{1}\frac{x}{1+x^2}\mathrm{d}x = \ln(1+x^2)_0^1 = \ln 2.$

2. 令 $t=2x+1$, $\mathrm{d}t=2\mathrm{d}x$, 当 $t=3$ 时, $x=1$, 当 $t=5$ 时, $x=2$, 则

$$\int_3^5 f(t)\mathrm{d}t = 2\int_1^2 f(2x+1)\mathrm{d}x = 2\int_1^2 x\mathrm{e}^x\mathrm{d}x = 2(x-1)\mathrm{e}^x\Big|_1^2 = 2\mathrm{e}^2.$$

3. $\int_0^1 \mathrm{d}x\int_{x^2}^1 x\mathrm{e}^{y^2}\mathrm{d}y = \int_0^1\mathrm{d}y\int_0^{\sqrt{y}} x\mathrm{e}^{y^2}\mathrm{d}x = \frac{1}{2}\int_0^1 x^2\Big|_0^{\sqrt{y}}\mathrm{e}^{y^2}\mathrm{d}y$

$$= \frac{1}{2}\int_0^1 y\mathrm{e}^{y^2}\mathrm{d}y = \frac{1}{4}\mathrm{e}^{y^2}\Big|_0^1 = \frac{1}{4}(\mathrm{e}-1).$$

4. 设 $F(x,y,z)=\mathrm{e}^{xyz}+z+\sin y-\ln x$, 由于

$$\frac{\partial F}{\partial x} = yz\mathrm{e}^{xyz} - \frac{1}{x},\quad \frac{\partial F}{\partial y} = xz\mathrm{e}^{xyz} + \cos y,\quad \frac{\partial F}{\partial z} = xy\mathrm{e}^{xyz} + 1,$$

因此

$$\frac{\partial z}{\partial x} = -\frac{\frac{\partial F}{\partial x}}{\frac{\partial F}{\partial z}} = -\frac{yz\mathrm{e}^{xyz} - \frac{1}{x}}{xy\mathrm{e}^{xyz}+1} = -\frac{xyz\mathrm{e}^{xyz}-1}{x^2y\mathrm{e}^{xyz}+x},$$

$$\frac{\partial z}{\partial y} = -\frac{\frac{\partial F}{\partial y}}{\frac{\partial F}{\partial z}} = -\frac{xz\mathrm{e}^{xyz}+\cos y}{xy\mathrm{e}^{xyz}+1}.$$

5. 由于 $\lim\limits_{n\to\infty}\left|\frac{a_{n+1}}{a_n}\right| = \lim\limits_{n\to\infty}\frac{5^{n+1}n}{5^n(n+1)}=5$, 因此级数的收敛半径 $R=\frac{1}{5}$. 当 $x=\frac{1}{5}$ 时, 级数化为 $\sum\limits_{n=1}^{\infty}\frac{(-1)^n}{n}$, 级数收敛; 当 $x=-\frac{1}{5}$ 时, 级数化为 $\sum\limits_{n=1}^{\infty}\frac{1}{n}$, 级数发散, 因此原级数的收敛域为 $\left(-\frac{1}{5},\frac{1}{5}\right]$.

令 $t=-5x$, 则级数化为 $\sum\limits_{n=1}^{\infty}\frac{t^n}{n}$, 记 $S(t)=\sum\limits_{n=1}^{\infty}\frac{t^n}{n}$, 求导得 $S'(t)=\sum\limits_{n=1}^{\infty}t^{n-1}=\frac{1}{1-t}$, 积分得 $S(t)=-\ln(1-t)$, 因此级数的和函数为

$$\sum_{n=1}^{\infty}\frac{(-5)^n}{n}x^n = S(5x) = -\ln(1+5x),\ x\in\left(-\frac{1}{5},\frac{1}{5}\right].$$

由于 $\sum\limits_{n=1}^{\infty}\frac{(-5)^n}{n}x^n = -5x+\sum\limits_{n=2}^{\infty}\frac{(-5)^n}{n}x^n$, 因此 $\sum\limits_{n=2}^{\infty}\frac{(-5)^n}{n}x^n = 5x-\ln(1+5x)$, 将 $x=\frac{1}{15}$ 代入, 故有

$$\sum_{n=2}^{\infty}\frac{(-1)^n}{n\cdot 3^n} = \frac{1}{3}-\ln\left(1+\frac{1}{3}\right) = \frac{1}{3}-\ln\frac{4}{3}.$$

6. $I=\int_0^{\pi}\mathrm{d}\theta\int_0^{2\sin\theta}\dfrac{r\sin\theta}{r}r\,\mathrm{d}r=\int_0^{\pi}\sin\theta\cdot\dfrac{1}{2}r^2\Big|_0^{2\sin\theta}\mathrm{d}\theta$

$=2\int_0^{\pi}\sin^3\theta\mathrm{d}\theta=-2\int_0^{\pi}(1-\cos^2\theta)\mathrm{d}\cos\theta$

$=\left(-2\cos\theta+\dfrac{2}{3}\cos^3\theta\right)\Big|_0^{\pi}$

$=\left(2-\dfrac{2}{3}\right)-\left(-2+\dfrac{2}{3}\right)=\dfrac{8}{3}$

7. $\int\dfrac{1}{y-3}\mathrm{d}y=-\int\dfrac{1}{x}\mathrm{d}x,\ln|y-3|=-\ln|x|+\ln|C|,y-3=\dfrac{C}{x}$,当 $y(1)=0$ 时,$C=-3$,特解为 $y=-\dfrac{3}{x}+3$.

四、应用题

1. (1) $A=\int_1^{e}\ln x\mathrm{d}x=x\ln x\Big|_1^{e}-\int_1^{e}\mathrm{d}x=1$;

(2) $V_x=\pi\int_1^{e}\ln^2x\mathrm{d}x=\pi\left(x\ln^2x\Big|_1^{e}-2\int_1^{e}\ln x\mathrm{d}x\right)=\pi(e-2)$;

(3) $V_y=\pi\int_0^1 e^2\mathrm{d}y-\pi\int_0^1 e^{2y}\mathrm{d}y=\pi e^2-\dfrac{\pi}{2}(e^2-1)=\dfrac{\pi}{2}(e^2+1)$.

2. 由题意可知,此题是求满足条件 $px+qy=m$ 下 $u(x,y)=\alpha\ln x+(1-\alpha)\ln y$ 的最大值.构造拉格朗日函数 $F(x,y,\lambda)=\alpha\ln x+(1-\alpha)\ln y+\lambda(px+qy-m)$,令

$$\begin{cases}F'_x=\dfrac{\alpha}{x}+\lambda p=0,\\ F'_x=\dfrac{1-\alpha}{y}+\lambda q=0,\\ F'_\lambda=px+qy-m=0,\end{cases}$$

解得唯一驻点 $x=\dfrac{\alpha m}{p},y=\dfrac{(1-\alpha)m}{q}$.由实际意义可知,当 $x=\dfrac{\alpha m}{p},y=\dfrac{(1-\alpha)m}{q}$ 时,效用函数达到最大,最大效用为 $u=\ln m-\alpha\ln p-(1-\alpha)\ln q+\alpha\ln\alpha+(1-\alpha)\ln(1-\alpha)$.

五、证明题

当 $x\in(a,b)$ 时,求导得

$$\begin{aligned}F'(x)&=-\frac{1}{(x-a)^2}\int_a^x f(t)\mathrm{d}t+\frac{1}{x-a}f(x)\\&=\frac{1}{(x-a)^2}\left[(x-a)f(x)-\int_a^x f(t)\mathrm{d}t\right]\\&=\frac{1}{(x-a)^2}[(x-a)f(x)-(x-a)f(\xi)]\\&=\frac{1}{(x-a)}[f(x)-f(\xi)]=\frac{1}{(x-a)}[(x-\xi)f'(\eta)]\leqslant 0,\end{aligned}$$

结论得证.

参 考 文 献

[1] 吉米多维奇.数学分析习题集.北京：人民教育出版社，1978

[2] 孙激流，沈大庆.微积分.北京：首都经济贸易大学出版社，2004

[3] 龚德恩，范培华，胡显佑.经济数学基础，第一分册：微积分(第4版).成都：四川人民出版社，2005

[4] 同济大学数学系.微积分(第3版).北京：高等教育出版社，2009

[5] 吴传生.经济数学—微积分(第2版).北京：高等教育出版社，2009

[6] 吴赣昌.微积分(第4版).北京：中国人民大学出版社，2011

[7] 赵树嫄.微积分(第3版).北京：中国人民大学出版社，2012

[8] 张天德，李勇.微积分习题精选精解.济南：山东科学技术出版社，2013

[9] 同济大学数学系.高等数学上册(第7版).北京：高等教育出版社，2014

[10] 同济大学数学系.高等数学下册(第7版).北京：高等教育出版社，2014